Ganzheitliches Projektmanagement

Karl Pfetzing · Adolf Rohde

3., bearbeitete Auflage

Versus · Zürich

Bibliografische Information der Deutschen Nationalbibliothek

Die Deutsche Nationalbibliothek verzeichnet diese Publikation in der Deutschen Nationalbibliografie; detaillierte bibliografische Daten sind im Internet über http://dnb.d-nb.de abrufbar.

Informationen zu Büchern aus dem Versus Verlag finden Sie unter
www.versus.ch

Von diesem Buch erscheint eine Teilauflage
im Verlag Dr. Götz Schmidt (ISBN 978-3-921313-76-3).

Umschlagbild: Fritz Huser · Lenzburg
Printed in Germany

ISBN 978-3-03909-143-0

Vorwort zur 3. Auflage

Die Notwendigkeit einer Neuauflage unseres PM-Buches hat uns Anlass und Gelegenheit gegeben, abermals eine gründliche Überarbeitung vorzunehmen, um die Qualität weiter zu steigern. Zahlreiche Anregungen sowie einige Entwicklungen galt es dabei zu berücksichtigen. Um die internationalen Projektmanagement Standards noch besser zu integrieren, wurde der Bezug zur in diesem Jahr neu veröffentlichten Projektmanagementnorm IPMA Competence Baseline 3.0 aktualisiert. Dabei kam es uns entgegen, dass die neue Norm den von uns naturgemäß betonten sozialen Kompetenzen des Projektmanagers nun noch mehr Bedeutung gibt.

Aufgrund der starken Verbreitung von IT-Projekten haben wir das Thema „Anforderungsmanagement" neu aufgenommen und die Verbindung zu Zielen und Qualität stärker herausgearbeitet.

Darüber hinaus haben wir einige Techniken vor allem bei der Fortschrittsermittlung ergänzt bzw. ausführlicher dargestellt.

Geholfen haben uns die zahlreichen Reaktionen der Leser und die bewährte redaktionelle Unterstützung durch Hanne-Lore Schmidt und Dagmar Hofmann, wofür wir uns herzlich bedanken.

Wettenberg bei Gießen, Januar 2009

Karl Pfetzing

Adolf Rohde

Inhaltsverzeichnis

Einführung

Gibt es nicht bereits mehr als genug Bücher, die sich mit Projektmanagement befassen? Diese Frage liegt angesichts des riesigen Literaturangebotes schon nahe. Die langjährige Trainer- und Beratertätigkeit der Autoren gab den Anstoß, ein Buch über Projektmanagement vorzulegen, das den Praktikern neben den erforderlichen theoretischen Grundlagen vor allem eine Vielzahl von Anregungen, Ideen und Werkzeugen für die reale Projektarbeit bietet. Pate stand dabei auch die Erkenntnis, dass profunde PM-Kenntnisse und die Anwendung der richtigen Methoden und Werkzeuge allein noch nicht den erwünschten Erfolg bringen, wenn es nicht gelingt (oder gar vergessen wird), alle von den Projekten in irgendeiner Weise betroffenen Menschen einzubeziehen oder zumindest zu berücksichtigen. Vor diesem Hintergrund ist es wichtig, bei allen Vorgehensweisen, beim Einsatz der Techniken und Werkzeuge sowie in allen Phasen der Planung und Durchführung von Projekten die (Aus-) Wirkungen auf die jeweils betroffenen bzw. beteiligten Mitarbeiter in die Überlegungen und Aktivitäten einzubeziehen.

Ganzheitliches Projektmanagement will genau das sicherstellen. Die Autoren gehen konsequent auf die „weichen“ Faktoren ein und geben zahlreiche Hinweise und Anregungen für den Umgang mit den Projektteams, mit den Gremien des Projektmanagements (Auftraggeber, Lenkungsausschuss) und mit den Betroffenen.

„Ein Buch ist ein Garten, den man in der Tasche trägt“.
Afrikanisches Sprichwort

Unser PM-Buch soll dem Leser reichlich „Erntemöglichkeiten“ bieten:

Ziele des Buches

- Einen aktuellen und vollständigen Überblick
- Konkrete zielgruppenorientierte Handlungsanleitungen (Tipps/Checklisten für die praktische Arbeit)
- Allgemeingültige Gemeinsamkeiten für alle Branchen, aber auch branchenspezifische Besonderheiten
- Ganzheitliche Betrachtung (Strategie/Struktur/Kultur)
- Anregungen zur Bestimmung der eigenen Position
- Möglichkeiten zum Nachschlagen in konkreten Projektsituationen
- Lernhilfen und Unterstützung in Seminaren und bei Prüfungsvorbereitungen.

Schließlich wird mit diesem Buch die erfolgreiche Verlagsreihe ergänzt, wobei einige thematische Überschneidungen nicht nur unvermeidlich, sondern von den Autoren gewollt sind.

Zielgruppe

Das Buch wendet sich in erster Linie an die „Macher" in Projekten, also an Projektleiter, Projektmitarbeiter, Mitarbeiter des Projektmanagementoffice, Mitglieder der Lenkungsausschüsse und Auftraggeber/Entscheider sowohl in Klein- und Mittelbetrieben aller Branchen als auch In global tätigen Konzernen. Hilfreich und interessant will es aber auch für Studierende der Betriebswirtschaft, der Informatik sowie der Ingenieur- und Sozialwissenschaften sein, ebenso für interne und externe Berater und erst recht für die Teilnehmer an Seminaren. Darüber hinaus dürften auch die Entwickler von Projektmanagement-Software Anregungen erhalten.

Aufbau und Gestaltung

Die Autoren haben sich bei ihren Ausführungen konsequent an dem ibo-Projektmanagementmodell[1] orientiert, das den Zusammenhang von Strategie, Struktur und Kultur beim Managen von Projekten verdeutlicht. In insgesamt acht Kapiteln werden alle Bestandteile des PM-Modells aufgearbeitet. Konkrete, zielgruppenorientierte Beschreibungen und Handlungsanleitungen sollen die strategische Ausrichtung der Projektarbeit und die Anpassung organisatorischer Regelungen und Strukturen an den jeweils spezifischen Charakter der Projekte unterstützen und die Umsetzung in die Praxis erleichtern. Dabei finden die strukturellen Überlegungen immer ihre „kulturelle" Ergänzung, d.h. zu allen methodischen Werkzeugen liefert das Buch Hinweise zu den Auswirkungen auf die betroffenen bzw. beteiligten Menschen sowie Möglichkeiten für eine angemessene Berücksichtigung des „human factor". Neben allgemeinen Organisationsprojekten werden auch Besonderheiten von Projekten unterschiedlicher Branchen, Art und Größe behandelt.

Betrachtet werden neben den wichtigsten Grundlagen des Projektmanagements (Aufbaustrukturen und Prozesse) Fragen der Projektauswahl (Multiprojektinitiative), die erforderlichen Startbedingungen (z.B. Auftragsgestaltung), alle Elemente einer erfolgsorientierten Projektplanung, Möglichkeiten und Notwendigkeiten der Projektdiagnose und Steuerung einschließlich Führung, Kommunikation und Risikomanagement sowie aus Projekten resultierende Lern- und Entwicklungschancen.

[1] © ibo Beratung und Training GmbH

1 Grundlagen Projektmanagement

1.1 Bedeutung des Projektmanagements

Schon immer hatten die Menschen große Herausforderungen zu bewältigen, die sie in Form von Projekten abgewickelt haben. Ob es sich um die Eroberung des Himmels und des Weltraumes, die Erschließung von Energiequellen, die Kommunikation in entlegendste Gebiete oder Erfindungen handelte, die das Leben vereinfachten. Immer wieder bestand ein Anlass zur Veränderung.

In den letzten Jahren hat sich der Innovations- und Veränderungsdruck für Unternehmen in Vielfalt und Tempo beschleunigt. Als Reaktion werden verstärkt Projekte ins Leben gerufen, die flexibel und schnell auf die Veränderungen reagieren sollen. Damit steigt die Bedeutung des Projektmanagements auch für die Unternehmen, die bisher nicht ausschließlich oder überwiegend in Projekten gearbeitet haben.

In Umfragen bei Seminarteilnehmern halten 70% bis 80% den Stellenwert der Projektarbeit in ihrem Unternehmen für hoch und die Bedeutung von Projekten für den eigenen Arbeitsplatz liegt sogar bei 85%. Die Tendenz nimmt eindeutig zu. Kenntnisse im Projektmanagement sind im Arbeitsleben mittlerweile unverzichtbar.

Auch im privaten Umfeld wird dieser Druck spürbar. So lösen berufliche Veränderungen Existenzgründungen, Umzugs- oder auch Bauprojekte aus, die oft mit der aufwändigen Suche geeigneter Schulen und Ausbildungsplätze einhergehen.

Ebenso muss sich der öffentliche Bereich ständig neuen Herausforderungen stellen. Dies führt zu enormen Veränderungen im Verwaltungsapparat. Prozess- und Kundenorientierung zwingen vormals getrennte Behörden übergreifend zusammenzuarbeiten. Knappe Mittel erzwingen Rationalisierungsprojekte etc.

Projekt-
umfeld

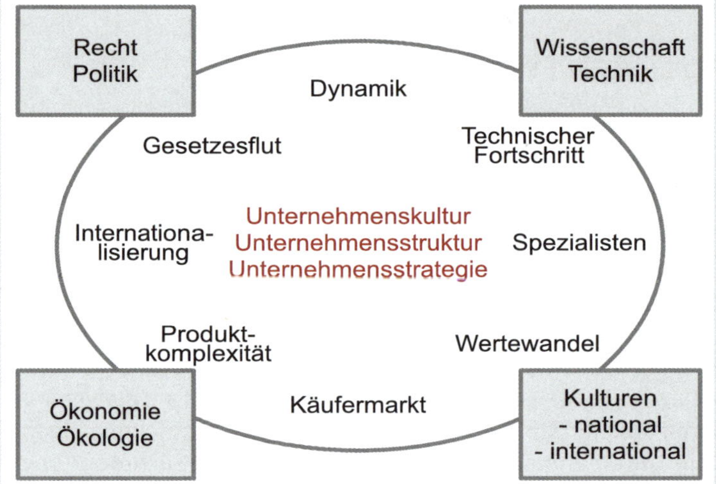

Abb. 1.01: Unternehmen im Wandel

1.2 Projektdefinition

Für eine Definition ist es immer hilfreich, bekannte Standards zu bemühen. So gibt es zum einen die International Project Management Association (IPMA), deren deutsches Mitglied - die Gesellschaft für Projektmanagement (GPM) - die DIN nutzt. Danach ist ein Projekt folgendermaßen definiert:

Definition

Ein Projekt ist ein „Vorhaben, das im Wesentlichen durch die Einmaligkeit der Bedingungen in seiner Gesamtheit gekennzeichnet ist, z.B. Zielvorgabe, zeitliche, finanzielle, personelle und andere Begrenzungen, Abgrenzung gegenüber anderen Vorhaben und projektspezifische Organisation" (DIN 69 901).

Projekte sind danach immer etwas Zusätzliches, Besonderes. Sie erfordern jeweils spezielle, für konkrete Probleme und Aufgabenstellungen geeignete Regelungen und Verfahren.

Einmalig und zeitlich begrenzt

Etwas kürzer betont das Project Management Institute (PMI) in seinem PMBOK (Project Management Body of Knowledge) Guide die zeitliche Begrenzung und Einmaligkeit von Projekten. Darin ist ein Projekt ein zeitlich begrenztes Vorhaben zur Schaffung eines einmaligen Produktes oder einer Dienstleistung. Das Projektergebnis wird dabei schrittweise erarbeitet.

Meist geht in Organisationen dem Start eines Projektes ein Auswahlprozess voraus, der die notwendige Begründung für das Projekt liefert und damit den Zweck des Projektes beschreibt.

Der ebenfalls weitverbreitete Projektmanagement-Standard der britischen Regierung PRINCE2 stellt dies in den Vordergrund seiner Projektdefinition. Dabei liefert immer ein „Business Case“ die sachliche Grundlage für ein Projekt. Demzufolge ist ein Projekt ein zeitlich begrenztes Managementumfeld, dessen Zweck darin besteht, ein oder mehrere Produkte unter Einhaltung eines genau umschriebenen Business Case zu liefern.

In der Praxis werden Projekte häufig über die Eigenschaften der mit Projekten zu lösenden Aufgabenstellungen und Problemen definiert.

Projektmerkmale

Probleme / Aufgabenstellungen	Projekt	Ergebnis
Mit den typischen Merkmalen ■ neuartig ■ komplex ■ übergreifend (viele Betroffene) ■ arbeitsteilig (viele Beteiligte/ Spezialisten) ■ risikoreich ■ aufwändig (Zeit, Kosten) ■ strategisch bedeutend ■ dringlich ■ außergewöhnlich.	Einmaliger Prozess mit einem bestimmten Start- und Endtermin zur Erreichung definierter Ziele mit ■ begrenzten Ressourcen ■ eigenständiger Hierarchie und Regelungen (Projektstruktur) ■ eigenständigen Normen, Wertvorstellungen, Einstellungen, die das Verhalten aller Projektmitarbeiter prägen (Projektkultur) ■ aus der Unternehmensstrategie abgeleiteter grundlegender Ausrichtung (Projektstrategie).	Ziele = Qualitätsanspruch an das Ergebnis (beispielhaft) ■ höhere Leistung ■ kostengünstiger ■ mehr Durchsatz ■ hohe Akzeptanz ■ breite Einsatzmöglichkeiten ■ hohe Modularität ■ hohe Transparenz ■ geringe Fehlerquote ■ ansprechende Form.

Abb. 1.02: Projekt als Problemlösungsverfahren

Projektarbeit erscheint wie ein Hilferuf in der globalen, dynamischen Welt. Aber was macht die Projektarbeitsweise so attraktiv gegenüber der bestehenden Arbeitsweise in der Linie?

Linienorganisation	Projektorganisation
Merkmale	
■ Spezialisierte Stellen und Abteilungen ■ Standardisierte Abläufe, exakt geregelte Vorgehensweisen ■ Routinearbeit ■ Führung aus hierarchischer Position ■ Geregelte Informations- und Kommunikationswege ■ „Einzelkämpfertum“	■ Flexible, rotierende Aufgabenzuteilung ■ Lediglich Rahmenplanung, große Unsicherheit ■ Kreativitätsfördernde Arbeitsform ■ Führung durch persönliche Autorität ■ Unkonventionelle Kommunikationsformen ■ Gemeinschaftliche und gleichberechtigte Lösungsfindung
Vorteile	
■ Know-how-Speicher ■ Dauerhafter Bezugspunkt für Mitarbeiter ■ Größenvorteile ■ Effektiv bei Routinetätigkeiten	■ Kurze Entscheidungswege ■ Ganzheitliche Problemlösungsorientierung ■ Aufgabenadäquate Sachergebnisse ■ Motivation, Identifikation ■ Hohe Flexibilität ■ Innovationsfähigkeit ■ Kostengünstigere Aufgabenerfüllung
Nachteile	
■ Selbstreflexion der Führungskräfte ■ Funktionsorientierte Sichtweise führt zu Gräben zwischen Abteilungen ■ Denker-Macher-Aufpasser-Strukturen belasten effektive Aufgabenerfüllung ■ Lange Durchlaufzeiten ■ Bürokratischer Formalismus hemmt Flexibilität	■ Gefahr des „Diskussionsclubs“ ■ Missbrauchsgefahr, Verselbständigung ■ „Never-ending-story“ ■ Betriebliche Unruhe durch Machtkonflikte ■ Doppelbelastung der Mitarbeiter

Abb. 1.03: Projekt- und Linienarbeit im Vergleich

Für komplexe und einmalige Problemstellungen ist die Projektorganisation effizienter als die Linienorganisation. Im Vergleich zu den regelmäßigen, dauerhaften Linienaufgaben im Unternehmen mit ihren Palästen entspricht das Arbeiten in Projekten einer Zeltexpedition. Sie ist einmalig und mit einem definierten Ziel ausgestattet. Die Zusammenstellung der Expeditionsteilnehmer orientiert sich an den notwendigen Fähigkeiten (Führung, Navigation, Küche, Ausrüstung, Träger, Informationsversorgung), die Teilnehmer kommen aus sehr unterschiedlichen Bereichen und bringen ihre Wertvorstellungen ein, aus denen sich dann eine eigenständige Projektkultur entwickelt, und nach Abschluss der Expedition gehen die Teilnehmer ihrer Wege. Aus diesem Bild lassen sich viele interessante Erkenntnisse ableiten.

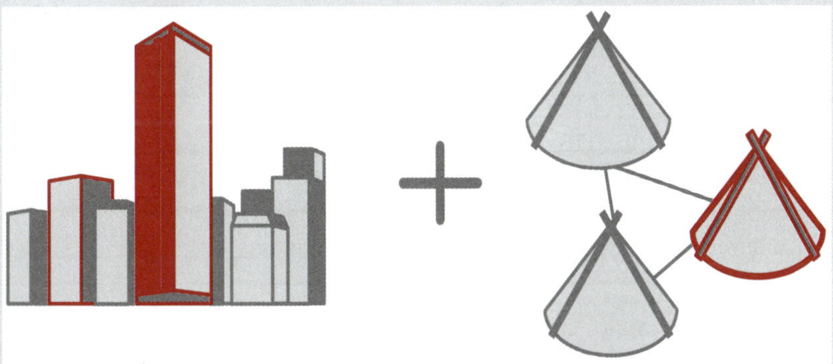

Abb. 1.04: Arbeiten in Palästen und Zelten

Damit der Lösungsmechanismus Projekt nicht jedes Mal von neuem erfunden wird, gibt es Standards und Regeln. Sie bilden die Grundstruktur eines jeden Projektes im Unternehmen, die sogenannte Projektstruktur. Sie wird in Handbüchern dargelegt. Wie etwa ein Leitfaden „Wie werden Expeditionen erfolgreich abgewickelt?"

Da die Erfolgsfaktoren für Expeditionen in die Wildnis, in die Berge, in die Arktis oder für ein Zeltlager mit Kindern sehr unterschiedlich sind, sollte der Leitfaden sich nach Art und Größe unterscheiden.

Unternehmen und Institutionen sollten deshalb auf die jeweilige Projektklasse angepasste Projektstrukturen definieren. Projektgröße, Projektart, Zahl der beteiligten Abteilungen, Stellung des Auftraggebers sind verbreitete Kriterien für die Bestimmung der Projektklasse.

Da die einzusetzenden Methoden von der Projektklasse abhängen, müssen die Projektleiter möglichst frühzeitig Problem und Aufgabenstellung klar erfassen.

	Projektklasse	1	2	3	4	5
	Projektgröße / Projektart	Sehr klein ‹ 15 MT	Klein 15 - 50 MT	Mittel 50 - 250 MT	Groß 250 - 900 MT	Sehr groß › 900 MT
A	Forschungsprojekte	○○	○⊙	○●	⊙●	⊙●
B	Organisationsprojekte	○⊙	○●	○●	⊙●	⊙●
C	Produktentwicklungs-projekte	○⊙	○●	⊙●	●●	●●
D	Anlagen-/Bauprojekte	○⊙	○●	⊙●	●●	●●
E	IT-Projekte	○⊙	○●	⊙●	●●	●●
F	Kulturveränderungsprojekte	○○	○⊙	○⊙	○●	○●
G	Marketingprojekte	○⊙	○⊙	○●	⊙●	⊙●

○○ kaum anwendbar ○⊙ nur elementar ○● gängig
⊙● fast vollständig ●● vollständig MT Mitarbeitertage

Abb. 1.05: Anwendungsumfang von Projektmanagement-Methoden nach Projektklassen

Grundlegende Ausrichtung

Vergleichbar mit der Unternehmensstrategie verfügt jedes Projekt über eine grundlegende Ausrichtung, die sich vor allem aus der Motivation ergibt, das Projekt zu starten. Wird beispielsweise die Erweiterung des Filialnetzes einer Bank angestrebt, um an imageträchtigen Standorten präsent zu sein, sind alle Aktivitäten des Projektes auf seine Außenwirkungen auszurichten. Dies erfordert kompetente Vertreter von Öffentlichkeitsarbeit und Marketing im Projektteam, hohe Aufmerksamkeit gegenüber dem öffentlichen Interesse mit entsprechender Pressearbeit, ausreichend Budget für Bau und Technik, die Zusammenarbeit mit renommierten Architekten und besondere Kriterien für die Standortwahl.

Diese sogenannte Projektstrategie ist ein weiterer Träger des Projektzeltes und Leitmotiv für alle Aktivitäten im Projekt.

So wie jede Expedition gründlich vorbereitet werden muss, werden auch in Projekten durch Planung die nächsten Schritte abgesteckt und Aufgaben mit Zeit- und Budgetvorgaben an die Projektbeteiligten verteilt.

Um sich nicht zu verirren, ermittelt der Expeditionsleiter regelmäßig den aktuellen Standort, vergleicht ihn mit der geplanten Route und veranlasst notwendige Korrekturen. In gleicher Art und Weise halten Projektleiter durch Diagnose und Steuerung ihr Projekt auf Kurs.

1.3 Projektarten

Stellenwert der Projektarbeit

Je nach Branche und Unternehmensbereich gibt es große Unterschiede im Stellenwert der Projektarbeit. So ist das Abwickeln von Projekten für einen Anlagenbauer und für Beratungsunternehmen ein Kernprozess, während in Handelsunternehmen Projekte nur in unterstützenden Prozessen vorkommen.

	Häufigkeit Leistungserstellung mit Projektcharakter	
Beteiligung der betrieblichen Funktionsbereiche	**Ausschließlich oder dominierend**	**Gelegentlich**
Alle oder Mehrzahl	Bauwirtschaft Großmaschinenbau Softwarefirmen	Umstellung von funktionsorientierter Organisation auf Spartenorganisation
Einer oder Wenige	Forschungs- und Entwicklungsprojekte in einem Unternehmen mit Massen- und Großserienfabrikation	Rationalisierungsprojekt in einem betrieblichen Funktionsbereich, z.B. Einrichtung eines rechnergesteuerten Hochlagers

Abb. 1.06: Einordnung von Projektarten

Projektarten werden in vielen Unternehmen definiert um,

- Schwerpunkte im Know-how-Bedarf zu erkennen,
- eigenständige, spezifische Methoden und Vorgehensweisen festzulegen,
- die Verteilung von Investitionsbudgets nach Funktionen zu erleichtern,
- eine Differenzierung nach Kundengruppen zu ermöglichen,
- die unternehmensweite Steuerung zu erleichtern und
- das Setzen von strategischen Schwerpunkten zu vereinfachen.

Sie können nach ihrem Zweck (Ersatzinvestitionen, Erweiterungsinvestitionen und Rationalisierung) oder nach betrieblichen Funktionen (Bauprojekte, IT-Projekte, Produktentwicklungsprojekte, Organisationsprojekte, Strategieprojekte, Vertriebsprojekte, Kulturprojekte, Event-Projekte, Kundenprojekte) gebildet werden.

Der Erfolg des Projektmanagements hängt von der Einbettung in das Unternehmen ab, von der Abstimmung zwischen Unternehmensstrategie und Priorisierung von Projekten, von einer der Projektarbeit förderlichen Unternehmenskultur und von der Bereitstellung der Methoden für die typischen Projekte.

Im Folgenden sollen die Merkmale unterschiedlicher Projektarten herausgearbeitet werden.

1.3.1 Anlagenbauprojekte/Bauprojekte

Koordination externer Partner

Anlagenbauprojekte/Bauprojekte sind für die initiierenden Unternehmen meist sehr kostenintensive Vorhaben und belasten die finanziellen Möglichkeiten sehr stark. Für Planung und Umsetzung müssen viele externe Lieferanten ausgewählt und koordiniert werden. Mängel und Terminverzüge haben direkte Auswirkungen auf die Wirtschaftlichkeit des Projektes. Da es sich meist um konkret sichtbare und überprüfbare Ergebnisse handelt und bereits sehr viel Erfahrungen mit dieser Projektart vorliegen, können durch eine intensive Planung, klare Anforderungsspezifikationen und qualitätsbewusste Auswahl eines externen Partners Überraschungen vermieden werden.

Die Anwendung von Projektmanagement-Methoden sollte bei dieser Projektart obligatorisch sein.

1.3.2 Outsourcing-Projekte

Klarheit über eigene Kernkompetenzen

Das Thema Outsourcing hat in den letzten Jahren die meisten Unternehmen oder Institutionen erfasst. Der permanente Kostendruck zwingt sie, nach Einsparungspotenzialen zu suchen. Als Lösung ist dabei Outsourcing immer eine denkbare Alternative. Die Weichen für ein erfolgreiches Outsourcing-Projekt werden bereits bei der Beantwortung der Frage gestellt, welcher Bereich sich für das Outsourcing eignet und ob eine Zusammenarbeit mit einem Anbieter oder die rechtliche Selbständigkeit angestrebt werden sollen. Basis sind vor allem strategische Überlegungen und Klarheit über die eigenen Kernkompetenzen.

Jedes Outsourcing-Projekt steht im Spannungsfeld zwischen den erwarteten finanziellen Einsparungen und den personellen Konsequenzen für die Mitarbeiter. So sind kritische Stimmen und Widerstände der betroffenen Mitarbeiter und ein hoher Ergebnisdruck des Managements die Regel. Für das Projektmanagement kommt es darauf an, dies ausreichend zu berücksichtigen.

Einbindung Mitarbeitervertretung

Frühzeitige Einbindung und Information der Mitarbeitervertretung (Betriebsrat, Personalrat) helfen Gerüchte zu vermeiden. Kulturfördernde Integrationsmaßnahmen sollten geplant und durchgeführt werden.

Strukturell sollte die zielgerichtete Auswahl des „Übernehmers" und die klare Abgrenzung von Aufgaben und Leistungen zum künftigen Anbieter mit entsprechender Absicherung durch Verträge im Vordergrund stehen.

Bei der Zusammenarbeit mit dem Top-Management sollte der Projektleiter überzogenen Erwartungen mit regelmäßig aktualisierten Wirtschaftlichkeitsrechnungen begegnen, mögliche strategische Änderungen aufmerksam verfolgen und bei Eintritt auf mögliche Konsequenzen aufmerksam machen.

1.3.3 Forschungsprojekte

Forschungsprojekte dauern oft viele Jahre und können enorm hohe Kosten verursachen. Sie sind sehr risikoreich und können sich als totale Geldverschwendung herausstellen oder mit einer enorm rentablen Entdeckung enden. Im Gegensatz zu allen anderen Projektarten ist es oft sogar schwierig, das Ziel des Projektes zu spezifizieren. Deshalb sind die klassischen Projektmanagement-Methoden für Forschungsprojekte nur bedingt geeignet. Der Fokus liegt dabei mehr auf der Frage, nach den richtigen Dingen zu forschen. Damit steht die Multiprojektinitiative im Vordergrund, in der versucht wird, den kreativen Ideen eine Richtung zu geben und durch Regeln und Budgetierungsprozesse den Projektfortschritt zu kontrollieren.

Multiprojekt-initiative im Vordergrund

1.3.4 Organisationsprojekte

Organisationsprojekte sollen durch Gestaltung von Aufbau- und Prozessstrukturen helfen, Kosten zu senken und die Qualität der Leistungserstellung zu verbessern. So sollen Durchlaufzeiten verkürzt werden, klarere Zuständigkeiten entstehen, Schnittstellen und Komplexität verringert werden. Zwar sind die Gestaltungsinhalte meist auf interne Prozesse und Organisationseinheiten konzentriert, doch die Anstöße und wichtige Ziele werden meist von Kunden ausgelöst. Die interne Organisation soll flexibler werden, sich schneller auf Marktveränderungen einstellen können.

Da vor allem für die betroffenen Mitarbeiter die Konsequenzen solcher Organisationsprojekte erheblich sein können, sollte das Projektmanagement nie deren Interessen außer Acht lassen. Denn wenn die Mitarbeiter die neuen Regeln und Verhaltensweisen nicht verinnerlicht haben und akzeptieren, werden auch die erwarteten Rationalisierungseffekte ausbleiben.

Interessen betroffener Mitarbeiter

Ein wesentliches Sachmittel bei jedem Organisationsprojekt ist die Informationstechnologie (Hard- und Software). Umstellungen von Prozessen und ganzen Geschäftszweigen durch E-Commerce, Einführungen von Standardsoftware für breite Anwendungsgebiete sind heute alltägliche Projektthemen von Organisationsprojekten. Besonders charakteristisch ist dabei die Verzahnung von technischen, organisatorischen und kulturellen Aspekten in dieser Projektart. Daraus ergeben sich viele Unwägbarkeiten und eine oft nur schwer durchschaubare Komplexität, die bei Projektbeginn häufig noch gar nicht sichtbar ist.

Informations-technologie verzahnt einsetzen

1.3.5 Kulturveränderungsprojekte

> Unternehmenskultur ist die Gesamtheit aller Normen und Werte, die den Geist und die Persönlichkeit eines Unternehmens ausmachen.

Definition

Normen und Werte kanalisieren das Verhalten der Menschen und schaffen Klarheit für alle Mitarbeiter, was in dieser Organisation als „gut“ bzw. „nicht gut“

gilt, was „erlaubt" bzw. „nicht erlaubt" ist, was „belohnt" und was „bestraft" wird. Als „Ergebnis" eines komplexen und langjährigen Geschehens drückt sich Unternehmenskultur jedoch nicht in harten Zahlen und Fakten, sondern vor allem durch emotionale Qualitäten aus und kann letztlich nur erlebt, nicht aber gemessen und berechnet werden. Neben fundamentalen und nur bedingt beeinflussbaren Faktoren wie z.B. Produkte und Dienstleistungen, Kunden, Personalstruktur, Größe, Eigentumsstruktur, Alter und Geschichte des Unternehmens gibt es eine Vielzahl unternehmensspezifischer Faktoren, die wiederum weitgehend beeinflussbar sind: Verhalten des Managements; Organisationsphilosophie und -struktur; Menschenbilder, Führungsinstrumentarium; Unternehmensziele und -leitbild; Strategie; Führungsgrundsätze; Personalpolitik; Arbeitsplatzgestaltung; Belohnungs- und Sanktionsprinzipien; Kommunikation; Informationspolitik; Regelungsdichte; Architektur und Raumgestaltung; Corporate Identity, Corporate Design, Gestaltung sozialer Ereignisse u.a.m.

Strukturwechsel hat Auswirkung auf Kultur

Wenn auch Projekte sehr häufig in erster Linie strukturelle Veränderungen im Visier haben, darf nicht übersehen werden, dass sich immer auch Auswirkungen auf die Kultur des Unternehmens/der Organisation ergeben werden. Diese von Beginn an einzubeziehen, trägt meist ganz entscheidend zum Gelingen des Veränderungsvorhabens bei. Schon allein die Art und Weise, wie Veränderungen angegangen werden, inwieweit mit „offenen Karten" gespielt wird, ob und in welchem Umfang die betroffenen Mitarbeiter einbezogen, wie transparent Entscheidungen getroffen werden oder ob es ein verbindliches Projektmanagement gibt, ist Ausdruck der real existierenden Kultur. Projektarbeit ist einerseits Ausdruck einer ausgesprochen kooperativen Unternehmenskultur, andererseits auf eine solche Kultur auch angewiesen, denn sie vollzieht sich in Form von Teamarbeit, „zwingt" zumeist mehrere Unternehmensbereiche zur reibungslosen Zusammenarbeit und bietet gleichzeitig eine institutionalisierte Form von Mitarbeiterbeteiligung - zumindest insoweit, als das Projektteam aus Mitarbeitern der (fachlich) betroffenen Bereiche gebildet wird.

Erfolgsfaktor einer Reorganisation

Der Erfolg jeder Reorganisation ist unter anderem davon abhängig, ob die kulturellen Voraussetzungen für das Funktionieren des neuen Strukturmodells gegeben sind oder nicht. Es stellt sich somit nicht nur die Frage nach den geeigneten Strukturen, sondern auch nach der geeigneten Kultur. Der kulturelle „Soll-Zustand" muss definiert und der „Ist-Situation" gegenübergestellt werden. Bei gravierenden Abweichungen reicht dann allein die Einbeziehung kultureller Aspekte in die Projektarbeit nicht aus, eigenständige Kulturveränderungsprojekte sind unumgänglich.

Die Ist-Situation lässt sich am besten mit Hilfe einer Beurteilung der Unternehmenskultur durch die Mitarbeiter erheben. Die Auswertung zeigt dann die wesentlichen Stärken und Defizite und erleichtert die Entscheidung, ob ein Kulturveränderungsprojekt aufgesetzt werden muss.

Kulturveränderungsprojekte zielen unmittelbar auf eine konkrete Beeinflussung der für das Unternehmen wesentlichen Grundeinstellungen, auf die

Gestaltung der Beziehungsebene und mehr oder weniger auf die Entwicklung und Durchsetzung relevanter Werte und Normen wie z.B. Kundenorientierung, Mitarbeiterorientierung, Qualität, Innovationsbereitschaft, offene Kommunikation, Kooperation, Konfliktbewältigung und Identifikation. Die größte Herausforderung hierbei ist weder die Analyse der Ist-Situation, noch die Definition des angestrebten Soll-Zustandes, sondern vielmehr die Umsetzung, die Frage also, wie die Kultur des Unternehmens im betrieblichen Alltag nachhaltig verändert werden kann. Es geht also nicht um bloße Verhaltensänderung der Mitarbeiter, vielmehr bedarf es einer Anpassung der allem Verhalten zugrundeliegenden Einstellungen. In den meisten Fällen fehlt die Zeit, solche Veränderungen ganz gelassen als offenen und unstrukturierten Prozess anzugehen, die Dinge „wachsen zu lassen". Somit gilt auch bei der Veränderung sogenannter „weicher Faktoren": Gebraucht wird ein zielorientiertes Management mit klaren Zielsetzungen, Erfolgskriterien, funktionsfähiger Projektorganisation, realistischer Planung und effizientem Projekt-Controlling.

Beeinflussung der Grundeinstellungen

1.4 Changemanagement in Projekten

Unabhängig von den konkreten Inhalten bzw. Fragestellungen gilt für jedes Projekt, das abgeschlossen wurde: etwas im Unternehmen ist nicht mehr so, wie es bisher war. Projekte zielen immer auf Veränderungen. Auch wenn diese noch so geringfügig sein mögen - die Verantwortlichen müssen sich darüber im Klaren sein, dass sie damit die betroffenen Mitarbeiterinnen und Mitarbeiter an einer sehr „empfindlichen" Stelle treffen. Zumindest (und hoffentlich nur) vorübergehend besteht eine gewisse Unsicherheit. Neue Verfahren oder Techniken sollen jetzt angewendet werden, modifizierte Prozesse unterscheiden sich mehr oder weniger von den bisherigen, vertrauten. Mitarbeiter müssen sich in neue Strukturen einfügen, mit anderen Kollegen zusammenarbeiten, usw. Hierbei brauchen sie umfassende und professionelle Unterstützung. Andernfalls kommt es fast unweigerlich zu „Widerstandshandlungen", die den Projekterfolg durchaus in Frage stellen können (hierauf wird in Kap. 4 ausführlich eingegangen).

Projekte zielen auf Veränderungen

Für den Projektmanager bedeutet das: schon mit Beginn der Projektplanung sind die möglichen Wirkungen bzw. Auswirkungen auf die Betroffenen mitzubedenken und Maßnahmen zur Förderung der Adaption und Akzeptanz vorzusehen. Das beginnt mit einer angemessenen Informationspolitik und umfasst je nach Möglichkeit weitergehende Formen der Beteiligung. Schließlich sind rechtzeitig eventuell erforderliche Qualifizierungsmaßnahmen einzuleiten. Dabei ist darauf zu achten, dass genügend Zeit für die Anpassungsprozesse zur Verfügung steht.

Zeit für Anpassungsprozesse einplanen

Allen muss klar sein: gegen die betroffenen Menschen lassen sich Veränderungen – so nötig sie auch sein mögen – letztlich nicht wirklich erfolgreich umsetzen.

Niemals gegen die Betroffenen!

1.5 Aufbaustrukturen und Prozesse in Projekten

1.5.1 Projektstrategie

Ausrichtung des Projektes auf die Unternehmensstrategie

Die Projektstrategie ist die grundlegende Ausrichtung des Projektes hinsichtlich Vorgehen, Restriktionen und Zielen, die aus der Unternehmensstrategie abgeleitet sind. Sie wird maßgeblich im Rahmen der Multiprojektinitiative gebildet. Sie hilft dem Projektleiter, in der Projektplanung geeignete Schwerpunkte zu bilden und geeignete Meilensteine zur Überwachung abzuleiten.

Für die Diagnose und Steuerung zeigt sie kritische Punkte, deren negative Entwicklung im Rahmen der Risikoanalyse unbedingt beachtet werden muss. Die Kommunikation zum Top-Management und das Projektmarketing sollten vom Projektleiter vor allem auf die Projektstrategie ausgerichtet sein.

Die Projektstrategie gibt der Führung und Zusammenarbeit Richtung und Verlässlichkeit. Eine hohe Identifikation aller Beteiligten mit der Projektstrategie trägt wesentlich zur Motivation bei und sorgt auch für Orientierung in schwierigen Zeiten im Projekt.

Am Ende des Projektes sollte beim Projektabschluss vor allem kritisch geprüft werden, inwieweit die ursprüngliche Projektstrategie beibehalten werden konnte und welche Auswirkungen mögliche Veränderungen auf das Projekt hatten.

1.5.2 Projektkultur

Gesamtheit aller Normen und Werte im Projekt

Unternehmenskultur wurde definiert als die Gesamtheit aller Normen und Werte, die den Geist und die Persönlichkeit eines Unternehmens ausmachen. Die daraus resultierenden Denkhaltungen, Grundannahmen, Einstellungen und Verhaltensweisen schlagen sich auch und gerade in der Projektkultur nieder. Allerdings bietet Projektarbeit immer auch die Möglichkeit, zumindest indirekt die Kultur zu verändern. Die erforderliche intensive Zusammenarbeit von Mitarbeitern unterschiedlicher Bereiche, die Notwendigkeit zur Überwindung von Bereichsegoismen und nicht zuletzt die gemeinsame Verantwortung für den erfolgreichen Veränderungsprozess können ein Klima des Miteinanders fördern und zur Stärkung der Identifikation mit dem Unternehmen beitragen. Die hier praktizierten Kooperations- und Umgangsformen werden mit der Zeit weitere Bereiche des Unternehmens prägen.

Immer häufiger kommt es heute zu internationalen Besetzungen der Projektteams. Deutsche bearbeiten z.B. gemeinsam mit Amerikanern, Briten, Franzosen, Japanern und/oder Indern Projekte, deren Ergebnisse im weltweit operierenden Konzern umgesetzt werden müssen. Hier prallen zum Teil erhebliche kulturelle Unterschiede aufeinander, die sich nicht nur auf die Teamfähigkeit erstrecken, sondern sogar sehr unterschiedliche Wertesysteme (Grundeinstellungen, Führungsstile, Umgang mit Macht und Hierarchie u.a.m.)

im Team zusammenführen. Für den Projektleiter bedeutet dies eine ganz neue und besondere Herausforderung, die ohne Weltoffenheit, ausgeprägte Toleranz und ein hohes Maß an Einfühlungsvermögen kaum zu bewältigen ist. Zugleich erwächst hieraus eine Chance zur kulturellen Bereicherung sowohl des Unternehmens als auch der Gesellschaft insgesamt. Allerdings sollten die möglichen Schwierigkeiten und Probleme nicht unterschätzt werden. Guter Wille allein wird nicht reichen, erforderlich sind vielmehr eine sorgfältige Einführung in die jeweiligen kulturellen Besonderheiten und eine gründliche und besser noch professionell unterstützte Vorbereitung auf die Leitung eines multinationalen Projektteams (siehe auch 6.13 „Internationale Zusammenarbeit").

1.5.3 Projektstruktur

Aufbau- und ablauforganisatorische Regelungen

Die Projektstruktur umfasst die Gesamtheit aller aufbau- und ablauforganisatorischen Regelungen für Projekte eines Unternehmens, die für ein konkretes Projekt angewendet werden müssen. Sie bildet den Ausgangspunkt für projektbezogene Regelungen und sollte in einem Projektmanagement-Handbuch beschrieben sein. Es ist sinnvoll, eine auf Projektarten und -klassen ausgerichtete Projektstruktur einzurichten, damit das „Material des Zeltträgers" flexibel genug angepasst werden kann. So sollen überdimensionierte Projektgremien vermieden und der Formalismus gering gehalten werden. In Kapitel 2: Projektaufbauorganisation werden Prinzipien zur Gestaltung der Projektstruktur vorgestellt und allgemeingültige Stellenbeschreibungen für Projektbeteiligte aufgezeigt.

1.5.4 Initiative

Die richtigen Dinge (Projekte) zu tun und die unwichtigen liegen und reifen zu lassen, wird immer mehr zum Erfolgs- oder Überlebensfaktor in der Komplexität und Dynamik der heutigen Zeit.

Unternehmen, die den Prozess zur Beantwortung der Frage:

> Bearbeiten wir die richtigen Projekte?

beherrschen, werden in der Zukunft Wettbewerbsvorteile für sich erschließen, die von anderen nur sehr schwer eingeholt werden können.

Der Prozess der (Multiprojekt-) initiative bewegt sich auf strategischer und operativer Ebene. In der Unternehmensstrategie werden die Rahmendaten für die Projektarbeit gesetzt. Hierzu zählen

Strategische Aufgaben der Initiative

- die Entwicklung der Gesamtprojektbudgets
- die Formulierung unternehmensspezifischer Projekterfolgskriterien
- die quantitative und qualitative Personalentwicklung von Projektpersonal
- die Aufteilung des Gesamtbudgets nach Projektarten und -klassen
- die Schwerpunktsetzung für die Entwicklung des Produktportfolios
- die Festlegung von Mindestrenditen für Rationalisierungsprojekte.

Der operative Prozess beginnt mit der Entstehung von Projektideen und endet mit der Entscheidung, ob ein Projekt gestartet wird oder nicht. Dabei werden viele Erfolgsfaktoren von Projekten abgeklopft, ob sie beim konkreten Vorhaben gegeben sind. Dies vermeidet Projektruinen und hilft ausreichende Mittel für wirklich wichtige und Erfolg versprechende Projekte zu haben:

Operative Schritte

Prozessschritt	Teilschritte
Entstehung	Aus der aktiven Optimierung von Geschäftsprozessen etwa durch das betriebliche Vorschlagswesen oder angeregt durch Führungskräfte entstehen innovative Ideen für Projekte. Reaktiv werden aus dem Wettbewerbsdruck, neuen Gesetzen und Richtlinien oder durch Kundenanfragen Projektideen ausgelöst.
	Das Produktmanagement leitet systematisch aus Kundenbedürfnissen, Entwicklungen in Markt, Politik und Technologie und dem Lebenszyklus der eigenen Produkte Veränderungsbedarf ab, der durch Projekte umgesetzt wird.
	Das Systemmanagement beurteilt die im Unternehmen eingesetzten Anlagen, Geräte, Gebäude, Software, Hardware hinsichtlich deren Eignung, Kosten und Alter im laufenden Betrieb und ermittelt den Erneuerungs- und Reparaturbedarf, woraus Infrastrukturprojekte entstehen.
Antrag	Anträge halten den Veränderungsbedarf fest und bilden die Basis für die Prüfung. Anhand der Angaben wird beurteilt, ob für die Aufgabe überhaupt ein Projekt die richtige Arbeitsform ist. Anschließend werden die Anträge nach Arten und Klassen katalogisiert, damit passende Entscheidungswege eingeschlagen und die sinnvollsten Projektmanagement-Methoden ausgewählt werden können.

Operative Schritte

Prüfung	Der Grad der Übereinstimmung der Anträge mit der Strategie zeigt die Attraktivität und Bedeutung der Vorhaben für das Unternehmen. Wesentliche Projekterfolgskriterien sind gegeben, wenn das Unternehmen Einsatzmittel und Know-how für die Vorhaben bereitstellen kann und ein ernsthafter Wille zur Unterstützung der Projektideen bis zum Ende besteht. Die Wirtschaftlichkeitsbetrachtung offenbart, ob die absehbaren Kosten und der Nutzen der Vorhaben in einem vernünftigen Verhältnis zueinander stehen.
Priorisierung	Die Ergebnisse der Prüfung werden in Kennzahlen umgesetzt, die eine Rangfolge und Einordnung der Vorhaben in das Projektportfolio ermöglichen. Dabei ist zu berücksichtigen, welche Auslastung der Einsatzmittel aus den Projekten entstehen wird und ob diese für das Unternehmen verkraftbar ist. Für den geeigneten Startzeitpunkt eines Vorhabens sollten die Abhängigkeiten zwischen laufenden Projekten und Projektideen berücksichtigt werden.
Entscheidung	Die geprüften und priorisierten Anträge werden den zuständigen Bewilligungsgremien vorgestellt, die über die Freigabe entscheiden. Bei Genehmigung wird Projektverantwortung über Lenkungsausschuss, Auftraggeber und Projektleiter verankert.

Abb. 1.07 : Schritte der (Multiprojekt-) Initiative

1.5.5 Start

Meist zeigt sich erst beim Projektstart, ob die in der Initiative gemachten Zusagen auch eingehalten werden können. Er beginnt mit den genehmigten Anträgen, die als vorläufige Aufträge formuliert sind, und endet mit einem von Projektleiter und Lenkungsausschuss unterschriebenen Projektauftrag. Dabei wurde der Projektauftrag in einem Kick-off allen Projektbeteiligten bekannt gemacht und mit dem Projektteam in einer ersten Projektsitzung geprüft und geklärt. Wie bei einem Hundertmeterläufer ist der Projektstart ein wichtiger Erfolgsfaktor. Ein überhasteter Frühstart, indem der Projektleiter vorprescht, viele Entscheidungen vorweg nimmt und den Auftrag halbherzig klärt, demotiviert das Team, führt zu schwer überwindbaren Akzeptanzproblemen und birgt die Gefahr in sich, das Projekt in eine falsche Richtung zu führen.

Aber auch ein zu langes Ausharren im Startblock durch lange Suche nach den geeigneten Teammitgliedern, umfangreiche Ausformulierungen beim Auftrag und langatmige Kick-off-Veranstaltungen nimmt viel von der Startenergie aus einem Projekt.

1.5.6 Planung

Die Planung begleitet den Projektleiter durch das gesamte Projekt, der Schwerpunkt liegt jedoch vor allem zu Beginn des Projektes. Sie soll die Frage beantworten:

Wie wird das Projekt richtig angepackt?

Die Projektplanung soll die umfassende Projektaufgabe (beschrieben im Projektauftrag) in kleinere, beherrschbare Einzelteile zerlegen, damit diese (Arbeitspakete) an die Projektbeteiligten verteilt werden können. Sie dient der Koordination und Orientierung und sorgt dafür, dass im Projektverlauf Abweichungen erkannt werden und darauf reagiert werden kann. Die Vielfalt der Planung zeigt sich in der Fülle der Planungsinhalte:

Planungsinhalte

Inhalt	Beschreibung
Ziele	Die Ziele drücken den Anspruch an die Qualität der Ergebnisse und des Vorgehens im Projekt aus. Um eine hohe Akzeptanz der Ergebnisse zu erreichen, sollten die Interessen der Stakeholder bei der Formulierung der Ziele berücksichtigt werden.
System	Durch Abgrenzung des vom Projekt zu gestaltenden Systems wird der Projektumfang festgelegt. Dabei werden die Schnittstellen zwischen Systembestandteilen und Projektumfeld ermittelt, die inhaltliche Zerlegung abgeleitet und relevante Restriktionen und Rahmenbedingungen formuliert.
Vorgehen	Die Wahl eines Vorgehensmodells klärt, wie das Projekt grundsätzlich angepackt werden soll. Projektphasen decken die großen Schritte im Projektlebenszyklus ab, während der Planungszyklus ein Grundmuster für wiederkehrende Projektabschnitte ist.

Planungs-
inhalte

Inhalt	Beschreibung
Projektstrukturplan	Der Projektstrukturplan steht im Zentrum der Planung. Daraus werden der Projektablauf, die Einsatzmittel, die Kosten, ein geeigneter Projektaufbau abgeleitet und die einzelnen Arbeitspakete gebildet. Die Strukturierung der Projektaufgaben erfolgt nach Objekten des Systems oder groben, beziehungsweise feinen Schritten des Vorgehensmodells. Die Vollständigkeit der Projektaufgaben wird anhand der Ziele geprüft.
Projektablauf	Das gewählte Vorgehen erzwingt wesentliche Meilensteine im Projektablauf. Die Projektaufgaben werden in eine logische Reihenfolge gebracht, um die definierten Meilensteine zu erreichen. Mit der geschätzten Dauer der Arbeitspakete können dann Termine und mögliche Zeitpuffer berechnet werden.
Projektaufbau	Der Projektaufbau regelt abhängig von den Stakeholdern und der Übernahme von Kosten und Budgets, wer am Projekt beteiligt ist und welche Rollen zu vergeben sind. Eine geeignete Aufbauform definiert die Kompetenzen des Projektleiters.
Einsatzmittel	Für jedes Arbeitspaket des Projektstrukturplanes wird ermittelt, wieviel Aufwand es verursacht, die Aufgaben zu erledigen. Aus den Anforderungen an die Qualifikation und Eignung ergibt sich der Bedarf an Einsatzmitteln, der durch Beschaffung oder interne Einsatzmittel gedeckt wird. Lieferzeiten und Verfügbarkeitsprobleme sind im Projektablauf zu berücksichtigen.
Kosten	Die Kosten ergeben sich aus dem mit Preisen bewerteten Verbrauch der Einsatzmittel. Die Kosten werden durch intern bereitgestellte Budgets gedeckt oder erfordern eine Finanzierung.
Auftrag	Im Auftrag werden der Projektinhalt und die Bedingungen für die Ausführung der Projektergebnisse beschrieben. Aufgrund des Projektstrukturplanes können die Arbeitspaketinhalte an Projektmitarbeiter delegiert werden.

Abb. 1.08: Planungsinhalte

1.5.7 Ausführung – Arbeitspakete erledigen

Definition

Unter Ausführung wird das Erledigen der in der Projektplanung gebildeten und an Projektbeteiligte delegierten Arbeitspakete verstanden.

Methoden und Techniken, die die Ausführung von Arbeitspaketen betreffen, werden in dieser Schrift nicht behandelt, weil sie sehr stark von den Projektarten abhängig sind. Für Organisationsprojekte enthält Band 1 dieser Schriftenreihe eine Fülle von Methoden und Techniken, die den Organisator bei der Durchführung seiner Arbeitspakete unterstützen. Sie werden nur dann angesprochen, wenn sie für die Arbeitspakete des Projektmanagements von Bedeutung sind.

1.5.8 Diagnose und Steuerung

Projektdiagnose und -steuerung während des Projektverlaufes sind die Kernaufgaben des Projektleiters. Sie beschäftigt sich mit der Frage:

Wie wird Kurs gehalten?

Regelkreis

Diese Projektmanagementfunktion ermöglicht es, im Projekt flexibel auf Veränderungen einzugehen. Sie ist damit charakteristisch für die Projektarbeit. Der Projektleiter hält einen Regelkreis in Gang, der je nach Sachlage mehr oder weniger häufig und schnell durchlaufen wird. Neben dem Blick zurück muss der Projektleiter bei jeder Überprüfung auch die Auswirkungen auf die Zukunft beachten. Ausgangspunkt der Diagnose und Steuerung ist immer die Planung.

Verträge und rechtliche Aspekte bilden den Rahmen für die Diagnose und Steuerung. Sie sichern die Maßnahmen ab und ermöglichen Mängel durch Nachforderungen auszugleichen.

Schritte der Diagnose und Steuerung

Schritte	Beschreibung
Ist-Erfassung	Durch regelmäßige Statusabfragen werden die Arbeitspaketverantwortlichen aufgefordert, die erbrachte Leistung und deren Fortschritt gemeinsam mit den angefallenen Kosten und den aktuellen Terminen zu melden. Reviews ermitteln die Qualität der Arbeitsergebnisse.
	Die Abfrage von Indikatoren für Risiken mit besonderer Tragweite und Eintrittswahrscheinlichkeit zeigt an, inwieweit sich die Risikoeinschätzung geändert hat und Handlungsbedarf entsteht.
Diagnose	In der Diagnose werden die Abweichungen zwischen Ist und Plan sowie Prognosen ermittelt. Bei großen Abweichungen müssen die Ursachen und deren Zusammenhänge aufgezeigt werden, um passende Steuerungsmaßnahmen ableiten zu können.
Information	Im Berichtswesen ist zu klären, wie oft und an wen, was regelmäßig berichtet werden soll. In Projektsitzungen werden der Status der Arbeitspakete besprochen und steuernde Maßnahmen vereinbart. Die Dokumentation legt fest, wie die Projektergebnisse festzuhalten und wo Detailinformationen zu finden sind. Sie ermöglicht eine effiziente Informationsversorgung im Projekt.
Steuerung	Die Maßnahmen zur Steuerung sollen eine Korrektur der aktuellen Situation bewirken. Sie beinhalten auch vorbeugende Schritte, damit ähnliche Abweichungen künftig nicht mehr auftreten, sowie Eventualmaßnahmen, um heute bereits Vorkehrungen für eine einfache Krisenbewältigung zu treffen. Eine Eskalation kann zur Durchsetzung der Maßnahmen nötig werden. Kommt es zu Änderungen der Projektinhalte, müssen je nach Umfang unterschiedliche Instanzen in Projekt und Linie zustimmen und der Einfluss auf die Konfiguration der laufenden Systeme beachtet werden.

Abb. 1.09: Diagnose und Steuerung

1.5.9 Führung und Zusammenarbeit – Motivation und Akzeptanz fördern

Projektarbeit lebt im Wesentlichen vom konstruktiven und reibungslosen Zusammenspiel der Beteiligten. Das gilt insbesondere für das Projektteam selbst, das möglichst schnell arbeitsfähig werden und über die gesamte Laufzeit des Projektes gut und zielorientiert zusammenarbeiten muss. Für den Projektleiter ergeben sich drei Handlungsebenen: das Individuum -das Team-das Unternehmen insgesamt (siehe Kap. 1.6, Projektmanagement-Modell).

Handlungsebenen

Handlungsebene „Individuum“
Planung, Diagnose und Steuerung der Projektarbeit erfordern ein hohes Maß an Projektmanagement- und Führungskompetenz. Der Projektleiter muss in der Lage sein, Konflikte mit oder zwischen Teammitgliedern konstruktiv zu bearbeiten, Widerstände zu erkennen und abzubauen, ausgleichend zwischen den Beteiligten zu wirken, Aufgaben (Arbeitspakete) zu delegieren, Feedback zu geben und anzunehmen, die Beziehungsebene positiv zu gestalten und den einzelnen Mitarbeiter in seiner Motivation zu stärken. Besondere Verantwortung trägt er auch für die reibungslose Kommunikation zwischen allen Beteiligten. Darüber hinaus gehört die Verhandlungsführung zum Alltag des Projektleiters, sowohl im Kontakt mit dem Auftraggeber (z.B. Auftragsklärung) als auch in der Zusammenarbeit mit seinem Team, den einzelnen Mitarbeitern, den Gremien und Bereichsleitern (z.B. „Kampf um Ressourcen“) und in der Auseinandersetzung mit Betroffenen. Eine besondere Rolle spielt dabei der persönliche Umgang mit Macht und Hierarchie.
Handlungsebene „Team“
Projektarbeit ist Teamarbeit und die hat zum Ziel, aus der Vielfalt der individuellen Potenziale der Teammitglieder (Erfahrungen, Know-how, Kreativität, Motivation) ein optimales Ganzes zusammenzufügen. Der Projektleiter muss sich daher gleichsam als Teamleiter und Teamentwickler verstehen und durch geeignete Führungs-, Entwicklungs- und Partizipationsmaßnahmen den Teambildungsprozess unterstützen. Moderationstechniken, Methoden der gemeinsamen Problemlösung, Reflexions- und Analysefähigkeiten sowie Mut und Geschick bei der Krisenbewältigung gehören ebenso zu seinem Qualifikationsprofil wie eine von grundsätzlicher Akzeptanz und Wertschätzung, Empathie und Echtheit gekennzeichneten Einstellung den Teammitgliedern gegenüber.
Handlungsebene „Unternehmen“
Da die angestrebten Projektergebnisse letztlich das Unternehmen selbst mehr oder weniger stark verändern, ist mit Zurückhaltung oder gar Widerständen zu rechnen. Von Beginn an bedarf es daher eines sorgfältig geplanten Projektmarketings. Anlass, Notwendigkeit und Zielsetzung müssen öffentlichkeitswirksam kommuniziert werden. Mit breitangelegten Partizipationsmaßnahmen sind Unterstützung und Akzeptanz zu fördern und praxisrelevante Lösungen (Praktikabilität, Beachtung von Schnittstellen) sicherzustellen, um organisationales Lernen zu ermöglichen und gebotene Veränderungen durchzusetzen. Das hat mittelfristig auch Auswirkungen auf die Personalentwicklung.

Abb. 1.10: Handlungsebenen des Projektleiters

Alle diese Aspekte werden an anderer Stelle noch ausführlich erörtert (u.a. 5.11; 6.5.5; 6.10.4; 6.12).

1.5.10 Abschluss

Ein sauberer und vor allem erlebbarer Projektabschluss ist aus mehreren Gründen wichtig und wird deshalb in Kapitel 7 noch ausführlich behandelt:

Bedeutung des Projektabschlusses

- Projektleiter und Projektteam müssen von ihrer Verantwortung „entlastet" werden
- Die Teammitglieder gehen nach einer meist längeren Phase (Monate oder Jahre) intensiver Zusammenarbeit wieder zurück in die Linie oder in ein anderes Projekt. Die in dieser Zeit gewachsenen Strukturen und Beziehungen verdienen es, abschließend gewürdigt und „behutsam" aufgelöst zu werden
- Die weitere Verwendung der für die Projektlaufzeit bereitgestellten Infrastruktur ist zu klären
- Die Lösungen sind mit aller Konsequenz in die Stammorganisation zu integrieren
- Das Projektergebnis muss abschließend bewertet werden (Zielerreichungsgrad)
- In einer detaillierten Dokumentation (Abschlussbericht) sind sämtliche Ergebnisse und Erfahrungen zu konservieren und für Folgeprojekte verfügbar zu halten
- Eine ausführliche Prozessanalyse während einer Abschlussbesprechung, in der noch einmal der gesamte Projektverlauf nachvollzogen wird, bietet zahlreiche Lernchancen für die Zukunft. Dabei sollte nicht nur der fachliche Aspekt der Projektarbeit betrachtet, sondern vor allem auch die Zusammenarbeit im Projektteam reflektiert werden
- Monate- oder sogar jahrelange Projektarbeit, die zumeist nicht ohne Krisen abläuft und den Teammitgliedern große Anstrengungen abverlangt, darf einen würdigen Abschluss („Abschlussfest") beanspruchen.

Für das Unternehmen ist neben dem hoffentlich positiven Projektergebnis in jedem Fall ein enormer Wissensschatz entstanden, der für die erfolgreiche Gestaltung der Zukunft außerordentlich wichtig sein kann. Ihn zu schätzen und zu nutzen ist nicht nur ökonomisch sinnvoll, sondern drückt gleichzeitig auch Wertschätzung der Projektmitarbeiter aus, was sich in der Motivation für die weitere (Projekt)-Arbeit niederschlagen wird und die Weiterentwicklung des PM-Systems ermöglicht.

Dabei hängt der Nutzen für die Zukunft entscheidend von der Offenheit ab, mit der die Prozessanalyse vorgenommen und (für künftige Projektteams zugänglich) dokumentiert wird. „Beschönigungen“ bzw. das Ausklammern von Problemen und Fehlern schränken die Lernchancen erheblich ein. Auch an dieser Stelle wirkt sich die aktuelle Unternehmenskultur aus. Eine auf die Suche nach den „Schuldigen“ reduzierte Fehlerkultur lässt diese Offenheit kaum zu.

1.6 Projektmanagement – Modelle

1.6.1 ibo-Projektmanagement-Modell

Die Aufbaustrukturen und Prozesse im Projektmanagement sind in dem aktuellen ibo-Projektmanagement-Modell zusammengefasst. Es dient als

Nutzen des ibo-PM-Modells

- Orientierung und Leitfaden für die Praxis
- Darstellung von relevanten Wissensgebieten für Projektleiter
- Checkliste zur Diagnose von Einzelprojekten und Projektmanagement-Systemen
- Lernhilfe für Weiterbildungsveranstaltungen im Projektmanagement
- Brücke zu den internationalen Projektmanagement-Standards der IPMA und des PMI.

Das ibo-Projektmanagement-Modell deckt die Projektmanagement-Prozesse des PMBOK des PMI vollständig ab. Es ergänzt die wichtigen Führungs- und Teamprozesse und umfasst in der Initiative auch strategische und operative Prozesse, die zur Auswahl der richtigen Projekte für ein Unternehmen beitragen.

Außerdem wurden die Wissensgebiete der IPMA Competence Baseline den PM-Funktionen soweit möglich zugeordnet, um auch diesen international bedeutenden Projektmanagement-Standard einzubeziehen. Damit eignet sich das Modell auch für eine gezielte Prüfungsvorbereitung, wenn sich Projektleiter international zertifizieren möchten.

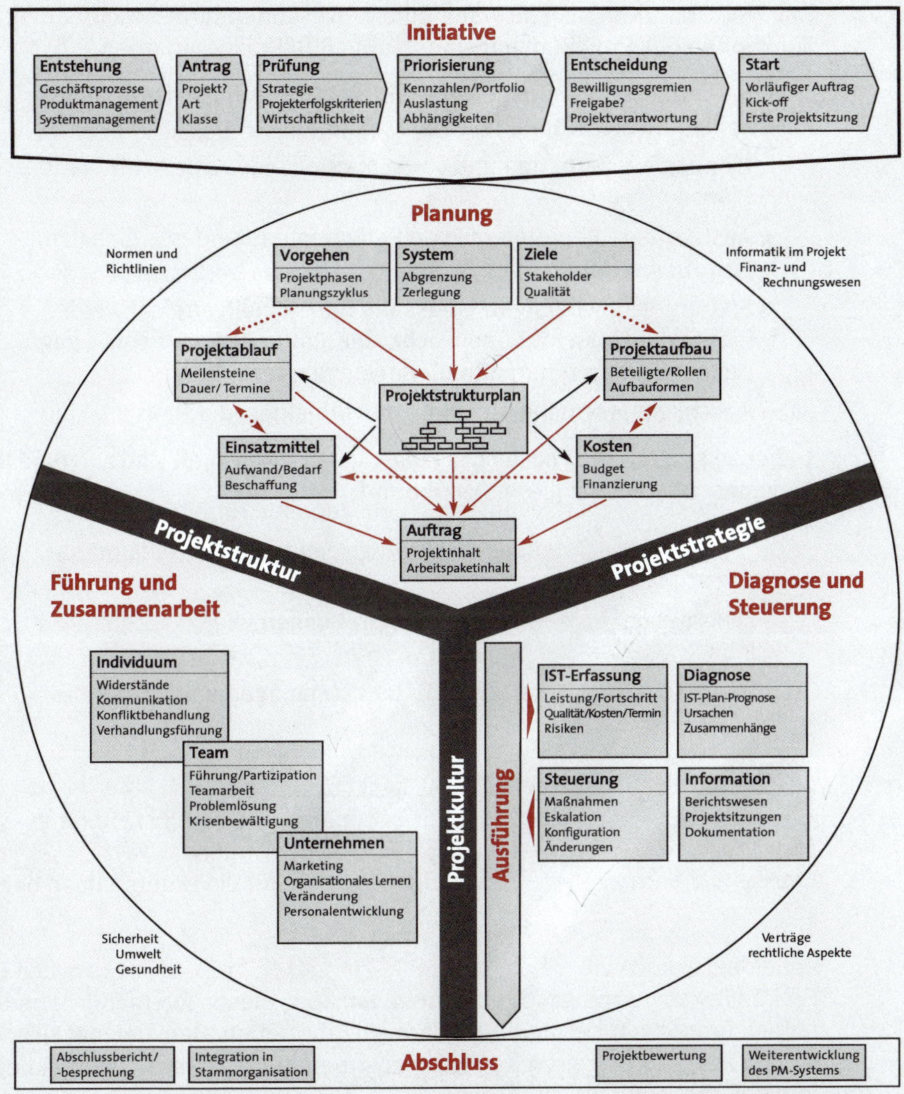

Abb. 1.11: ibo-Projektmanagement-Modell

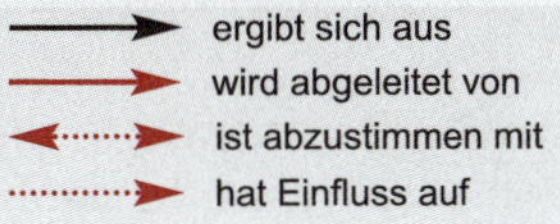

1.6.2 Das Projektmanagement-Prozessmodell des PMI

Der PMBOK Guide des PMI wählt eine prozessorientierte Beschreibung der Funktionen des Projektmanagements. Die fünf Prozessgruppen

- Initiierung - Erkennen, dass ein Projekt/eine Phase beginnen sollte und sich darauf festlegen, es zu tun
- Planung - Ausarbeiten und Fortschreiben eines durchzuführenden Planes
- Ausführung - Koordinieren von Personen und anderen Einsatzmitteln zur Ausführung des Planes
- Steuerung - Sicherstellen, dass die Projektziele erreicht werden, indem der Fortschritt überwacht, der Status bewertet sowie gegebenenfalls Korrekturmaßnahmen eingeleitet werden
- Abschluss - Formelle Abnahme des Projektes/der Phase

beziehen sich auf alle Phasen des Projektlebenszyklus und sind aufgrund ihrer Eingangs- und Ausgangswerte verknüpft.

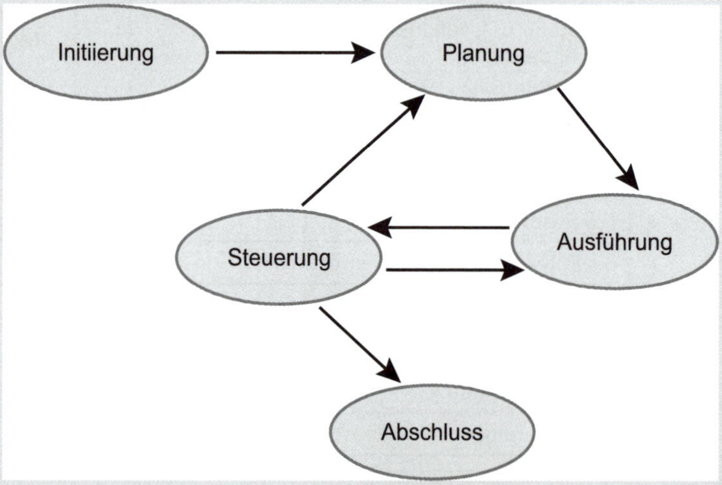

Abb. 1.12: Prozessgruppen des PMI im Zusammenhang

Eingangswerte sind Dokumente, die als Grundlage für Aktionen dienen, Ausgangswerte sind die Ergebnisdokumente eines Prozesses. Die Prozesse selbst werden durch die genutzten Werkzeuge und Verfahren beschrieben.

Die Kapitel 1 bis 3 des PMBOK liefern Definitionen und die Einordnung des Projektmanagements mit dessen Prozessen. Die Wissensgebiete und ihre Prozesszuordnung beginnen deshalb ab Kapitel 4.

In der nachfolgenden Tabelle sind die Teilprozesse entsprechend zugeordnet.

Wissensgebiete	Prozessgruppen	Initiierung	Planung	Ausführung	Steuerung	Abschluss
4. Integrations-management	4.1 Entwicklung des Projektauftrages	X				
	4.2 Projektinhalt vorläufig beschreiben	X				
	4.3 Projektmanagement-Plan entwickeln		X			
	4.4 Projektausführung managen			X		
	4.5 Überwachen und Steuern der Projektarbeit				X	
	4.6 Integrierte Änderungssteuerung				X	
	4.7 Abschließen des Projektes					X
5. Inhalts- und Umfangs-management	5.1 Planung des Inhaltes und Umfanges		X			
	5.2 Definition des Inhaltes und Umfanges		X			
	5.3 Erstellung des Projektstrukturplanes		X			
	5.4 Verifizierung des Inhaltes und Umfanges				X	
	5.5 Steuerung von Inhalts- und Umfangs-änderungen				X	
6. Termin-management	6.1 Definition der Vorgänge		X			
	6.2 Festlegen von Vorgangsfolgen		X			
	6.3 Einsatzmittelbedarf für Vorgänge		X			
	6.4 Schätzung der Vorgangsdauer		X			
	6.5 Entwicklung des Terminplanes		X			
	6.6 Steuerung des Terminplanes				X	
7. Kosten-management	7.1 Kostenschätzung		X			
	7.2 Kostenplanung		X			
	7.3 Steuerung der Kosten				X	
8. Qualitäts-management	8.1 Qualitätsplanung		X			
	8.2 Qualitätssicherung durchführen			X		
	8.3 Qualitätslenkung durchführen				X	
9. Personal-management	9.1 Personalbedarfsplanung		X			
	9.2 Zusammenstellung des Projektteams			X		
	9.3 Entwicklung des Projektteams			X		
	9.4 Leiten des Projektteams				X	

Abb. 1.13: Teilprozesse und Wissensgebiete des PMBOK®

Wissensgebiete	Prozessgruppen	Initiierung	Planung	Ausführung	Steuerung	Abschluss
10. Kommunikationsmanagement	10.1 Kommunikationsplanung		X			
	10.2 Informationsverteilung			X		
	10.3 Fortschrittberichtswesen				X	
	10.4 Stakeholdermanagement	X	X		X	
11. Risikomanagement	11.1 Risikomanagementplanung		X			
	11.2 Risikoidentifikation		X			
	11.3 Qualitative Risikoanalyse		X			
	11.4 Quantitative Risikoanalyse		X			
	11.5 Risikobewältigungsplanung		X			
	11.6 Risikoüberwachung und -steuerung				X	
12. Beschaffungsmanagement	12.1 Einkäufe und Beschaffung planen		X			
	12.2 Vertragswesen planen		X			
	12.3 Lieferanten anfragen			X		
	12.4 Lieferantenauswahl			X		
	12.5 Vertragsabwicklung				X	
	12.6 Vertragsbeendigung					X

Abb. 1.13f: Teilprozesse und Wissensgebiete des PMBOK

1.6.3 Wissensgebiete der IPMA Competence Baseline (ICB 3.0)

Im Jahr 2007 hat die International Project Management Association (IPMA) ihre IPMA Competence Baseline (ICB) aufgrund der heute weiter gestiegenen Anforderungen an die Verhaltenskompetenz von Projektmanagern und Teammitgliedern erneuert. Außerdem sollen sich Projektmanager besser im dynamischen Kontext von Projekten, Programmen und Portfolios zurechtfinden. Deshalb wurden die bisherigen 42 Elemente aus fünf Kompetenzbereichen auf 46 Elemente in 3 Bereichen im Rahmen des „Eye of Competence“ erweitert und abgebildet:

Kompetenzbereiche der ICB

Kompetenzbereiche der ICB 2.0		Bereiche der ICB 3.0
■ Grundlagenkompetenzen (11) ■ Methodenkompetenzen (10) ■ Soziale Kompetenzen (4) ■ Organisationskompetenzen (9) ■ Managementkompetenzen (8)	→	■ PM-technische Kompetenzen (20) ■ PM-Verhaltenskompetenzen (15) ■ PM-Kontextkompetenzen (11)

(*) Anzahl der Elemente in Klammern

Darüberhinaus werden nun die einzelnen Elemente in Prozessschritten beschrieben, was die Handlungsorientierung erleichtert. Angesprochene Themenfelder und die abhängig vom IPMA Level (A, B, C oder D) dargestellten Schlüsselqualifikationen unterstützen eine zielgerichtete Entwicklung von Projektpersonal genauso wie die gezielte Qualifizierung und Vorbereitung der Kandidaten zur Zertifizierung.

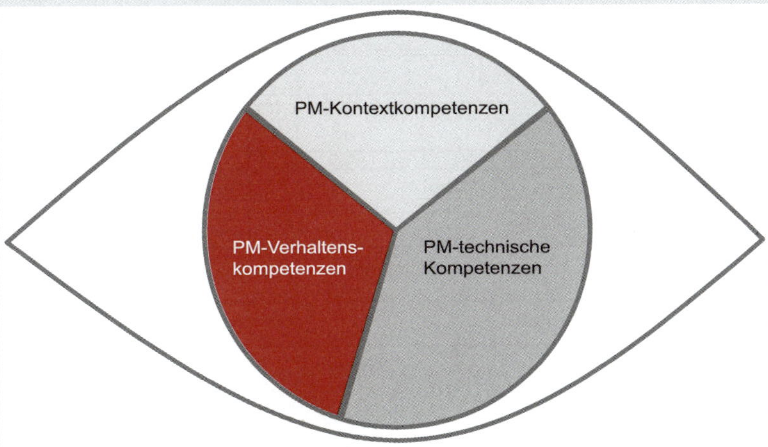

Abb. 1.14: Eye of Competence

Da das ibo-Projektmanagement-Modell von Anfang an die Bereiche Führung und Zusammenarbeit sowie das Multi-Projektmanagement im besonderen Fokus hatte, decken die Ausführungen des vorliegenden Buches die ICB 3.0 nahezu vollständig ab. Die nachfolgende Tabelle listet die 46 Projektmanagement-Elemente auf und stellt die Verbindung zum ibo-Projektmanagement-Modell und den Kapiteln des Buches her.

Nr.	PM-technische Kompetenzelemente	ibo-Modell	Kapitel
1.01	Projektmanagementerfolg	Initiative	1.7
1.02	Interessierte Parteien	Führung	4.6
1.03	Projektanforderungen und Projektziele	Planung	5.4
1.04	Risiken und Chancen	Diagnose	6.6
1.05	Qualität	Planung	5.4; 6.3.4
1.06	Projektorganisation	Planung	2
1.07	Teamarbeit	Führung	4.9
1.08	Problemlösung	Führung	5.9.2
1.09	Projektstrukturen	Planung	5.5
1.10	Leistungsumfang und Lieferobjekte	Planung	5.3
1.11	Projektphasen, Ablauf und Termine	Planung	5.2; 5.6
1.12	Ressourcen	Planung	5.7
1.13	Kosten und Finanzen	Planung	5.8
1.14	Beschaffung und Verträge	Planung	5.7.4; 6.10
1.15	Änderungen	Diagnose	6.8
1.16	Überwachung, Controlling und Berichtswesen	Diagnose	6.4; 6.7.4
1.17	Information und Dokumentation	Diagnose	6.7
1.18	Kommunikation	Führung	6.5
1.19	Projektstart	Initiative	4.1; 4.2
1.20	Projektabschluss	Abschluss	7

Abb. 1.15: PM-technische Kompetenzelemente der ICB 3.0 und ibo-Projektmanagement-Modell

Nr.	PM-Verhaltenskompetenzelemente	ibo-Modell	Kapitel
2.01	Führung	Führung	6.2
2.02	Engagement und Motivation	Führung	5.10
2.03	Selbstkontrolle	Führung	4.3
2.04	Durchsetzungsvermögen	Führung	4.3; 6.9.4
2.05	Entspannung und Stressbewältigung	Führung	4.3
2.06	Offenheit	Führung	4.3
2.07	Kreativität	Führung	6.4.8
2.08	Ergebnisorientierung	Planung	5.9
2.09	Effizienz	Planung	5.9
2.10	Beratung	Führung	4.4; 6.5.3
2.11	Verhandlungen	Führung, Diagnose	6.11
2.12	Konflikte und Krisen	Führung	6.5.5.; 6.6.9
2.13	Verlässlichkeit	Führung	6.2.2
2.14	Wertschätzung	Führung	6.2.2; 6.5.3
2.15	Ethik	Führung	6.2.2; 6.12

Abb. 1.16: Elemente der PM-Verhaltenskompetenzen der ICB 3.0 und ibo-Projektmanagement-Modell

Nr.	PM-Kontextkompetenzelemente	ibo-Modell	Kapitel
3.01	Projektorientierung	Initiative	3.1
3.02	Programmorientierung	Initiative	3.4; 3.5
3.03	Portfolioorientierung	Initiative	3.6
3.04	Projekt-, Programm-, Portfolio-einführung	Planung	8.4
3.05	Stammorganisation	Initiative, Abschluss	1.1
3.06	Business	Initiative	3.3.2
3.07	System, Produkte und Technologie	Initiative	3.3.3; 3.3.4
3.08	Personalmanagement	Führung	8.7
3.09	Gesundheit, Sicherheit und Umwelt	Führung	6.6.9
3.10	Finanzierung	Planung	3.8
3.11	Rechtliche Aspekte	Diagnose	6.10

Abb. 1.17: Elemente der PM-Kontextkompetenzen der ICB 3.0 und ibo-Projektmanagement-Modell

1.7 Erfolgsfaktoren im Projektmanagement

1.7.1 Beispiele von Projektruinen

Die Wirtschaftspresse berichtet regelmäßig über gescheiterte Projekte. Ob es um große Events, Fusionen, neue Produkte oder technische Innovationen geht, Schlagzeilen wie

Projekte in der Presse

- „Milliarden Defizit bei der Expo"
- „Millionengrab SAP für die öffentliche Verwaltung"
- „A-Klasse scheitert am Elchtest"
- „Das Maut-System - ein finanzielles Desaster für den Steuerzahler"
- „Pleiten, Pech und Pannen in der Zugindustrie"
- „Polizei arbeitet mit Computersystemen aus der Steinzeit"

sind Zeugnisse gescheiterter Projekte. Kosten- und Terminziele werden nicht erreicht. Die Qualität der technischen Lösung entspricht nicht den Einsatzanforderungen oder Kulturunterschiede führen zum Abbruch.

1.7.2 Mängel in der Projektarbeit

Empirische Studien zeigen, dass wirklich erfolgreiche Projekte eher selten sind. Nach einer Untersuchung der Standish Group Massachusetts wurden 50% aller IT-Projekte terminlich und kostenmäßig überzogen und weitere 30% ohne Ergebnis abgebrochen.

Studien der letzten 10 Jahre zeigen immer wieder die gleichen Faktoren, die zu gescheiterten Projekten insbesondere in der IT-Branche führen. Hierzu zählen vor allem unklare, überehrgeizige Ziele, schlechte Planung sowie quantitative und qualitative Mängel des Projektpersonals (siehe Abbildung 1.18).

Prioritäten der Projektmängel	KPMG	Standish Group	Computer-woche	Daily Telegraph	Forsa	Infos.
	1994	1995	1997	2001	1998	2000
Unklare Projektziele	1	1	1	1	7	3
Schlechte Planung	2	7	2	2	3	7
Falsche PM-Methode	4		4			
Ressourcenmangel	5	3	5	4	4	1
Falscher Projektleiter	6			3	6	4
Überehrgeizige Ziele	7	4	3	5	1	6
Schlechte Kommunikation	8			9		10
Problembewusstsein und Unterstützung fehlt bei Management	9	5		7,8	5	5
Einbindung der Benutzer fehlt		2				9
Technologie nicht beherrscht	3				2	8
Häufige Änderungen		6		6		2

Abb. 1.18: Prioritäten von Mängeln in der Projektarbeit

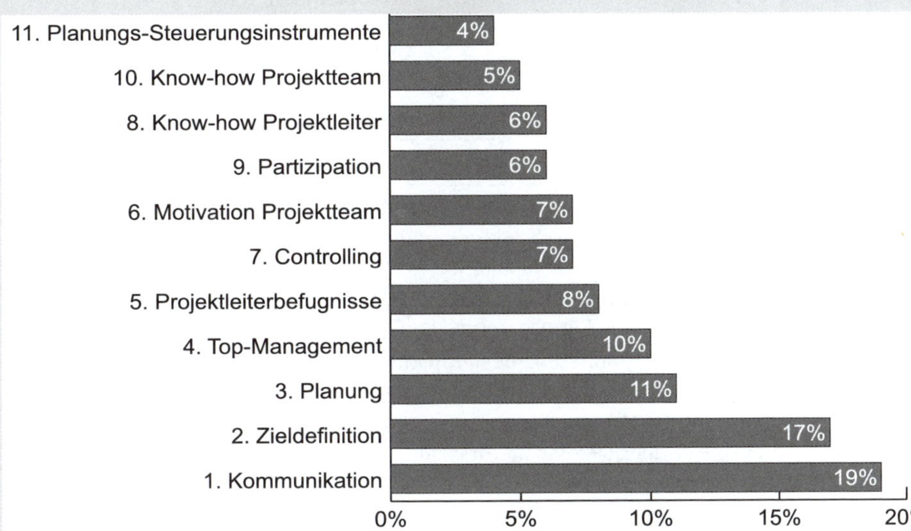

Untersuchung von 5700 Projekten aus 44 Studien der Universität Karlsruhe 1996

Abb. 1.19: Anteil von Erfolgsfaktoren

Die Erfolgsquote ließe sich sicherlich erhöhen, wenn man versucht, aus den bekannten Fehlern zu lernen, um sie im nächsten Projekt zu vermeiden. Aber Projekte sind einmalig, so dass das gleiche Vorgehen in einem Projekt zum Ziel führen kann, während es in einem anderen das Scheitern verursacht. Was haben alle erfolgreichen Projekte gemeinsam? Worauf kommt es an?

In einer Dissertation der Universität Karlsruhe hat Thomas Lechler die Ergebnisse von 44 Studien mit insgesamt 5700 Projekten ausgewertet und die Bedeutung der kulturellen Aspekte für den Projekterfolg bestätigt. Die beiden wichtigsten Erfolgsfaktoren waren die Effizienz und Effektivität der Kommunikation (19%) und die Qualität der Zieldefinition (17%). Wenn sich Projektleiter und Team auf die wichtigsten Faktoren der Liste konzentrieren, können sie ihre Erfolgsaussichten deutlich erhöhen.

1.7.3 Erfolgsfaktoren in den Projektmanagementfunktionen

Initiative
▪ Sicherung ausreichender Top-Management Unterstützung ▪ Klar vereinbarte Projektziele ▪ Beachtung der Startphase
Planung
▪ Ausreichende Projektplanung ▪ Situationsgerechter Methoden- und Tooleinsatz
Diagnose und -steuerung
▪ Zweckmäßige Projektkontrolle ▪ Offene, direkte Kommunikation und Information
Führung und Zusammenarbeit
▪ Situativer Führungsstil des Projektleiters ▪ Teamgeist, motivierte Teammitglieder
Projektstruktur
▪ Adäquate Projektgruppenbesetzung ▪ Genügend Kompetenz des Projektleiters ▪ Fähigkeit, Autorität und Erfahrung des Projektleiters

Abb. 1.20: Erfolgsfaktoren für Projekte

„Manches (Projekt) beginnt als Abenteuer und endet als teurer Abend“.
(Willy Reichert - Humorist)

2 Projektaufbauorganisation

2.1 Gestaltungsprinzipien

„Organisation ist ein Mittel, die Kräfte des Einzelnen zu vervielfältigen.“
(Peter F. Drucker)

Aufgaben, Kompetenz und Verantwortung in Linie und Projekt

Klare Rollenverteilungen und die Festlegung von Aufgaben, Kompetenz und Verantwortung gehören zu einer effizienten Projektarbeit genauso, wie das für die Linienorganisation gilt. Innerhalb der Projektaufbauorganisation werden die Projektbeteiligten definiert, die für jedes einzelne Projekt individuell eingesetzt und zeitlich befristet bestimmt werden. Daneben werden die Koordination und Steuerung der Projekte übergreifend geregelt, die Schnittstellen zur Linienorganisation beschrieben und durch die Aufbauformen die Entscheidungs- und Weisungsbefugnisse zwischen den Projektbeteiligten festgelegt. Innerhalb der Linienorganisation gibt es Stellen, die dauerhaft Aufgaben im Rahmen der Projektarbeit wahrnehmen wie Geschäftsleitung, Leitung Informatik/Organisation, Revision u.a.

Die Ausgestaltung der Projektaufbauorganisation hängt von folgenden Faktoren ab:

Kriterien für die geeignete Projektorganisation

■ Art des Projektes ■ Größe des Projektes ■ Bedeutung des Projektes ■ Dringlichkeit des Projektes ■ Aktuelle Projektphase ■ Formen der Beteiligung der Betroffenen ■ Verfügbarkeit der Projektmitarbeiter	■ Anzahl der betroffenen Bereiche ■ Vorhandene Regelungen zur Projektorganisation ■ Gesetzliche Vorschriften ■ Form der Zusammenarbeit mit Externen ■ Unternehmenskultur ■ Projektklasse

Es kann sinnvoll sein, die Projektorganisation nach Abschluss von Projektphasen zu ändern.

2.2 Projektbeteiligte

Rollen von Projektbeteiligten, die dauerhaft besetzt sind, zählen zur Projektrahmenorganisation. Rollen eines einzelnen Projektes bilden die Einzelprojektorganisation. Bei jedem Projekt werden prinzipiell zwei Ebenen unterschieden:

Rollenverständnis als Auftraggeber und Auftragnehmer

- Auftraggeber (der das Projekt „will“)
- Auftragnehmer (der das Projekt „macht“).

Diese Polarität wird im Rollenverständnis in Projekten spürbar. Sie beeinflusst die Teamarbeit und die Zusammenarbeit in den Gremien.

Zu der Projektrahmenorganisation zählen die Gremien und Stellen, die für das Multiprojektmanagement sowie für das Projektmanagementsystem verantwortlich sind. Die Einzelprojektorganisation umfasst Stellen in der Linienorganisation, die spezielle Aufgaben in einem konkreten Projekt wahrnehmen, und in jedem Projekt festzulegende Rollen und Entscheidungsinstanzen.

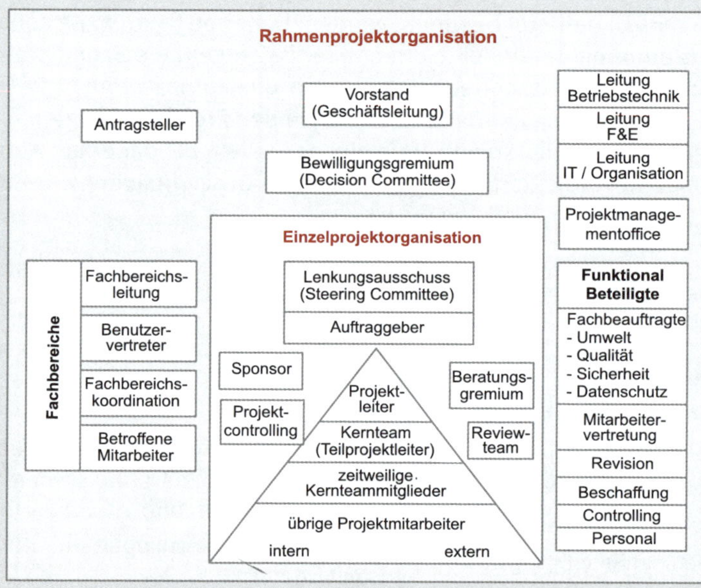

Abb. 2.01: Projektbeteiligte

2.3 Aufgaben, Kompetenzen und Verantwortung wichtiger Rollen im Projekt

2.3.1 Projektleiter

Verantwortung des Projektleiters

Der Projektleiter ist verantwortlich für die fristgerechte Bereitstellung und für die Qualität der im Auftrag geforderten Leistungen. Er beantragt Personal und sonstige Ressourcen und ist zuständig für die Projektplanung, -diagnose und -steuerung sowie für die Führung der Projektmitarbeiter. Der Projektleiter oder Projektmanager leitet und führt komplexe Projekte selbständig.

Fachliche Fähigkeiten und persönliche Eigenschaften des Projektleiters

Da Erfolg oder Misserfolg eines Projektes sehr stark von der Person des Projektleiters abhängen, sollte der Projektleiter neben seinen fachlichen Fähigkeiten auch die erforderlichen persönlichen Eigenschaften mitbringen. Die Projektleiterrolle wird aus der Linienorganisation nach vorgegebenen Anforderungsprofilen besetzt.

■ Freude an der Verantwortung ■ Teamorientierung ■ Moderation ■ Kooperative Mitarbeiterführung ■ Richtige und rasche Risikobeurteilung ■ Denkvermögen in Prioritäten ■ Ausdauer ohne Pedanterie ■ Ausreichende Fachkenntnis ■ Streben nach Wirtschaftlichkeit	■ Delegieren können ■ Objektivität ■ Verhandlungsgeschick ■ Selbstdisziplin ■ Termintreue, Pünktlichkeit ■ Organisationstalent ■ Autorität ■ Koordinationsfähigkeit ■ Kommunikationsfähigkeit ■ Konfliktfähigkeit ■ Zivilcourage ■ Durchsetzungsvermögen	■ Rasche Auffassungsgabe ■ Systematische, rationelle Arbeitsweise ■ Guter Administrator ■ Ständige Lernbereitschaft ■ Geistige Beweglichkeit ■ Spezielle Fachkenntnisse ■ Richtige Selbsteinschätzung ■ Feedbackfähigkeit (geben und nehmen)

Abb. 2.02: Anforderungen an den Projektleiter

Projektleiter in Ressourcenpool qualifizieren

In einigen Unternehmen haben sich Ressourcenpools für Projekte etabliert. Die dort erfassten Mitarbeiter sind entsprechend qualifiziert und stehen als potenzielle Projektleiter bereit. Aufgaben, Kompetenzen und Verantwortung sind detailliert und verbindlich beschrieben und bieten eine optimale Grundlage für die Projektleitung.

Die wichtigsten festgeschriebenen Aufgaben sind:

- Erstellung des Projektauftrages und Freigabe im Einvernehmen mit dem Lenkungsausschuss
- Planung des gesamten Projektes (Aufbau, Ablauf, Aufwand, Kosten, Termine, Qualität)
- Diagnose und Steuerung des Projektes bezüglich der relevanten Planungsinhalte
- Regelmäßige Information festgelegter Adressaten
- Vorschläge zur Besetzung der Schlüsselrollen im Projekt und in Teilprojekten in Abstimmung mit dem Lenkungsausschuss

- Berücksichtigung von Ziel- und Planänderungen und Kommunikation nach außen
- Vorbereitung angemessener Lösungsalternativen
- Vorbereitung und Herbeiführung phasengerechter Entscheidungen
- Führung der ihm zugeordneten Mitarbeiter im Rahmen seiner Projektkompetenzen
- Sicherung des Informationsaustausches und der Koordination aller am Projekt beteiligten Mitarbeiter und Stellen
- Konfliktmanagement
- Aktive Einbindung der vom Projekt betroffenen Organisationseinheiten und Mitarbeiter
- Berücksichtigung und Pflege der Projektschnittstellen.

Kompetenz des Projektleiters

Die für die Erfüllung dieser Aufgaben erforderlichen Kompetenzen erstrecken sich auf Ausgaben im Rahmen der freigegebenen Mittel, das Einbringen besonderer Anliegen des Projektes in den Lenkungsausschuss, seine Einberufung (in Abstimmung mit dem Vorsitzenden), die Beantragung von Änderungen der Projektorganisation (wenn Projektziele gefährdet sind bzw. angepasst werden müssen oder wenn sich die Projekteffizienz als ungenügend erweist) oder sogar eines Projektstopps. Darüber hinaus kann der Projektleiter im Rahmen seiner fachlichen Weisungsbefugnis gegenüber seinen Teilprojektleitern und Projektmitarbeitern alle notwendigen Maßnahmen zur Führung und Steuerung des Projektes anordnen, zur Verkleinerung der Leitungsspanne Teilprojekte bilden und bei Bedarf beim Lenkungsausschuss eine externe Projektbegleitung beantragen.

Verantwortung für Qualifizierung des Projektpersonals

Ebenfalls klar geregelt ist die Verantwortung des Projektleiters. Sie erstreckt sich auf die Qualität der Ergebnisse, die Einhaltung der Termine, die Beachtung des Kostenrahmens, die angemessene Projektmanagement-Ausbildung für Teilprojektleiter und deren Stellvertreter sowie die Projekt- bzw. Teilprojektdokumentation einschließlich der Aktualisierung. Des Weiteren ist der Projektleiter für die Aufwandsmeldungen der ihm zugeordneten Projektmitarbeiter und nicht zuletzt für eine sach- und termingerechte Berichterstattung an den Lenkungsausschuss und das Projektmanagementoffice verantwortlich.

2.3.2 Projektmitarbeiter

Bildung von Kernteams für Großprojekte

Projektmitarbeiter erledigen, koordiniert durch den Projektleiter, die Aufgaben im Projekt. Je nach Form der Delegation planen und steuern sie ihre Arbeitspakete weitgehend selbst. Bei großen Projekten gibt es oftmals ein Kernteam von max. 3 - 4 Mitarbeitern. Abhängig von den Anforderungen in den verschiedenen Phasen kann die Zusammensetzung der Gruppe wechseln.

Häufig liegt bei der Auswahl der Projektmitarbeiter das Hauptaugenmerk allein auf der fachlichen Qualifikation. Wenn diese auch für die Qualität der Projektergebnisse außerordentlich wichtig ist, darf jedoch nicht übersehen werden, dass erfolgreiche Teamarbeit (und Projektarbeit ist Teamarbeit!) weitere Anforderungen an die Mitglieder stellt wie z.B. Team- bzw. Kooperationsfähigkeit, die Beherrschung relevanter Gruppenarbeitstechniken, die Bereitschaft und Fähigkeit, Konflikte konstruktiv zu bearbeiten, Solidarität und Hilfsbereitschaft. Im laufenden Projekt lassen sich diese Fähigkeiten sicherlich – in begrenztem Maße – weiterentwickeln (auch eine Aufgabe des Projektleiters), vorteilhaft ist es aber, wenn dies als fester Bestandteil der Mitarbeiterentwicklung im Unternehmen etabliert ist.

Qualifikation von Projektmitarbeitern

Auch für die dem Ressourcenpool angehörenden potenziellen Projektmitarbeiter gelten konkrete und verbindliche Festlegungen bezüglich ihrer Aufgaben, Kompetenzen und der Verantwortung. So obliegt ihnen z.B. die selbständige Erledigung von definierten Arbeitspaketen im Rahmen des Freistellungsgrades für das Projekt, die Ermittlung und Meldung des eigenen Arbeitsaufwandes, die Dokumentation der Arbeitsergebnisse, die Teilnahme an Statusmeetings und Workshops und die Unterstützung der Teamarbeit im Allgemeinen. Hinzukommen noch Hinweise auf erkannte Verbesserungspotenziale sowie Themenvorschläge für die Teamsitzungen. Die zugehörigen Kompetenzen werden dann jeweils im Arbeitspaketauftrag festgelegt.

Arbeitspakete selbständig erledigen

Entsprechend trägt der Projektmitarbeiter die Verantwortung für eine rechtzeitige Information über sich abzeichnende Terminverzögerungen oder Probleme bei der Erledigung seines Arbeitspaketes, für fachlich korrekte und mit seinem Fachbereich abgestimmte Arbeitsergebnisse, die frühzeitige Meldung von Störungen und die Information seines Linienvorgesetzten über die Projektarbeit.

Störungen und Verzögerungen unmittelbar melden

2.3.3 Lenkungsausschuss/Entscheidungsgremium

Der Lenkungsausschuss (oder Project Steering Committee) setzt sich aus leitenden Mitarbeitern der wesentlich betroffenen Einheiten zusammen und entscheidet über die Organisation des Projektes. Er stellt personelle Ressourcen bereit und entscheidet an den Meilensteinen und bei wichtigen Anlässen über Projektergebnisse und über das Vorgehen im Projekt. Er entscheidet über kleinere Planabweichungen und informiert das Bewilligungsgremium bei größeren Planabweichungen.

Leitende Mitarbeiter der Betroffenen und Beteiligten

Ein Lenkungsausschuss wird für jedes Projekt ab einer bestimmten Größe (Projektklasse) gebildet. Bei großen Projekten mit geschäftspolitischen Auswirkungen wird der Lenkungsauschuss meist mit Mitgliedern der Unternehmensleitung besetzt. Die personelle Besetzung der Lenkungsausschüsse kann für mehrere Projekte identisch sein, so dass in der Praxis häufig mehrere Projekte von einem Lenkungsausschuss gesteuert werden. Da die zusammengefassten Pro-

Besetzung und Bildung von Projektklasse abhängig

jekte selten den gleichen Endtermin haben und immer wieder neue Projekte generiert werden, kann ein Lenkungsausschuss in dieser Form zu einem dauerhaften Gremium werden.

Besetzungsempfehlung

Für Großprojekte sollten mindestens 2 Mitglieder der Unternehmensleitung dem Lenkungsausschuss angehören, bei Normalprojekten max. 1 Mitglied der Unternehmensleitung und die Abteilungsleiter der betroffenen Organisationseinheiten. Der Bereich des Antragstellers und des Projektleiters sollten auf jeden Fall vertreten sein. Kleinprojekte benötigen in der Regel keinen Lenkungsausschuss.

Auch für dieses Gremium empfiehlt sich eine verbindliche und transparente Festschreibung der Aufgaben:

Aufgabenabgrenzung zum Projektleiter

- Den Projektleiter mit dem Projekt beauftragen
- Zu Beginn des Projektes die Voraussetzungen für einen optimalen Projektstart schaffen, bei Projektende die Auflösung des Projektes unterstützen und für die Rückintegration in die Linienorganisation sorgen
- Das Projekt durch Projektmarketing aktiv nach außen vertreten und eine Schutzfunktion für das Projekt ausüben
- Sich regelmäßig über den Status des Projektes informieren und Handlungsbedarf aufzeigen lassen
- Innerhalb angemessener Fristen Entscheidungen treffen, um Verzögerungen der Projektarbeit zu vermeiden
- Projektrelevante Informationen unverzüglich an den Projektleiter weitergeben
- Die Erreichung der Projektziele gemäss Projektauftrag unterstützen
- Den Projektauftrag unterzeichnen (ein Mitglied)
- Im Einvernehmen mit dem Projektleiter die Abwicklung des Projektes überwachen und lenken.

Kompetenzen des Lenkungsausschusses

Seine Kompetenzen erstrecken sich auf die Benennung des Projektleiters inkl. der Definition seiner spezifischen bzw. zusätzlichen Kompetenzen, die Bereitstellung der vom Projekt benötigten finanziellen Mittel, die Beendigung des Projektes durch Freigabe des Abschlussberichtes, die Freigabe definierter Meilensteine sowie die Entscheidung über Lösungswege. Darüber hinaus verfügt der Lenkungsausschuss über die Kompetenz, bei Kapazitätsengpässen und/oder Terminverschiebungen Prioritäten zu setzen und über einen Projektstopp oder -abbruch zu entscheiden.

2.3.4 Auftraggeber

Die Rolle des Auftraggebers übernimmt der Fachbereichsleiter der Betroffenen, der die Kosten für das Projekt trägt und den größten Nutzen aus dem Projektergebnis ziehen kann. Aus seinem Fachbereich heraus wurde der Antrag gestellt, der zum Projekt geführt hat. Der Auftraggeber ist Mitglied des Lenkungsausschusses, führt als Vorsitzender durch die Sitzungen und ist für den Projektleiter der erste Ansprechpartner für Entscheidungen außerhalb seines Kompetenzrahmens.

Auftraggeber als Leiter des Lenkungsausschusses

Sind vom Projekt mehrere Fachbereiche gleichermaßen betroffen, so werden die Kosten nach einem zu bestimmenden Schlüssel auf die Fachbereiche verteilt. Der Lenkungsausschuss wird dann entweder im Wechsel geleitet oder ein Mitglied der Unternehmensleitung wird zum Vorsitzenden ernannt.

2.3.5 Antragsteller

Antragsteller für Projekte kann im Grunde jeder Mitarbeiter eines Unternehmens sein. So werden die Mitarbeiter durch das Vorschlagswesen aufgefordert, permanent über Verbesserungen nachzudenken und diese entsprechend einzureichen. IT/Organisation, Forschung und Entwicklung, Marketing, Betriebstechnik und einige Spezialisten mit Querschnittsaufgaben (Revision, Steuer, Recht) haben in ihren Stellenbeschreibungen den generellen Auftrag, Projekte zu initiieren und auf mögliche Verbesserungen/Änderungen aufmerksam zu machen. Deshalb kommen die Antragsteller sehr oft aus diesen Bereichen.

Anstöße für Projekte geben

Auch wenn viele Ideen von Mitarbeitern kommen, so ist mindestens die Unterstützung des Vorgesetzten nötig, um einen erfolgreichen Antrag zu stellen. Die Ideen werden innerhalb der Gruppe/Abteilung besprochen und dann durch den Vorgesetzten als Antragsteller eingereicht.

Linienvorgesetzte als Antragsteller

2.3.6 Bewilligungsgremium

Das Bewilligungsgremium (oder Decision Committee) ist die oberste Entscheidungsinstanz für Projekte. Diese Instanz tagt periodisch (2-4 x im Jahr), prüft alle eingehenden Projektanträge und entscheidet darüber. Das Bewilligungsgremium vergibt Projektprioritäten, holt Stellungnahmen ein, entscheidet über notwendige Ressourcen, über die Zusammensetzung des Lenkungsausschusses und greift bei größeren Planabweichungen ein. Es stellt beim Multiprojektmanagement die Verbindung zur Geschäftspolitik und Strategie sicher und ist daher oft mit der Unternehmensleitung identisch.

Dauerhaft eingerichtetes oberstes Entscheidungsgremium für das Multiprojektmanagement

Um sich fachlich stärker konzentrieren zu können, werden nicht selten für spezielle Projektarten (IT-Projekte, Bauprojekte) eigenständige Bewilligungsgremien (Informatikausschuss, Investitionsausschuss) gebildet. Kleinere Projekte werden von einem eigenständigen Bewilligungsgremium, das mit Abteilungs-/Bereichsleitern besetzt ist, genehmigt und übergreifend gesteuert.

Eigenständige Bewilligungsgremien je Projektklasse

Das Bewilligungsgremium wird je nach Projektklasse besetzt. Innerhalb von Fachbereichen gibt es in der Praxis eigenständige Bewilligungsgremien, die bereichsbezogen Projekte übergreifend steuern.

Erste Ebene, alle Mitglieder des Vorstandes, Geschäftsleitung	Projektklasse A: Übergreifend, strategisch, hoher Aufwand
Ausgewählte Mitglieder der ersten Ebene mit Bereichsleiter IT/Organisation und Controlling	Projektklasse B: Strategisch, fachbereichsbezogen (z.B. IT-Projekte)
Zweite Ebene, Bereichsleiter aus IT/Organisation, Controlling, Vertrieb, Technik	Projektklasse C: Übergreifend mit mittlerem Aufwand
Bereichsleiter IT/Organisation mit den Abteilungsleitern Organisation, Betrieb, Anwendungsentwicklung	Projektklasse D: Kleinprojekte mit geringem Aufwand im Bereich Technik/IT

Abb. 2.03: Bewilligungsgremien nach Projektklassen

Wichtigste Aufgaben

Die wichtigsten Aufgaben des Bewilligungsgremiums beziehen sich auf die Benennung der Lenkungsausschüsse und die Priorisierung der Anträge für Normal- und Großprojekte. Halbjährlich werden Entscheidungssitzungen durchgeführt. Dabei verfügt das Gremium über die Kompetenz zur Freigabe von Investitionsbudgets sowie Ressourcen für das Projektportfolio (Ressourcenpool für Groß-/Normalprojekte plus Ressourcenpool für Kleinprojekte) und ist sowohl für die Sicherstellung der strategischen Ausrichtung aller Projekte im Unternehmen als auch für die Bereinigung von Konflikten zwischen den verschiedenen Projekten verantwortlich, die nicht durch die Lenkungsausschüsse geklärt werden können.

2.3.7 Sponsor

Rückendeckung für Projekte

Der Sponsor ist ein ranghoher (erste oder zweite Ebene) Förderer des Projektes, der sich offiziell zu dieser Rolle bekennt und bei Schwierigkeiten kraft seiner Autorität dem Projekt Rückendeckung verleiht. In großen Unternehmen und Institutionen können die erste und zweite Ebene nur in wenigen Projekten im Lenkungsausschuss vertreten sein. Durch die Benennung eines Sponsors kann dennoch der hohe Stellenwert des Projektes für das Unternehmen ausgedrückt werden. Wird dem Projektleiter ein leichter Zugang zum Sponsor ermöglicht, können viele Konflikte auf direktem Wege gelöst werden. Auftritte bei offiziellen Anlässen ermöglichen darüber hinaus erfolgreiches Projektmarketing.

2.3.8 Projektmanagementoffice

Dauerhafte Unterstützung von Managern in Linie und Projekt

Das Projektmanagementoffice als dauerhafte Einrichtung gibt den Projekten den methodischen Rahmen und Standards für das Projektmanagement vor und unterstützt Projektleiter und Projektmitarbeiter in der Anwendung.

Unterschiedliche organisatorische Einordnungen sind möglich:

- Stabsstelle der Geschäftsleitung, zuständig für alle Projekte des Unternehmens
- Stabsstelle von projektorientiert arbeitenden Bereichen z.B. Org./IT, zuständig für alle Projekte mit Beteiligung des Bereiches
- Servicestelle im Fachbereich nur mit Beratungs- und Serviceaufgaben; Kontrollfunktionen auf Controlling, Revision und Qualitätsmanagement verteilt, integriert im QM-System und für alle Projekte gültig.

Innerhalb des Multiprojektmanagements unterstützt das Projektmanagementoffice das Bewilligungsgremium bei der Begutachtung von Projektanträgen, prüft Anträge auf Vollständigkeit und Ordnungsmäßigkeit, pflegt das Projektportfolio, gibt Antragstellern Hilfestellung bei der Antragsformulierung, informiert die Antragsteller über den Status ihrer Anträge und spricht Empfehlungen zur Klassifizierung der Projektanträge aus. Sie erhält regelmäßig die Statusberichte der Projekte und fasst diese zu übergreifenden Berichten zusammen, damit das Bewilligungsgremium, dessen Sitzung sie vorbereitet, die Einsatzmittel steuern kann.

LA-Mitglieder beraten

Darüber hinaus gibt das Projektmanagementoffice den Mitgliedern im Lenkungsausschuss Hilfestellungen bei der Entscheidungsfindung im Projektverlauf, prüft Projektergebnisse methodisch, erstellt ereignisbezogene und periodische Berichte über die eigene Arbeit, sorgt für eine projekt- und fachgebietsübergreifende Koordination und leitet als Sonderaufgabe mitunter selber Projekte.

Projektmanagement im Unternehmen weiterentwickeln

Schließlich entwickelt sie das Projektmanagement im Unternehmen weiter, plant in Abstimmung mit der Personalabteilung Schulungsmaßnahmen für Projektmanagement, sammelt und bewertet aktuelles Projektmanagement- und Organisationswissen, stellt Projektmanagement-Software bereit und übernimmt die Pflege des Projektleitfadens und Projektmanagement-Handbuches.

Das Projektmanagementoffice hat die Kompetenz, Statusberichte von den Projektleitern anzufordern und die Einhaltung der Projektmanagement-Stan-

Kompetenzen des Projektmanagementoffice

dards zu überwachen. In dringenden Fällen kann sie eine außerordentliche Sitzung des Bewilligungsgremiums beantragen. Somit trägt sie die Verantwortung für die Aktualität der Standards, die transparente, aktuelle und objektive Darstellung des Projektgeschehens, die Anwendung der gültigen Priorisierungsverfahren und die Förderung einer unternehmensweiten positiven Einstellung zur Projektarbeit.

Organisatorische Einordnung ist ein Spiegelbild der Projektkultur

Die organisatorische Einordnung des Projektmanagementoffice ist abhängig vom Gültigkeitsbereich des Projektmanagement-Systems und der Projekt- und Führungskultur im Unternehmen.

Einordnung und Gültigkeitsbereich	Vorteile	Nachteile
■ Stabsstelle der Geschäftsleitung ■ Alle Projekte des Unternehmens	■ Kurze Entscheidungswege ■ Übergreifender Blick ■ Einheitliche Projektkultur möglich ■ Hoher Stellenwert ■ Leichtere Abstimmung mit Strategie	■ Wenig Verständnis für Besonderheiten der Projektarten ■ Akzeptanzprobleme in projektorientiert arbeitenden Bereichen ■ Abhängigkeit von der Geschäftsleitung ■ Aufwändige Einführung
■ Stabsstelle von projektorientiert arbeitenden Bereichen z.B. Org./IT ■ Alle Projekte mit Beteiligung des Bereiches	■ Kompetente Unterstützung durch Nähe zu den Projekten ■ Höhere Fachkompetenz in der Beratung ■ Geringere Widerstände bei der Einführung	■ Nicht alle Projektarten abgedeckt ■ Gesamtüberblick fehlt ■ Durchsetzung der Standards erschwert
■ Managementoffice im Fachbereich nur mit Beratungs- und Serviceaufgaben; Kontrollfunktionen auf Controlling, Revision und Qualitätsmanagement verteilt ■ Integriert in QM-System für alle Projekte gültig	■ Gute Nutzung bestehender Linien strukturen ■ Unabhängigkeit von Beratung und Kontrolle erleichtert Akzeptanz	■ Erhöhter Abstimmungsaufwand ■ Einseitiger Blick auf die Projekte ■ Hohe Projektmanagement-Kompetenz im Managementoffice nötig

Abb. 2.04: Einordnungsmöglichkeiten des Projektmanagementoffice

2.3.9 Vorstand (Geschäftsleitung)

Der Vorstand (Geschäftsleitung) ist das oberste Bewilligungsgremium für Projekte. Er entscheidet über Vorhaben, die von strategischer Bedeutung sind und alle Bereiche des Unternehmens betreffen. Er löst in Vorstandssitzungen Projektideen aus. In Konfliktfällen oder bei übergreifendem Steuerungsbedarf wird der Vorstand als letzte Entscheidungsinstanz angerufen. Er verabschiedet die jährliche Budgetplanung und gibt damit den Rahmen für Investitionen und Kapazitäten für die Projekte vor.

Vorstand als oberste Entscheidungsinstanz

Ist der Lenkungsausschuss eines Projektes mit dem Vorstand identisch, zeigt dies den hohen Stellenwert des Projektes für das Unternehmen. Das ermöglicht kurze Entscheidungswege, motiviert die Projektbeteiligten („Wir berichten direkt an den Vorstand!") und erleichtert merklich die Projektarbeit. In der Praxis verschieben sich allerdings häufig die Prioritäten und der Vorstand ist für das Projekt nur noch schwer zu erreichen. Auch wenn der Vorstand in zu vielen Lenkungsausschüssen vertreten ist, kann die Reaktionsfähigkeit und Flexibilität der Projektarbeit darunter leiden.

Vorstand nicht in Lenkungsausschüssen binden

2.3.10 Funktional Beteiligte/Fachbeauftragte

Es gibt Fachgebiete, die in nahezu allen Projekten angesprochen werden, meist gesetzliche Vorgaben betreffen und übergreifende Auswirkungen haben. Sie müssen durch Spezialisten oder gesetzlich vorgeschriebene Funktionsträger begutachtet werden. Hierzu zählen Umwelt, Qualität, Datenschutz, Sicherheit, zentrales Produktdatenmanagement etc.

Gesetzlicher Zwang zur Einbindung in Projekte

Fachbeauftragte vertreten diese Fachgebiete. Sie führen in Projekten inhaltliche Reviews durch, um die Vereinbarkeit von Projektergebnissen mit ihrem Fachgebiet abzusichern. Zu diesen Abnahmen oder Workshops treffen sich dann die Fachbeauftragten mit dem Projektteam. Werden die Fachbeauftragten projektbezogen zusammengefasst, so spricht man von einem Reviewteam. Aufgrund der Vielzahl von Projekten können Fachbeauftragte nur in wenigen Projekten im Projektteam mitarbeiten. Außerdem wird das Wissen meist nur punktuell im Projekt benötigt, was eine permanente Mitarbeit wenig sinnvoll macht.

Expertenwissen fallweise abrufen

Können manche Fachgebiete vom Projektteam fachlich nicht abgedeckt werden, sollte ein Beratungsgremium gebildet werden. Es unterstützt den Projektleiter, den Projektauftrag zu präzisieren, schafft Voraussetzungen für die Projektdurchführung (Bereitstellen von Gutachten), berät die Projektgruppe und den Lenkungsausschuss, kontrolliert die Umsetzung der Projektergebnisse, sorgt für den Informationsaustausch zwischen benachbarten Wissensgebieten und versucht Parallelentwicklungen zu vermeiden.

Projekt übergreifender, fachlicher Austausch

Begrenzte Funktionen

Funktional Beteiligte sind keine Mitglieder der Projektgruppe, um auf diese Weise ihre Unabhängigkeit zu bewahren. Sie nehmen einzelne begrenzte Funktionen wahr (Einkauf, Personal, Controlling, Recht, Steuern) oder müssen zu bestimmten Sachverhalten ihre Zustimmung geben (Revision, Mitarbeitervertretung).

2.3.11 Leitung IT/Organisation, Forschung und Entwicklung, Betriebstechnik

Auftragnehmersicht im Projekt

Die Leitung IT/Organisation vertritt in IT- und Organisationsprojekten die Auftragnehmersicht. Sie beurteilt Projektanträge auf Machbarkeit und setzt diese gemeinsam mit dem Antragsteller in vorläufige Projektaufträge um. Sie plant und steuert den Einsatz des eigenen Personals und übernimmt die laufende Koordination aller Projekte, an denen der Bereich beteiligt ist. Sie sorgt dafür, dass Abhängigkeiten zwischen verschiedenen Projekten erkannt und berücksichtigt werden, dass betriebliche Standards geschaffen und eingehalten werden und dass Mehrspurigkeiten in der Projektarbeit vermieden werden. In dieser Aufgabe wird sie von dem Projektmanagementoffice unterstützt.

Leitung IT/Org. als Berater

Gegenüber dem Bewilligungsgremium, dem Lenkungsausschuss und den Vertretern der Fachbereiche wirkt die Leitung IT/Organisation auch als Berater und Gutachter und vermittelt, wenn unterschiedliche und widersprüchliche Interessen in einem Organisationsprojekt „unter einen Hut" gebracht werden müssen. Die erforderliche Neutralität wird in der Praxis nicht selten durch eine Polarisierung in Auftragnehmerseite (IT/Organisation) und Auftraggeberseite (Fachbereich) erschwert.

In der gleichen Rolle wie die Leitung IT/Organisation befinden sich der Leiter Forschung und Entwicklung bei Entwicklungsprojekten und der Leiter Betriebstechnik bei technischen Optimierungsprojekten, wenn sie über eigene Projektkapazitäten verfügen.

2.3.12 Fachbereichsleitung

Auftraggebersicht im Projekt

Die Fachbereichsleitung vertritt in der Regel die Auftraggeberseite und stellt Betroffene für das Projekt frei. Sie wirkt bei der Projektplanung und insbesondere bei der Formulierung der Anforderungen des Fachbereiches mit und stellt Benutzervertreter oder Fachbereichskoordinatoren ab, um ihre Forderungen zu artikulieren. Darüber hinaus ist sie „natürliches Mitglied" im Lenkungsausschuss, wenn der eigene Fachbereich wesentlich betroffen ist.

2.3.13 Fachbereichskoordinatoren

Fachbereichskoordinatoren stellen eine Art „verlängerter Arm" des Bereiches IT/Organisation innerhalb der Fachbereiche dar. Sie sind erste Ansprechpartner bei der Einführung neuer EDV-Systeme, koordinieren alle in einem Fachbereich angesiedelten Projekte und unterstützen oft als „first-level-support" die Benutzer bei Problemen in IT-Anwendungen. Sie führen als Multiplikatoren neue Lösungen im Fachbereich ein und sorgen dabei für die organisatorische Umsetzung.

Erste Unterstützung bei der Einführung

Im Fachbereich bilden sie die Anlaufstelle für Projektideen und Änderungswünsche in bestehenden Anwendungen, konsolidieren und priorisieren gemeinsam mit der Fachbereichsleitung die Projektideen, bringen sie in die Sitzungen des Bewilligungsgremiums ein und formulieren gemeinsam mit dem Projektleiter Projektaufträge aus Sicht des Fachbereiches.

Anlaufstelle für Projektideen

2.3.14 Benutzervertreter

Ein Benutzervertreter soll sicherstellen, dass die Interessen der Benutzer ein ausreichendes Gewicht erhalten, insbesondere wenn die Projektleitung nicht vom betroffenen Fachbereich ausgeübt wird. Die Rolle wird meistens als „Nebenaufgabe" wahrgenommen. Sie sollte von einem Mitarbeiter übernommen werden, der von den übrigen Benutzern akzeptiert wird und mit den Anwendungen vertraut ist. So können die Anforderungen des Fachbereiches praxisgerecht formuliert werden. Benutzervertreter müssen insbesondere in der Testphase intensiv in die Projektarbeit eingebunden werden.

Anforderungen praxisgerecht formulieren

Bei großen Anwenderzahlen und übergreifenden Anwendungen sollten Kommunikations- und Informationsplattformen für Benutzervertreter (User-Clubs, Usertreffen) geschaffen werden. Damit können

- die Interessen besser gebündelt werden
- die Benutzer frühzeitig die Konsequenzen von Entwicklungen diskutieren
- Entwicklungsschwerpunkte aufgenommen werden
- das Anwendungswissen und der Erfahrungsaustausch gefördert werden
- insgesamt eine höhere Akzeptanz erreicht werden.

Nutzen von Usertreffen

2.3.15 Externe Berater/Spezialisten

Externe Berater/Spezialisten sind heute in vielen Projekten anzutreffen. Sie bringen ihr Methoden- und Expertenwissen in die Projekte ein, das immer häu-

Methoden und Expertenwissen im Projekt

figer im Unternehmen nicht mehr vorgehalten wird, arbeiten als Teammitglied in der Projektgruppe, beraten den internen Projektleiter methodisch, begutachten Projektergebnisse, moderieren Workshops und/oder übernehmen mit einem eigenständigen Team ganze Teilprojekte.

Integration Externer in das Projekt

Die Bereitstellung ist meist vertraglich abgesichert. Die strukturelle und kulturelle Integration in die Projektgruppe bereitet jedoch mitunter Schwierigkeiten. Das kann z.B. an einer unklaren Abgrenzung ihrer Kompetenzen oder auch an Unterschieden im Arbeitsrhythmus liegen. Auch der Umstand, dass Externe nicht an Teamsitzungen oder Informationsveranstaltungen teilnehmen (dürfen), erschwert eine konstruktive Zusammenarbeit.

2.4 Aufbauformen

Regelungsbedarf

Bei der Ausgestaltung des Leitungssystems eines Projektes ist festzulegen,

- wie das Projekt in das Unternehmen integriert wird
- welche Weisungsbeziehungen zwischen den Beteiligten hergestellt werden.

In der Praxis haben sich vier Konzepte herauskristallisiert, die sich hinsichtlich der Weisungsrechte der Projektleiter, der Freistellung für die Projektarbeit und damit hinsichtlich des Konzentrationsgrades auf das Projektziel unterscheiden.

2.4.1 Stabs- oder Einfluss-Projektorganisation

Projektleiter als Koordinator

Das Konzept der Stabs- oder Einfluss-Projektorganisation sieht keine Weisungsrechte für den Projektleiter vor, der als Stabsstelle in die Hierarchie des Unternehmens integriert ist und daher mehr als „Projektkoordinator" anzusprechen ist.

Einfluss über persönliche Autorität

Der Projektleiter ist im Wesentlichen Informationssammler und Entscheidungsvorbereiter für den Entscheider bzw. das Entscheidungsgremium und kann auf Termine, Kosten und Ergebnis des Projektes nur durch Empfehlungen, Hinweise und Berichte Einfluss nehmen. In der Praxis kann man häufig beobachten, dass der Projektleiter ein Quasi-Weisungsrecht besitzt, wenn er einer hohen Hierarchieebene unterstellt ist oder eine starke persönliche Autorität ausstrahlt.

Die Stabs-Projektorganisation sollte für Projekte gewählt werden, die eine niedrige Priorität haben bzw. in Projektphasen eingesetzt werden, die ein relativ geringes Ausmaß an Konzentration auf das Projektziel erfordern.

Projektleiter freigestellt
Projektmitarbeiter benannt

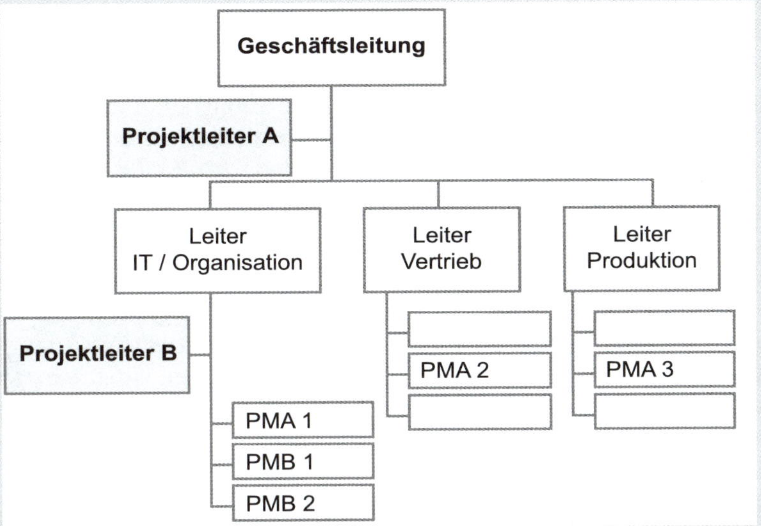

Abb. 2.05: Stabs- oder Einfluss-Projektorganisation

Merkmale	**Anwendungsvoraussetzungen**
■ Projektleiter ist zuständig für die sachliche, terminliche und kostenmäßige Projektverfolgung ■ Keine Kompetenzen ■ Keine Freistellung von Mitarbeitern	■ Weniger wichtige, dringliche und kleine Projekte ■ Evtl. als Vorstufe in einer Vorstudie ■ Projektleiter ist starke Persönlichkeit
Vorteile	**Nachteile**
■ Niedrige Umstellungskosten bei Bildung und Auflösung ■ Gute Auslastung vorhandener Kapazität ■ Hohe Flexibilität ■ Leichte Rekrutierung der Projektmitarbeiter	■ Geringe Beeinflussbarkeit von Ergebnis, Termin, Kosten ■ Hohe Belastung der Linie ■ Identifikation und Motivation gefährdet ■ Akzeptanz der Ergebnisse in der Breite oft gering

Abb. 2.06: Eignung der Stabs- oder Einfluss-Projektorganisation

2.4.2 Matrix-Projektorganisation

Ressourcenverantwortung beim Linienvorgesetzten

Die Projektmitarbeiter verbleiben organisatorisch in ihren Stammbereichen und werden zusätzlich als „Teilzeitkräfte" im Projekt eingesetzt und für die dort zu erfüllenden Aufgaben dem Projektleiter fachlich unterstellt. Die disziplinarischen und fachlichen Weisungsbefugnisse für die Fachbereichsaufgaben bleiben beim Linienvorgesetzten.

Konfliktträchtig

Mit der Aufteilung der Weisungsrechte entsteht für den einzelnen Mitarbeiter eine schwierige Situation, ist er doch während der Laufzeit des Projektes „Diener zweier Herren", die im Wettbewerb um seine Kapazität stehen. Sachkonflikte sind somit programmiert, die leicht in Beziehungskonflikte umschlagen können. Um diesen Konflikten vorzubeugen und um abzusichern, dass die Kapazitäten der Mitarbeiter wirklich bereitgestellt werden, ist eine entsprechende Vereinbarung im Projektauftrag festzuschreiben. Diese vertragliche Regelung beinhaltet, wer wann wie lange mit welcher Kapazität zur Verfügung steht bzw. wann ausdrücklich nicht.

Eignet sich für alle Projekte

Die Matrix-Projektorganisation eignet sich im Grunde für alle Projekte. Typisch ist der Einsatz für mittlere bis große Projekte mit entsprechender Priorität. Hat man in der Vorstudie mit der Stabs-Projektorganisation gearbeitet, empfiehlt sich spätestens ab der Hauptstudie der Wechsel zur Matrix- oder sogar zur Reinen Projektorganisation.

Prozentuale Freistellung für Projektleiter und Projektmitarbeiter

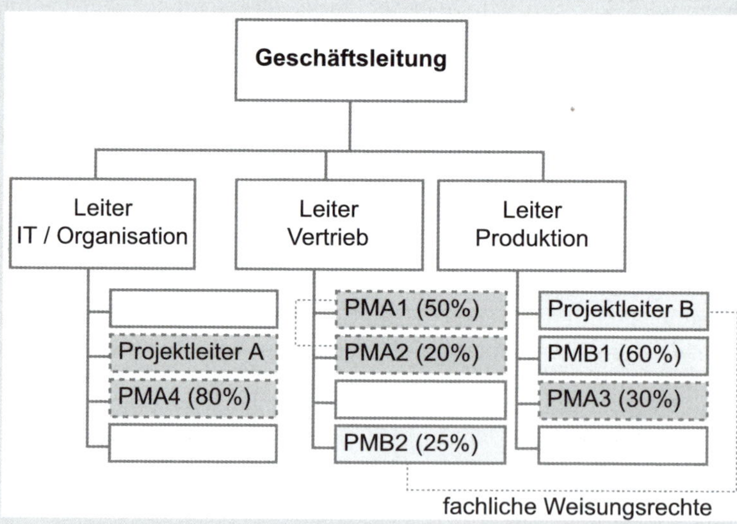

Abb. 2.07: Matrix-Projektorganisation

Merkmale	Anwendungsvoraussetzungen
■ Anteilige Freistellung von Mitarbeitern, Verbleib im Stammbereich ■ Aufteilung der Weisungsrechte auf Linien- und Projektvorgesetzte	■ Mittlere bis große Projekte ■ Wichtige und terminkritische Vorhaben ■ Interdisziplinäre Problemstellung ■ Projektleiter hat starke Position
Vorteile	**Nachteile**
■ Gute Kapazitätsauslastung ■ Gute Beeinflussbarkeit von Terminen und Kosten ■ Hohe Flexibilität ohne Änderung der Linienorganisation ■ Geringe Umstellungskosten ■ Leichte Reintegration der Mitarbeiter	■ Sehr konfliktträchtig ■ Mitarbeiter zwischen den Stühlen ■ Hoher Koordinationsaufwand ■ Projektarbeit wird zugunsten Tagesgeschäft vernachlässigt

Abb. 2.08: Eignung der Matrix-Projektorganisation

Ausgestaltung der Schnittstelle zur Linie

In der Praxis wird die Schnittstelle in der Matrix unterschiedlich ausgestaltet. Ist der Projektleiter mit dem Projektinhalt vertraut und stammt etwa aus dem Bereich des Auftraggebers, sind seine fachlichen Weisungsbefugnisse stark ausgeprägt. Die Delegation der Arbeitspakete entspricht einer betrieblichen Anweisung mit allen Konsequenzen bei Nichterfüllung. Man spricht dann von einer starken Matrix-Projektorganisation.

Bei sehr komplexen und übergreifenden Fragestellungen ist der Projektleiter enorm auf das fachliche Know-how seiner Projektmitarbeiter angewiesen. Diese vertreten die Interessen von Fachgebieten, die auch in der Linie die fachliche Weisung ausüben wie etwa IT-Betrieb, Revision, Qualitätssicherung, Produktentwicklung. Dem Projektleiter stehen die Projektmitarbeiter wie vereinbart für das Projekt zur Verfügung, seine Weisungsbefugnisse beschränken sich allerdings nur auf die Erledigung der Projektaufgaben, wobei er mögliche fachliche Konflikte im Sinne der Projektziele ausgleichen muss. Bei dieser schwachen Matrix-Projektorganisation stehen für den Projektleiter Koordinationsaufgaben im Vordergrund.

2.4.3 Reine Projektorganisation

Fachlich und disziplinarisch unterstellt

Das Konzept der Reinen Projektorganisation beinhaltet, dass die Mitarbeiter zu 100 % ihrer Kapazität in das Projekt eingebunden werden. Der Projektleiter erhält alle fachlichen und disziplinarischen Weisungsbefugnisse, die er benötigt, um mit den Mitarbeitern die angestrebten Projektergebnisse zu erreichen.

Die Entscheidungsgewalt über die langfristige Personalentwicklung des Mitarbeiters verbleibt beim Stammvorgesetzten, der vom Projektleiter diesbezüglich informiert und beraten wird. Das Problem der Wiedereingliederung in den Stammbereich wird so gemildert.

Hohe Konzentration der Kräfte

Das Konzept der Reinen Projektorganisation bietet das stärkste Maß an Konzentration auf die Lösung eines Problems. Wegen des hohen organisatorischen Umstellungsaufwandes und der damit verbundenen Kosten sollte diese Form der Projektorganisation nur bei großen Projekten mit höchster Priorität in Betracht gezogen werden. Sind diese Bedingungen erfüllt, ist die Reine Projektorganisation spätestens in der Hauptstudie zu installieren.

Eigene Gruppe für Projektlaufzeit

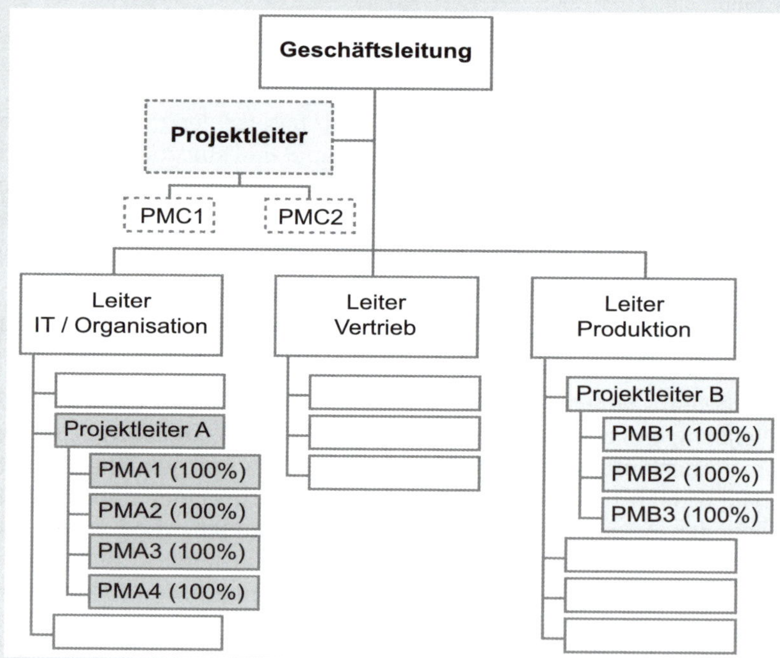

Abb. 2.09: Reine Projektorganisation

Merkmale	Anwendungsvoraussetzungen
■ Volle Kompetenz gegenüber den dem Projekt zugeordneten Mitarbeitern ■ Mitarbeiter stehen zu 100 % dem Projekt zur Verfügung	■ Große, sehr wichtige, sehr terminkritische Projekte, spätestens ab Hauptstudie ■ Projekte mit geringer organisatorischer Verknüpfung mit anderen Stellen
Vorteile	**Nachteile**
■ Wenige Konflikte während der Projektarbeit ■ Hohe Identifikation und Motivation ■ Gute Beeinflussbarkeit der Qualität, Kosten und Termine ■ Vorteile der Gruppenarbeit kommen voll zum Tragen	■ Schlechte Auslastung vorhandener Kapazitäten ■ Wiedereingliederung nach Projektende schwierig ■ Hohe Umstellungskosten ■ Rekrutierung der Projektmitarbeiter schwierig ■ Eigendynamik der Gruppe

Abb. 2.10: Eignung der Reinen Projektorganisation

2.4.4 Projektorientierte Teilbereiche

In größeren Firmen findet man ähnlich dem Konzept der Reinen Projektorganisation nicht selten projektorientierte Teilbereiche, die zwar dauerhaft installiert sind, sich aber auf das Arbeiten in Projektform spezialisiert haben. Die Bereiche sind nach Projekten untergliedert. Es existiert in der Regel ein Pool von Projektleitern und -mitarbeitern, aus denen je nach Bedarf und Qualifikation Projektgruppen gebildet werden.

Wechselnde Zugehörigkeit zu verschiedenen Projektgruppen

Projektorientierte Teilbereiche sind wie andere Organisationseinheiten mit einer Hierarchie ausgestattet. Die Projektleiter besitzen somit fachliche und disziplinarische Weisungsbefugnisse gegenüber den Mitgliedern ihrer Projektgruppe wie normale Linienvorgesetzte. Wegen der wechselnden Zugehörigkeit zu verschiedenen Projektgruppen sind allerdings die langfristig wirkenden Befugnisse hinsichtlich der Personalentwicklung auf einer höheren Ebene innerhalb des Teilbereiches angesiedelt, um die Kontinuität zu wahren.

Das geschilderte Konzept der projektorientierten Teilbereiche findet man in Fachbereichen, in denen Projektarbeit häufig vorkommt bzw. typisch ist. Dazu gehören z. B. Forschung, Entwicklung, Informatik und Organisation. In Extremfällen kann das ganze Unternehmen nach Projekten strukturiert sein (z. B. Beratungsunternehmen).

Einen Überblick über die Formen der Projektorganisation nach PMI finden Sie im Anhang (Anhang 2).

2.5 Projektorganisation bei großen Projekten

Unternehmensübergreifende Projektorganisation nötig

Große Projekte, wie etwa im Anlagenbau oder bei komplexen IT-Entwicklungen, können heute kaum unternehmensintern abgewickelt werden. Die Projektorganisation enthält dann immer eine Unternehmenssicht (Auftragnehmer) und Kundensicht (Auftraggeber), die oft noch um Partnerunternehmen ergänzt wird. Meist ist es schwierig, die vielfältigen Erfahrungen und Kulturen in Einklang zu bringen. Projekte dieser Größe sollten eine klare gemeinsame Projektorganisation aufweisen, damit jeder Beteiligte weiß, wer in welchen Fällen seine Ansprechpartner sind, und sich für eine begrenzte Zeit mit dem Projekt als Ganzes identifizieren kann. Im Projektmanagement erfahrene Unternehmen, wie etwa Siemens, haben hierfür Standards.

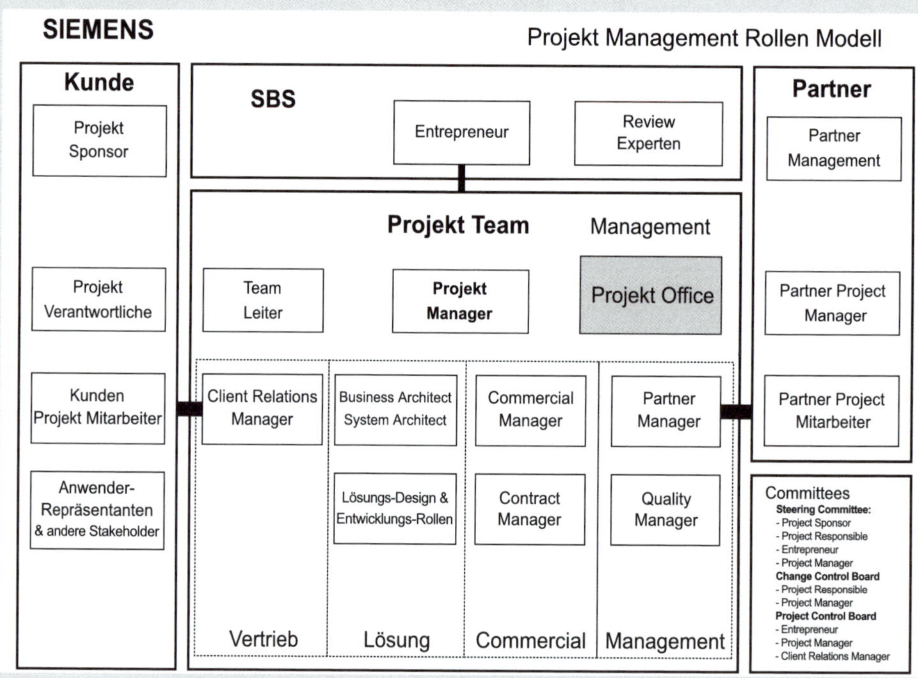

Abb. 2.11: Projektorganisation eines Technologieprojektes

3 Multiprojektmanagement

3.1 Grundlagen des Multiprojektmanagements

> „Beherrschen Sie neben der Kunst, Dinge zu erledigen, die edle Kunst, Dinge unerledigt zu lassen. Die Weisheit des Lebens liegt im Aussondern alles Unwesentlichen."
> Lin Yü-Tang

In Unternehmen, Behörden oder sonstigen Institutionen werden ständig mehrere Projekte von unterschiedlichen Ressourcen durchgeführt. Viele Projektbeteiligte sind gleichzeitig in mehreren Projekten tätig.

Die Komplexität im Multiprojektmanagement wächst vielfältig

Die einzelnen Projekte befinden sich in unterschiedlichen Entwicklungsstadien (Idee, Vorstudie, Hauptstudie, Umsetzung, Einführung, Abschluss, Erhaltung), hängen oft inhaltlich voneinander ab, konkurrieren um die gleichen Einsatzmittel (Mitarbeiter, Sachmittel, Finanzmittel) und werden von den unterschiedlichen Interessen der Organisationseinheiten initiiert und begleitet.

3.1.1 Typische Schwierigkeiten des Multiprojektmanagements

Unsicherheit und Intransparenz in der Steuerung von Projekten

Während es bei einem großen Projekt schon schwierig genug ist, den Überblick zu behalten, so erhöht sich die Intransparenz, wenn es um mehrere Projekte geht, und jedes Unternehmen bearbeitet viele Projekte gleichzeitig. Meist ist es auf Top-Managementebene schwierig, auch sehr einfache Fragen zu beantworten:

- Welchen Stand haben unsere Projekte?
- Welche Ziele verfolgen sie?
- Wann sind deren Ergebnisse reif für den Einsatz?
- Was werden sie für das Unternehmen bringen?

Trotz dieses Mangels werden immer wieder neue Vorhaben bewilligt. Dies hat Folgen:

Dem Innovationsdruck ungefiltert nachgeben hat Folgen

- Projekte überschneiden sich und verfolgen unbemerkt identische Ziele
- Einzelne Projekte sind aus Unternehmenssicht sinnlos
- Neue Projekte werden begonnen, obwohl sie Ressourcen von laufenden Projekten abziehen und diese damit gefährden oder verzögern, ohne dass die Konsequenzen erkannt werden
- Arbeitsüberlastung.

Projektportfolio strategisch und operativ managen

Abhilfe schaffen hier nur Transparenz und Strukturen, die strategisch und operativ wirken. Dies erfordert eine Planung und Steuerung der Gesamtheit aller Projekte (Projektportfolio) sowohl auf operativer Ebene, um Abstimmungen zwischen einzelnen Projekten vorzunehmen, als auch auf strategischer Ebene, um die richtigen Projekte zu initiieren und den Umfang an Einsatz- und Finanzmitteln für Projekte festzulegen.

Zur Koordination und Unterstützung der Einzelprojekte sind projektübergreifende Prozesse und Strukturen mit Regelungen und Standards einzurichten, die von dauerhaft bestehenden Organisationseinheiten (Projektmanagementoffice, Bewilligungsgremium) getragen werden.

Definition

Unter Multiprojektmanagement versteht man das Einrichten, Betreiben und ständige Weiterentwickeln dieser Strukturen und Prozesse auf operativer und strategischer Ebene.

Zu einem effizienten Multiprojektmanagement gehört es, auch die Verzahnung der Projekte untereinander offen zu legen, damit

Abhängigkeiten zwischen Projekten klären

- Doppelarbeiten vermieden
- Verbundvorteile frühzeitig festgestellt und genutzt
- inhaltliche Abhängigkeiten erkannt und in die Planung einbezogen werden
- Engpässe bei Einsatzmitteln umgangen werden können.

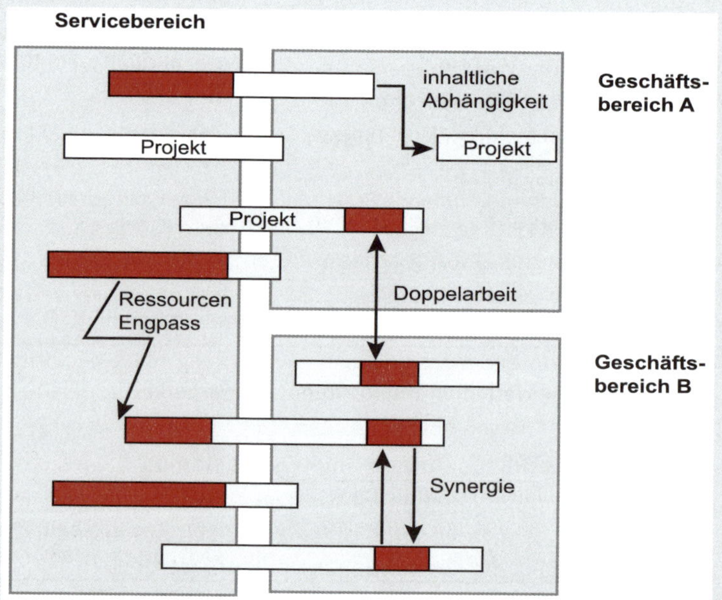

Abb. 3.01: Roadmap

Dabei wächst die Komplexität für das Multiprojektmanagement (MPM), Abhängigkeiten zwischen Projekten zu erkennen, mit der Unternehmensgröße deutlich an. In großen, divisionalisierten Unternehmen verfügen einzelne Geschäftsbereiche über eigene, spezifische Projektportfolios und greifen andererseits gemeinsam auf die Ressourcen von Org/IT und anderen Servicebereichen zu. Einen guten Überblick liefert eine „Roadmap“, in der Status und Abhängigkeiten aller Projekte eines Unternehmens aufgezeigt sind.

Komplexität steigt mit der Unternehmensgröße

3.1.2 Funktionen des Multiprojektmanagements

Im Multiprojektmanagement wird die Initiative als wichtigste PM-Funktion von der Entstehung bis zur Entscheidung unterteilt (siehe Abbildung 3.02).

MPM-Funktion	Strategisch	Operativ
Entstehung	■ F+E-Budget festlegen ■ Geschäftsfelder definieren ■ Produkt- und Technologiestrategie formulieren	■ Vorschlagswesen, KVP ■ Markt beobachten ■ Lebenszyklen von Produkten und Systemen beurteilen
Antrag	■ Zuständigkeiten bestimmen ■ Antragsinhalte festlegen ■ Kriterien für Projektarten/-klassen formulieren	■ Anträge formulieren, sammeln ■ Abhängigkeiten und Überschneidungen ermitteln ■ Projektklasse bestimmen
Prüfung	■ Attraktivitäts- und Projekterfolgskriterien aus Strategie ableiten und gewichten ■ Merkmale für Muss-Projekt vereinbaren ■ (Budget)-Rahmen je Projektklasse festlegen ■ Stellenwert von Wirtschaftlichkeit und Mindestrenditen formulieren	■ Strategiebeitrag, Chancen und Risiken der Projektidee bestimmen ■ Einsatzmittel und Know-how für Projekt einschätzen ■ Einstellung zur Projektdurchführung hinterfragen ■ Kosten und Nutzen abschätzen und quantitativ bewerten
Priorisierung	■ Anzuwendendes Priorisierungsverfahren vereinbaren ■ Einfluss von Abhängigkeiten bestimmen	■ Rang im Projektportfolio ermitteln ■ Erwartete Auslastung der Einsatzmittel planen
Entscheidung	■ Bewilligungsgremien besetzen und mit Kompetenzen versehen	■ Projektideen verkaufen ■ Projekte freigeben, ablehnen, zurückstellen

Abb. 3.02: Funktionen des Multiprojektmanagements

MPM-Funktion	Strategisch	Operativ
Planung, Diagnose und Steuerung	■ Projekte ins Controlling aufnehmen und Strategie überprüfen	■ Multiprojektberichtswesen ■ Projektübergreifende Steuerung des Projektportfolios
Abschluss	■ Projektmanagement-System weiterentwickeln	■ Integration in Stammorganisation ■ Projektbewertung

Abb. 3.02f: Funktionen des Multiprojektmanagements

3.1.3 Multiprojektmanagement-Modell

Die Multiprojektinitiative und der Projektabschluss bilden die Übergänge zwischen Linie und Projekten

Modellhaft betrachtet, umkreisen die Funktionen des Multiprojektmanagements die vielen Projektzelte, die überall Schnittstellen zu der Linienorganisation haben. Auf diesem Kreis befinden sich zwei Übergänge. So werden durch die Multiprojektinitiative regelmäßig neue Projektzelte aufgestellt, während im Projektabschluss das Projektzelt abgebaut wird und die erzielten Ergebnisse an die Linienorganisation übergeben werden. Zwischen den Übergängen wird über das Multiprojektberichtswesen die Planung, Diagnose und Steuerung des gesamten Projektportfolios durchgeführt und die Schnittstelle zum Unternehmenscontrolling bedient. Das Multiprojektmanagement-Modell ergibt sich damit durch Erweiterung („Zoomen") des Blickwinkels auf das allgemeine Projektmanagement-Modell.

Auf dem Zeltplatz des Multiprojektmanagements

Die Funktionen des Multiprojektmanagements entsprechen den Aufgaben eines Campingplatz-Betreibers. So muss bei jedem „Neuankömmling" die Belegung bereits aufgestellter Zelte und deren Abreisedatum bei der Entscheidung berücksichtigt werden, wo das neue Zelt aufgestellt wird. Liegen langfristige Reservierungen etwa durch Budgetvereinbarungen vor, gehen diese natürlich vor. Für überraschende Neukunden müssen entweder freie Kapazitäten vorgehalten werden oder die Camper müssen näher zusammenrücken. Außerdem entbrennt natürlich der Kampf um die besten Plätze. Manche Kunden (Projekte) brauchen die Sonnenseite, um ihre Projektziele zu erreichen, andere insbesondere mit kleinen Kindern („Projektmanagement-Neulinge") benötigen kurze Wege zu den Infrastruktureinrichtungen, die durch das Projektmanagementoffice bereitgestellt werden.

Verlängerungswünsche der Besucher, Streitigkeiten zwischen Zeltnachbarn, Beschwerden über schlechtes Essen und defekte Duschen sind während des Betriebes zu bearbeiten. Ein regelmäßiger Rundgang sorgt als Frühwarnsystem dafür, dass Fehlentwicklungen rechtzeitig erkannt werden können.

Bei Projektende (Abreise) werden die Beurteilungsbögen der Besucher (Abschlussberichte) genutzt, um aus den Anregungen Verbesserungen für den Campingplatz (das Projektmanagement-System) abzuleiten.

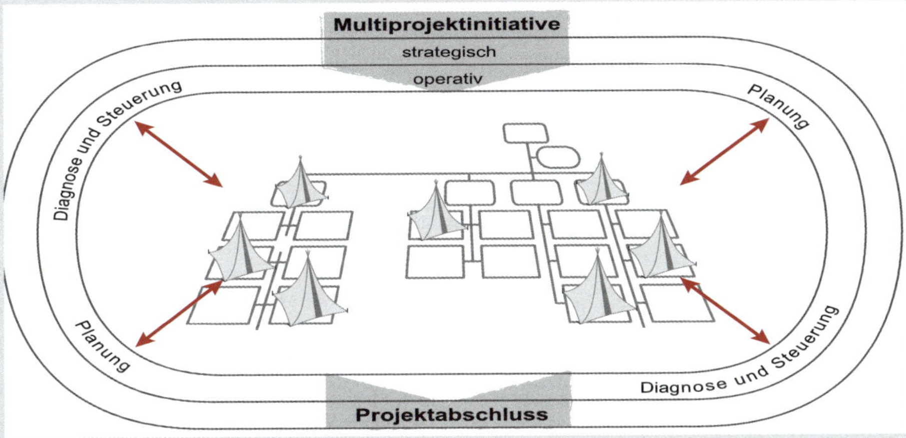

Abb. 3.03: Multiprojektmanagement-Modell

3.2 (Multiprojekt-)initiative im Überblick

Ziel der Multiprojektinitiative ist es, die Frage zu beantworten:

> Bearbeiten wir die richtigen Projekte?

Sie beginnt mit der Entstehung von Projektideen und endet mit einer Entscheidung, ob ein Projekt zurückgestellt oder gestartet wird, mit einem vorläufigen Projektauftrag und der Bereitstellung der Ressourcen wie Beteiligte und finanzielle Mittel. Die Projekte werden dann mit einer Projektnummer katalogisiert, die Verrechnung der Aufwände wird festgelegt und das Projekt kann den Beteiligten in einem Kick-off bekanntgemacht werden.

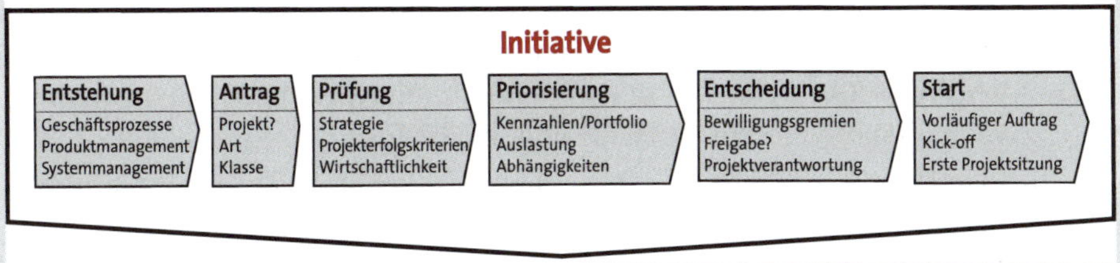

Abb. 3.04: Schritte der Multiprojektinitiative

Die Schritte stellen sicher, dass die Erfolg versprechendsten Projektideen ermittelt werden können:

Dem „Mach-Mal-Chaos“ durch eine systematische Multiprojektinitiative begegnen

- Die permanente Beobachtung der Geschäftsprozesse von Unternehmen und Institutionen sorgt proaktiv für Projektideen
- Das Produktmanagement leitet systematisch aus Kundenbedürfnissen, Entwicklungen in Markt, Politik und Technologie und dem Lebenszyklus der eigenen Produkte und Systeme den Veränderungsbedarf ab
- Anträge halten den Veränderungsbedarf fest und ermöglichen, sie nach Art und Klasse einzuteilen, damit passende Entscheidungswege eingeschlagen und die sinnvollsten Projektmanagement-Methoden ausgewählt werden
- Die Prüfung der Anträge gegenüber der aktuellen Strategie zeigt deren strategische Chancen auf und klärt mögliche Risiken

Projekterfolgskriterien

- Der mögliche Projekterfolg zeigt sich unter anderem daran, inwieweit das Unternehmen Einsatzmittel und Know-how für die Vorhaben bereitstellen kann und ob ein ernsthafter Wille zur Unterstützung der Projektideen bis zum Ende besteht oder mit Widerständen zu rechnen ist
- Die Wirtschaftlichkeitsbetrachtung offenbart, ob die absehbaren Kosten und der Nutzen der Vorhaben in einem vernünftigen Verhältnis zueinander stehen
- Die Priorisierung bringt das Projektportfolio in eine Rangfolge und weist aus, welche Auslastung der Einsatzmittel daraus entstehen wird und ob diese für das Unternehmen verkraftbar ist
- Die geprüften und priorisierten Anträge werden in je Projektklasse zuständigen Bewilligungsgremien vorgestellt und entweder genehmigt, zur Überarbeitung zurückgestellt oder abgelehnt
- Mit der Entscheidung wird die Projektverantwortung an Auftragnehmer delegiert
- Zu einem gelungenen Start gehört dann nur noch, dass die in Prüfung, Priorisierung und Genehmigung gemachten Zusagen in die Form von vorläufigen Aufträgen gebracht werden, die dann an die Projektbeteiligten in einem Kick-off delegiert werden.

Jedes Projekt, das diese Schritte vollständig und gewissenhaft durchlaufen hat, wird von allen als dringend erforderlich betrachtet, bringt ein Unternehmen voran, hat breite Unterstützung, verfügt über geeignete Einsatzmittel und hat bereits einen geklärten Auftrag, der allen Projektbeteiligten bekannt ist.

3.3 Projektentstehung

„Die beste Methode, zu einem guten Einfall zu kommen, ist, viele Einfälle zu haben."
Linus Pauling (amerikanischer Chemiker)

3.3.1 Initiatoren und Anlässe

Externem Handlungsdruck proaktiv begegnen

Projekte werden aus den verschiedensten Anlässen geboren. Eine Vielzahl von Projekten wird reaktiv ausgelöst. Probleme werden solange vertagt, bis ein enormer Druck zum Handeln zwingt. Projekte mit zu eng gesetzten Terminen unterliegen der Gefahr von suboptimalen Lösungen (Schnellschüsse, Symptombekämpfung), da die Zeit zur systematischen Problemanalyse und -beseitigung in der Regel fehlt.

Um sich dem Teufelskreis der ständigen „Feuerwehrmaßnahmen" entziehen zu können, empfiehlt sich proaktiv bei der Initiierung von Projekten vorzugehen. Prozessmanagement, Produkt- und Systemmanagement nehmen diese proaktive Rolle in Unternehmen wahr.

Reaktiv	Proaktiv
■ Störungen in Anwendungen beseitigen ■ Ersatzkapazitäten schaffen ■ Markttrend folgen ■ Gesetze, Verordnungen umsetzen ■ Auf Hinweise von Problembereichen warten: – Betriebliche Vorschläge (BVW) – Forderungen aus Revisionsberichten – „Hilfeschrei" aus Abteilungen – Rückfragen von Projektbetroffenen	■ Neue Technologien aufgreifen ■ Mitarbeiterpotenziale ausnutzen ■ Wettbewerbsvorteile neuer Strukturen erkennen ■ Konkurrenzaktivitäten eruieren ■ Systematisch nach verbesserungswürdigen Sachverhalten suchen: – Systematische Problemanalyse – Benchmarking – Checklisten – Eigeninitiierte Erfolgskontrolle

Abb. 3.05: Anlässe der Projektentstehung

Kapazitäten für proaktives Handeln reservieren

Die ständige Beobachtung der zukünftigen Unternehmens- und Umweltsituation ermöglicht es, sich abzeichnende Chancen und Risiken frühzeitig zu erkennen. Auf diese Weise werden Projekte ins Leben gerufen, um anstehende Gefahren zu vermeiden oder frühzeitig zu erkennen und sich bietende

Möglichkeiten zu nutzen. Die Schwierigkeit von proaktiv ausgelösten Projekten liegt in der Prognoseunsicherheit sowie in dem nicht immer vorliegenden Realisierungswillen aufgrund von fehlendem Leidensdruck.

3.3.2 Prozessmanagement

Definition

Ein Prozess ist eine Struktur, deren Elemente Aufgaben, Aufgabenträger, Sachmittel und Informationen sind, die durch logische Folgebeziehungen verknüpft sind (mehr in Band 9 dieser Schriftenreihe).

Darüber hinaus werden zeitliche, räumliche und mengenmäßige Dimensionen konkretisiert. Ein Prozess hat ein definiertes Startereignis (Input) und Ergebnis (Output) und dient dazu, einen Wert für Kunden zu schaffen.

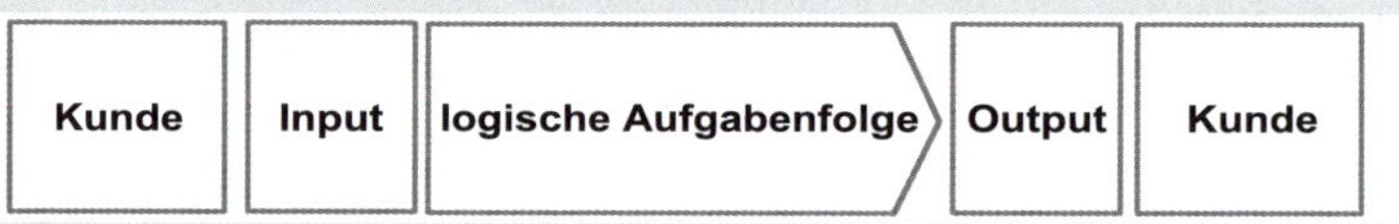

Abb. 3.06: Prozessdefinition

Aus der Optimierung von Prozessen resultieren häufig Org/IT-Projekte

Das Prozessmanagement unterstützt vielfältige Managementfunktionen und ist damit an der Entstehung von Projektideen maßgeblich beteiligt. Es zergliedert die Funktionen eines Unternehmens in Führungsprozesse, Ausführungsprozesse und Unterstützungsprozesse. In einem Prozessmodell sind die Prozesse hierarchisch gegliedert und als Landkarte zur Orientierung im Unternehmen dargestellt.

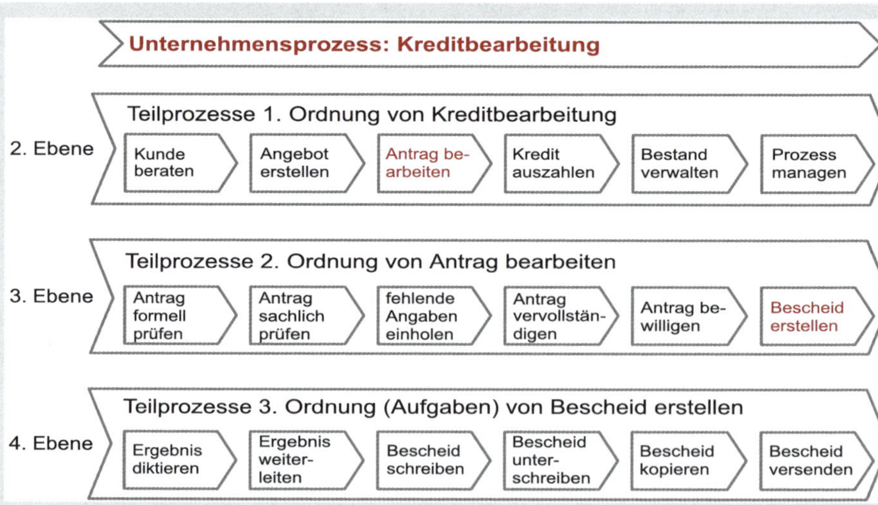

Abb. 3.07: Beispiel für ein Prozessmodell

3.3.3 Produktmanagement

Das Produktmanagement nimmt Anregungen vom Markt und Kunden auf und setzt diese in ein passendes Produktangebot um. Es ist verantwortlich für den dauerhaften Erfolg des Produktprogramms, der über eine produktorientierte Deckungsbeitragsrechnung kontrolliert wird. Hierzu gehört auch die Einschätzung, an welcher Stelle im Lebenszyklus sich die Produkte eines Produktprogramms befinden, um daraus F+E-Programme und Projekte anzustoßen, die die Zukunft des Produktprogramms sichern.

Wettbewerbsfähigkeit der Produkte beobachten

Zur Steuerung des Produktprogramms ist für jede Produktgruppe die Marktattraktivität und die eigene Wettbewerbsstärke zu beurteilen. Damit lassen sich die Produkte in einem Portfolio einordnen, um möglichen Handlungsbedarf aufzuzeigen. Die Wettbewerbsstärke einer Produktpalette hängt auch vom Lebenszyklus ab.

Produktlebenszyklus von der Einführung bis zur Aufgabe eines Produktes

Produkte haben eine begrenzte Lebensdauer. Sie durchlaufen im Laufe ihres „Lebens" von der Idee bis zur Elimination verschiedene Phasen. Die Entwicklungsperiode umfasst dabei die Initialisierung und die Projektphasen mit Planung und Realisierung. Die Markt-/Einsatzperiode enthält die Herstellung und den Verkauf der Produkte bzw. den Betrieb und die laufende Wartung der Systeme bis hin zum Abbruch und Recycling.

Das Denken in Lebenszyklen ist die Grundlage für die Wirtschaftlichkeitsbetrachtungen, um den Zeitpunkt zu erfassen, ab wann sich eine Neuauflage lohnt.

Aktionsprogramme des Produktmanagements führen zu Projektideen

Es entstehen während der Marktperiode typische Phasen, die eine Prognose der künftigen Absatzerwartungen erlauben. Damit werden dem Produktmanager Anhaltspunkte für Maßnahmen (sogenannte Aktionsprogramme) geliefert, die den Markterfolg unterstützen. Aus diesen Überlegungen entstehen immer wieder kleinere und größere Projektideen.

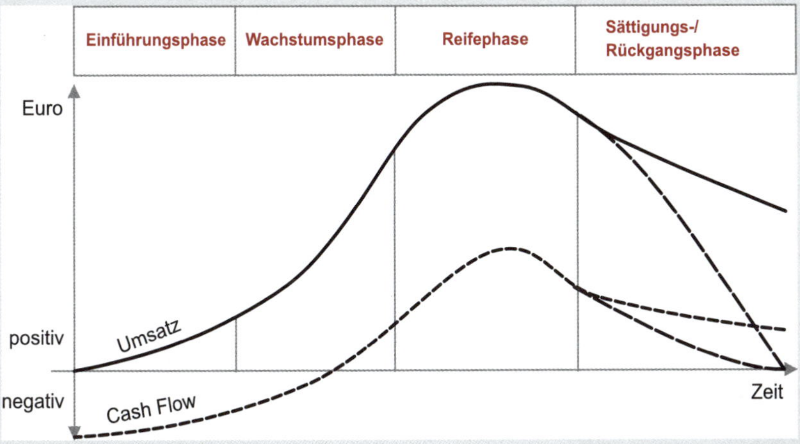

Abb. 3.08: Produktlebenszyklus

Produkt-
lebenszyklus

Phase	Marktverhalten	Aktivitäten, Projektideen
Entwicklungs-periode	■ Keine Erlöse ■ Negative Deckungs-beiträge wegen Ent-wicklungskosten	■ Entstehung des Pro-duktes, Projektarbeit ■ Neuentwicklung
Markteinfüh-rung	■ Etablierung im Markt oder Flop ■ Deckungsbeitrag noch negativ	■ Spezielle Kundenwün-sche berücksichtigen ■ Intensive Werbung ■ Nachbesserungen
Wachstum	■ Kampf um Marktanteile ■ Positiver Deckungs-beitrag erreicht	■ Variantenbildung zur Differenzierung gegen-über Wettbewerbern ■ Versionen entwickeln
Reife	■ Sinkende Zuwachs-raten, steigende Deckungsbeiträge	■ Kostenreduzierungs-programme ■ Rationalisierungs-projekte
Sättigung	■ Absatzmenge stagniert	■ Variationen des Pro-duktes, um neue Märkte zu erschließen ■ Weiterentwicklung
Rückgang	■ Absatzmenge und Deckungsbeitrag sinken	■ Relaunch durch grund-legende Verbesse-rungsinnovationen ■ Einführung Ersatz-produkt ■ Neuentwicklung

Abb. 3.09: Phasen des Produktlebenszyklus

3.3.4 Systemmanagement

Systeme bestehen aus Teilsystemen, Komponenten bis hin zu einzelnen Elementen. Jeder dieser einzelnen Bestandteile hat eine unterschiedliche Lebensdauer. Sie hängt ab von

Einflussfaktoren für die Lebensdauer von Systemen

- der Beanspruchung der Komponente
- der regelmäßigen Wartung und Pflege
- dem Zeitpunkt der letzten Reparatur oder des Austausches
- der Beständigkeit des Materials
- dem technischen Stand
- dem Beitrag der Komponente zur Nutzung des Systems
- der Entwicklungsgeschwindigkeit im Umfeld/Markt
- den Kosten der Entsorgung.

System-erneuerung oder neue Komponenten

Bei der Veränderung eines Systems ist für jeden Bestandteil festzulegen, inwieweit er von der Änderung betroffen ist und wie weitgehend eine Änderung ausfällt. Dabei sind für jede Komponente die Kosten und Risiken einer Neuentwicklung gegenüber den steigenden Reparatur- und Wartungskosten abzuwägen.

Der Lebenszyklus eines Systems ist abgeschlossen, wenn alle Komponenten einmal grundlegend überarbeitet wurden.

Komponente	Lebensdauer	Letzte Änderung	Art der Veränderung
Gehäuse	10 Jahre	10/2003	Neue Form
Rahmen	8 Jahre	5/2006	Anderes Material
Elektronik	3 Jahre	12/2006	Neue Steuerung und Zusatzfunktionen
Mechanik	6 Jahre	12/2005	Innovative Neuentwicklung

Abb. 3.10: Lebensdauer von Komponenten eines Produktes

Der aktuelle Status eines Systems mit all seinen Komponenten wird durch das Konfigurationsmanagement sichergestellt (siehe Kapitel 6.8.3).

3.4 Projektanträge

Veränderungsbedarf in Anträge fassen

Prozess-, System- und Produktmanagement leiten aus ihren Überlegungen künftigen Veränderungsbedarf ab. Ob diese geplanten Veränderungen in Form von Projekten, innerhalb der Linienorganisation oder überhaupt umgesetzt werden, ist zu diesem Zeitpunkt noch offen. Durch das Festhalten des Veränderungsbedarfes in Anträgen geht keine der Ideen verloren und es wird ein Gesamtüberblick ermöglicht, was sich alles in der Projekt-Pipeline befindet.

Antragseingang koordinieren

In der Praxis werden die Anträge oft unkoordiniert und formlos gegenüber Vorgesetzten oder Serviceabteilungen gestellt. Je nach Anliegen werden unterschiedliche Angaben erfragt, um die Sinnhaftigkeit prüfen zu können.

Bei internen organisatorischen Vorhaben interessieren vor allem folgende Fragen:

Minimalangaben

- Wie äußert sich das Problem?
- Wer und welche Prozesse sind davon betroffen?
- Welche Erwartungen werden mit einer Lösung des Problems verknüpft?
- Wie soll die Lösung erarbeitet werden?

Bei ausgabewirksamen Investitionen wird die Aufnahme in das Investitionsprogramm beantragt. Hierbei sind folgende Angaben erforderlich:

Wirtschaftliche Auswirkungen beurteilen

- Art der Investition (Ersatz, Rationalisierung, Erweiterung, Infrastruktur)
- Technische Grunddaten wie Mengen, Volumen
- Erwartetes Investitionsvolumen verteilt auf die Projektlaufzeit
- Erwartete Einsparungen mit einer Wirtschaftlichkeitsrechnung
- Benötigtes Know-how, Kapazitäten
- Mögliche technische Risiken.

Unterschriften zeigen Kenntnisnahme und Freigabe

Hilfreich ist in jedem Fall ein klar geregelter, durch Antragsformulare gestützter Weg, damit alle Angaben zur Prüfung des Vorhabens vorliegen und der Antrag an die richtige Stelle innerhalb des Unternehmens gelangt. Durch die notwendigen Unterschriften und Freigaben wird sichergestellt, dass alle relevanten Abteilungen ihre Beurteilung abgegeben haben. Der Antragsteller sollte möglichst umfassende Angaben machen, damit viele Informationen direkt in den künftigen Projektauftrag übernommen werden können.

<table>
<tr><td colspan="2">**Projektantrag**</td><td>Seite 1</td></tr>
<tr><td>Organisationseinheit</td><td>Antragsteller</td><td>Befürworter</td></tr>
<tr><td colspan="2">Datum/Unterschrift Antragsteller</td><td>Datum/Unterschrift Befürworter</td></tr>
<tr><td colspan="3">**Antragsinhalte**</td></tr>
<tr><td colspan="3">**1. Ausgangslage**
Beschreibung der Problemsituation/des Anlasses für das Vorhaben

2. Gestaltungsbereich/Gestaltungsinhalte
Benennung der betroffenen Organisationseinheit(en) und/oder Prozesse inkl. Schnittstellen/Gemeinsamkeiten mit anderen Projekten

3. Ziele/Ergebnisse
Aufzählung, was mit dem Vorhaben erreicht werden soll, welchen Nutzen hat es für das Unternehmen

4. Einflussgrößen
Aufzählung der einzuhaltenden Restriktionen und zu beachtender Rahmenbedingungen insbesondere mögliche Risiken

5. Gestaltungsaufgaben/Gestaltungsablauf
Beschreibung der durchzuführenden Aufgaben und Darstellung der zeitlichen Folgebeziehungen

6. Aufwand/Kosten
Einschätzung des derzeitigen und absehbaren Bedarfes an Einsatzmitteln (Prognose des Aufwandes und der Kosten des Vorhabens)

7. Termine
Ausführungen über terminliche Erfordernisse (Fristen/Abhängigkeiten)

8. Begründung der Attraktivität
Zusammenfassende Abschätzung des künftigen quantitativen und qualitativen Nutzens, Prognose der Chancen und Risiken, bei Durchführung sowie Nicht-Durchführung des Vorhabens</td></tr>
<tr><td>Anlagen</td><td></td><td></td></tr>
<tr><td colspan="3">Ausführungen zu den Punkten 1-7 auf folgenden Seiten des Projektantrages</td></tr>
<tr><td colspan="3">Antragsbewilliger</td></tr>
<tr><td>Der Projektantrag wird</td><td>genehmigt [ ]</td><td>nicht genehmigt [ ]</td></tr>
<tr><td colspan="3">Begründung</td></tr>
<tr><td colspan="3">Datum/Unterschrift Antragsbewilliger</td></tr>
</table>

Abb. 3.11: Inhalte des Projektantrages

3.4.1 Projektarten und -klassen

Anforderungen an das Projektmanagement nach Art und Klasse unterscheiden

Anhand des Antrages kann geklärt werden, inwieweit das Vorhaben in einer eigenständigen Organisationsform (als Projekt) abgewickelt werden soll und welchen weiteren Entscheidungsweg die Projektidee gehen muss. Handelt es sich um ein Thema, das nur einen Bereich betrifft, wenig komplex ist und mit geringem Aufwand umgesetzt werden kann, so kann es sogar an den Antragsteller zurückgewiesen werden, ohne dass die Umsetzung den etablierten Projektmanagement-Methoden unterliegt.

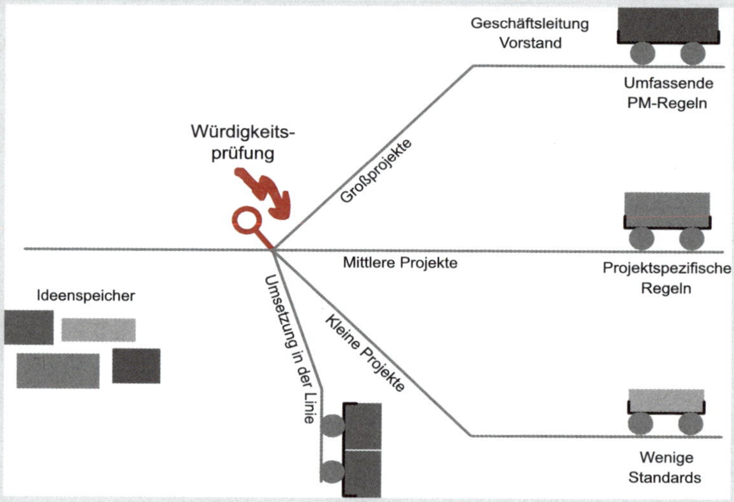

Abb. 3.12: Weichenstellung

Prüfen der Projektwürdigkeit

Um zu entscheiden, ob es sich überhaupt um ein Projekt handelt, werden Kriterien aus der Projektdefinition wie Aufwand, Komplexität, Umfang der Betroffenen und Beteiligten, Neuartigkeit, Risiko herangezogen.

Zwei bis vier Projektklassen sind üblich

Mit den möglichen Ausprägungen können jeder Projektidee Projektklassen zugeordnet werden. Dabei hängt es sehr stark von der Größe des Unternehmens und der Zahl der pro Jahr durchgeführten Projekte ab, wie viele unterschiedliche Klassen definiert werden. So arbeiten Großbanken mit bis zu 4 verschiedenen Projektklassen, während in Klein- und Mittelbetrieben nur zwischen Normal- und Großprojekten differenziert wird.

Die Projektart ergibt sich im Wesentlichen aus dem Projektgegenstand (Bau, Infrastruktur, IT, Organisation) und dem überwiegend benötigten Know-how (IT-Spezialisten, Organisatoren, Techniker, Marketingfachleute).

Anhand der festgestellten Projektklasse und der zugeordneten Projektart werden die einzusetzenden Projektmanagement-Methoden verbindlich festgelegt und das für die Umsetzungsentscheidung zuständige Bewilligungsgremium bestimmt.

Art	Klasse	Beispiel	Aufwand			Kosten			Komplexität			Betroffenheit			Bedeutung		
			bis 50 PT	50 bis 500 PT	mehr als 500 PT	bis 100 T€	100 bis 1000 T€	mehr als 1 Mio. €	wenige Aspekte	viele Aspekte	viele Aspekte und viele Beteiligte	ein Bereich betroffen	mindestens 2 Bereiche wesentlich	mehrere Unternehmen wesentlich	Ziele eines Bereiches	wesentliche Ziele mehrerer Bereiche	strategisch
Organisation	2	Umstellung von NT auf Windows XP		X			X		X					X	X		
Organisation	2	Zertifizieren des Zahlungsverkehrs		X		X				X		X			X		
Organisation	3	Neues Führungskonzept	X			X			X					X			X
Forschung&Entwickl.	2	Expertensystem Antragsprüfung		X			X		X			X			X		
Forschung&Entwickl.	2	Neue Rußsorte			X		X			X		X			X		
Forschung&Entwickl.	3	Neue Einsatzgebiete für Ruß	X			X			X			X			X		
Investition	1	Neue Niederlassung in Bayern			X			X			X			X			X
Investition	1	Rußkapazität erweitern			X			X		X			X				X
Investition	1	Umbau der Hauptverwaltung			X			X			X			X			X

Abb. 3.13: Ergebnisse einer Würdigkeitsprüfung

Außerdem ist es sinnvoll, aus der Projektklasse die Qualifikationsanforderungen für das Projektpersonal und insbesondere den Projektleiter abzuleiten. Ein großes und für ein Unternehmen bedeutsames Projekt sollte nur von erfahrenen Projektleitern geführt werden. Hierbei zeigt sich schon zum ersten Mal, ob ausreichend qualifizierte Einsatzmittel zur Bewältigung der Projekte vorhanden sind. Manche Unternehmen legen auch anhand der Projektklasse

Qualifikation und Weisungskompetenzen nach Projektklassen ausrichten

die Weisungskompetenzen des Projektleiters fest oder geben zumindest dafür eine Empfehlung. So sollte der Projektleiter ein Großprojekt (Klasse 1) mindestens nur als starke Matrix-Projektorganisation führen und möglichst über 50% seiner Arbeitszeit für das Projekt zur Verfügung stehen.

Aufgrund der Würdigkeitsprüfung wird auch bewusst, wie viele Projekte unterschiedlicher Größe verkraftet werden müssen. Es erfolgt dabei ein Abgleich zwischen den strategischen Vorgaben, wieviel Budgetmittel (Personentage oder T€) je Projektklasse und Projektart zur Verfügung stehen, und den angedachten Vorhaben.

Großprojekte reduzieren Flexibilität des Multiprojektmanagements

Sollen im nächsten Budgetjahr größere Projekte angegangen werden, müssen die Budgets für kleinere Projekte entsprechend gekürzt werden, was allerdings zu einer geringeren Flexibilität führt, um auf plötzliche Veränderungen zu reagieren.

		2008		2009		2010	
Art	**Klasse**	**Budget in T€**	**Anzahl**	**Budget in T€**	**Anzahl**	**Budget in T€**	**Anzahl**
Informatik und Organisation	1	3.000	3	2.000	1-2	1.000	1-2
	2	1.500	20	2.000	20-30	1.500	10-15
	3	1.000	60	2.000	70-90	1.500	40-50
	Wartung	2.000		2.000		2.000	
	Summe	**7.500**		**8.000**		**6.000**	
Forschung und Entwicklung	1	5.000	5	8.000	3-5	10.000	5-8
	2	2.000	30	4.000	20-30	6.000	30-40
	3	1.000	30	2.000	40-50	2.000	30-40
	Summe	**8.000**		**14.000**		**18.000**	
Investition in Infrastruktur	1	10.000	2	3.000	1-2	2.000	1-2
	2	2.500	10	1.000	4-5	1.500	5-10
	3	1.500	30	1.000	10-15	1.000	10-15
	Summe	**14.000**		**5.000**		**4.500**	
Gesamtportfolio		**29.500**		**27.000**		**28.500**	

Abb. 3.14: Strategie der Planung des Projektportfolios nach Projektklassen und -arten

3.5 Prüfung von Vorhaben

Ziel der Prüfung von Vorhaben ist es, alle vorliegenden Anträge nach einheitlichen, aus der Strategie abgeleiteten Kriterien im Projektportfolio einzuordnen und eine Rangfolge zu bilden. Sie bereitet die Priorisierung vor.

Hierzu sind zunächst einige grundsätzliche Festlegungen zu treffen:

Prüfkriterien und Verfahren festlegen

- Die Unternehmensführung muss aus ihrem Leitbild und der Strategie Kriterien ableiten, die Aussagen über die Attraktivität von Vorhaben ermöglichen, und sich darauf verständigen, diese Kriterien bei der Priorisierung von Vorhaben konsequent anzuwenden
- Der für Einsatz- und Finanzmittel bereitstehende Rahmen muss vorgegeben werden
- Es sollte geklärt sein, inwieweit im Unternehmen die Genehmigung von Vorhaben von der Unterstützung und Akzeptanz abhängen
- Die anzuwendenden Methoden der Wirtschaftlichkeitsberechnung sollten feststehen und bekannt sein.

3.5.1 Strategie und Leitbild

Projekte sollen Strategie und Visionen verwirklichen

Projekte sind dann für ein Unternehmen attraktiv, wenn sie helfen, der Vision näher zu kommen. Deshalb sollten die Kriterien zur Ausrichtung des Projektportfolios aus Strategien und Leitbildern abgeleitet sein.

Abb. 3.15: Zusammenhang von Vision, Leitbild und Strategie

Funktion von Visionen

Visionen sollen für alle Mitarbeiter motivationsfördernd sein. Sie weisen folgende Merkmale auf:

- Zukunfts- und Realitätsbezug
- Bildhaft-szenarische Darstellung
- Enger Bezug der Vision zu Personen und deren Wirkungen auf sie.

Leitbilder übertragen die Visionen in relativ abstrakte Aussagen über anzustrebende Ziele, Werte, Normen, Einstellung zum Kunden, Gestaltung der zwischenmenschlichen Beziehungen und den Umgang mit Lieferanten und Wettbewerbern. Sie sind Handlungsrahmen und Verhaltenskodex für alle Aktivitäten im Unternehmen.

Leitbilder in der Führung und bei Entscheidungen erlebbar kommunizieren

Um die abstrakten Aussagen für Mitarbeiter begreifbar zu machen, sollten Leitbilder im Führungsalltag angewendet und kommuniziert werden. Das gilt natürlich auch bei der Begründung von Entscheidungen für oder gegen eine Projektidee. Eine bildhafte Sprache und die Verwendung von Metaphern und Anleihen aus Mythologien können dabei die Kommunikation wesentlich erleichtern. Andreas Roth gibt in seinem Buch „Unternehmensphilosophie in Textbausteinen“ viele Anregungen, wie eine grundsätzliche, mythologische Ausrichtung eines Unternehmens in Formulierungen für Leitbilder umgesetzt werden kann.

Strategien zeichnen den Weg vor, auf dem die Vision erreicht werden soll. Sie lassen sich nach dem organisatorischen Geltungsbereich unterscheiden.

Eine Strategie beantwortet folgende Kernfragen:

- Auf welchen Märkten will das Unternehmen präsent sein?
- Welche Produkte und/oder Dienstleistungen will das Unternehmen auf den jeweiligen Märkten anbieten (Geschäftsfelder)?
- Wo liegen die zukünftigen Kernkompetenzen des Unternehmens?

Kritische Erfolgsfaktoren von Organisationen

Aus diesen Grundpositionen lassen sich die kritischen Erfolgsfaktoren eines Unternehmens ableiten. Sie geben Antwort auf die Frage, worauf ein Unternehmen seinen Markterfolg zurückführt und sind deshalb nur unternehmensindividuell zu ermitteln. Vor allem die Branche bestimmt die Verschiedenartigkeit der Erfolgsfaktoren, die zur Beurteilung von Projekten herangezogen werden können.

Hier ein paar Beispiele:

- Styling und Händlernetz in der Automobilindustrie
- Schulung und Weiterbildung des Außendienstes in der Versicherungsbranche
- Service und Beratung im Kreditgewerbe
- Image und Schnelligkeit von Verwaltungen.

3.5.2 Balanced Scorecard

Ausbalancieren der Perspektiven, Kunde, Finanzen, Prozesse und Entwicklung

Die Balanced Scorecard (BSC) ist eine Managementmethode, die Vision und Strategie eines Unternehmens in Ziele und Kennzahlen übersetzt. Der Grundgedanke der Balanced Scorecard ist, dass der wirtschaftliche Erfolg einer Organisation sich auf Faktoren gründet, die hinter den finanziellen Erfolgsgrößen stehen und diese ursächlich bestimmen. „Balanced" verdeutlicht, dass mehrere Steuerungsbereiche ausbalanciert werden müssen. Daher berücksichtigt die Balanced Scorecard neben der finanziellen drei weitere Perspektiven: die Kunden, die internen Prozesse sowie Lernen und Entwicklung bzw. das Mitarbeiterpotenzial.

Je Perspektive sind die vier Felder

- Ziele
- Kennzahlen
- Vorgaben
- Maßnahmen

auszuformulieren. Aus diesen Angaben ergeben sich dann Beurteilungskriterien zur Priorisierung von Projekten.

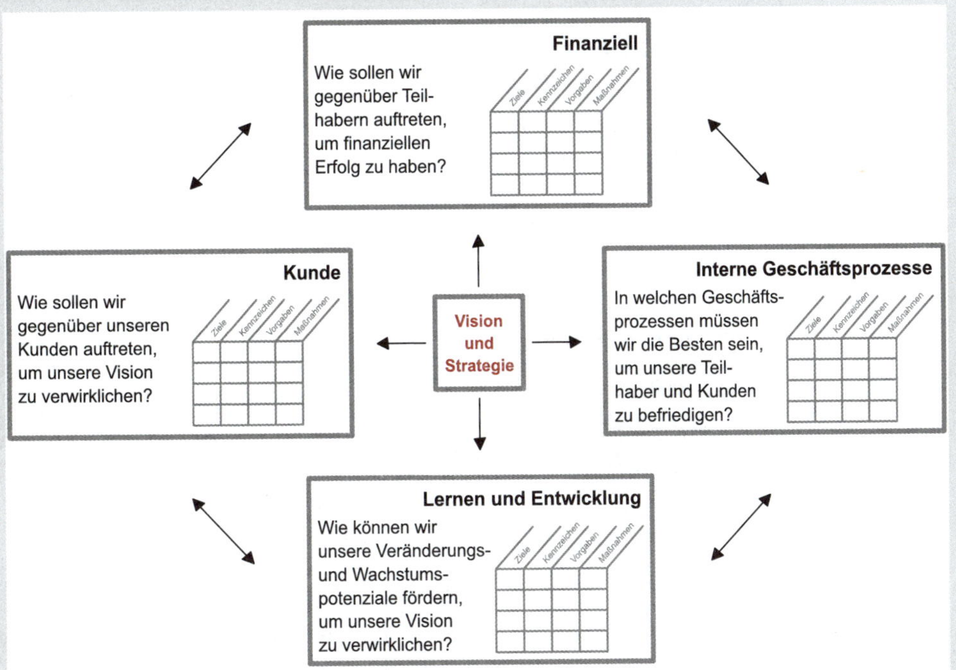

Abb. 3.16: Die vier Felder der Balanced Scorecard

Um mit Hilfe der Balanced Scorecard das Projektportfolio auszurichten, müssen die einzelnen Felder auf ihre Bedeutung für die Projektarbeit hin geprüft werden. Auch die Übertragung auf verschiedene Projektarten kann zu unterschiedlichen Ergebnissen führen. So gelten für Produktentwicklungsprojekte andere Faktoren als für interne Reorganisationsprojekte, wodurch sie sich einfacher zur Steuerung des Projektportfolios anwenden lassen. Dabei muss stets die aus der Strategie abgeleitete Balanced Scorecard immer als Ausgangsbasis verwendet werden.

Die nachfolgende Tabelle zeigt ein Beispiel aus einem internationalen Technologiekonzern (Abb. 3.16a).

Faktor 1: **Strategiekonformität und Bedeutung** ▪ Übereinstimmung von Projektzielen und Geschäftsstrategie ▪ Bedeutung des Projektes für die Strategie ▪ Wirkung der Projektergebnisse auf das Geschäft	**Faktor 4:** **Steigerung der Kernkompetenzen** ▪ Projekt steigert unsere Kernkompetenzen in: Technologie, Betrieb, Marketing, Vertrieb
Faktor 2: **Produkt- und Wettbewerbsvorteile** ▪ Produkt liefert einzigartigen Kundennutzen ▪ Produkt bietet Kunden exzellenten Gegenwert für ihr Geld	**Faktor 5:** **Technische Machbarkeit** ▪ Ausmaß der technologischen Lücke ▪ Kenntnisse der Technologie in unserem Geschäft ▪ Neuartigkeit der Technologie ▪ Technische Komplexität ▪ Verfügbare technische Ergebnisse
Faktor 3: **Marktattraktivität** ▪ Marktvolumen ▪ Marktwachstum und Zukunftsperspektiven ▪ Durchschnittlich erwirtschaftete Erträge der Marktteilnehmer in diesem Markt ▪ Härte und Intensität des Wettbewerbs	**Faktor 6:** **Finanzieller Gewinn versus Risiken** ▪ Volumen der finanziellen Chancen ▪ Finanzieller Rückfluss (NPV = Net Present Value)) ▪ Sicherheit der finanziellen Schätzungen ▪ Level der Risiken und Fähigkeit, diese zu bewältigen

Abb. 3.16a: Beispiel für eine Balanced Scorecard

3.5.3 Strategiebezug von Vorhaben

Kriterien, um den Strategiebezug von Projekten zu beurteilen, können aus Leitbildaussagen, Visionsformulierungen, Strategiepapieren, bereichsbezogenen Strategien und den Kennzahlen einer Balanced Scorecard abgeleitet werden.

Positive und negative Kriterien für Projektattraktivität ableiten

Projekte haben nicht nur positive Auswirkungen (Chancen) auf Strategie und Leitbild, sie sind auch mit Risiken verbunden, die die Attraktivität einschränken. Deshalb sollten auch standardmäßig potenzielle Risiken – was beeinflusst die Strategie negativ und sollte vermieden werden – anhand eines Kriterienkataloges geprüft werden. Damit werden die Antragsteller veranlasst, sich frühzeitig Gedanken zu machen, wie sie den möglichen Risiken begegnen wollen.

Aussagen aus Leitbild und Strategie

- Wir streben die technologische Führerschaft in unserem Kerngeschäft an
- Wir schöpfen die Synergien aus dem weltweiten Verbund unserer Kerngeschäfte optimal aus
- Wir wollen gemeinsam mit unseren Kunden und Lieferanten zukunftsweisende Anwendungen unserer Produkte entwickeln
- Wir handeln verantwortungsbewusst gegenüber unserer Umwelt und wollen Ökonomie und Ökologie in Einklang bringen
- Wir wollen erfolgreich und unabhängig bleiben, um unsere eigene unverwechselbare Identität zu behalten
- Durch ein weltweit attraktives und sicheres Arbeitsumfeld wollen wir eine hohe Identifikation unserer Mitarbeiter mit unserem Unternehmen und seinen Werten schaffen.

Chancenkriterien		**Risikokriterien**	
Stärkung des Unternehmensverbundes	25%	Personal- und Technologieabhängigkeit	20%
Verbesserung der Flexibilität	5%	Beeinträchtigung von Umwelt und Arbeitssicherheit	30%
Steigerung der Innovationsfähigkeit	30%	Wahrscheinlichkeit eines Misserfolges	5%
Stärkung der Bindung zu Kunden und Lieferanten	20%	Unsicherheit von Zeit- und Kostenprognosen	20%
Steigerung der Arbeitsplatzattraktivität	10%	Know-how-Verlust	10%
Ertragssteigerung	10%	Imageschäden	15%

Abb. 3.17: Beispielhafte Ableitung eines Kriterienkataloges für ein Unternehmen

3.5.4 Muss-Projekte

Die Beurteilung des Strategiebezuges eines Vorhabens liefert wichtige Erkenntnisse für die Priorisierung. Von dieser Beurteilung werden nur Projektideen ausgenommen, die einem Zwang zur Durchführung unterliegen, sogenannte Muss-Projekte. Sie werden im Projektportfolio separat gekennzeichnet und ihr Bedarf an Einsatzmitteln bildet eine Grundlast.

Folgende Zwänge führen zu Muss-Projekten:

Beispiele von Muss-Projekten

- Juristische Zwänge, wenn etwa durch Kartellauflagen Unternehmensteile verkauft werden müssen
- Kundenzwänge, wenn für die Betreuung eines wichtigen Kunden interne Prozesse optimiert werden müssen, um den vereinbarten Servicelevel zu halten
- Lieferantenzwänge, wenn für ein IT-System Wartungsverträge auslaufen und vom Hersteller nicht mehr unterstützt werden
- Technische Zwänge, wenn beim Ausfall einer Anlage ein technologisch neuwertiger Ersatz erfolgt, der weitergehende Prozessoptimierungen nach sich zieht.

Die Zwänge müssen für die Priorisierung klar formuliert und von den Entscheidungsgremien akzeptiert sein. Dabei ist es immer auch erforderlich, die Gründe für den Zwang klar darzulegen und abzugrenzen, welcher Teil des Projektes für die Erfüllung von Auflagen zwingend ist und was gegebenenfalls zum späteren Zeitpunkt erfolgen kann. Auf die Genehmigung von nice-to-have-Funktionen im Mantel eines Muss-Projektes sollte verzichtet werden.

3.5.5 Strategiebeitrag von Projektportfolios

Relevant für die Strategieumsetzung

Wenn Kriterien für den Strategiebezug von Projekten definiert sind, lässt sich auch insgesamt beurteilen, welchen Beitrag die Vorhaben zur Umsetzung der Unternehmensstrategien leisten. Dabei wird unterschieden, inwieweit die Projekte

3 – entscheidend

2 – wichtig

1 – förderlich oder

0 – irrelevant

für die Strategieumsetzung sind. Hohe Werte für ein Projekt zeigen eine ideale Übereinstimmung zwischen den Unternehmenszielen und den Projektzielen. Die Spaltensumme pro Unternehmenszielkriterium zeigt, welche strategischen Ziele im aktuellen Projektportfolio besonders gefördert werden. Falls einige strategische Ziele zu kurz kommen, kann dies zur Aufnahme weiterer Projekte führen.

Die Beurteilung erfolgt nicht nur während der Multiprojektinitiative, sondern wird im Interesse einer strategischen Gesamtsteuerung auch für laufende Projekte aktualisiert.

Projekte mit Budget (in T€)		Strategien: Produktqualität	Strategien: Imagesteigerung	Strategien: Ausbau Kernkompetenz	Strategien: Langjährige Kundenbindung	Strategien: Hoher Standard interner Prozesse	Strategiebezug der Projekte: Summe	Strategiebezug der Projekte: Grad Σ / max. Pkt.
Verfahrensstandards	100	1	2	2	1	3	9	0,60
Beratungsprodukte (neu)	200	3	2	2	1	1	9	0,60
PM-Reihe	60	1	1	2	0	0	4	0,27
Optimierung Vertrieb	300	1	2	1	3	3	9	0,60
Homepage neu	90	0	2	1	2	1	6	0,40
Summe	750	6	9	8	7	7	37	
Grad=Σ/max. Pkt.		0,4	0,6	0,53	0,47	0,47		0,48

Abb. 3.18: Strategiebezug von Projekten

3.5.6 Projekterfolgskriterien

Projektfähigkeit und Projektwilligkeit

Der erwartete Projekterfolg hängt von der Fähigkeit eines Unternehmens ab, für ein Vorhaben die zur Realisierung benötigten Einsatzmittel bereitzustellen, und der generellen Bereitschaft im Unternehmen, das Projekt umzusetzen. Deshalb sollten zur Entscheidung über neue Vorhaben diese Kriterien bei den Projektanträgen überprüft werden.

3.5.6.1 Erfolgsfaktor: Fähigkeit zur Projektdurchführung

Die Planung der Einsatzmittel für alle Projekte (Eignung, Volumen) ist eine strategische und langfristige Aufgabe. Sie ist in den Geschäftsplanungsprozess integriert und schafft die Rahmenbedingungen für die Projektarbeit. Ein Beispiel sind die jährlichen Investitionsprogramme, die mit der Finanzsituation (Eigenkapitalausstattung) des Unternehmens abgeglichen werden.

Rahmen für die Projektfähigkeit setzen

Der Aufbau und die Bereitstellung von qualifiziertem Know-how und leistungsfähiger Technologie sichern langfristig den Erfolg eines Unternehmens. Hieraus entstehen eigenständige Projekte und Infrastrukturmaßnahmen, deren Umfang mit der Wachstumsstrategie des Unternehmens zu vereinbaren ist.

Hierzu einige Beispiele:

- 10% vom Umsatz für Forschungsprojekte
- 5% der Arbeitstage je Mitarbeiter für Fortbildung
- 25% des Projektvolumens für Ersatzinvestitionen
- 20% der Arbeitszeit steht für Projektarbeit bereit.

Damit wird ein Rahmen für die Ausstattung von Projekten mit Finanz- und Einsatzmitteln gesetzt. Er ist nach Bereichen und Projektarten gegliedert und eine Entscheidungsgrundlage für die Genehmigung von Projekten.

Dieser Rahmen wird jährlich in der strategischen Planung abhängig von der Geschäftsentwicklung neu gesetzt und auf die Bereiche eines Unternehmens heruntergebrochen. Diesen Körben wird dann der Ressourcenbedarf aus laufenden Projekten und bottom-up gesammelten Projektideen gegenübergestellt.

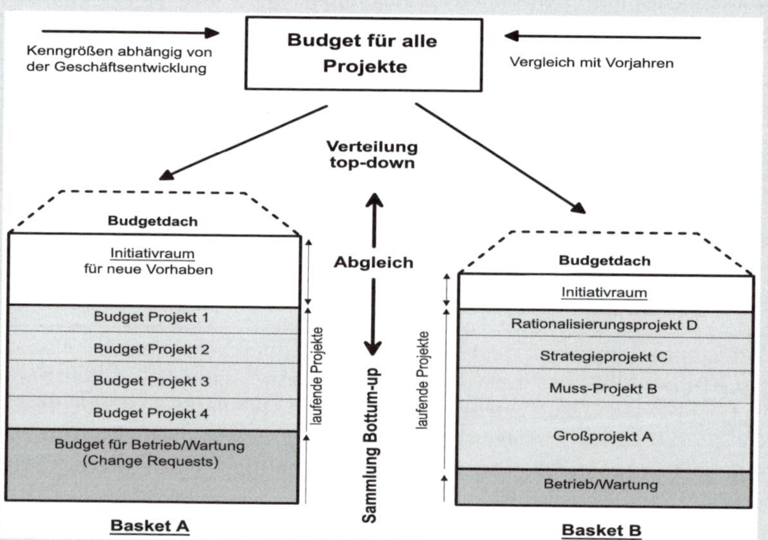

Abb. 3.19: Projekt-Basket

Eigenes PM-Know-how kritisch hinterfragen

Oft stehen die Anforderungen an das Projektmanagement im umgekehrten Verhältnis zu den tatsächlichen personellen und infrastrukturellen Möglichkeiten effektiver Projektabwicklung. Ausgebildete, erfahrene Projektmitarbeiter fehlen, Räumlichkeiten stehen nicht zur Verfügung, Projektmanagement-Standards sind nicht vorhanden oder sind nicht bekannt etc. Selbst bei Unternehmen und Verwaltungen, die regelmäßig in Projektform arbeiten, sind angemessene Projekterfahrung und -infrastruktur nicht selbstverständlich.

Defizite ernst nehmen und Projekt entsprechend unterstützen

Bestehen Bedenken bezüglich der Projektfähigkeit eines Unternehmens, sollten vor dem Start die potenziellen Projektmitarbeiter intensiv Erfahrungen austauschen. Liegen dringliche Gründe für einen sofortigen Projektbeginn vor, sollten zumindest in der Anfangsphase verstärkt externe, erfahrene Projektmitarbeiter in das Team eingebunden werden.

Projektfähigkeit

Verfügbare finanzielle Mittel	Gibt es für das Projekt bereits eine Budgetposition? Wie eng ist die finanzielle Situation des Unternehmens in Bezug auf das Projekt? Wie groß ist der Finanzbedarf im Vergleich zum Gesamtinvestitionsvolumen?
Vorhandene Personalkapazität	Wie leicht können Mitarbeiter für das Projekt gewonnen werden? Inwieweit sind Personalkapazitäten bereits für das Vorhaben reserviert, eingeplant? Steht den vorgesehenen Lenkungsausschussmitgliedern ausreichend Zeit für die Steuerung des Projektes zur Verfügung?
Verfügbares Know-how	Inwieweit ist das für das Vorhaben erforderliche Wissen zugänglich? Welches Qualifikationsniveau haben die bereitgestellten Projektmitarbeiter? In welchem Umfang muss Know-how während des Projektes aufgebaut werden?
Vorhandene Standards	Inwieweit stehen für die Projektaufgaben standardisierte Methoden zur Verfügung? In welchem Umfang sind diese Methoden den Projektbeteiligten bekannt? Wie groß ist die Verbreitung und Akzeptanz der Standards? Wie gut sind die vorhandenen Standards zur Lösung der Projektaufgabe geeignet?
Vorhandene Erfahrung	Konnten bereits mit einem ähnlichen Vorhaben Erfahrungen gesammelt werden? Inwieweit sind diese Erfahrungen dokumentiert und dem neuen Projekt zugänglich? In welchem Umfang müssen für das Projekt neue, innovative, für die Projektbeteiligten unbekannte Wege beschritten werden? Welche Führungserfahrung hat die vorgesehene Projektleitung?
Verfügbare Sachmittel/ Anlagen	Inwieweit werden für die Projektarbeit besondere technische Einsatzmittel wie Laborgeräte, Testanlagen, CAD, Simulationssoftware, Software für Prozessdarstellungen, eigene Projekträume benötigt? Wie leicht können diese für das Projekt bereitgestellt werden? Sind die Einsatzmittel auf dem neusten Stand der Technik?

Abb. 3.20: Kriterien zur Beurteilung der Projektfähigkeit

Mindestvoraussetzungen und Gewichte unterstützen Priorisierung

Für jedes Fähigkeitskriterium können Obergrenzen oder Mindestvoraussetzungen als eine Genehmigungsrestriktion gesetzt werden. Um deutlich zu machen, dass Projekte dann gute Erfolgsaussichten haben, wenn sie die Kriterien besonders gut abdecken, können sie mit Gewichten versehen zur Priorisierung von Vorhaben hinzugezogen werden (siehe Kapitel 3.6).

3.5.6.2 Erfolgsfaktor: Wille zur Projektdurchführung

Hauptursachen für gescheiterte Projekte

Empirische Untersuchungen zeigen (siehe auch Kapitel 1.3.2), dass die fehlende Identifikation der Unternehmensführung mit Projekten und Widerstände der Betroffenen gegen Veränderungen Hauptursachen für gescheiterte Projekte sind. Deshalb sollte vor Projektbeginn geprüft werden, wie es um die Projektwilligkeit bestellt ist, um frühzeitig diesen Risiken entgegenzuwirken. Unter Umständen ist sogar ein Verzicht auf das Vorhaben zu erwägen.

Mit Sponsoren und Projektmarketing Projektwilligkeit erhöhen

Die Projektwilligkeit kann durch aufmerksames Beobachten des Auftraggeberverhaltens, der Unternehmensstruktur und -kultur sowie der Projekthistorie des Unternehmens eingeschätzt werden. Sind starke Zweifel an der Projektwilligkeit absehbar, ist dem Projektmarketing besondere Aufmerksamkeit zu schenken. Das gilt auch für die Gewinnung geeigneter Sponsoren.

Aber auch die Unternehmenskultur mit ihren Normen und Werten beeinflusst die Projektwilligkeit:

Fragen zur Projektkultur

- Wie geht die Organisation mit Veränderungen/Neuerungen um?
- Inwieweit werden die Betroffenen mit ihren Bedürfnissen in Projekte einbezogen?
- Welcher Führungsstil wird in Projekten gepflegt bzw. herrscht im Unternehmen vor?
- Welche Sanktionen haben die Projektbeteiligten bei Versagen zu erwarten?
- Wie offen wird mit Abweichungen umgegangen?
- Welches Vertrauensverhältnis besteht zwischen den Projektbeteiligten (Projektleiter, Projektmitarbeiter, Entscheider)?

Auf strategischer Ebene muss deshalb intensiv an der Organisationsentwicklung gearbeitet werden, um die Bedingungen für erfolgreiche Projektarbeit zu schaffen.

Inwieweit die Willigkeit der Projektdurchführung zur Entscheidung für ein Projekt herangezogen wird, hängt ebenfalls von der Unternehmenskultur ab. Oft wird lediglich verlangt, dass ein Geschäftsleitungsmitglied als Befürworter gewonnen werden kann, und die Sicht der Betroffenen bleibt unberücksichtigt.

Projektwilligkeit

Änderungswunsch der Betroffenen	Wie stark wird die Projektidee von den direkt betroffenen Mitarbeitern unterstützt? Wurde das Vorhaben von den Betroffenen selbst initiiert?
Unterstützung durch Top-Management	Welchen Stellenwert hat das Vorhaben für die Unternehmensleitung? Wieviele Mitglieder der Unternehmensleitung interessieren sich persönlich für das Vorhaben? Wie kontrovers wird das Projekt in der Unternehmensleitung diskutiert? Gibt es ein Mitglied der Unternehmensleitung als Sponsor?
Unterstützung durch Middle-Management	Inwieweit sind Bereichs- und Abteilungsleiter durch das Projekt betroffen? Wie umfangreich und welcher Art sind die Auswirkungen für sie persönlich? Wurde das Vorhaben aus dem mittleren Management heraus initiiert? Wird das Projekt zu Kompetenzverlusten führen? Mit welchem Nachdruck wird die Notwendigkeit des Projektes begründet? Wie groß ist die Bereitschaft im mittleren Management, Mitarbeiter für das Projekt abzustellen?
Akzeptanz der Benutzer	Welche Einstellung haben die Benutzer gegenüber dem neuen System? Ist mit Widerständen zu rechnen? Welche Bereitschaft besteht, sich mit den Neuerungen auseinander zu setzen? Inwieweit sind die erwarteten Vorteile den Benutzern bekannt? Welche Form der Mitwirkung bei der Gestaltung ist vorgesehen?
Stellenwert der Projektarbeit	Inwieweit können sich die Projektmitarbeiter im Projekt persönlich weiterentwickeln? Welche Lernchancen ergeben sich für sie? Wie wird die Mitarbeit im Projekt von Kollegen und Vorgesetzten anerkannt? Wie groß ist die generelle Bereitschaft im Unternehmen, Projekte durchzuführen? Wie werden anfallende Mehrbelastungen ausgeglichen?
Identifikation der Projektbeteiligten	Wie leicht lassen sich die Projektbeteiligten für das Projekt begeistern? Wie heterogen muss das Projektteam besetzt werden? Inwieweit sind unterschiedliche Kulturen im Projekt vertreten? Bleibt ausreichend Zeit für Integrations- und Teambildung? Welche Herausforderungen werden durch das Vorhaben an die Teammitglieder gestellt?

Abb. 3.21: Kriterien zur Beurteilung der Projektwilligkeit

Entsprechend gewichtet können diese Kriterien beim Priorisieren von Projektideen berücksichtigt werden (siehe Kapitel 3.5).

3.5.7 Beurteilung der Wirtschaftlichkeit von Projektideen

Nachbetrachtungen von Projekten stellen häufig die Wirtschaftlichkeit der Vorhaben in Frage. Ein Teil der ineffizienten Projekte geht auf die nicht beeinflussbare Problematik der Unsicherheit innovativer Vorhaben zurück. Bei einem mindestens ebenso großen Anteil der Projekte wäre bei sorgfältiger Wirtschaftlichkeitsberechnung die mangelnde Rentabilität im Vorhinein bereits erkennbar gewesen. Aussagen wie

Widerstände gegenüber Wirtschaftlichkeitsprüfungen

- „Das lässt sich doch nicht quantifizieren!"
- „Das Projekt muss doch sowieso gemacht werden, wozu noch eine Wirtschaftlichkeitrechnung?"
- „Die Kosten lassen sich doch im Moment noch gar nicht absehen!"
- „Wir wissen doch noch gar nicht, wie die Lösung aussehen wird, wie sollen wir da Angaben zum Nutzen machen?"

Prüfung der Wirtschaftlichkeit ist ein Muss

sind in der Praxis häufig anzutreffen, um sich vor konkreten Angaben in einer Wirtschaftlichkeitsrechnung zu drücken. Aber wie soll die Sinnhaftigkeit von Vorhaben beurteilt werden, wenn keine Aussagen zur Wirtschaftlichkeit gemacht werden? Jeder Entscheidungsträger wird diese Angaben verlangen. Wie wird man die Willigkeit zur Projektdurchführung einschätzen, wenn niemand mit Annahmen über die wirtschaftliche Zukunft ins Obligo geht? Deshalb sollte eine Wirtschaftlichkeitsrechnung für jedes Vorhaben obligatorisch sein.

Definition

Ein Projekt kann dann als wirtschaftlich angesehen werden, wenn der erzielbare quantitative Nutzen die entstehenden effektiven und/oder kalkulatorischen Kosten sowie drohende negative Begleiterscheinungen des Projektes rechtfertigen.

Unsicherheit quantitativ ausdrücken

Wirtschaftlichkeitsrechnungen berücksichtigen nur den quantitativen Nutzen. Qualitative Vorteile müssen getrennt gewürdigt werden. Da in der Initiative die Unsicherheit über den künftigen Nutzen der im Projekt zu schaffenden Lösung sehr hoch ist, sollte man versuchen, die Unsicherheit in Stufen von Einsatzrisiko und Leistungsrisiko auszudrücken.

Nutzenkategorie		Nutzenstufe Sicher	Wahrscheinlich	Unsicher
kein Leistungsrisiko	**Risikoabschlag**	**100%**	**70%**	**40%**
Basiserlöse	Gesamt	120.000 €	200.000 €	250.000 €
	Bewertet	120.000 €	140.000 €	100.000 €
direkte Kosteneinsparungen	Gesamt	50.000 €	100.000 €	400.000 €
	Bewertet	50.000 €	70.000 €	160.000 €
geringes Leistungsrisiko	**Risikoabschlag**	**75%**	**50%**	**25%**
Erlössteigerungen	Gesamt	300.000 €	100.000 €	600.000 €
	Bewertet	225.000 €	50.000 €	150.000 €
mittelbare Kostensenkungen	Gesamt	60.000 €	100.000 €	200.000 €
	Bewertet	45.000 €	50.000 €	50.000 €
hohes Leistungsrisiko	**Risikoabschlag**	**50%**	**30%**	**10%**
Zusatzerlöse	Gesamt	150.000 €	400.000 €	800.000 €
	Bewertet	75.000 €	120.000 €	80.000 €
Bewerteter Gesamtnutzen	**1.485.000 €**	**515.000 €**	**430.000 €**	**540.000 €**

Abb. 3.22: Unsicherheitsabschläge für wirtschaftlichen Nutzen

Es werden statische und dynamische Verfahren unterschieden:

Statische Verfahren	Dynamische Verfahren
▪ Rentabilitätsrechnung ▪ Amortisationsrechnung	▪ Kapitalwertmethode ▪ Interne Zinsfußmethode ▪ Annuitätenmethode

Abb. 3.23: Verfahren der Wirtschaftlichkeitsrechnung

Jedes dieser Verfahren basiert auf konkreten Ein- und Auszahlungen, die aus Annahmen über die Entwicklung von Faktoren wie:

Parameter für die Wirtschaftlichkeit von Projekten

- Arbeitsaufwand für die Projektarbeit (eigen, fremd)
- Laufzeit des Projektes
- Nutzungsdauer des entstehenden Systems/Produktes
- Aufwand für Wartung und Pflege der Systeme
- Ausgestaltung der Systembestandteile/Produkte und deren Kosten
- Entwicklung von Mengen der Produkte (Nachfrage), Preise (Markt und Einkauf), Währungskursen und Zinsen
- Renditeerwartungen von Kapitalgebern

abgeleitet werden.

Jede Wirtschaftlichkeitsberechnung basiert auf dem Lebenszykluskonzept. Die Nutzungsdauer ist dabei ein wichtiger Parameter, der je nach Projekttyp unterschiedlich ist.

Investitionsarten	Nutzungsdauer
Gebäude	20 bis 50 Jahre
Betriebsvorrichtungen	6 bis 10 Jahre
Maschinen und Apparate	6 bis 12 Jahre
Forschungseinrichtungen	3 bis 5 Jahre
IT-Systeme	3 bis 5 Jahre

Abb. 3.24: Nutzungsdauer von Projektergebnissen

Auch die Projektlaufzeit beeinflusst die Wirtschaftlichkeit. So kann eine Beschleunigung zu früheren Erträgen führen. Verzögerungen können die Amortisationsdauer deutlich verlängern.

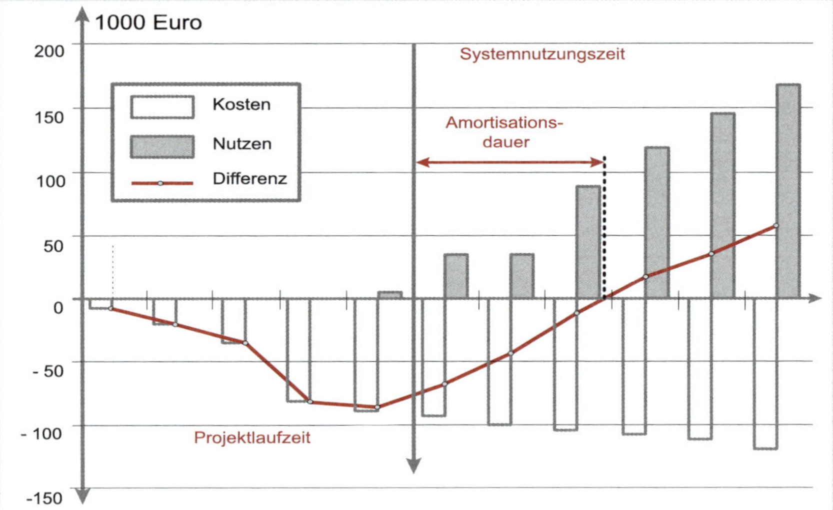

Abb. 3.25: Wirtschaftlichkeitsberechnung

Im Umgang mit der Ungewissheit der getroffenen Annahmen sollten für verlässliche Entscheidungsgrundlagen einige Vorkehrungen getroffen werden.

Wirtschaftliches Denken in Projektvorgehen einbeziehen

- Einheitliche Berechnungsmodelle für die Wirtschaftlichkeit aller Projekte
- Definition kritischer Faktoren für die Wirtschaftlichkeit je Projekttyp
- Dokumentation der Annahmen über die Entwicklung der Faktoren

- Beobachtung der Entwicklung kritischer Faktoren
- Modelle mit optimistischen, realistischen und pessimistischen Annahmen
- Validieren der Annahmen während des Projektes durch Markt- und Risikoanalysen
- Aktualisieren der Wirtschaftlichkeitsrechnung bei Erreichen von Meilensteinen
- 1 bis 2 Jahre nach Projektende Erfolgskontrollen und Nachbetrachtungen.

	Wirtschaftlichkeitsrechnung	**Bearbeiter**				**Datum**	
A	**Einmalige Ausgaben**	**2008**	**2009**	**2010**	**2011**	**2012**	**2013**
A_1	Personalkosten IT/Organisation	200	300	0	0	0	0
A_2	Personalkosten Fachabteilung	0	0	0	0	0	0
A_3	Investitionen (gemäß Antrag)	800	0	0	0	0	0
A_4	Sonstige Sachkosten	0	0	0	0	0	0
A_5	Schulungskosten	60	0	0	0	0	0
A_6	Summe der Projektausgaben	1060	300	0	0	0	0
C	**Ausgaben nach Projektende**						
C_1	Zinsaufwand für Investitionen	28	0	0	0	0	0
C_2	Informatik-Betriebskosten	0	20	30	50	50	50
C_3	Kosten für Hard-/Software	0	0	0	0	0	0
C_4	Laufender Wartungsaufwand	0	0	0	0	0	0
C_5	Summe laufender Ausgaben	28	20	30	50	50	50
D	**Einnahmen nach Projektende**						
D_1	Erlöse und sonstige Erträge	0	300	0	0	0	0
D_2	Einsparung Betriebskosten	0	100	150	200	200	200
D_3	Einsparung Hard-/Software	0	0	70	90	90	90
D_4	Einsparung Personal-/Sachkosten	0	150	150	150	150	150
D_5	Summe der Einnahmen	0	550	370	440	440	440
E	**Cash-Flow (kumuliert)**	**-1088**	**-858**	**-518**	**-128**	**262**	**652**
E_1	Einnahmen . /. Ausgaben	-1088	230	340	390	390	390
E_2	Interner Zinsfuß in %	17,5					
E_3	Amortisationsdauer					3,3	
E_4	Investitionsrendite in %	32,8					

Abb. 3.26: Wirtschaftlichkeitsrechnung für IT/Organisationsprojekte

Interpretation der Ergebnisse

Im Beispiel in Tabelle 3.26 wurde die statische Investitonsrendite aus dem durchschnittlichen, jährlichen Saldo aus Einnahmen und Ausgaben und der Investitionssumme von 1060 T€ errechnet. Die Amortisationsdauer zeigt an, dass im 4. Jahr die Investitionssumme durch den Saldo von Einnahmen und Ausgaben wieder eingespielt ist.

Der interne Zinsfuß als dynamische Wirtschaftlichkeitsbetrachtung wurde durch Iteration ermittelt, um festzustellen, bei welchem Zinssatz der jährlich abgezinste Saldo aus Einnahmen und Ausgaben der ursprünglich eingesetzten Investitionssumme entspricht. Diese Kennzahl ermöglicht einen guten Vergleich mit Alternativinvestitionen am Kapitalmarkt. Der hier berechnete Wert von 17,5 % weist ein durchaus rentierliches Vorhaben aus, wenn man die derzeit gültigen Zinssätze am Kapitalmarkt berücksichtigt.

Eine Sensitivitätsanalyse gibt mehr Entscheidungssicherheit

Zur Absicherung der Daten können durch Eingabe optimistischer und pessimistischer Zahlungsströme in einer Sensitivitätsanalyse die getroffenen Annahmen hinsichtlich ihrer Auswirkungen auf die Wirtschaftlichkeitskennzahlen beurteilt werden. Hier zeigt sich dann sehr schnell, welche gravierenden Auswirkungen höhere Investitionskosten und nur teilweise realisierte Einsparungen haben. Wenn im obigen Beispiel die Investitionssumme um 200 T€ überschritten wird und die Betriebskosteneinsparungen nur bei jährlich 100 T€ liegen, sinkt der interne Zinsfuß auf 3,3 %.

3.6 Priorisierung von Anträgen

Probleme entstehen immer dann, wenn Unternehmen viele Projekte parallel bearbeiten. Die Kapazitäten verzetteln sich in vielen Projekten und der Wettbewerb um Know-how-Träger blockiert die Projektarbeit. Die Projektpriorisierung hilft, die begrenzten Einsatzmittel auf Erfolg versprechende Projekte zu konzentrieren.

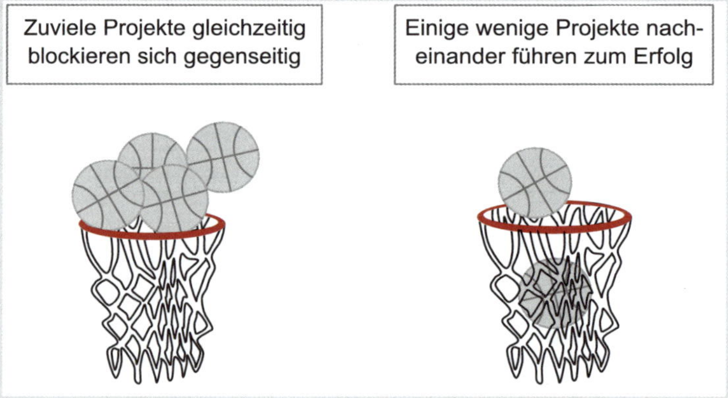

Abb. 3.27: Notwendigkeit von Prioritäten

3.6.1 Priorisierungsverfahren (Überblick)

Die Entscheidung über die Prioritäten kann durch Priorisierungsverfahren vorbereitet und unterstützt werden.

Die Verfahren basieren auf den Ergebnissen der Prüfung und lassen sich nach der Art und Anzahl der gleichzeitig betrachteten Kriterien unterscheiden.

Art der Kriterien / Betrachtete Dimensionen	Quantitativ (z.B. Kosten, Erträge, Rendite)	Qualitativ (z.B. Attraktivität, Potenzial)
Eindimensional	ABC-Analyse	Nutzwert-Analyse
Zweidimensional	Priorisierungstabellen	Portfolio-Analyse
	Kosten-Wirksamkeits-Analyse	
Dreidimensional	Wirtschaftlichkeits-kennzahlen	3D-Portfolio-Analyse

Abb. 3.28: Einordnung von Priorisierungsverfahren

3.6.2 Quantitative ABC-Analyse

Bei der quantitativen ABC-Analyse werden die Projekte nach einer Kennzahl sortiert, um daraus eine Reihenfolge abzuleiten. Durch vorher festgelegte Schwellenwerte werden Projekte nach den Kategorien A, B, C eingeteilt.

Entscheidungsreihenfolge nach Größenklassen

Kosten und Aufwände werden herangezogen, um Größenklassen von Projekten zu bilden, die anschließend von den für die jeweiligen Klassen zuständigen Gremien entschieden werden. Bei der Entscheidung selbst werden zuerst die Projekte mit der größten Ressourcenbindung betrachtet.

	A-Projekte	B-Projekte	C-Projekte
Anteil Kosten	80%	15%	5%
Anzahl der Vorhaben	Klein	Mittel	Groß
Zuständiges Bewilligungsgremium	Geschäftsleitung	Bereichsleiterebene	Abteilungsleiterebene

Abb. 3.29: Größenklassen von Projekten

Nach Kennzahlen der Wirtschaftlichkeitsrechnungen sortieren

Innerhalb der gebildeten Klassen werden zusätzlich andere wirtschaftliche Kennzahlen, wie z.B. die Höhe der zu erwartenden Einsparungen oder die Amortisationsdauer zur Bildung einer Reihenfolge herangezogen. In der Praxis haben sich Richtwerte für die Genehmigung bewährt.

Art und Projektklasse	Richtwert
Organisationsprojekt	Amortisationsdauer < 4 Jahre
Hardware-Austausch	Amortisationsdauer < 2 Jahre
Bauprojekt	Rendite > 8 %
Neue Anlage zur Kapazitätserweiterung	Rendite > 12 %

Abb. 3.30: Schwellenwerte für die Projektfreigabe

3.6.3 Qualitative ABC-Analyse (oder Nutzwertanalyse)

Die qualitative ABC-Analyse erfolgt in folgenden Schritten:

- Auswahlkriterien aus Strategie und Leitbild ableiten
- Kriterien gewichten
- Projekt beurteilen, inwieweit die Auswahlkriterien durch das Projekt gefördert (z.B. +2) oder behindert (z.B. -2) werden
- Punktwert durch Multiplikation ermitteln
- Alle Projekte nach Punktwerten sortieren.

Priorisierung nach Teilergebnissen nutzen

Die detaillierte Ermittlung der Punktwerte kann aus dem nachfolgenden Beispiel entnommen werden. Als Teilergebnisse werden Punktwerte für Projektattraktivität, Risiken des Projektes, qualitativer Nutzen und das Kostenniveau (die quantitativen Projektkosten werden in einen Punktwert umgesetzt) vergeben.

Bewertungskriterien	Gewicht	Bewertung	Gewicht x Bewertung
Schnelle Reaktion auf Kundenanliegen	9	2	18
Kompetenter Partner für Kunden	7	1	7
Kundenorientierung, Servicequalität	6	2	12
Effizienter und effektiver Vertrieb	5	0	0
Hohe Motivation und Kompetenz der Mitarbeiter	4	0	0
Image des Unternehmens	3	1	3
Sicherheit in Planung und Steuerung	6	1	6
Projektattraktivität	**40**		**46**
Erfolgswahrscheinlichkeit hinsichtlich Zielerreichung	7	1	7
Konstante Rahmenbedingungen	3	-1	-3
Risikoeinschätzung	**10**		**4**
Personalkosteneinsparungen in T€ (0: bis 20; 1:> 20 – 150; 2:> 150)	10	1	10
Sachkosteneinsparungen in T€ (0: bis 50; 1:> 50 - 200; 2: > 200)	7	1	7
Gewinnsteigerung in T€ (0: bis 100; 1:> 100 - 500; 2: > 500)	13	2	26
Nutzeneinschätzung	**30**		**43**
Personalkosten in T€ (0: bis 50; -1:> 50 - 170; -2:> 170)	12	-2	-24
Sachkosten in T€ (0: bis 20; -1:> 20 - 100; -2: > 100)	8	0	0
Kosteneinschätzung	**20**		**-24**
Summe	**100**		**69**

Skalierung für die Bewertung:
-2 = sehr schlecht / -1 = schlecht / 0 = neutral oder keine Bedeutung
+1 = gut / +2 =sehr gut

Abb. 3.31: Nutzwertanalyse „Call-Center für den Kundenservice“

Es werden nun alle zu priorisierenden Projekte gleichermaßen bewertet und nach den erzielten Punkten eine Reihenfolge ermittelt.

Projekt	Rang	Gesamt	Attraktivität	Risiken	Nutzen	Kosten
Neues CRM-System	1	70	46	7	33	-16
Call-Center für Kundenservice	2	69	46	4	43	-24
Einführung Balanced Scorecard	3	65	39	13	33	-20
Zielvereinbarungssystem	4	49	32	7	10	0
Umstellung auf XP	5	31	12	20	7	-8
Aufbau von Wissensmanagement	6	31	27	20	0	-16

Abb. 3.32: Qualitative ABC-Analyse

ABC-Einteilung

Auch für die qualitative ABC-Analyse ist es sinnvoll, ein Mindestanspruchsniveau an Nutzwertpunkten zu definieren und daraus Empfehlungen für die Freigabe abzuleiten.

Klasse	Punktwert	Freigabeempfehlung
A	mehr als 65	Freigabe, mit hoher Priorität umsetzen
B	50 bis 64	begrenzte Freigabe einer ersten Phase
C	unter 50	Ablehnung, Neubewertung bei besseren Rahmenbedingungen

Abb. 3.33: Schwellenwerte für qualitative ABC-Analyse

Praxistipp

Die ABC-Analysen versuchen anhand einer konzentrierten Kennzahl eine Priorisierung vorzunehmen, wobei Abhängigkeiten zwischen den Projekten und anderen Handlungszwängen außen vor bleiben. Dies führt in der Praxis häufig zu dem Versuch, alle Argumente in diese eine Priorisierungskennzahl zu packen, und es besteht die Gefahr, dass die Zahlendiskussionen die inhaltliche Auseinandersetzung mit den Projekten überlagern.

3.6.4 Priorisierungstabelle

Mehrere Rangfolgen und Muss-Projekte abdecken

In Priorisierungstabellen kann die Rangfolge von Projekten nach mehreren Kriterien beurteilt werden. Sie sind wahlweise nach einem Kriterium zu sortieren (z.B. Kosten) und enthalten gleichzeitig die Rangfolge nach den anderen Kriterien. Die Kriterien werden nicht durch eine Gewichtung verdichtet. In dem folgenden Beispiel sind Muss-Projekte aufgrund von Gesetzesauflagen gekennzeichnet und bereits laufende Projekte einbezogen. Damit lassen sich die Auswirkungen von Entscheidungen auf das Gesamtprojektportfolio darstellen.

	Projekt	Muss?	Ressourcen?	Kosten in T €			Aufwand in PT	Ertrag p.a.		Pay back/ Rendite		
				Investition	Personal	Gesamt		Rang	in T €	Rang	Jahre	%
Zur Genehmigung	Projekt 10		N	1.200	1.200	2.400	1.500	1	200	4	6	16
	Projekt 11	X1	J	700	1.900	2.600	700	5	0	5	-	-
	Projekt 12		N	250	2.150	2.350	100	3	60	3	4	24
	Projekt 13		J	80	2.230	2.310	20	2	80	1	1	100
	Projekt 14	X2	J	30	2.260	2.290	60	4	10	2	3	33
	Total			**2.360**			**2.380**					
Ressourcen-Pool							2.000					
Über-/Unterdeckung							-380					
Aktive	Projekt 1						80/200	**Rest/Gesamt**				
	Projekt 5						40/160					
	Projekt 7						5/50					

Abb. 3.34: Priorisierungstabelle

3.6.5 2-dimensionale Portfolio-Analyse

Attraktivität und Potenzial als Dimensionen der Portfolio-Analyse

Die Portfolio-Analyse ist ein Instrument des strategischen Managements mit dem Ziel, die Priorisierung von Projekten unter Berücksichtigung von 2 verschiedenen Kriterien zu visualisieren. Sie baut auf den Ergebnissen einer Wertetabelle auf, in der zum Beispiel die Projektattraktivität und das Projektpotenzial beurteilt sind.

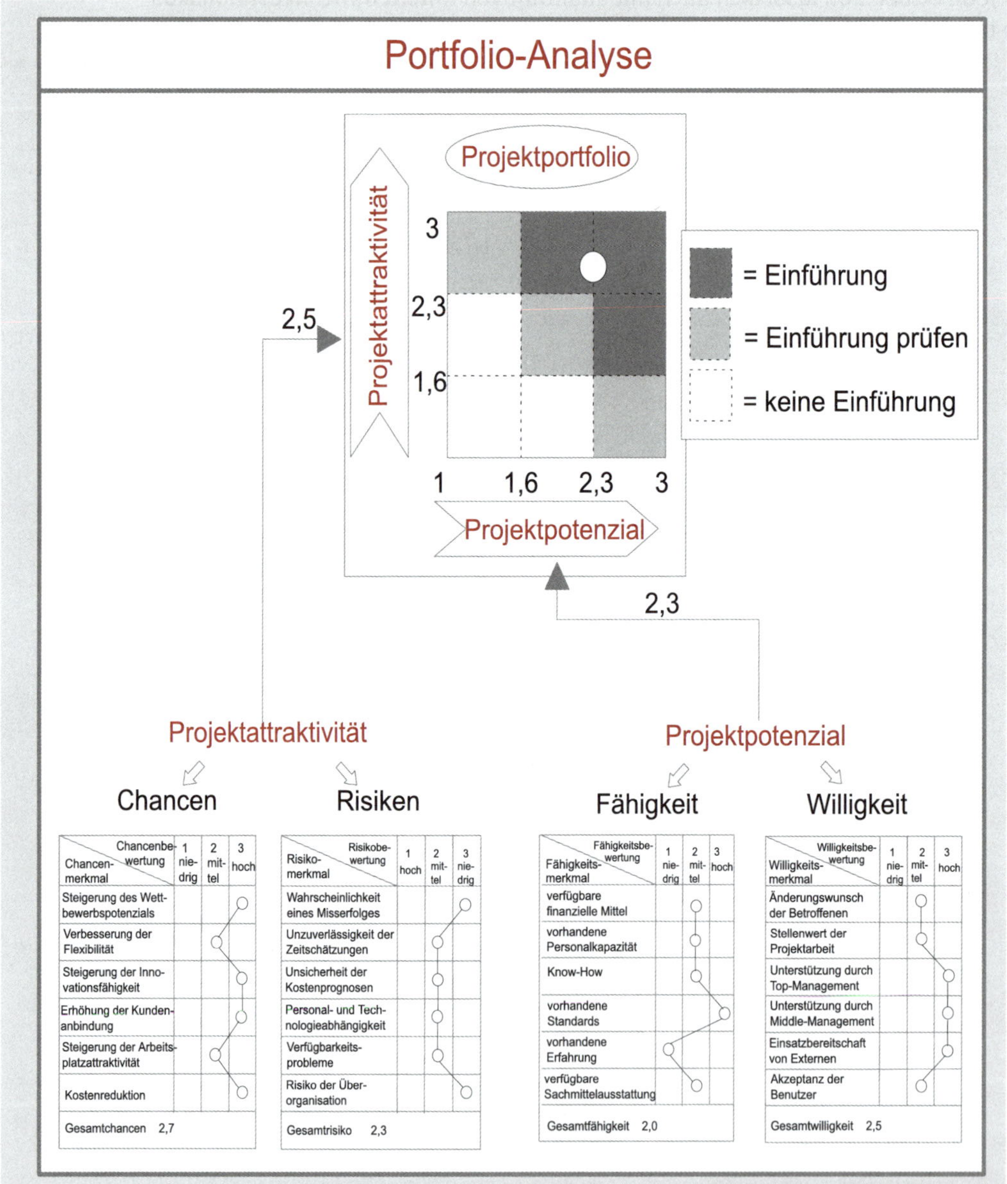

Abb. 3.35: Portfolio-Analyse für das Projekt: „Call-Center für den Kundenservice“

3.6.6 3-dimensionale Portfolio-Analyse

In die Visualisierung der 2-dimensionalen Portfolio-Analyse lassen sich leicht weitere Dimensionen (Kriterien) einfügen (z.B. durch unterschiedliche Kreisdurchmesser oder Farben). Damit entsteht eine 3-dimensionale Portfolio-Analyse. Basis ist wieder eine Bewertungstabelle. Im folgenden Beispiel werden für alle Dimensionen nur qualitative Bewertungskriterien verwendet. Jede Dimension lässt sich auch mit quantitativen Kriterien wie Investitionskosten oder erwartete Rendite belegen.

Strategie, Verbesserungs- und Durchführungspotenzial als Priorisierungskriterien

	Projektideen / **Priorisierungskriterien** (gut erfüllt = 5; schlecht erfüllt = 1)	Call-Center für Kundenservice	Neues CRM-System	Umstellung auf XP	Einführung BSC
Strategische Bedeutung	Auswirkung auf Qualität	5	5	3	2
	Auswirkung auf Flexibilität	3	4	3	2
	Auswirkung auf Innovationsfähigkeit	2	3	4	4
	Auswirkung auf Kundenanbindung	1	5	2	4
	Auswirkung auf Durchlaufzeit	5	3	2	1
	Auswirkung auf Kosten	4	4	2	1
		20	**24**	**16**	**14**
		3,3	**4,0**	**2,6**	**2,3**
Problemlösungspotenzial	Möglichkeit geringerer Schnittstellen	5	5	1	3
	Möglichkeit der Komplexitätsreduktion	5	5	4	3
	Einsatzmöglichkeiten neuer Techniken	1	5	3	2
	Räumliche Optimierungsmöglichkeiten	4	5	3	1
	Personelle Verbesserungsaussichten	3	4	4	1
	Verbesserte Informationsversorgung	3	5	2	1
	Kurzfristige Erfolgschancen	4	2	3	2
		25	**31**	**20**	**13**
		3,6	**4,4**	**2,8**	**1,9**
Projektpotenzial	Know-how/Erfahrung	1	4	1	3
	Personalkapazität	4	2	2	5
	Sach- und Finanzmittelausstattung	3	1	1	5
	Akzeptanz der Betroffenen	3	3	2	4
	Unterstützung des Managements	4	4	2	3
		15	**14**	**8**	**20**
		3,0	**2,8**	**1,6**	**4,0**
Gesamtergebnis		**60**	**69**	**44**	**47**

Abb. 3.36: Bewertungstabelle zur 3-dimensionalen Portfolio-Analyse

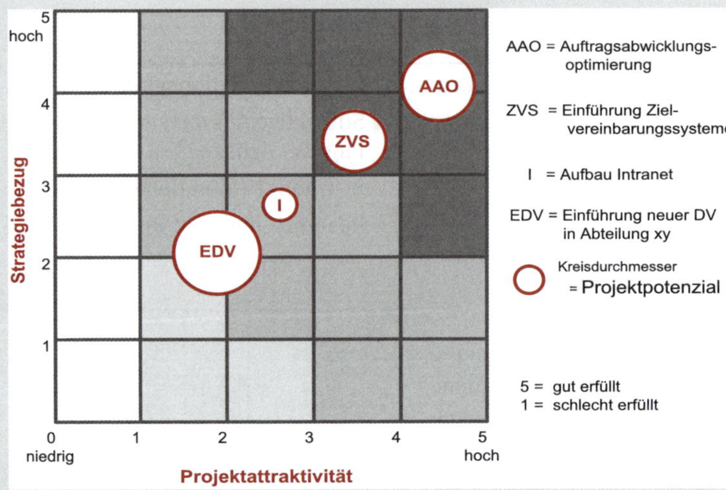

Abb. 3.37: 3D - Portfolio-Analyse

Mit Mustern und Farben innerhalb der Kreise lässt sich der Informationsgehalt der Portfolio-Analyse weiter erhöhen. So ist häufig eine Strukturierung nach Projektarten, Zuständigkeitsbereichen oder auch Dringlichkeitskennzeichen sinnvoll. Eine rote Farbe kann etwa signalisieren, dass diese Projekte starken Einfluss auf andere Projekte des Portfolios haben. Darüber hinaus erleichtert eine Segmentierung mit einprägsamen Überschriften die Lesbarkeit.

Das folgende Beispiel (Abb. 3.38) zeigt eine Portfolio-Analyse mit Wirtschaftlichkeit und Risikoeinschätzung als Hauptachsen für ein Produktentwicklungsportfolio. Die Größen der Kreise drücken die Verhältnisse der im jeweiligen Projekt gebundenen Budgets aus. Für ein wirtschaftliches Gesamtportfolio sollten im Bereich der „weißen Elefanten" nicht zu viele Projekte mit hohem Investitionsvolumen platziert sein.

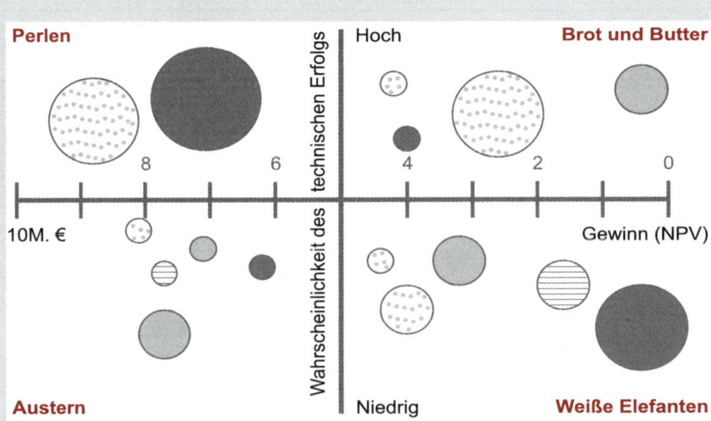

Abb. 3.38: Mehrdimensionale Portfolio-Analyse mit Segmentierung

Beurteilung

Vorteile	Nachteile
■ Fördert ganzheitliches Denken ■ Bezieht externe Faktoren explizit in die Projektbewertung ein ■ Ermöglicht qualitative Beurteilung ■ Fördert bereichsübergreifende Kommunikation ■ Zwingt zur Einigung ■ Formalisierung, Einfachheit und Visualisierung erleichtern den Zugang und erhöhen die Transparenz und Nachvollziehbarkeit	■ Hoher Abstraktionsgrad ■ Subjektive Auswahl und Ermittlung der Achsen ■ Schwierige Operationalisierung ■ Realitäts- und Zeitferne

Abb. 3.39: Vor- und Nachteile der Portfolio-Analyse

3.6.7 Abhängigkeiten von Projekten

Notwendigkeit (Warum Abhängigkeit betrachten?)

Die meisten Priorisierungstechniken gehen von der inhaltlichen Unabhängigkeit zwischen den Projekten im Projektportfolio aus. Dies trifft allerdings in der Praxis selten zu. So legen manche Projekte die inhaltliche Basis für andere oder zwei Projekte sind nur gemeinsam sinnvoll zu bearbeiten.

Eine Abhängigkeitsanalyse macht diesen Sachverhalt sichtbar und ergänzt damit die Priorisierung. In einem paarweisen Vergleich wird die Frage beantwortet, ob Projekt A Projekt B beeinflusst. Die Ergebnisse werden in den Kreuzungspunkt einer Matrix eingetragen.

0	Projekt A ist unabhängig von B.	Kein Einfluss
1	Ergebnisse von Projekt A sollten bei B berücksichtigt werden, da sonst Nacharbeiten erforderlich werden.	Schwacher Einfluss
2	Wenn die Ergebnisse von Projekt A nicht bei B eingehen, entstehen große wirtschaftliche Nachteile.	Mittlerer Einfluss
3	Ergebnisse von Projekt A sind zwingende Voraussetzung für B.	Starker Einfluss

Abb. 3.40: Stufen der Einflussnahme

Unterstützt die Abgrenzung zwischen Projekten

Werden in der Praxis die Abhängigkeiten diskutiert, zwingt dies dazu, die einzelnen Vorhaben klarer gegeneinander abzugrenzen und schärft den Blick für die kritischen Projekte, die mit voller Aufmerksamkeit (hochrangige Besetzung des Lenkungsausschusses) zu verfolgen sind. Das Ergebnis der Abhängigkeitsanalyse für das Portfolio der Org/IT-Projekte des Beispielunternehmens zeigt die nachfolgende Tabelle:

Wirkung von / auf		1	2	3	4	5	6	Summe
1	Call-Center für Kundenservice			2	1	2		5
2	Umstellung auf XP	3			1	3	1	8
3	Zielvereinbarungssystem	1			1		1	3
4	Aufbau Wissensmanagement						1	1
5	Neues CRM-System	1		1	1			3
6	Einführung Balanced Scorecard	1		3	2	1		7
Summe Beeinflussung		6	0	6	6	6	3	

Abb. 3.41: Abhängigkeitsanalyse des Projektportfolios der Org/IT-Projekte

Infrastruktur-Projekte haben oft hohen Einfluss auf andere Projekte

Handlungsportfolio unterstützt Priorisierungstechniken

Die Zeilensumme gibt Auskunft über die Einflussstärke jedes einzelnen Projektes auf die anderen Projekte. Die Spaltensumme ist eine Aussage über den Grad der Abhängigkeit von anderen Projekten. Aus der obigen Analyse fallen zwei Projekte besonders auf. Die „Umstellung auf Windows XP" hat einen hohen Einfluss auf die anderen Projekte, das heißt diese Umstellung sollte so schnell wie möglich erfolgen, da die anderen Projekte darauf warten müssen. Das Projekt „Aufbau Wissensmanagement" dagegen benötigt eine Reihe von Ergebnissen der anderen Vorhaben und hat auf andere nur einen geringen Einfluss und sollte deshalb (selbst wenn es eine hohe Priorität genießt) zunächst zurückgestellt werden. Alle Projekte lassen sich in einem Handlungsportfolio einordnen. Dies gibt Hinweise, wie mit den einzelnen aus Sicht der Abhängigkeiten zu verfahren ist.

Beeinflussung		
hoch	**Passive Projekte** Sind von anderen abhängig, mit ihnen sollte nicht begonnen werden	**Kritische Projekte** Stark vernetzt, mit hoher Aufmerksamkeit verfolgen
gering	**Träge Projekte** Wenig vernetzt, ausschließlich nach Priorisierung behandeln	**Aktive Vorhaben** Hoher Einfluss auf andere Projekte
	gering	hoch
		Einflussnahme

Abb. 3.42: Handlungsportfolio

Die Grenzen für die Punktzahlen zwischen geringer und hoher Einflussnahme bzw. Beeinflussung hängen dabei von der Zahl der Projekte ab und inwieweit es sich auf eine Projektart beschränkt. Eine sinnvolle Grenze liegt bei 20% bis 25% der maximal möglichen Punkte.

Einordnungsgrenzen

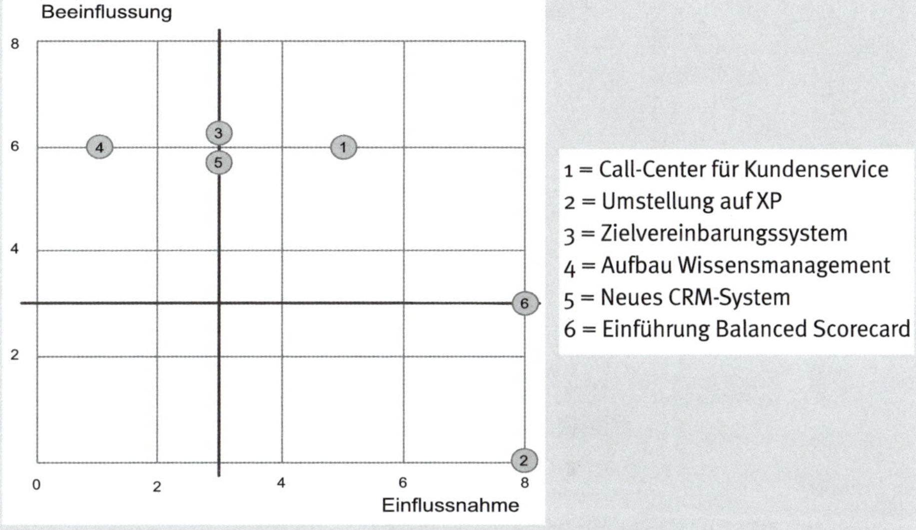

Abb. 3.43: Handlungsportfolio

3.6.8 Übergreifende Einsatzmittelplanung

3.6.8.1 Anfrage von Einsatzmitteln für Projekte

Bei der Priorisierung ist auch die Auslastung der Einsatzmittel über alle Projekte hinweg (laufende und neue) zu betrachten, ohne die Belastung durch Linienmaßnahmen zu vernachlässigen. Dabei ist die Frage zu beantworten, wann welche Mitarbeiter mit welcher Qualifikation zu wieviel Prozent für den Einsatz in Projekten zur Verfügung stehen. Bei der Gestaltung in der Praxis gilt es, einen Ausgleich zu finden zwischen der hohen Flexibilität und schnellen Reaktion auf neue Anfragen einerseits und einer gleichmäßig hohen Kapazitätsauslastung sowie geringen Personalkosten andererseits.

Die Auslastung der Projektkapazitäten bestimmt oft den Projektstart

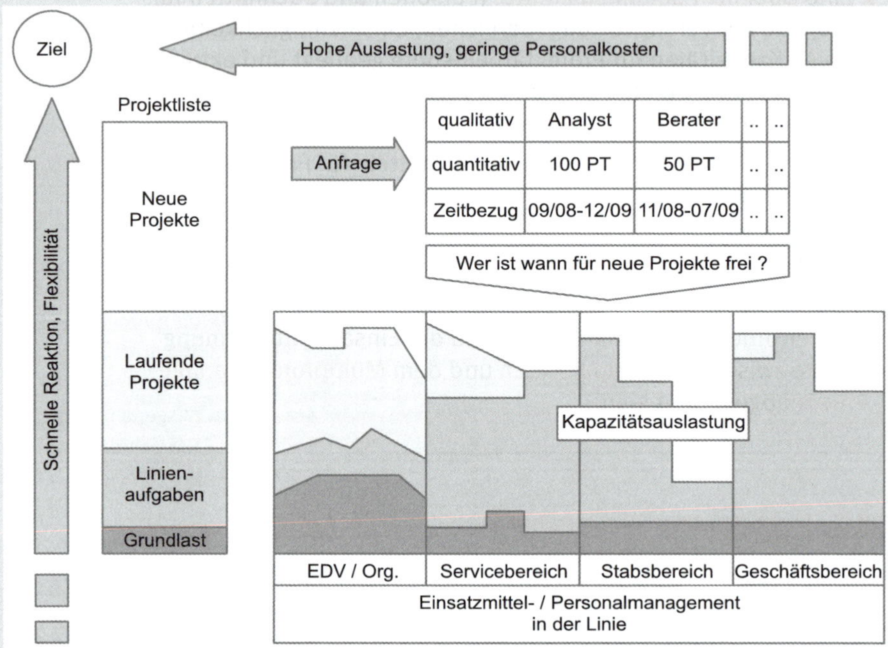

Abb. 3.44: Zielkonflikt bei der Anfrage von Einsatzmitteln

Für eine transparente, aktuelle und verlässliche Beurteilung der Kapazitätsauslastung der Einsatzmittel sind eine Reihe von Voraussetzungen zu schaffen:

Organisatorische Grundlagen für eine gute Einsatzmittelplanung

- Der Gesamtaufwand für Projekt- und Linienarbeit aller Projektmitarbeiter und Projektleiter über alle Projekte muss zentral (z.B. in einem Projektmanagementoffice) bekannt sein
- Grundlasten und Nichtverfügbarkeiten aus Regeltätigkeiten und Linienmaßnahmen müssen für Projektmitarbeiter und Projektleiter (durch ihre Vorgesetzten) eingepflegt werden
- Jedes Projekt muss gemäß Projektfortschritt regelmäßig und vollständig Ist-Daten und aktuelle Planungen eingeben. Ein „nicht angeschlossener“ oder nicht konsequenter Projektleiter oder Ressourcenverantwortlicher bringt das System zu Fall
- Die Entscheidungen des Bewilligungsgremiums, welche Projekte in das Projektportfolio eingegliedert werden, müssen die Budgetplanungen der einzelnen Bereiche berücksichtigen

- Eine Übersicht der Einsatzmittel (Personen und Sachmittel) für Projekte mit Verantwortungsbereichen, Einsatzmöglichkeiten und freien Kapazitäten für Projektarbeit sollte gepflegt und aktuell sein. Sie kann ergänzt sein durch Verweise auf charakteristische Merkmale und die Qualifikationen
- Ein Verfahren zur Anfrage von Einsatzmitteln für Projekte sollte etabliert sein
- Es sollte eine Gesamtprojektliste mit Priorisierungskennzeichen, Status sowie logischen und zeitlichen Abhängigkeiten geführt werden
- Der erforderliche Detaillierungsgrad der Einsatzmittelplanung sollte zwischen Einzelprojekten und dem Multiprojektmanagement abgestimmt sein.

3.6.8.2 Techniken der übergreifenden Einsatzmittelplanung

Wenn diese Voraussetzungen gegeben sind, können Projektmanagement-Tools Belastungsdiagramme und aussagefähige Tabellen erzeugen. Daraus können Steuerungsmaßnahmen abgeleitet werden, um die Kapazitäten möglichst gleichmäßig auszulasten.

Geringe Belastung	Überlastung
■ Projekte vorziehen ■ Einsatzmittel für Linienarbeit freigeben ■ Stärker interne Projektmitarbeiter nutzen ■ Freisetzen von Externen ■ Forcieren von Projekten ■ Kleinere Projekte, Vorstudien einpassen.	■ Projekte gemäß Prioritäten verschieben ■ Zusätzliche Einsatzmittel beschaffen (Externe) ■ Engpasspersonal durch Schulung gezielt aufbauen ■ Laufende Projekte geringer Priorität zeitlich strecken (Einsatzmittel abziehen).

Abb. 3.45: Maßnahmen zur Steuerung von Projektkapazitäten

Die Auswirkungen dieser Maßnahmen auf die freien Kapazitäten werden in der Einsatzmittelübersicht (Abb. 3.46 und 3.47) dargestellt.

Freie Kapazität in PT		2008	1. Quartal 08	2. Quartal 08	3. Quartal 08	4. Quartal 08	2009	1. Quartal 09	2. Quartal 09	3. Quartal 09	4. Quartal 09
IT Gesamt	I	1832,5	509,0	422,1	448,7	452,7	1259,8	298,7	271,7	359,6	329,8
Entwicklung	I-1	1221,8	326,6	294,8	309,4	291,0	966,4	241,6	243,1	257,3	224,5
Betreuung	I-2	245,3	82,0	44,4	55,9	63,0	121,1	28,0	35,4	27,0	30,8
IT-Technik	I-3	365,5	100,4	82,9	83,5	98,7	172,2	29,2	-6,7	75,3	74,5
Geschäftsbereich	II	851,3	218,4	190,8	208,6	233,5	564,6	102,0	99,3	170,2	193,1
Organisation	III	467,2	129,5	105,6	120,9	111,2	120,3	3,6	-25,9	48,4	94,2

Abb. 3.46: Einsatzmittelübersicht im Zeitverlauf

Einsatzmittel nach Abteilungen gliedern, da dort Ressourcenverantwortung liegt

Um mögliche Verschiebungen von Einsatzmitteln zu erkennen, müssen auch die Zuordnungen der Einsatzmittel auf die Projekte deutlich sein. Auch hierfür liefern Projektmanagement-Tools für das Ressourcenmanagement entsprechende Ansichten und Tabellen.

Projekte	Start	Ende	Prio.	Status	Total	IT	Entw.	Betr.	Tech.	GB	ORG
Machbarkeit Umbau	29.03.2008	31.08.2008	B	beantragt	75,0	25,0			25,0	25,0	25,0
Upgrade SQL auf allen Servern	23.01.2008	30.09.2008	A	beantragt	20,0	20,0			20,0		
SAP Einführung Niederlassung	31.12.2007	30.04.2009	B	beantragt	779,0	409,0	225,0	80,0	104,0	370,0	
Testcenter einrichten	09.02.2008	30.05.2008	B	genehmigt	50,0	50,0			50,0		
Berechtigungskonzept	21.11.2007	14.07.2009	A	geplant	18,0	18,0	18,0				
Derivat-Verwaltung	09.01.2008	31.05.2008	A	geplant	103,0	23,0		23,0		80,0	
Evaluation Backup-Systeme	01.06.2008	31.08.2008	A	in Arbeit	10,0	10,0	5,0		5,0		
Personalentwicklungskonzept	30.09.2007	29.09.2008	B	in Arbeit	85,0					50,0	25,0
Interne Leistungsverrechnung	02.05.2007	30.06.2008	C	in Arbeit	50,0						50,0
Summe Projekte					**2450**	**860**	**308**	**229**	**323**	**735**	**605**

Abb. 3.47: Einsatzmittelübersicht nach Abteilungen

3.6.8.3 Engpassorientierte Einsatzmittelplanung

Praktische Schwierigkeiten der vollständigen Betrachtung

Die gängigsten Techniken zur übergreifenden Einsatzmittelplanung gehen von einer möglichst vollständigen Betrachtung aller Einsatzmittel für Projekte aus. Aus sich abzeichnenden Überlastungen werden Steuerungsmaßnahmen abgeleitet, die dann häufig wieder an anderer Stelle zu Konflikten von Terminen oder Ressourcen führen.

Häufige Umplanungen sind nicht effizient

Der vollständige Ausgleich von Ressourcenüberlastungen ist ein extrem komplexes Unterfangen. Wenn es dann gelungen ist, zeigt sich eher in der Praxis, dass häufiges Umplanen nicht die gewünschten Effizienzvorteile verschafft, die erwartet werden. Vielmehr schaukeln sich die Störungen zwischen den Projekten eher hoch und Projektmitarbeiter werden stark verunsichert, wenn sich ihre Arbeitsprioritäten in den Projekten mehrmals ändern.

Engpassressourcen bestimmen den Takt der Projektauslastung

Diesem Effekt soll die in der industriellen Fertigung vorherrschende engpassorientierte Einsatzmittelplanung entgegen wirken. Hierbei wird nicht der durchschnittliche Ausgleich der Belastung der Ressourcen optimiert, sondern nur auf die optimale Auslastung und die störungsfreie Nutzung von Engpassressourcen geachtet. Alle Projekte und alle anderen Einsatzmittel orientieren sich dabei an dem aktuellen Arbeitsvorrat der Engpassressourcen. Das heißt, das Engpasseinsatzmittel gibt den Takt (Drum) vor, nach dem die Projekte geplant werden. Das kann bei Nicht-Engpassressourcen dazu führen, dass sie bewusst ihre Kapazitäten nicht voll auslasten.

Benötigen neue Projekte Engpassressourcen, können sie nur freigegeben werden, wenn freie Kapazitäten bei den Engpässen absehbar werden und Planungen vorliegen, die den Zeitraum der Engpassnutzung angeben können.

Multitasking einschränken

Damit die Engpassressourcen möglichst effizient arbeiten können, wird das durchaus etablierte Multitasking dort stark eingeschränkt.

Beispiele von Engpassressourcen

Typische Engpassressourcen sind

- Know-howträger mit Spezialkenntnissen, die nicht Neinsagen können
- Testeinrichtungen und -kapazitäten, die von jedem Projekt durchlaufen werden müssen
- Gruppen mit reduzierter Personalstärke und hohen Arbeitsrückständen
- Personen, die fachliche Freigaben erteilen, oder auch
- selten verfügbare Entscheidungsträger.

Durch eine Konzentration und Ausrichtung der übergreifenden Einsatzmittelplanung auf diese Engpassressourcen lassen sich größere Vorteile im Projektdurchsatz erreichen als durch ein vollintegriertes IT-Tool für das Ressourcenmanagement.

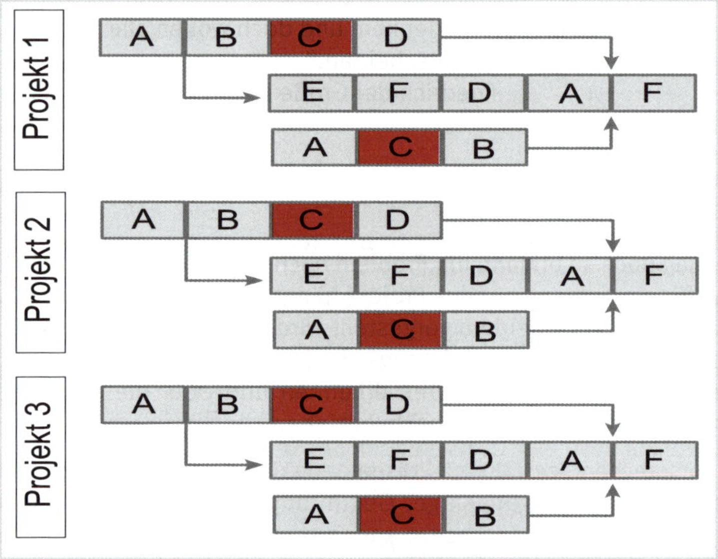

Abb. 3.48: Multitasking bei Engpassressource C

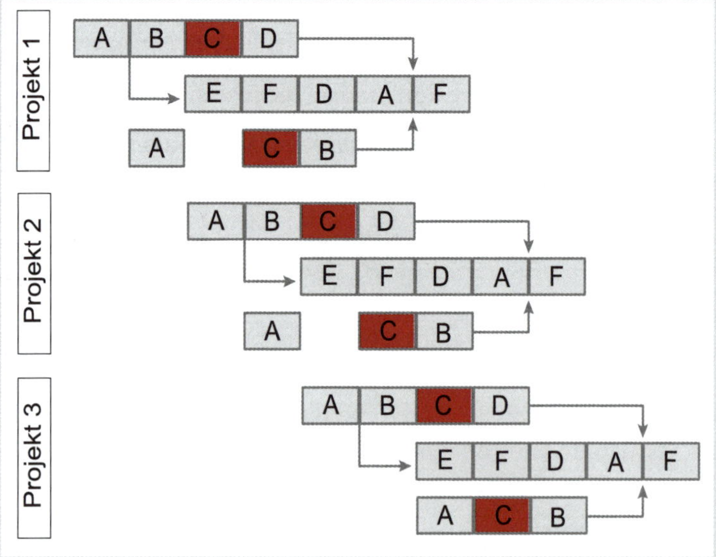

Abb. 3.49: Staffelung um Engpassressource C ohne Multitasking

3.7 Entscheidung über Projekte

> „Wenige Menschen denken, und doch wollen alle entscheiden."
> Friedrich der Große

3.7.1 Verkaufen der Projektidee

Eine Idee mag noch so brillant, ein Problem noch so gravierend sein, die Entscheidung für ein entsprechendes Projekt hängt nicht zuletzt davon ab, wie das Vorhaben den Entscheidern vorgestellt wird. Die Mitglieder des Bewilligungsausschusses müssen erreicht werden, sie müssen Handlungsdruck spüren, die Chancen oder Gefahren erkennen und/oder die strategische Bedeutung für das Unternehmen nachvollziehen können.

Mit einer entsprechend gestalteten Präsentation der Projektidee, in der die formalen Kriterien wie Ausgangslage, Gestaltungsbereich, Kosten/Nutzen-Aspekte etc. nicht nur abgearbeitet sondern adressatengerecht und „verkäuferisch" aufbereitet und dargestellt werden, lässt sich das am besten erreichen. Die folgende Checkliste hilft bei der Vorbereitung, Durchführung und Nachbereitung.

Checkliste für Sitzungen von Bewilligungsgremien

Vorbereitung

- Wer sind die Teilnehmer? Welche Interessen haben sie? Welche Informationen können vorausgesetzt werden? Welche Aspekte sind für sie besonders wichtig?
- Wie nutze ich dieses Wissen, um Spannung zu erzeugen?
- Planung und Visualisierung (auf Flipchart) des Ablaufes (Dramaturgie!) z.B.:
  - Begrüßung und Einleitung
  - Ausgangslage
  - Gestaltungsbereich
  - Ziele/Ergebnisse
  - Aufwand/Kosten
  - Termine
  - Einflussgrößen
  - Begründung der Attraktivität
  - Zusammenfassung
  - Diskussion
- Wer präsentiert was?

- Visualisierung der Hauptaussagen, Daten usw.
- Erstellung eines Handouts (Details, Folienkopien...)
- Repräsentativer Projekttitel (zur Wiedererkennung auf allen Medien)
- Adressatengerechte Argumentation (siehe oben!)
- Medien vorbereiten und bereitstellen
- (evtl.) Generalprobe.

Durchführung

- Freundliche Begrüßung
- Sich für die Gelegenheit zur Präsentation bedanken
- Zustimmung zum geplanten Ablauf einholen, ggf. Änderungswünsche oder weitere Punkte berücksichtigen
- Nach Ablaufplan vorgehen
- Spannung und Aufmerksamkeit erzeugen
- Persönliche Betroffenheit aufzeigen (z.B. spürbare Verbesserungen, Einsparungsmöglichkeiten, Marktchancen u.a.m.)
- Blickkontakt halten
- Entscheidungsrelevante Aussagen wie Ziele, Kosten, Einsparungen, Marktchancen, Perspektiven u.ä. permanent und bis zuletzt sichtbar lassen (Flipchart, Pinnwände)
- Auf Modulation der Stimme achten
- Reaktionen/Stimmungen aufnehmen und ggf. reagieren
- Auf Handout verweisen
- Überzeugend argumentieren
- Die wichtigsten Aussagen zusammenfassen
- Nachdrücklich um Auftrag bitten.

Nachbereitung

- Wie sind wir vorgegangen?
- Was hat sich als vorteilhaft erwiesen?
- Was war nicht so gut?
- Was muss beim nächsten Mal anders gemacht werden?

3.7.2 Sitzungen des Bewilligungsgremiums

Verantwortung für die Freigabe von Projekten

Projektmanagementoffice und Bewilligungsgremium sind Träger der Projektpriorisierung. Das Projektmanagementoffice bereitet die entsprechenden Sitzungen des Bewilligungsgremiums vor, trägt zu einem reibungslosen Verlauf bei und leitet anschließend die Umsetzung der getroffenen Entscheidungen ein.

Aufgaben des Projektmanagementoffice bei der Projektfreigabe

Wichtige Aufgaben des Projektmanagementoffice vor den Sitzungen sind

- die Koordinierung der Projekt-/Änderungsanträge und ihre Überprüfung auf formelle Richtigkeit und Vollständigkeit
- die Einordnung neuer Projekte nach dem gültigen Priorisierungsverfahren
- die Verdichtung der Termin- und Kosteninformationen aller Projekte des Unternehmens
- die Zusammenfassung der Einsatzmittelbelastungen aus bestehenden und beantragten Projekten sowie den Linienaufgaben zu aussagekräftigen Kapazitätsprofilen
- die Erstellung der Tagesordnung, der Einladungen und der Entscheidungsvorlagen
- die transparente Darstellung von Überschneidungen, Engpässen oder Mängeln jeglicher Art.

In den Sitzungen unterstützt sie das Bewilligungsgremium bei

- der Prüfung und Entscheidung der Projektanträge im Abgleich mit der Unternehmensstrategie sowie der finanziellen und ressourcenmäßigen Machbarkeit
- der Prüfung und Genehmigung von Budgetänderungsanträgen zu laufenden Projekten
- der Verteilung des Gesamtprojektbudgets auf die einzelnen Projekte
- der Priorisierung der Projekte nach einem einheitlichen Verfahren
- der Erteilung von Projektaufträgen, der Besetzung von Lenkungsausschüssen und der Beauftragung der Projektbeteiligten.

Im Anschluss an die Sitzungen übernimmt das Projektmanagementoffice

- die Erstellung und Verteilung des Ergebnisprotokolles
- das Einpflegen der Sitzungsergebnisse in das Gesamtprojektportfolio
- die Aktualisierung der Projektdatenbank sowie
- die Information der Antragsteller über die getroffenen Entscheidungen.

3.8 Planung, Diagnose und Steuerung des Projektportfolios

3.8.1 Planung des Projektportfolios

Die Planung des Projektportfolios orientiert sich an der Anzahl der jährlichen Sitzungen des Bewilligungsgremiums, das in der Regel 2 - bis 4-mal pro Jahr tagt.

Abstimmung der Planungsprozesse in Linien- und Projektmanagement

Eine dieser Sitzungen ist in den jährlichen Planungsprozess integriert. Dabei findet der planerische Abgleich zwischen der Linien- und Projektarbeit statt.

Folgende Punkte sind dabei aufeinander abzustimmen:

- Bestehende Produkte
- Erfolge von Produkten aus laufenden Projekten
- Infrastrukturmaßnahmen
- Absatzplanung
- Umsatzplanung
- Ergebnisplanung
- Finanzbedarfsplanung
- Personalplanung (Anteil für Projekte)
- F+E Budgetplanung.

Rollierende mehrjährige Planungen

Da viele Projekte über mehrere Jahre laufen, sollte neben der Budgetierung für das erste Planjahr auch eine mehrjährige Planung (3 bis 5 Jahre) rollierend mitgeführt werden. Die langjährigen, genehmigten Projekte sind namentlich bekannt, belasten Ressourcen und verbrauchen finanzielle Mittel, die für neue Vorhaben dann nicht mehr zur Verfügung stehen. Oft sind sie auch Auslöser weitergehender Vorhaben. Damit langfristig ausreichend Spielraum bleibt, sollte für künftige noch nicht namentlich bekannte Einzelprojekte ein Planungsrahmen gesetzt werden. Der Planungshorizont für kleinere Projekte bis etwa 100 T€ sollte nur maximal 3 Jahre betragen.

Projektbündel zu Programmen zusammenfassen

Neben den finanziellen Mitteln sind vor allem die Abhängigkeiten zwischen den einzelnen Vorhaben für die Planung des Portfolios relevant. So lassen sich Projektbündel inhaltlich zu sogenannten Programmen zusammenfassen. Für diese Programme werden oft übergreifende, dauerhafte Zuständigkeiten definiert, die dem Produktmanagement in Unternehmen ähneln. Diese Programme können nach folgenden Gesichtspunkten gebildet werden:

- Ähnliche Sparten und Geschäftsprozesse betroffen
- Starke inhaltliche Abhängigkeiten
- Gleicher Auftraggeber
- Projektteams aus denselben Bereichen.

Für die langfristige Ausrichtung des Unternehmens sollten die Auswirkungen der Projekte auf die Unternehmensplanung regelmäßig aktualisiert werden.

3.8.2 Verrechnung von Projektleistungen

Übernahme der Projektkosten einrichten

Die Kostenrechnung der Stammorganisation verfolgt das Prinzip der verursachungsgerechten Ermittlung und Verteilung von Kosten. Deshalb wird auch bei internen Projekten nach Auftragnehmer und Auftraggeber unterschieden.

Für die Verrechnung von Projekten bedeutet das,

- alle einem Projekt zuzuordnenden Kosten zu sammeln
- nach Kostenstellen, die Projektleistungen erbringen bzw. die Projektleistungen empfangen, zu unterscheiden
- Verrechnungspreise für leistende Kostenstellen festzulegen
- nach projektrelevanten Kostenarten zu differenzieren
- Projekte als Kostenträger zu betrachten
- sich auf einen Verteilungsschlüssel für Projektkosten bei mehreren Auftraggebern zu einigen
- zu regeln, wohin vom Projekt ausgelöste Rechnungen gebucht werden, und festzulegen, welche vom Projekt ausgelösten Kosten direkt vom Auftraggeber getragen werden oder über laufende Betriebskosten auf mehrere Jahre zu verteilen sind.

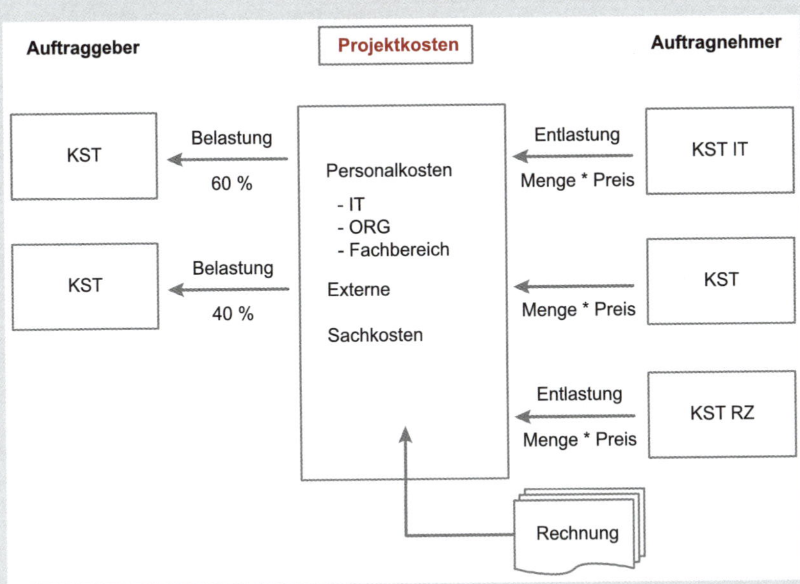

Abb. 3.50: Verrechnung von Projektleistungen

Damit soll eine Einbettung der Projekte in das betriebliche Rechnungswesen erfolgen. In der Praxis erschweren Bereichsegoismen und Unzulänglichkeiten der Betriebsbuchhaltung und Abrechnungssysteme einen klaren Blick auf die „echten" Projektkosten.

Wichtige Verfahrensfragen

Die Einzelheiten der Verrechnung wie

- einheitliche oder qualifikationsabhängige Preise
- Preise mit oder ohne Infrastrukturanteile
- direkte Belastung von externen Rechnungen oder Sammlung auf Verrechnungskonten
- Einrechnen von Leistungen der Auftragnehmerseite

sind oft für alle Projekte gleichermaßen festgelegt. Besonderheiten wie Verteilungsschlüssel sind im Projektauftrag zu regeln.

Maß für die Leistungsfähigkeit von Serviceeinheiten

Die Verrechnung der Projektleistungen ist auch ein Steuerungsinstrument für die Leistungsfähigkeit von Serviceeinheiten wie Organisation, Informatik, Betriebstechnik oder Forschung und Entwicklung. Sie ermöglicht einen Vergleich mit externen Serviceanbietern. Die Preisgestaltung kann dabei eine volle Deckung der Kosten erfordern oder auch eine jährliche angepasste strategische Unterdeckung erlauben.

3.8.3 Multiprojektberichtswesen

Mit dem Multiprojektberichtswesen sollen Entscheidungsgrundlagen geschaffen werden, um das Projektportfolio und die in Projekten beschäftigten Mitarbeiter übergreifend zu steuern. Es werden die Berichte der einzelnen Projekte zusammengeführt und ihre Auswirkungen auf das gesamte Projektportfolio und die Ressourcenbelastung dargestellt. Folgende Themen sind dabei zu klären:

Anforderungen an Multiprojektberichtswesen

- Ziele der Berichte
- Inhalte der Berichte
- Entstehungsprozess der Berichte
- Adressaten und Lieferanten von Berichten
- Standards für die Berichte
- Verwertung der Berichte in Gremien, bei Entscheidungen
- Rückkopplung und Lernprozesse, um die Projektlandschaft zu verstehen
- Gestaltung der Kommunikation und Zusammenarbeit zwischen Projektbeteiligten und Gremien.

Projektmanagementoffice als Träger des Multiprojektberichtswesens

Träger des Multiprojektberichtswesens ist das Projektmanagementoffice (Projektbüro). Es ist allerdings bei der bestehenden Komplexität und Datenfülle vom Zusammenwirken aller Projektbeteiligten abhängig. Ein funktionierendes Multiprojektberichtswesen setzt folgendes voraus:

- Ziele und Grundverständnis des Multiprojektberichtswesens sind ausgearbeitet und kommuniziert
- Die Unternehmensleitung fordert und nutzt die Informationen
- Die Rollen und die damit verbundenen Verantwortungen sind klar
- Standards und Regeln des Multiprojektberichtswesens sind vereinbart
- Projekte liefern qualifizierte Informationen
- Das Multiprojektberichtswesen wird durch ein leistungsstarkes IT-System gestützt
- Das Multiprojektberichtswesen basiert auf einer Vertrauenskultur, es wird als gemeinsame Aufgabe verstanden.

Wer braucht Multiprojektberichte?

Adressaten für Gesamtstatusberichte sind:

- Bereichsleiter, von deren Bereichen Projekte initiiert wurden (Auftraggeber)
- Bereichsleiter, die Projektmitarbeiter bereitstellen (z.B. F+E, Organisation, Information, Betriebstechnik)
- Controlling, um Auswirkungen auf die Ergebnissituation zu erkennen
- Marketing, um das Produktprogramm zu steuern
- Geschäftsleitung, Vorstand, für die strategische Steuerung.

Monatliche Verdichtung

Die in den Projekten verteilt anfallenden Plan- und Ist-Daten werden von dem Projektmanagementoffice zentral zusammengetragen. Hier empfiehlt sich ein regelmäßiger Tournus, z. B. monatlich, mit der die Projektleiter die Informationen des Projektmanagementoffice zur Verfügung stellen. Die Daten werden mit Hilfe vorhandener Formulare wie etwa Projektauftrag oder Projektstatusbericht übermittelt.

Standardberichte einführen

Die Informationen aus den Einzelprojektplänen unterscheiden sich sehr oft im Detaillierungsgrad sowie in der Darstellungsform. Die Aufgabe des Projektmanagementoffice besteht darin, die unterschiedlichen Daten einheitlich und adressatengerecht aufzubereiten. Hierbei kann sie auf eine Reihe von Standardberichten zurückgreifen, die je nach Zweck, Anlass und Status des Projektportfolios genutzt werden. Die folgende Tabelle zeigt ein paar typische Berichte.

	Bericht	Inhalte
1	Statusüberblick	■ Einschätzung Status für Termin, Kosten, Qualität, Einsatzmittel nach Ampel (rot, gelb, grün) ■ Projektidentifikation, -leiter ■ Projektlaufzeit, -aufwand
2	Projekte mit Planabweichungen	■ Detaillierung von 1; Abweichungsursachen, Risiken, Maßnahmen ■ Auswirkungen auf Portfolio
3	Abgebrochene Projekte	■ Gründe, Lessons learned ■ Umgang mit Restarbeiten
4	Neu eingereichte Anträge	■ Geschätzte Laufzeit, Aufwand ■ Strategiebeitrag ■ Projektrisiken, Wirtschaftlichkeit
5	Zurückgestellte, abgelehnte Anträge	■ Wie 4 mit Ergänzung der Gründe für Ablehnung und Rückstellung
6	Prioritätenliste der laufenden Projekte	■ Inhalte wie 4, sortiert nach Muss, Strategiebeitrag, wirtsch. Nutzen
7	Zeitplan des Projektportfolios	■ Wie 6 mit Balkendiagramm
8	Ressourcenentwicklung im Projektportfolio	■ Zu- und Abgänge Projektportfolio ■ Obergrenzen für interne, externe Einsatzmittel nach Bereichen ■ Verbrauch laufender Projekte
9	Kostenentwicklung des Projektportfolios	■ Nach Kostenarten getrennt Personal-, Sachkosten, Investitionen ■ Gesamtbudget für alle Projekte ■ Abweichungen (einzeln, gesamt)
10	Keyplayer-Analyse	■ Name, Anzahl zugeordneter Projekte, verplante Kapazität, sonstige Aufgaben ■ Risikoeinschätzung, Maßnahmen ■ Einzelprojektangaben
11	Externe Partner in Projekten	■ Rolle externer Partner im Projekt ■ Firmenname, Leistungsumfang ■ Interne Auftraggeber

Abb. 3.51: Standardberichte für das Multiprojektberichtswesen

Da die Multiprojektberichte einerseits kompakt und für das Management leicht lesbar sein sollen, andererseits Problembereiche sofort aufzeigen und Handlungsbedarf signalisieren, haben sich in der Praxis sogenannte Ampelberichte bewährt, wobei je nach Status (gelb oder rot) die Adressaten festgelegt werden können.

Status GRÜN	Keine Besonderheiten erkennbar	→	**Beobachten**
Status GELB	Besonderheiten beim Verfahren ■ Dokumentation ■ Organisation ■ Planung	→	**Entwicklung verfolgen**
Status ROT	Besonderheiten im Projektablauf ■ Projektumfang/-ziele unklar ■ Aufwand nicht ausreichend ■ Termine nicht haltbar ■ Projektbudget gefährdet ■ Ressourcen nicht ausreichend ■ Produktqualität gefährdet	→	**Handeln**

Abb. 3.52: Ampelbericht

Projekt	P-Code	Start/Ende	Investitionssumme (T €)	Einschätzung des Status				
				Ziele/ Qualität	Aufwand/ Kosten	Termine	Einsatzmittel	Team
Einführung PM-System	PMS YS	20.09.2008 16.05.2009	400,0	grün	grün	gelb	gelb	grün
Telefonanlage installieren	TEL	31.08.2008 28.06.2009	380,0	grün	gelb	rot	gelb	grün
Interne Leistungsverrechnung	LVR	02.05.2008 30.06.2009	300,0	grün	grün	grün	gelb	gelb
Personalentwicklungskonzept	PERS-KON	30.09.2008 29.09.2009	80,0	grün	grün	rot	gelb	grün

Abb. 3.53: Statusüberblick

Mit Ampelsymbolen Eskalation vorbereiten

Durch den Einblick in die Einzelprojektpläne und Fortschrittszahlen ist es dem Projektmanagementoffice möglich, existierende oder drohende Konflikte zwischen Projekten festzustellen.

Als gutes Maß für den sich abzeichnenden übergreifenden Handlungsbedarf von Projekten sind die im Projekt für den Projektmanager verbliebenen Reserven, um flexibel handeln zu können. Diese Reserven ergeben sich zu Projektbeginn aufgrund der Risikoabschätzung des Programmmanagements.

In der Praxis wird häufig ungern offen über die in Projekten versteckten Reserven auf Managementebene diskutiert. Sie sind fast zum „Unwort" degradiert worden. Aber gerade die aus der Risikoabschätzung abgeleiteten Reserven oder – wie es TOM DE MARCO nennt – Spielräume geben den Projektmanagern das aufgrund der großen Unsicherheiten und Risiken vieler Projekte so wichtige Vertrauen und vermeiden allzu häufige Eskalationen und Umplanungen im gesamten Projektportfolio.

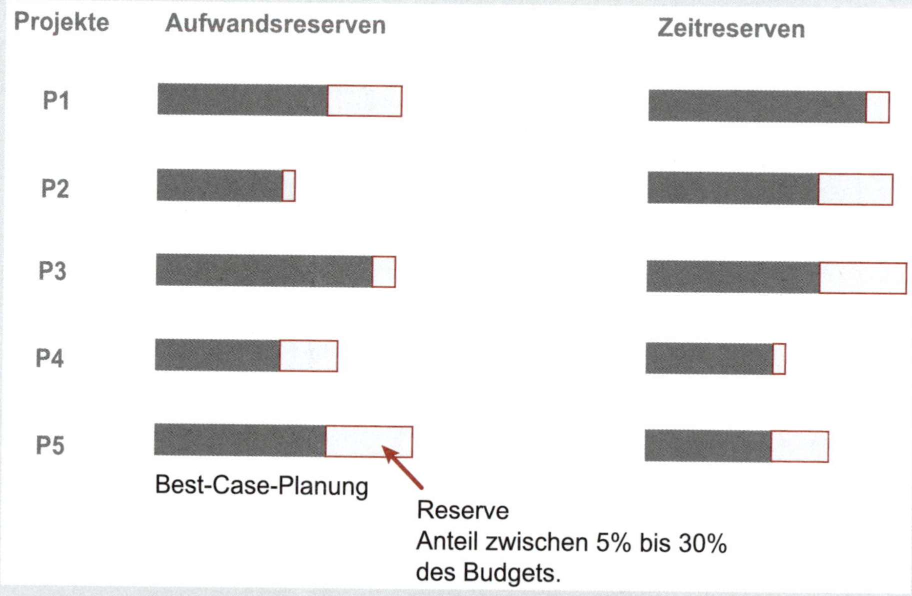

Abb. 3.54: Projektreserven für den Umgang mit Unsicherheiten

Sind diese Reserven einmal eingeräumt, sollte deren Verbrauch während des Projektverlaufs ein zentraler Inhalt des Projektcontrollings sein und in das regelmäßige Berichtswesen gegenüber dem Portfoliomanagement integriert werden. Dies fördert die offene Kommunikation zwischen Projektmanager und Portfolio- bzw. Top-Management.

Der Projektleiter kann in Ruhe über die Geschehnisse in seinem Projekt berichten, die zu einem Verbrauch der Reserven geführt haben, wenn dem ausreichend Fortschritte bei den Projektergebnissen gegenüberstehen. Dabei sollten immer die gesamte Entwicklung von Reservenverbrauch und Fortschritt beobachtet werden und vor allem plötzliche Veränderungen der Rahmenbedingungen beschrieben sein.

Im nachfolgenden Beispiel konnte das Projekt durch ausreichend finanzielle Mittel am Anfang beschleunigt werden, was aber dann Budgetnachforderungen erwarten ließ. Zur Mitte des Projektes verlangsamte sich der Projektfortschritt trotz kostenintensiver Arbeit und es kam zu Verzögerungen. Im letzten Berichtsmonat trat der Projektleiter auf die Kostenbremse, was zu einem weiteren Verbrauch der Zeitreserven führte. Das Projekt hat bei Kosten und Termin Status gelb und muss nun mit voller Aufmerksamkeit bis zu seinem Projektende geführt werden, um Nachforderungen zu vermeiden.

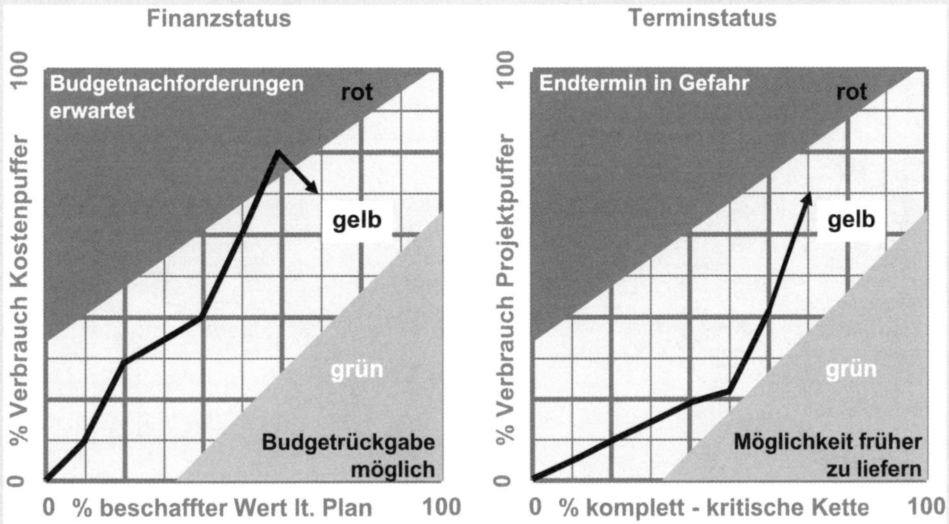

Abb. 3.55: Einzelprojektstatus nach Critical Chain

Wird in dieser Form von den einzelnen Projekten berichtet, zeigt sich im Portfolio-/Programmmanagement sehr schnell, bei welchen Projekten sich Handlungsbedarf frühzeitig abzeichnet und wo alles noch in „ruhigen Bahnen" verläuft. Mit geeigneten Portfoliodarstellungen lässt sich auch erkennen, wie nahe die einzelnen Projekte dem Ende sind und damit aus der Betrachtung herausfallen. Manchmal lassen sich dann durch die kurzzeitige Beschleunigung dieser Projekte sich abzeichnende Ressourcenkonflikte lösen.

Natürlich spielt für die übergreifende Steuerung die jeweilige Priorität der Projekte eine wichtige Rolle. Mit der Offenlegung der Reserven zeigt sich häufig, dass die hochpriorisierten zulasten der übrigen Projekte mit ausreichend Puffer ausgestattet sind, den diese nicht immer in vollem Umfang benötigen. So kann das Kürzertreten bei einem sehr wichtigen Projekt durchaus für das Gesamtportfolio sehr nützlich sein.

Diese für viele sehr widersprüchliche Argumentation muss natürlich transparent dargestellt werden und durch die regelmäßigen Berichte gestützt sein.

Beim Status der folgenden vier Projekte eines Projektportfolios zeigt sich dies sehr deutlich. So wird das wichtigste Projekt P1 mit ausreichend Ressourcen ausgestattet, was den Projektfortschritt beschleunigt, aber auch noch zu Budgetnachforderungen führen kann. Projekt P3 hat die geringste Priorität, steht aber kurz vor dem Abschluss, wobei der Endtermin in Gefahr ist, wenn nicht gehandelt wird. Da dort noch ausreichend Budgetreserven vorhanden sind, die aber wohl wegen Ressourcenmangel (verursacht durch Projekt P1) nicht abgerufen werden konnten, ist eine kurzzeitige Freigabe der in Projekt P1 gebundenen Kapazitäten für P3 dringend angeraten.

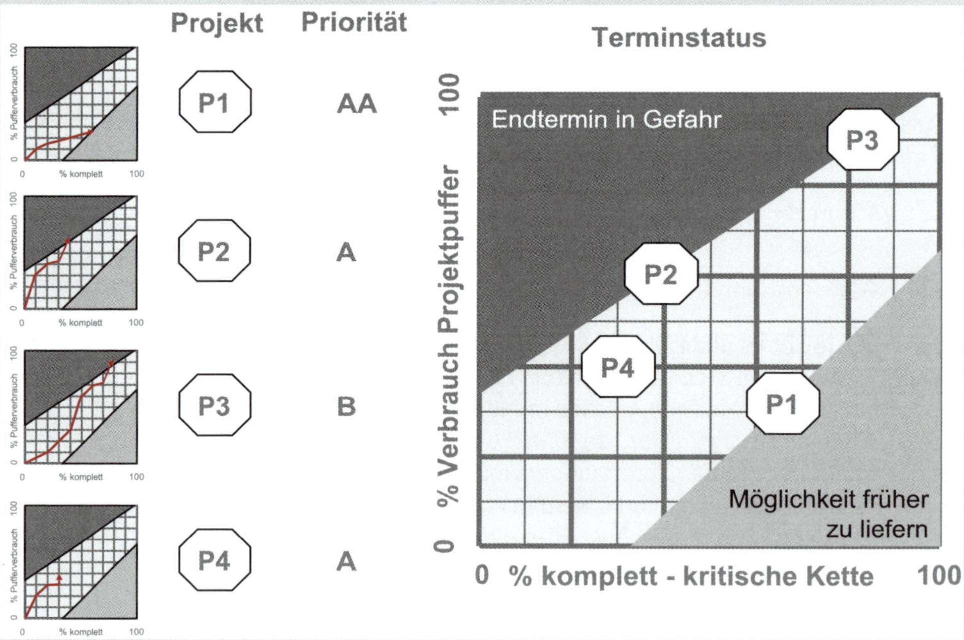

Abb. 3.56: Portfoliosteuerung der Termine

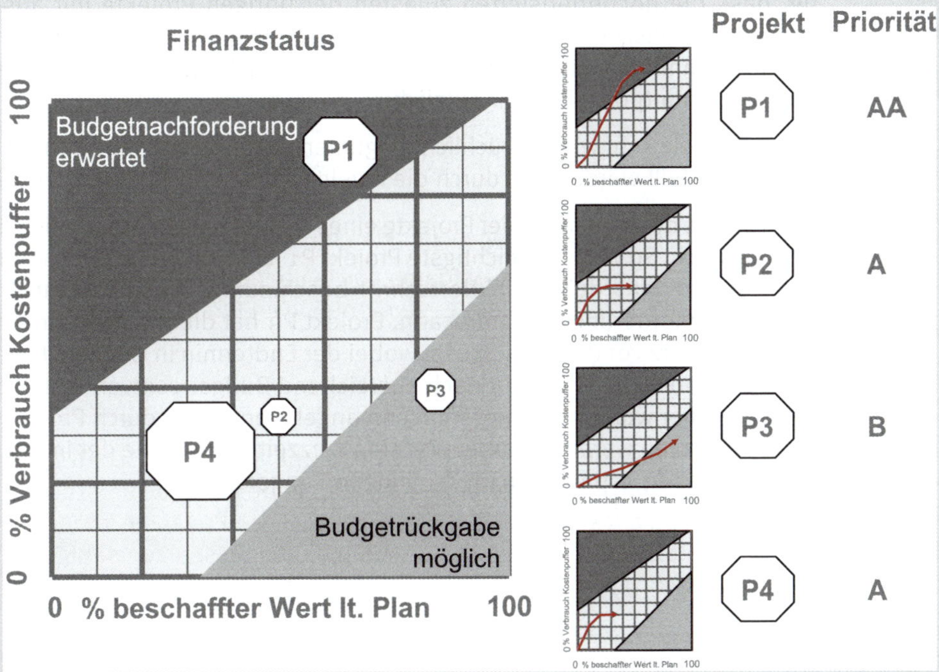

Abb. 3.57: Portfoliosteuerung des Budgets

3.8.4 Veränderungen im Projektportfolio

In der Praxis reicht es nicht aus, dass jeder Projektleiter nur sein eigenes Projekt mit Diagnose und Steuerung auf Kurs hält. Auch das gesamte Projektportfolio wird durch verschiedene Anlässe immer wieder verändert. Das Multiprojektberichtswesen sorgt dafür, dass der Gesamtblick nicht verloren geht. Durch Eskalationsverfahren, Informationsverpflichtungen und regelmäßige Sitzungen des Bewilligungsgremiums werden Abhängigkeiten aufgedeckt und die strategische Gesamtsicht beachtet. Hier ein paar Beispiele von Anlässen, in denen die Diagnose und Steuerung des Projektportfolios gefordert ist.

- Genehmigung von Änderungsanträgen
  - Durch die Genehmigung von Änderungsanträgen einzelner Projekte können sich auch die Rahmenbedingungen anderer Projekte ändern

Bei diesen Anlässen sollte das Projektportfolio überprüft werden

- Neuausrichtung von Projekten
  - Wird ein Projekt beispielsweise gestoppt und inhaltlich neu aufgesetzt, kann es zur Verzögerung anderer Projekte kommen

- Neubewertung laufender Projekte
  - In den regelmäßigen Sitzungen des Bewilligungsgremiums kann es zu einer Neubewertung der laufenden Projekte kommen

- Deutliche Abweichungen gegen Plan im Berichtswesen
  - Mit zunehmender Projektdauer sowie überarbeiteten Planzahlen können sich die Positionen der Projekte im Projektportfolio verändern

- Ressourcenkonflikte
  - Durch den Einblick in die Einzelprojektpläne und Fortschrittszahlen lassen sich existierende oder drohende Konflikte zwischen Projekten feststellen. Die Konflikte zwischen Projekten können inhaltlicher, zeitlicher, kostenmäßiger und ressourcenmäßiger Art sein

- Mussprojekt
  - Prioritätsänderungen von Projekten sind auch aufgrund von geänderten Voraussetzungen (z.B. gesetzliche Änderungen) möglich

- Strategieänderung
  - Beschlossene Strategieänderungen können zu veränderten Positionen der Projekte im Portfolio führen.

3.8.5 Steuerungsmaßnahmen in Multiprojektsituationen

Bei entstehenden Konflikten ist das Bewilligungsgremium oberste Entscheidungsinstanz. Je nach Konfliktart leitet das Projektmanagementoffice unterschiedliche Steuerungsmaßnahmen ein. Typische Fälle, in denen eine Veränderung der Priorisierung notwendig wird, entstehen durch Gesetzesänderungen (schnelles Muss-Projekt) oder durch Veränderungen der Strategie.

In diesen Fällen wird folgender Prozess initiiert.

Projektmanagementoffice treibt das Multiprojektmanagement voran

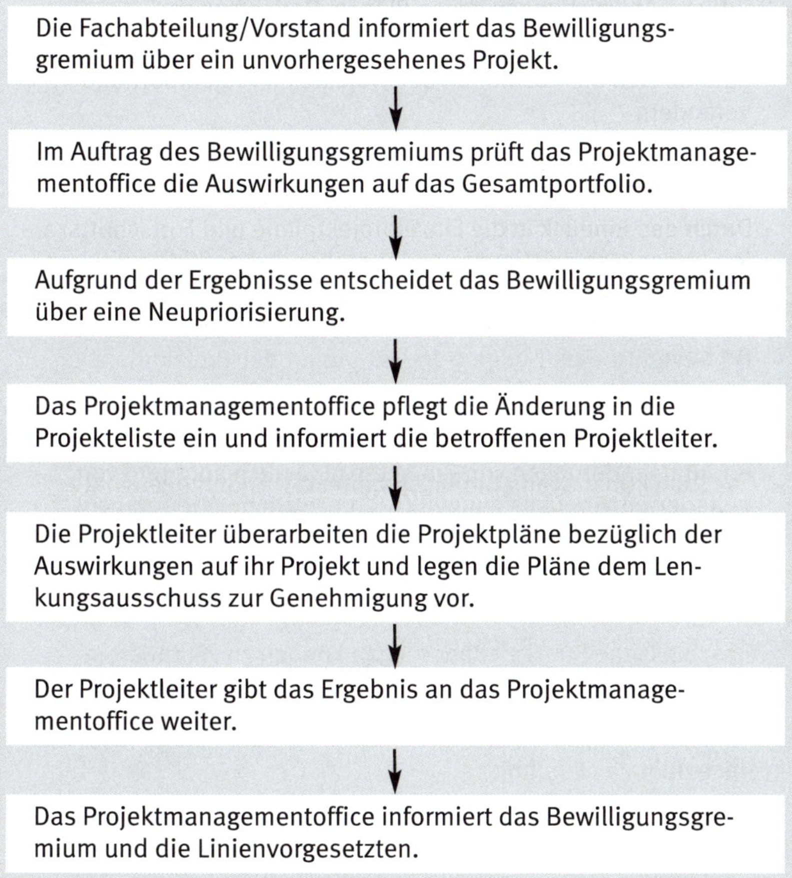

Abb. 3.58: Verfahren bei ungeplantem Muss-Projekt

Auch bei einer Krise in einem laufenden Projekt (z.B. Kostenexplosion aufgrund technischer Probleme) können Steuerungsmaßnahmen notwendig werden, die sich auf das Gesamtprojektportfolio auswirken. Hierfür empfiehlt sich folgender standardisierter Ablauf:

Der Projektleiter meldet das Problem und schlägt dem Lenkungsausschuss Lösungsalternativen vor.

↓

Der Lenkungsausschuss prüft und trifft eine Entscheidung. Er informiert das Projektmanagementoffice.

↓

Das Projektmanagementoffice bereitet die Daten auf und informiert das zentrale Controlling, das Bewilligungsgremium und die Linienvorgesetzten.

↓

Das Bewilligungsgremium trifft eine Entscheidung im Rahmen des Gesamtprojektbudgets und informiert das Projektmanagementoffice.

↓

Das Projektmanagementoffice arbeitet die Änderungen in die Projekteliste ein und informiert die betroffenen Projektleiter.

↓

Die Projektleiter aktualisieren die Projektpläne und stimmen sie mit dem Lenkungsausschuss ab.

↓

Der Lenkungsausschuss informiert das Projektmanagementoffice über das Ergebnis.

Abb. 3.59: Verfahren bei Projektkrise

4 Projektstart

4.1 Auftragsabstimmungsprozess (Überblick)

> „Wenn man nicht bekommt, was man will, ist man gezwungen, das zu wollen, was man bekommt.“
> Bernhard Shaw

Nach der Genehmigung durch das Bewilligungsgremium liegt ein verabschiedeter Projektantrag vor. Daraus können die wesentlichen Inhalte in den Projektauftrag übernommen werden. Der Auftrag ist noch vorläufig, da noch nicht alle Auftragsinhalte eindeutig geklärt sind. Für den dann ernannten Projektleiter ist es oft schwierig, sein Team anschließend zu versammeln.

Typischerweise fehlen Aussagen zu folgenden Punkten:

Fehlende Punkte im Projektauftrag

- Es ist unklar, wer zu diesem Zeitpunkt die Verantwortung für das genehmigte Projekt trägt
- Meist ist der Projektleiter noch nicht benannt
- Für das Bewilligungsgremium scheint die Sache seinen Gang zu nehmen
- Der Auftraggeber kann ohne Verfügungsgewalt über die Projektmitarbeiter der Auftragnehmerseite (z.B. IT/Organisation) noch nicht loslegen
- Wichtige Fragen der Projektaufbauorganisation und Rollenverteilung sind noch offen
- Die Mitglieder des Bewilligungsgremiums informieren unkoordiniert über die Linienhierarchie die betroffenen Bereiche über die Projektfreigabe, und dass sie Projektmitarbeiter abstellen sollen.

Abhilfe schafft hierbei ein eingespielter Auftragsabstimmungsprozess mit klaren Zuständigkeiten.

Am Ende der folgenden Schritte (siehe Seite 128) sollten der Projektleiter und alle Teammitglieder den Auftrag verstanden und zusammen mit Lenkungsausschuss/Auftraggeber die Punkte geklärt haben, die nicht schlüssig, nicht annehmbar, unpräzise oder unvollständig sind. Mit dem Projektauftrag wird festgelegt, was mit dem Projekt erreicht werden soll. Daran wird der Projekterfolg gemessen.

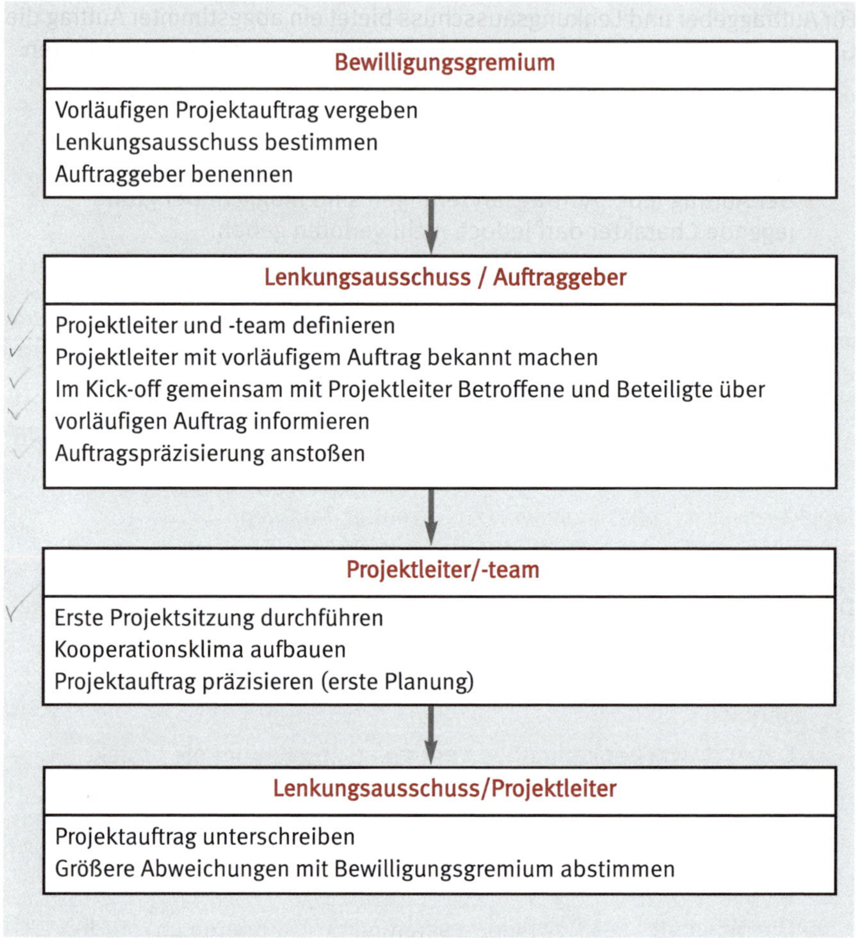

4.2 Projektauftrag

Nutzen des Projektauftrages

Der vollständige Projektauftrag ist für den Projektleiter die Basis der Projektarbeit. Er sollte ihn nutzen, um bei

- der Präsentation von Projektergebnissen die Einordnung zu erleichtern
- zusätzlichen Forderungen von Fachbereichen und Auftraggeber den Ausgangspunkt klar zu stellen
- möglichen Änderungen die Auswirkungen beurteilen zu können
- Gesprächen mit anderen Projektleitern die Inhalte deutlich zu machen.

Für Auftraggeber und Lenkungsausschuss bietet ein abgestimmter Auftrag die Gewähr, dass Projektleiter und Team ziel- und aufgabenorientiert arbeiten.

Regeln zum Projektauftrag

- Ein vollständiger und aktueller Projektauftrag ist Holpflicht des Projektleiters.
- Der Auftrag lebt ! Auftragsänderungen sind möglich. Der grundlegende Charakter darf jedoch nicht verloren gehen.
- Änderungen müssen vom Auftraggeber/Lenkungsausschuss genehmigt sein, mit Änderungsdatum und Unterschrift versehen werden und dokumentiert sein.
- Bei Änderung einer Auftragsposition sind die Auswirkungen auf alle anderen Inhalte zu prüfen.

4.2.1 Inhalte

Der Projektauftrag ist in der Regel ein mehrseitiges Dokument, in dem die Auftragsinhalte im Einzelnen detailliert und erläutert werden. In Abbildung 4.01 sind die Zusammenhänge der Auftragsinhalte veranschaulicht.

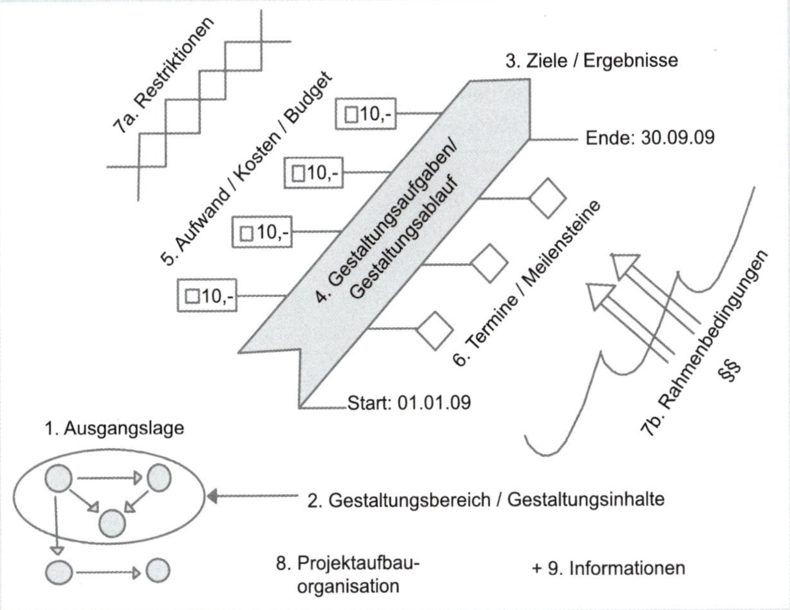

Abb. 4.01: Auftragsinhalte

Projekt-/Phasenauftrag	Seite 1
Bezeichnung des Projektes/der Phase	Projekt-Nr.
Auftragsverfasser/Organisationseinheit	Datum/Unterschrift Auftragsverfasser

Auftragsinhalte

1. Ausgangslage
Beschreibung der Grundlage des Auftrages

2. Gestaltungsbereich/Gestaltungsinhalte
Benennung der betroffenen Organisationseinheit(en) und/oder Prozesse inkl. Schnittstellen/Gemeinsamkeiten mit anderen Projekten

3. Ziele/Ergebnisse
Aufzählung, was in diesem Projekt/dieser Phase erreicht werden soll (erwarteter quantitativer und qualitativer Nutzen)

4. Gestaltungsaufgaben/Gestaltungsablauf
Beschreibung der durchzuführenden Aufgaben und Darstellung der zeitlichen Folgebeziehungen

5. Aufwand/Kosten/Budget
Nennung des Projekt- und Phasenbudgets hinsichtlich der Projektkosten und deren Verrechnung (Prognose des Aufwandes und der Kosten des Vorhabens)

6. Termine/Meilensteine
Nennung der Projekt-/Phasenstart- und Phasenendtermine

7. Einflussgrößen
Aufzählung der einzuhaltenden Restriktionen und zu beachtenden Rahmenbedingungen

8. Projektaufbauorganisation
Benennung des Projektleiters, der Mitglieder des Lenkungsausschusses und der Projektgruppe

9. Information
Festlegung der Informationsempfänger und Informanten sowie der Termine, Anlässe und Form(en) der Information

Anlagen		
Ausführungen zu den Punkten 1-9 auf folgenden Seiten des Projektauftrages		
Der Projektauftrag wird	genehmigt [ ]	nicht genehmigt [ ]
Begründung		
Datum/Unterschrift Auftragnehmer (Projektleiter)	Datum/Unterschrift Auftraggeber	
Erledigt: Datum/Unterschrift Projektleiter	Abgenommen: Datum/Unterschrift Auftraggeber	

Abb. 4.02: Projektauftrag

In der Praxis fällt es dem Projektleiter oft schwer, den Projektauftrag sauber zu formulieren. Er hat zuwenig Zeit dafür eingeplant („Ist ja nur reine Formsache !“), ihm ist die Bedeutung einzelner Punkte unklar, er möchte sich nicht konkret festlegen, fürchtet sich vor Fehleinschätzungen, führt Unwesentliches detailliert aus und vergisst wichtige Festlegungen.

Der Projektleiter sollte bis zu 3% des Gesamtaufwandes für die Auftragsklärung und -formulierung einplanen und vor allem auf die Plausibilität zwischen den einzelnen Auftragspositionen achten. So ergeben sich immer wieder Fragen, deren konsequente Klärung die Startbedingungen des Projektes erheblich verbessern. Es muss nicht immer alles in den Auftrag gepackt werden. Verweise auf Dokumente, Protokolle und Ergebnisse, die zur Entscheidungsfindung dienen, sollten immer beachtet werden. Als Restriktionen und Rahmenbedingungen sollten auch gemachte Annahmen und Risikoüberlegungen einbezogen werden.

In Unternehmen mit einem etablierten Projektmanagement-System werden Auftragsformblätter im Intranet bereitgestellt, zu jedem Punkt werden Ausfüllhilfen angeboten. Das Projektmanagementoffice unterstützt bei der Formulierung. Sie weisen auf wichtige Pflichtbestandteile wie Kostenstellen von Auftraggeber und Auftragnehmer hin, vergeben die Projektnummern, fordern Berichtspflichten ein und erläutern die Systeme zur Aufwandserfassung.

Das folgende Beispiel soll einen Eindruck über Umfang und Form eines Projektauftrages vermitteln.

4.2.2 Beispiel für das Projekt: „Call-Center für den Kundenservice“

Call-Center für den Kundenservice: **Von der Hauptstudie bis zur Einführung** **Projekt-Nr. 0033-02/2008**
1. Ausgangslage
In der Sitzung des Bewilligungsgremiums am 10.10.2005 wurde die Vorstudie „Prüfung des Einsatzes von Call-Centern im Unternehmen“ abgenommen und die Einrichtung eines Call-Centers nur für den Kundenservice beschlossen. Die Anzahl der Anfragen beim Kundenservice sind durch die Umsatzsteigerungen in den letzten 3 Jahren von täglich 50 auf über 150 gestiegen. Die 7 Mitarbeiter im Kundenservice der 3 regionalen Büros sind überfordert. Folgende Probleme sind dadurch aufgetaucht: ▪ Anwachsen der Beschwerden im After-Sales-Bereich ▪ Lange Durchlaufzeiten und viele Irrläufer bei Serviceanfragen ▪ Viele Überstunden im Kundenservice ▪ Steigende Unzufriedenheit bei den Mitarbeitern. Der Druck wächst, da bereits zwei Wettbewerber durch erfolgreiche Call-Center Marktanteile wieder gewinnen konnten.

2. Gestaltungsbereich/-inhalte

Betroffen sind die Kundenservice-Mitarbeiter in den 3 regionalen Büros sowie die regionalen Vertriebsmitarbeiter. Durch die Übernahme von Betreuungsaufgaben für EDV- und Telefontechnik sind auch Informatik und Betriebstechnik betroffen. Folgende Prozesse und ihre Schnittstellen sind zu gestalten:

- Telefonische Kommunikation mit dem Kunden bei Anfragen
- Schriftliche Bearbeitung von Kundenanfragen (per Mail, Brief, Internet)
- Datenpflege im Kundeninformationssystem
- Beschwerdemanagement
- Auftragsabwicklung
- Betreuung der Kommunikationstechnik und der Kundeninformationssysteme.

3. Ziele/erwartete Ergebnisse

Wirtschaftliche Ziele	Leistungsziele	Personelle Ziele
▪ Niedrige Investitionskosten ▪ Geringe laufende Kosten ▪ Hohe Kapazitätsauslastung	▪ Hohe Erreichbarkeit ▪ Flexible, zukunftsorientierte Lösung ▪ Schnelle, kompetente Hilfen ▪ Weniger Beschwerden	▪ Klare Zuständigkeiten ▪ Attraktive Aufgaben ▪ Weniger Überstunden

- Zentrales, mit vorhandenen Mitarbeitern besetztes Call-Center an einem der heutigen Standorte
- Ausgestattet mit ACD-Anlage und Verbindung zum Kundeninformationssystem
- Aufbauorganisatorische Einordnung des Call-Centers ist geklärt
- Die Zuständigkeiten und geänderten Prozesse sind durch Stellenbeschreibungen und Arbeitsanweisungen beschrieben
- Die Räume sind abgetrennt und möbliert
- Es gibt Arbeitszeitregelungen für den Mitarbeitereinsatz, der über Informationen zur Servicequalität zielgerichtet gesteuert werden kann
- Die Mitarbeiter sind mit den neuen Prozessen und Systemen vertraut und in der Gesprächsführung geschult
- Die neue Form der Kundenbetreuung ist werbewirksam vermarktet
- Die neue Call-Center-Gruppe hat sich als Team formiert.

Abb. 4.03f: Projektauftrag für das Projekt „Call-Center für den Kundenservice

4. Gestaltungsaufgaben

Hauptstudie
- Gesamtkonzept erarbeiten
- Geeigneten Standort wählen
- Call-Centerbesetzung dimensionieren
- Anforderungen an EDV-Anpassungen formulieren

Teilstudien
- Kommunikationskonzept
- DV-Konzept
- Testkonzept
- Schulungs- und Einführungskonzept
- Vermarktungskonzept
- Servicezeiten
- Prozessbeschreibungen
- Anbieterauswahl

Systembau
- Mitarbeiterauswahl
- Installation und Test
- Pilotbetrieb

Einführung
- Schulungen
- Kundeninformation

5. Aufwand/Kosten/Budget

	Interne PT	Externe PT	Investitionen
Hauptstudie	40	10	
Teilstudien	80	60	50 T€
Systembau	120	40	300 T€
Einführung	30	5	100 T€
Gesamt	270	115	450 T€

6. Termine/Meilensteine

Kick-off-Meeting:	02.05.2008
Ende Hauptstudie:	03.09.2008
Pflichtenheft steht:	15.10.2008
Aufnahme des Pilotbetriebes:	15.12.2008
Projektende:	31.01.2009

Abb. 4.03f: Projektauftrag für das Projekt „Call-Center für den Kundenservice

7. Einflussgrößen	
Restriktionen	**Rahmenbedingungen**
■ Keine Entlassungen ■ Bestehende Dokumentationsstandards und Verfahren für Auftragsänderungen verwenden ■ Keine Auflösung der Regionalbüros ■ Datenschutzbestimmungen einhalten ■ Vorhandene Räume müssen genutzt werden	■ Kundenwachstum ■ Mitarbeiterstruktur der regionalen Büros ■ Angebot an ACD-Anlagen ■ Erreichbarkeit der Call-Center der Wettbewerber ■ Raumangebot in den Regionalbüros

8. Projektaufbauorganisation		
Lenkungsausschuss	**Projektleiter**	**Projektteam**
H. Peter, Ltg. Vertrieb F. Richter, Ltg. Orga. F. Kleiner, Ltg. Personal	H. Müller - Orga. 100 % fachlich weisungsbefugt im Rahmen der Freistellung, Vergabe externer Aufträge mit Ltg. Orga	F. Kehl - Kundenservice H. Karl - Orga zu je 40 % H. Otto - IT zu 30 % H. Benz - vRP

9. Information		
LA-Sitzungen	**jour-fix**	Monatliche Statusberichte an LA und Servicestelle
20.6., 1.8., 3.9., 15.10., 1.12. je. 14.00 – 16.00	Dienstags 11.00 –13.00	

Abb. 4.03f: Projektauftrag für das Projekt „Call-Center für den Kundenservice

4.2.3 Abstimmung mit dem Auftraggeber

Die Qualität des Projektauftrages ist allein durch die Einhaltung der formalen Regeln noch nicht ausreichend gewährleistet. Auf die konkreten Inhalte kommt es an, und die sind häufig erst in einem langwierigen und bisweilen recht schwierigen Verhandlungsprozess zwischen Auftraggeber und (designiertem) Projektleiter zu erarbeiten. Dieser braucht dazu nicht nur profunde Projektmanagementkenntnisse. Mut zum Hinterfragen und Standfestigkeit sind mindestens ebenso wichtig. Dabei muss sich der Projektleiter seiner großen Verantwortung bewusst sein, die er mit der Leitungsfunktion übernimmt:

- Verantwortung gegenüber dem Auftraggeber, wobei die Erreichung der Projektziele im Vordergrund steht

Verantwortung des Projektleiters

- Verantwortung gegenüber dem Projektteam, dessen Mitglieder darauf vertrauen können müssen, dass ihre berechtigten Interessen auch nach außen nachhaltig vertreten werden und sie Arbeitsbedingungen vorfinden, die eine erfolgreiche Mitarbeit im Projekt möglich machen
- Verantwortung gegenüber allen am Projekt beteiligten Personen
- Verantwortung gegenüber den Betroffenen, die schließlich die Veränderungen „leben" müssen
- Verantwortung gegenüber den Kunden, die direkt oder zumindest indirekt von den Auswirkungen des Projektes berührt sein können
- Verantwortung für sich selbst, was gerade das mutige Eintreten für optimale Projektvoraussetzungen einschließt, um den Erwartungen tatsächlich gerecht werden zu können.

Der Abstimmungsprozess beschränkt sich nicht nur auf die Startphase, häufig ergibt sich während der gesamten Projektlaufzeit immer wieder neuer Abstimmungsbedarf, in jedem Fall beim Erreichen von Meilensteinen bzw. am Ende von Projektphasen.

Charakteristisch für Projektarbeit ist das Vordringen in „neue Welten", und das bedeutet, dass selbst bei aller Erfahrung und größter Planungssorgfalt nicht alle Entwicklungen und Notwendigkeiten bereits bei Projektbeginn erkennbar sind. Für Korrekturen bzw. Verbesserungen darf es niemals zu spät sein!

4.3 Auswahl des Projektleiters

Es liegt auf der Hand, dass dem Projektleiter in der Projektarbeit zentrale Bedeutung zukommt. Erfolg oder Misserfolg eines Projektes hängen sehr stark von seiner Person bzw. von seiner Persönlichkeit ab. Für eine begrenzte Zeit leitet er ein relativ eigenständiges „Unternehmen", das im Vergleich zum „Mutterunternehmen" an einem eher kurzfristigen Erfolg orientiert ist. Meist bleibt wenig Zeit, sich zu organisieren, zu orientieren und einzugewöhnen - das „Unternehmen" muss aus dem Stand auf Hochtouren kommen.

Auswahlkriterien für Projektleiter

Vor diesem Hintergrund mutet es merkwürdig an, dass bei der Auswahl des Projektleiters häufig ausschließlich Aspekte der fachlichen Eignung herangezogen werden. Über eine hohe fachliche Qualifikation zu verfügen, ist für die Projektarbeit natürlich von Vorteil, sie allein befähigt jedoch nicht zu dem, was ein professioneller Projektleiter leisten muss. Und ganz „ungefährlich" ist die Dominanz der Fachkompetenz auch nicht, verführt sie doch mehr oder weniger dazu, die inhaltliche Arbeit im Projekt zu sehr an sich zu ziehen und dadurch weniger die Mitarbeiterpotenziale zu nutzen. Negative Auswirkungen auf die Motivation der Teammitglieder kommen dann noch hinzu. Immerhin wird mittlerweile in zunehmendem Maße Wert auf eine ausreichende Projektmanagement-Kompetenz gelegt, was sicherlich im Zusammenhang mit der sich ausbreitenden Einführung von Projektmanagement-Systemen steht. Wenn der Projektleiter sich dann auch noch eher als Manager denn als Macher sieht, kann eine wachsende Professionalisierung der Projektarbeit erwartet werden.

Das bereits in Kapitel 2.3.1. gezeigte Anforderungsprofil für den Projektleiter zielt aber noch auf ein ganz anderes Kompetenzfeld - Sozialkompetenz, die sich vor allem in der Persönlichkeit des Projektleiters niederschlägt. Dort ist u.a. von Freude an der Verantwortung, Teamorientierung, Mitarbeiterführung, Verhandlungsgeschick, Selbstdisziplin und Autorität die Rede – Faktoren also, die nicht so ohne weiteres erlernt werden können, sondern sich eher in langfristigen, die ganze Persönlichkeit einschließenden Sozialisationsprozessen entwickeln müssen. Bei der Auswahl des Projektleiters sind somit drei Fragen zu beantworten:

Schlüsselkompetenzen des Projektleiters

Verfügt der Mitarbeiter über ausreichende Fachkenntnisse?

Lässt sein Know-how ein professionelles Projektmanagement erwarten?

Reicht seine Sozialkompetenz aus, um die schwierigen und anspruchsvollen Projektleitungsaufgaben erfolgreich zu bewältigen?

Die nachfolgende Grafik deutet die Gewichtung an, die der Entscheidung zugrunde liegen sollte.

Abb. 4.04: Kompetenzen

4.4 Zusammenstellung des Projektteams

Wie schon bei der Auswahl des Projektleiters sollte auch das Projektteam nicht nur unter einseitig fachlichen Gesichtspunkten zusammengesetzt werden. Natürlich muss zunächst sichergestellt werden, dass die für das Projekt erforderliche Fachkompetenz im Team zusammengeführt wird, darüber hinaus sollte aber auch die Teamfähigkeit der Mitarbeiter Berücksichtigung finden. Hohe fachliche Qualifikation allein garantiert noch längst kein zufriedenstellendes Projektergebnis. Erst wenn es gelingt, die individuellen Potenziale in gemeinsames Handeln zu bündeln, erschließen sich die Vorteile der Projektarbeit.

Teamfähigkeit erlernen

Teamfähigkeit muss erlernt werden. Leider kommt dieser Aspekt in den meisten Ausbildungsgängen zu kurz. Für die Unternehmen bedeutet das dann mehr oder weniger umfangreiche und zum Teil langwierige und kostspielige Lernprozesse, die parallel zum Tagesgeschäft ablaufen müssen. Teamfähigkeit drückt sich u.a. in Kooperationsbereitschaft, Offenheit, Fairness, Vertrauen, Zuverlässigkeit, Rücksichtnahme und Verantwortung für die gemeinsamen Ziele aus. Es ist also auch hier ein hohes Maß an sozialer Kompetenz gefragt. Die Kenntnis bewährter Gruppenarbeitsformen (z.B. die Moderationsmethode) sowie fundiertes projektmethodisches Wissen tragen zusätzlich zur Effektivität des Projektteams bei.

Mitgestaltung erleichtert Akzeptanz

Projektarbeit ermöglicht allein schon unter fachlichen Gesichtspunkten eine intensive Beteiligung der von den anstehenden Veränderungen betroffenen Bereiche. Dies kann aber auch für die Förderung einer breiten Akzeptanz genutzt werden. Die Mitgestaltung erleichtert den Zugang zu neuen Lösungen und ermöglicht die Berücksichtigung bereichsspezifischer Vorstellungen. Insbesondere bei schwierigen und vielleicht sogar „schmerzhaften" Vorhaben ist deshalb daran zu denken, Vertreter „kritischer" Bereiche oder „Meinungsbildner" bei der Teambildung zu berücksichtigen.

Produktivität durch konstruktive Zusammenarbeit

Projektarbeit bietet unter anderem den großen Vorteil, die Erfahrungen, das Know-how und die Kreativität von Mitarbeitern der verschiedenen (betroffenen) Unternehmensbereiche zusammenführen und nutzen zu können. Das führt in zahlreichen Projekten dazu, dass unterschiedliche Ebenen der Unternehmenshierarchie in der Projektgruppe vertreten sind. Um eine reibungslose und konstruktive Zusammenarbeit sicherzustellen, ist auf die Gleichbehandlung aller Projektmitarbeiter sorgfältig zu achten. Werden hierarchische Unterschiede betont, beeinträchtigt das mit großer Wahrscheinlichkeit die Produktivität der Gruppe und hemmt die Mitarbeiter.

Entscheidende Impulse müssen dabei von den in der Hierarchie höher platzierten Mitarbeitern ausgehen. Je nachdrücklicher und glaubwürdiger sie sich kooperativ verhalten, desto besser kann sich das gesamte, der Projektgruppe innewohnende Potenzial an Können, Erfahrungen und Ideen entfalten. Aber auch die übrigen Mitglieder des Projektteams können einen wesentlichen Beitrag für eine gute Zusammenarbeit leisten, indem sie sich von ihren „inneren Hierarchievorstellungen“ befreien (siehe auch Kap. 6.9.4 Umgang mit Macht und Hierarchie), den Umgang miteinander klären und mutig und selbstbewusst auftreten.

4.5 Widerstände

Projekte zielen immer auf Veränderungen. Das bedeutet für die betroffenen Mitarbeiter, dass sich für sie die vertraute Situation (Organisation, Prozesse, Aufgabenstellungen, Techniken, Personalstruktur u.a.m.) in irgendeiner Weise ändern wird. Zumindest anfänglich dominieren Instabilität und Verunsicherung. Veränderungsprozesse lösen daher zunächst meist mehr oder weniger spürbare Widerstände aus. Diese sollten ernstgenommen und von Beginn an in die Projektplanung und -durchführung einbezogen werden. Gegen den Willen der Mitarbeiter lassen sich Veränderungsprojekte letztlich kaum erfolgreich realisieren.

4 Grundsätze von Widerstand gegenüber Veränderungen

1. Es gibt keine Veränderung ohne Widerstand
   (Scheinbare Ruhe an der Basis ist trügerisch!)
2. Widerstände enthalten immer eine versteckte Botschaft!
   (z.B. „Frag mich“; „Informiere mich“; „Hilf mir“)
3. Nichtbeachtung von Widerständen führt zu Blockaden!
   (Ihre Überwindung ist meist aufwändig und mitunter unmöglich)
4. Mit dem Widerstand gehen, niemals gegen ihn!
   (Umgang mit Widerstand ist Bestandteil jeder Projektarbeit)

Für das Projektteam kommt es entscheidend darauf an, Widerstände und ihr Potenzial zu erkennen, deren Ursachen zu verstehen und konstruktiv mit den Vorbehalten der Betroffenen umzugehen. Widerstände können kurz- oder langfristig, bewusst oder unbewusst ablaufen, offen oder verdeckt geäußert werden, Einzelne oder Gruppen betreffen.

Dabei sind die eher aktiven Formen erfahrungsgemäß leichter zu handhaben, da sie sich eindeutiger ausdrücken und somit schneller bemerkt und aufgegriffen werden können.

Die nachfolgende Übersicht zeigt eine Auswahl möglicher Indikatoren.

	Verbal (reden)	**Nonverbal (Verhalten)**
Aktiv (Angriff)	■ Widerspruch (Ja-aber-Spiele) ■ Gegenargumentation ■ Vorwürfe (Sie haben doch…) ■ Drohungen (wenn, dann…) ■ Polemik ■ Gerüchte streuen ■ Persönliche Angriffe	■ Unruhe, Agitation ■ Intrigen, Mobbing ■ Informationen zurückhalten ■ Cliquenbildung ■ Sabotage ■ Körperliche Angriffe ■ Rechtstreit und Kündigung
Passiv (Flucht)	■ Schweigen ■ Bagatellisieren ■ Blödeln ■ Ins Lächerliche ziehen ■ Unwichtiges debattieren ■ Stammtischparolen ■ Entschuldigungen	■ Unaufmerksamkeit ■ Dienst nach Vorschrift ■ Übertriebener Formalismus ■ Fehler und Verzögerungen ■ Müdigkeit ■ Abwesenheit ■ (Sucht-) Erkrankungen ■ Resignation

Abb. 4.05: Ausdrucksformen von Widerstand

Sabotage, Erkrankungen oder Resignation zeigen besonders deutlich, welchen ungeheuren Druck Veränderungsprozesse auf die betroffenen Menschen ausüben können. Natürlich ist jede Form von Sabotage völlig inakzeptabel und kann selbstverständlich nicht hingenommen werden, dass es in solchem Zusammenhang aber immer wieder dazu kommt, weist auf die Brisanz hin und sollte auch als Appell an das Verantwortungsbewusstsein der Entscheider verstanden werden, so zumutbar und behutsam wie möglich vorzugehen. Das gilt ebenso für mögliche (psychosomatische) Erkrankungen, die vielleicht als fast schon dramatische Botschaft (Hilferuf) interpretiert werden müssen.

Widerstand bei Veränderungen ist zugleich Ausdruck eines erhöhten Energiepotenzials. Systemisch ausgedrückt wird Widerstand erzeugt, um ein stabiles System im Gleichgewicht zu halten. Aus Sicht des Unternehmens kollidieren also für erforderlich gehaltene Veränderungsprojekte mit einem an sich sehr sinnvollen Mechanismus (Stabilität ist für Verlässlichkeit, Vertrauen und gleichbleibende Qualität unverzichtbar). In diesem Spannungsfeld kommt es für die Verantwortlichen darauf an, die Ursachen möglicher Widerstände zu verstehen, um angemessen und verantwortungsvoll agieren und reagieren zu können. Mögliche Ursachen und ihre (Aus-)Wirkungen sind z.B.:

Ursachen von Widerständen

- Negative Erfahrungen (etwa zu späte oder unzureichende Information, keine Berücksichtigung der Erfahrungen oder Bedürfnisse, erlebte Verschlechterung der Arbeitsbedingungen), was sehr schnell Befürchtungen und Skepsis hervorrufen kann
- Verunsicherung (was kommt da auf mich zu, was wird aus mir?), die z.B. durch betontes Festhalten am Status Quo zurückgedrängt werden soll
- (Subjektiv) erlebte Geringschätzung (wieso fragt man mich nicht, wieso werde ich übergangen, sind meine Kenntnisse und Erfahrungen ohne Belang?), die Verständnis und Identifikation für die bzw. mit den Maßnahmen und Unternehmenszielen erschwert oder gar unmöglich macht
- Ängste (z.B. der befürchtete Verlust von Status, Einfluss, Macht, Anerkennungsmöglichkeiten, sozialen Bindungen, Vertrautheit, Sicherheit oder gar des Arbeitsplatzes insgesamt; die empfundene Bedrohung wichtiger Bedürfnisse; Angst zu versagen, den künftigen Anforderungen nicht mehr gewachsen zu sein mit allen Konsequenzen in einer Leistungsgesellschaft!), die besonnenes und rationales Verhalten verhindern und durch Widerstandshandlungen zurückgedrängt und vor allem auch „versteckt" werden sollen.

Informationspolitik und Ängste vor Veränderungen

Menschen entwickeln immer dann Angst, wenn sie Unsicherheit und Unklarheit ausgesetzt sind, Zusammenhänge und Hintergründe nicht verstehen und nachvollziehen und/oder die Auswirkungen von Ereignissen bzw. (Veränderungs-)Maßnahmen nicht überschauen können. Somit besteht ein unmittelbarer Zusammenhang zwischen der Informationspolitik des Unternehmens den Mitarbeitern gegenüber und der Entstehung von Angstpotenzialen! Für das Projektteam bedeutet das, den Kontakt mit den betroffenen Mitarbeitern so früh wie möglich zu suchen, umfassend zu informieren, um Vertrauen zu werben und eventuelle Bedenken, aber auch Anregungen und Erfahrungen soweit möglich aufzugreifen. Das geht aber nicht ohne die eindeutige Unterstützung des Managements (Auftraggeber, Unternehmensleitung). Die „Lösung" dieser Problematik liegt in einer konsequenten Partizipation, auf die im nächsten Abschnitt noch näher eingegangen wird.

Widerstand kann aber auch von den (designierten) Projektteammitgliedern kommen, und zwar um so mehr, je unklarer ihnen der Projektauftrag und/oder die Rahmenbedingungen ihres Projektengagements erscheinen. Es ist daher wichtig, für einen klaren Auftrag zu sorgen und mit den jeweiligen Linienvorgesetzten konkrete und verlässliche Absprachen bezüglich Zeitbedarf und Entlastung vom Tagesgeschäft zu treffen. Auch hierbei sollte sich der Projektleiter auf den Auftraggeber, die Geschäftsleitung und eventuelle Sponsoren stützen können.

4.6 Partizipation

Betroffene beteiligen

Partizipation zielt darauf, „Betroffene zu Beteiligten zu machen“. Dahinter steht die Erfahrung, dass Menschen sich leichter auf Veränderungen einlassen können, wenn sie in die Prozesse einbezogen werden. Die Beteiligung vermittelt das Gefühl, „wichtig“ zu sein und ernst genommen zu werden. Hier wird erlebbar, dass das Unternehmen Wert auf die Meinung und Erfahrung des Einzelnen legt und sich um seine Sorgen, Bedenken und Erwartungen kümmert. Darin liegt auch eine Form der Anerkennung und Wertschätzung, die bekanntlich für die Motivation der Mitarbeiter besonders wichtig ist. Hinzu kommt noch ein ökonomischer Aspekt. Lösungen werden durch die Beteiligung der Betroffenen, die über ein riesiges Erfahrungspotenzial verfügen und „ihren Bereich“ sehr genau kennen, praxisnäher und damit funktionsfähiger. Partizipation kann außerdem als fester und wesentlicher Bestandteil des Projektmarketings betrachtet werden, das ja Akzeptanz und Adaption der Veränderungsmaßnahmen unterstützen will und muss (siehe Kap. 4.7).

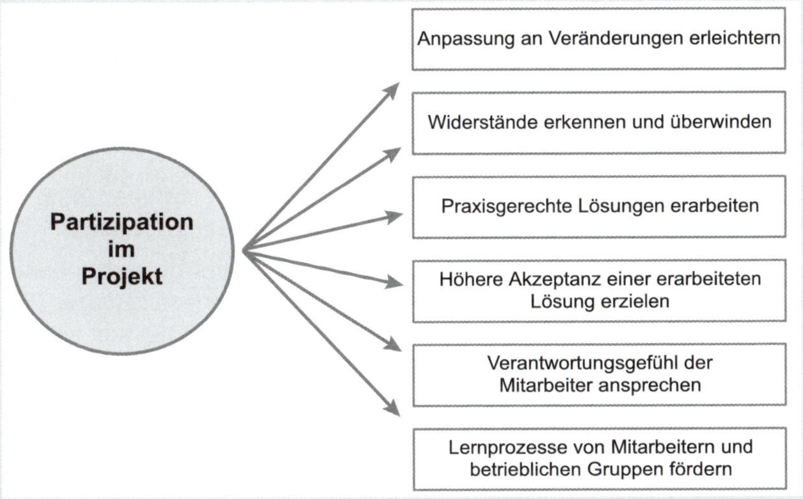

Abb. 4.06: Wesentliche Ziele der Partizipation

Um wirklich glaubwürdig und effektiv zu sein, ist Partizipation allerdings auf einige Voraussetzungen angewiesen:

Voraussetzungen für Partizipation

- Eine kooperative Unternehmenskultur
  Die Bereitschaft, Mitarbeiter zu beteiligen, darf sich nicht auf entsprechende Erklärungen beschränken. Sie muss vielmehr durch ein Klima der Zusammenarbeit gedeckt sein („Miteinander, nicht Gegeneinander“)
- Der Wille zur Mitsprache
  Die Bereitschaft sich zu beteiligen, wird dann nicht besonders ausgeprägt sein, wenn in der Vergangenheit negative Erfahrungen („Scheinpartizipation“) gemacht wurden oder das Engagement als unzumutbare zusätzliche Belastung eingeschätzt wird. Werbung um Vertrauen, Konsequenz in der Durchführung, das Aufzeigen der Mitgestaltungschancen und eine realistische Planung der Belastungen können hier Abhilfe schaffen
- Die Delegation von Kompetenz und Verantwortung
  Partizipation ist mehr als schlichte Arbeitsteilung. Die Mitarbeiter brauchen einen klar definierten Handlungsspielraum, um motiviert ihre Potenziale einbringen zu können
- Projektfähige Mitarbeiter
  Der Wille zur Mitarbeit allein genügt nicht. Die betroffenen Mitarbeiter benötigen Grundkenntnisse der wichtigsten Gruppenarbeitstechniken und ein Mindestmaß an Teamfähigkeit
- Klare Perspektiven
  Insbesondere bei großen Projekten mit längeren Laufzeiten ist die Bereitschaft zur Mitarbeit (z.B. im Projektteam) nicht zuletzt davon abhängig, dass erkennbar ist, wie sich dieses Engagement auf die weitere persönliche Entwicklung auswirken kann. Befürchten Mitarbeiter einen „Karriereknick“ (die Kollegen in der Linie ziehen vielleicht zwischenzeitlich an ihnen vorbei), werden sie sich kaum mit ganzer Kraft auf die Projektarbeit einlassen. Auch hier müssen klare Verhältnisse geschaffen werden (z.B. Projektarbeit als zweiter Weg zur beruflichen Entwicklung).

Verschiedene Formen der Partizipation, die sich in ihrer Intensität unterscheiden, sind möglich:

Formen der Partizipation

Information der Mitarbeiter
Nach Möglichkeit sollte noch vor dem Start des Projektes eine allgemeine Information (je nach Brisanz und Tragweite des Vorhabens per Rundschreiben, Mail, Aushang oder in einer Versammlung), in der Ausgangslage/Anlass und (grobe) Zielsetzung beschrieben werden, an alle Mitarbeiter gehen. Dies verhindert am besten die Entstehung von Gerüchten, die – sind sie erst einmal in Umlauf – die Projektarbeit erheblich erschweren und nur noch sehr mühsam (und bisweilen gar nicht) ausgeräumt werden können. Weitere Informationen müssen folgen, um für ausreichend Transparenz zu sorgen und den Betroffenen schon frühzeitig und damit ohne Zeitdruck an die Veränderungen heranzuführen. Das kann zu bestimmten Meilensteinen oder am Ende der jeweiligen Projektphasen geschehen. Darüber hinaus ist an eine „permanente“ Berichterstattung (Projektmarketing!) z.B. in der Hauszeitschrift zu denken.
Berücksichtigung der Meinungen der Mitarbeiter
Hier handelt es sich um eine deutlich intensivere Form der Partizipation. Die Mitarbeiter bekommen Gelegenheit, ihre Meinung zum Projekt allgemein, zu sich abzeichnenden Lösungswegen, vielleicht auch zu Detailfragen zu äußern. Damit kann der Mitarbeiter mehr oder weniger Einfluss auf die Ergebnisse der Projektarbeit nehmen. Lassen die Vorgaben und Bedingungen gar keine Einflussnahme der betroffenen Mitarbeiter zu, sollte das eindeutig kommuniziert werden, da sonst der Eindruck einer „Scheinpartizipation“ entsteht. Die Betroffenen würden sich reingelegt fühlen, das Vertrauensverhältnis wäre nachhaltig beschädigt. Wege zur Meinungsbildung sind z.B. Interviews, Mitarbeiter-Befragungen oder Workshops.
Mitarbeit
Diese Form der Mitarbeiterbeteiligung ist charakteristisch für Projektarbeit, weil das Projektteam ja in aller Regel aus Mitarbeitern der betroffenen Bereiche zusammengesetzt wird. Wenn diese Mitarbeiter auch noch das Vertrauen ihrer Kollegen haben, können auch deren Vorstellungen und Ideen, aber auch eventuelle Bedenken einfließen. Das wird die Akzeptanz fördern und damit die Umsetzung der Projektergebnisse wesentlich erleichtern.
(Mit-)Entscheid
Noch intensiver und nachhaltiger gestaltet sich Partizipation, wenn die Betroffenen in Entscheidungsprozesse einbezogen werden. Das kann in Teilbereichen – z.B. bei der Auswahl von Lösungsalternativen oder bei Vorgehensfragen in Einzelfällen – durchaus möglich sein. Es liegt auf der Hand, dass Lösungen, die mitentschieden wurden, von Mitarbeitern eher und lieber mitgetragen werden.

Rechtzeitige Information als Minimum!

Zusammenfassend lässt sich feststellen, dass mit steigender Intensität der Mitarbeiterbeteiligung die Chancen für eine erfolgreiche Realisierung von Veränderungsprozessen größer werden. Nicht immer wird das wünschenswerte Ausmaß der Beteiligung machbar sein (z.B. aus Zeitgründen oder aufgrund spezifischer Rahmenbedingungen), in jedem Fall sollte aber für eine ausreichende und vor allem rechtzeitige Information der betroffenen Mitarbeiter gesorgt werden, wobei nicht nur die positiven Auswirkungen zu kommunizieren sind. Mitarbeiter müssen wissen, was auf sie zukommt. Beschönigungen beschädigen nur die Vertrauensbasis.

Eine weitere Entscheidung betrifft die Auswahl: Soll es eine persönliche Mitwirkung aller Betroffenen geben oder ist auf Repräsentanten zurückzugreifen? Abhängig ist das in erster Linie von der Anzahl der Betroffenen. Zur aktiven Mitarbeit - z.B. im Projektteam - können im Allgemeinen nur einzelne Vertreter der betroffenen Bereiche herangezogen werden. Eine repräsentative Mitwirkung funktioniert immer dann recht gut, wenn die vom Management oder -besser- von den Betroffenen ausgewählten Mitarbeiter das Vertrauen und die Akzeptanz ihres Bereiches besitzen.

Schließlich ist noch zu klären, zu welchen Zeitpunkten die Partizipation erfolgen soll. Nicht in allen Phasen eines Projektes ist sie möglich oder sinnvoll. Denkbar ist z.B. folgender Weg:

Zeitpunkte der Partizipation

Vor dem Projektstart	Berufung der Teammitglieder + Information über Anlass, Ausgangslage und Ziele an alle Mitarbeiter
Am Ende der Vorstudie	Präsentation der Lösungsvarianten inkl. Meinungsbildung - Bekanntgabe der Entscheidung
Hauptstudie/ Teilstudien	Informationen zu ausgewählten Meilensteinen
Vor der Einführung	Ausführliche Information an alle Mitarbeiter, z.B. in einer Versammlung + Einleitung eventueller Qualifikationsmaßnahmen - Begleitung in den ersten Monaten der neuen Situation (z.B. durch Prozessbegleiter)

Dem Projektteam stehen verschiedene Werkzeuge zur Verfügung, um die betroffenen Mitarbeiter angemessen zu beteiligen. So kann mit Hilfe einer „Betroffenheitsanalyse“, die am besten zu Projektbeginn gemeinsam erarbeitet wird, sehr genau ermittelt werden, welche Mitarbeiter bzw. Mitarbeitergruppen wie stark und mit welcher Wirkung von den anstehenden Veränderungen berührt sein werden.

Betroffenheitsanalyse					
Mitarbeiter (Organisationseinheit)					
Projekt beeinflusst vermutlich:	Grad der Betroffenheit			Art der Betroffenheit	
	nicht	wenig	stark	positiv	negativ
Aufgabenverteilung					
Arbeitsablauf					
Arbeitsplatzgestaltung					
Informationsstand					
Verantwortung					
Handlungsspielraum					
Fremdkontrolle					
Arbeitsbelastung					
Qualität der geleisteten Arbeit					
Persönliches Ansehen					
Einfluss					
Führungsrolle					
Karrieremöglichkeiten					
Einkommen					
Selbstverwirklichung					
Soziale Beziehungen					
Anerkennungschancen					
.....					

Abb. 4.07: Betroffenheitsanalyse

Die hier erfassten Kriterien sind nur beispielhaft, sie sollten für jedes Projekt jeweils neu zusammengestellt werden.

Um die für realistische Einschätzung erforderlichen Informationen zu bekommen, bieten sich mehrere Möglichkeiten an:

+ +	**Persönliche Gespräche**
+ +	**Workshops** Mit den verschiedenen Gruppen wird über mögliche Auswirkungen diskutiert
+ -	**Rollentausch** Man versetzt sich in die Lage des Betroffenen: „Ich bin der Betroffene und ich denke..."

+ + = direkter Kontakt zwischen Projektleiter/Projektteam und möglichen Betroffenen
+ - = kein direkter Kontakt

In einem zweiten Schritt ist dann mit einer „Beteiligungsanalyse" zu klären, welche Mitarbeitergruppen wie und in welchen Phasen in die Projektarbeit einbezogen werden sollen bzw. können. Als vorteilhaft erweist es sich, wenn Vertreter der Betroffenen an dieser Analyse mitwirken.

Beteiligungswünsche

Beteiligungsanalyse				
Mitarbeiter (Organisationseinheit)				
Projektphasen Art der Mitwirkung	Vorstudie	Hauptstudie	Teilstudien	usw.
1. Keine Beteiligung				
2. Informationen geben				
3. Meinungen berücksichtigen				
4. Mitarbeit				
5. (Mit-)Entscheidung				

P = persönliche Mitwirkung; R = repräsentative Mitwirkung

Abb. 4.08: Beteiligungsanalyse

Die Wahl der „richtigen" Form der Partizipation ergibt sich letztlich aus einer Gegenüberstellung von Beteiligungserfordernissen und Bedürfnissen.

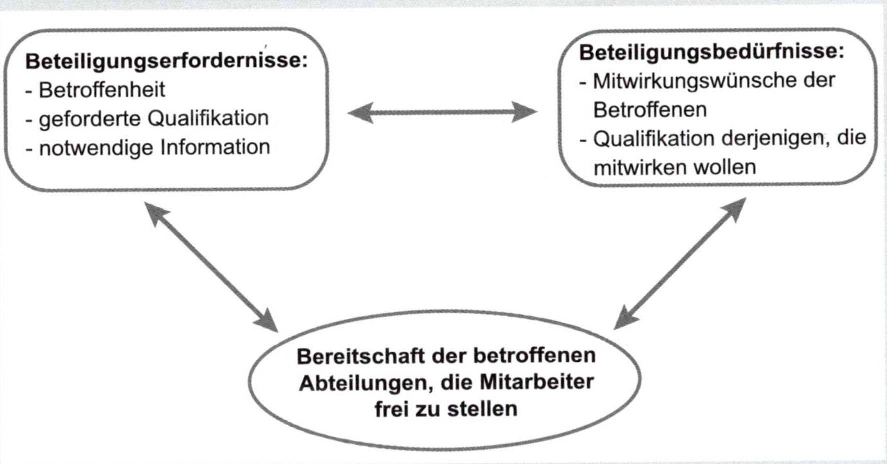

Abb. 4.09: Beteiligungserfordernisse und Bedürfnisse

Es kann natürlich sein, dass manche Mitarbeiter kein Interesse an der Mitwirkung bei Veränderungsprozessen haben, obwohl sie stark betroffen sind. Sie trotzdem zu einer Beteiligung zu zwingen, ist in der Regel für beide Seiten frustrierend und führt nicht zum Erfolg. Sinnvollerweise sollte die Fachbereichsführung nach den Ursachen des Desinteresses forschen.

Mitunter sind aber auch betroffene Abteilungen nicht bereit, wichtige Mitarbeiter für die Projektarbeit freizustellen – z.B. aufgrund mangelnden Interesses oder fehlender Ressourcen. Hier muss der Projektverantwortliche

Aufgaben des Projektverantwortlichen

- durch klare Darstellung der Ziele und mögliche Auswirkungen des geplanten Projektes auf die Abteilung aufzeigen, wie stark der Bereich vom Projekt betroffen ist.
- durch Information darüber, in welcher Form die betroffenen Mitarbeiter/Abteilungen einbezogen werden und sich beteiligen können, Interesse an der Mitarbeit wecken.
- mögliche Konsequenzen aufzeigen, die sich dadurch ergeben können, dass die Abteilung nicht mitarbeitet (z.B. einseitige Lösungen, die aus Unkenntnis nicht die Interessen und Bedürfnisse der Abteilung berücksichtigen).

Personalvertretung im Projekt

Sind fehlende Ressourcen die Ursache für mangelnde Beteiligung, müssen möglichst tragfähige Kompromisse gefunden werden, die eine angemessene Partizipation gewährleisten.

Noch ein Wort zur Beteiligung der Personalvertretungen: Abgesehen von den zahlreichen gesetzlichen Bestimmungen, die die Einbeziehung der Personal- oder Betriebsräte im Detail regeln, empfiehlt sich generell eine frühzeitige und umfassende Information über alle wichtigen Aspekte der Projektarbeit. Zurückhaltung oder Unvollständigkeit würden vermutlich sehr schnell Vorbehalte entstehen lassen, die ein Projekt und insbesondere seine Realisierung behindern oder zumindest erschweren können. Eine direkte Beteiligung – etwa in Form einer Mitarbeit im Projektteam – verbietet sich jedoch in aller Regel, da dies mit der wichtigen Kontrollfunktion der Personalvertretung kollidiert. Beteiligung bedeutet hier also in erster Linie Information sowie die Möglichkeit der Personalvertretung, zu den Projekten Stellung zu nehmen und die Interessen der Mitarbeiter zur Geltung zu bringen.

4.7 Projektmarketing

Projektmarketing als Kernaufgabe des Projektleiters

Eine Schlüsselrolle für den Projekterfolg spielt das Projektmarketing. Dabei geht es darum, Idee, Anlass, Ziele, Lösungswege und Nutzen dem Projektumfeld aktiv darzustellen. Erfahrungsgemäß hängt der Erfolg eines Projektes nicht selten fast mehr vom Marketing als von der Qualität der Ergebnisse ab. Gute Arbeit mit hervorragenden Resultaten allein ist noch kein Garant dafür, dass die Lösungen tatsächlich auch gewünscht bzw. akzeptiert werden. Projektarbeit beinhaltet somit auch umfangreiche „verkäuferische" Aktivitäten, die frühzeitig geplant werden müssen, um über die erforderlichen Ressourcen verfügen zu können. Projektmarketing stellt eine Kernaufgabe des Projektleiters dar, der immer auch ein guter Verkäufer sein muss. Das ist bei schwierigen und heiklen Projekten sogar noch wichtiger als die inhaltlich/fachliche Qualifikation, die über entsprechende Experten aus den Fachbereichen in das Projekt eingebracht werden kann.

> „Projektmarketing zielt auf das „aktive Verkaufen" eines Vorhabens von der Projektidee bis zur Realisierung und Einführung.

Zwei Aspekte stehen dabei im Vordergrund:

1. Die Schaffung einer Projektidentität, um die Wahrnehmung und die Akzeptanz eines Projektes innerhalb des Unternehmens zu fördern
2. Medien- und Öffentlichkeitsarbeit, die je nach Projektinhalten innerhalb des Unternehmens und/oder in Richtung Unterneh-

mensumwelt für eine positive Transparenz sorgen muss und damit den Boden für eine erfolgreiche Umsetzung bereitet.

Chancen für die Bewilligung erhöhen

Bereits im Vorfeld der Präsentation der Projektidee ist ein umfassendes Marketing unverzichtbar, um sowohl die Chancen für die Antragsbewilligung zu erhöhen, als auch den Grundstein für eine ausreichende Unterstützung aller relevanten Interessengruppen (Stakeholder) zu legen. Wenn auch oftmals ein objektiver Bedarf vorliegt (z.B. kann eine Leistung einfacher und/oder kostengünstiger erbracht bzw. ein Prozess effektiver und kundenorientierter gestaltet werden), so ist dieser Sachverhalt nicht immer den Entscheidern oder den betroffenen Bereichen bewusst. Es muss also nicht nur der Bedarf ermittelt, sondern auch bei den Betroffenen das entsprechende Bedürfnis geweckt werden. Die „klassischen" Elemente des Projektmarketings (siehe nachstehende Übersicht) zielen somit auch darauf ab, den Willen zur Projektdurchführung zu fördern.

Bedarfs-ermittlung	Es muss herausgefunden werden, was aus der Sicht ▪ des Unternehmens ▪ der betroffenen Abteilungen ▪ der betroffenen Mitarbeiter ▪ sonstiger Stellen „objektiv" benötigt wird
Bedürfnis-weckung	Soweit dieser Bedarf bei allen oder einzelnen Beteiligten noch nicht erkannt ist, muss ihnen der Nutzen bewusst gemacht werden, so dass auch sie den Wunsch (Bedürfnis) nach einer Lösung haben. Hier sind ganzheitlich sowohl die betroffenen Mitarbeiter als auch die Hierarchie und insbesondere mögliche Sponsoren einzubeziehen.
Bedürfnis-befriedigung	Im Projekt muss dann versucht werden, so weit wie möglich die geweckten Bedürfnisse zu befriedigen. Dabei kann es selbstverständlich nicht immer allen recht gemacht werden. Eventuelle Ziel- (Bedürfnis-)konflikte sind zu ermitteln, in ihren Wirkungen abzuwägen und bei der Lösungsgestaltung zu berücksichtigen.
Bedürfnis-gerecht informieren und argumentieren	Während der gesamten Laufzeit eines Projektes und insbesondere in der Einführungsphase ist darauf zu achten, dass allen Bedürfnisträgern adressatengerecht bewusst gemacht wird, was sie aus dem Projekt zu erwarten haben – welche ihrer Bedürfnisse befriedigt werden – aber auch was und weshalb etwas nicht erreicht werden kann.

Abb. 4.10: Elemente des Projektmarketings

Wer immer ein Projekt beantragt, braucht die eindeutige und spürbare Unterstützung

Unterstützung im Projekt

- der Unternehmensleitung

  Die Gewinnung eines Sponsors, der mit dem Gewicht seiner Position und seines Ansehens hinter der Projektidee steht und offensiv für ihre Realisierung eintritt, erweist sich meist als äußerst hilfreich.

- des Middle-Managements

  Die Führungskräfte der betroffenen Mitarbeiter bzw. die Leiter der betroffenen Bereiche müssen als Fürsprecher gewonnen werden – schließlich stellen sie die Ressourcen zur Verfügung.

- der betroffenen Mitarbeiter

  Durch klare Information und das Aufzeigen des Nutzens für das Unternehmen sowie die Mitarbeiter selbst, kann der notwendige Änderungswunsch entwickelt werden. Gegen den Widerstand der Betroffenen lässt sich kein Projekt erfolgreich durchführen (siehe auch Kap. 4.5).

Jede sich bietende Gelegenheit sollte genutzt werden, um z.B. in Einzelgesprächen mit den Führungskräften und Bereichsleitern, in Strategie-Sitzungen, Qualitätszirkeln und sonstigen KVP-Aktivitäten (Kontinuierlicher Verbesserungsprozess), sowie in Workshops oder Informationsveranstaltungen mit betroffenen Mitarbeitern für die Projektidee zu werben, Bedenken zu erkennen und offensiv anzusprechen sowie Bedürfnisse und Anregungen aufzunehmen. Die hierbei gewonnenen Erkenntnisse und Informationen können dann von Anfang an in die Planung einfließen.

Sofern weitere Interessengruppen (Stakeholder) – z.B. Kunden, Eigentümer, Partner, Anteilseigner u.a. – erkennbar betroffen sind, sind auch diese in die Marketingaktivitäten einzubeziehen.

Die nachfolgende Liste zeigt eine Auswahl möglicher Marketingmaßnahmen:

Marketingmaßnahmen

- Herausgabe einer eigenen Projektzeitschrift
- Pflegen einer eigenen Projekthomepage im Intranet
- Frage und Antwort im Chat zum Projekt
- Gestaltung einer eigenen Seite oder Ecke in der Hauszeitschrift
- Artikel in hausinternen Newslettern
- Ein einprägsamer und selbstsprechender Projektslogan
- Ein positiv besetzter und anschaulicher Projektname
- Ein eigenes Projektlogo
- Offene und zentral gelegene Projekträume

- „Kundenorientierung“
- Informationsmarkt
- Einmalige, aufsehenerregende Aktionen
- Informationen am schwarzen Brett über Projektmitarbeiter
- Workshops zur Meinungsbildung
- Informationspräsentationen, Diskussionsveranstaltungen
- Rundbriefe.

4.8 Kick-off-Meeting

Nachdem das Bewilligungsgremium den Projektantrag genehmigt hat, erfolgt nun der offizielle „Startschuss“. Allen Beteiligten muss klar sein, dass es jetzt wirklich losgeht. Das bedeutet konkret: Alle erforderlichen Ressourcen sind bereit zu stellen.

Teilnehmer am Kick-off-Meeting sollten sein:

Teilnehmer am Kick-off-Meeting

- Die Auftraggeber/Entscheider
- Vorstand/Geschäftsleitung (falls nicht selbst Auftraggeber/Entscheider)
- Der designierte Projektleiter (und sein Team)
- Die leitenden Mitarbeiter aus den betroffenen Einheiten
- Eventuelle Sponsoren/Promotoren.

Folgende Ziele/Themen stehen im Vordergrund:

Ziele des Kick-off-Meetings

- Projektauftrag mit allen Beteiligten klären und abstimmen
- Rahmenbedingungen des Projektes klären
- Projektleiter mit der endgültigen Formulierung des Projektauftrages beauftragen (inkl. Termin zur Entscheidungsvorlage)
- Projektteammitglieder auswählen (inkl. Ressourcenzusage der betroffenen Bereichsleiter)
- Die Bedeutung des Projektes für das Unternehmen bewusst machen
- Eine breite Unterstützung durch Vorstand/Geschäftsleitung, Auftraggeber/Entscheider und die Leiter der betroffenen Bereiche sicherstellen
- „Motivationsschub“.

Rollenverteilung beim Kick-off-Meeting

Auftraggeber/Entscheider bzw. Geschäftsleitung spielen hierbei eine besonders wichtige Rolle, denn vielfach entscheidet sich bereits zu diesem Zeitpunkt, ob das Projekt überhaupt Aussicht auf Erfolg hat. In ihrer Vorbereitung auf das Kick-off-Meeting sollten sie sich über die Projektziele klar werden und den für das Projekt notwendigen Handlungsspielraum abstecken.

Für die Leiter der betroffenen Bereiche besteht bereits bei dieser Sitzung die Möglichkeit, aktiv an der Gestaltung des Vorhabens mitzuwirken und ihre Interessen, Vorstellungen und eventuellen Bedenken einzubringen. Schließlich haben sie die erforderlichen personellen Kapazitäten bereitzustellen. Ihre Zustimmung stellt eine feste Zusage dar, auf die sich insbesondere der Projektleiter und sein Team verlassen können müssen. Auch weitere Formen der Beteiligung sowie die Informationswünsche sind abzuklären.

Hauptaufgabe des Projektleiters in diesem Meeting ist es, eindeutige und klare Aussagen bzw. Zusagen der Auftraggeber/Entscheider sowie der Leiter der betroffenen Bereiche zu erlangen. Zu klären sind u.a. die Projektorganisation, Termine, Budget und Ressourcen. Dies mag nicht immer ganz leicht sein und ein gewisses Maß an „Hartnäckigkeit" und Durchsetzungsvermögen erfordern. Der Projektleiter muss sich aber bewusst sein, dass er letztlich allein am Erfolg des Projektes gemessen wird. Ohne ausreichende Unterstützung aller Beteiligten ist der kaum zu erreichen.

4.9 Erste Projektsitzung

Typisch für den Projektbeginn ist die mehr oder weniger bei allen Beteiligten vorhandene Unsicherheit. Hinzu kommen unterschiedliche Interessen, Erwartungen und Befürchtungen. Solange diese Punkte nicht geklärt sind, ist eine effiziente Zusammenarbeit nicht zu erwarten. Die Projektteammitglieder müssen möglichst schnell miteinander in Kontakt kommen, ihre zum Teil vielleicht sehr unterschiedlichen Vorstellungen kennenlernen und angleichen und sich vor allem hinsichtlich der Projektziele verständigen. Der Projektleiter hat mit der ersten Projektsitzung ein Instrument, das ihm hilft, den notwendigen Teamfindungsprozess einzuleiten sowie seine Fähigkeit und seinen Willen zur Führung zu verdeutlichen. Gleichzeitig können in der ersten Sitzung die Beziehungen zwischen Projektmitarbeitern und dem Leiter geklärt sowie die Voraussetzungen zur Kooperation geschaffen werden. Abbildung 4.11 zeigt die wichtigsten Klärungspunkte und gibt Hinweise für die Vorbereitung, Durchführung und Steuerung dieser entscheidenden Sitzung.

Checkliste

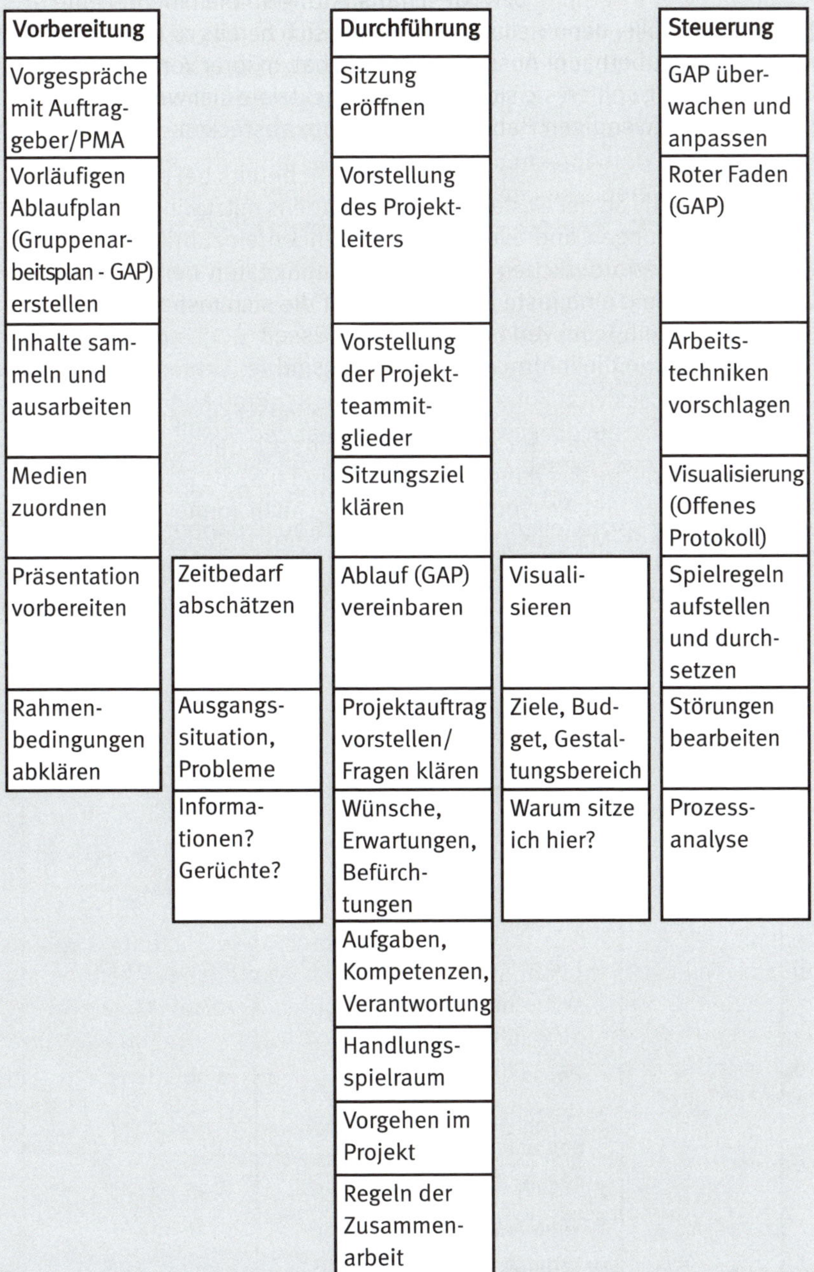

Abb. 4.11: Aufbau der ersten Projektsitzung

Schon mit der Eröffnung dieser Sitzung werden Weichen für die künftige Zusammenarbeit gestellt. Eine wirklich freundliche Begrüßung, die den Teilnehmern das Gefühl vermittelt, willkommen und wichtig zu sein („Ich freue mich, dass Sie heute hier sein können ...“) und eine durchaus persönliche Vorstellung des Projektleiters helfen bereits, den „Bann“ der Unsicherheit und des Abwartens zu durchbrechen. Wird die Bedeutung des Projektes bewusst gemacht und werden die Chancen und Gestaltungsmöglichkeiten des Projektteams aufgezeigt, trägt das ebenfalls zu einer positiven Einstimmung bei.

Eine ausführliche Vorstellungsrunde der Teammitglieder, die offen oder auch strukturiert ablaufen kann (z.B. „Wer bin ich? Wo komme ich her? Was will ich hier? Wie stelle ich mir die Zusammenarbeit vor? ...“), „erzwingt“ schon zu einem frühen Zeitpunkt die aktive Beteiligung der Teilnehmer und wirkt so der anfänglichen Passivität entgegen. Dabei gibt der Projektleiter mit seiner Vorstellung Hinweise auf die gewünschte Intensität und Ausführlichkeit. Anschließend müssen die Sitzungsziele geklärt und die daraus resultierenden Teilschritte (TOPs) vereinbart werden. Es reicht nicht, den vorbereiteten Gruppenarbeitsplan nur vorzustellen, um dann danach zu verfahren. Erst wenn sichergestellt ist, dass alle Beteiligten sowohl die Ziele als auch die einzelnen Arbeitsschritte einheitlich verstehen und akzeptieren, ist eine effektive Sitzung zu erwarten. Der gut sichtbar aufgehängte Gruppenarbeitsplan dient dann als Wegweiser und Kontrollinstrument.

Gruppenarbeitsplan als Wegweiser und Kontrollinstrument

Ziele(e):	In Kontakt kommen, Projektauftrag und Zusammenarbeit klären	
Teilschritte:		von - bis
	1. Eröffnung	09.00 – 09.15
	2. Vorstellung Projektleiter und Projektmitarbeiter	09.15 – 09.45
	3. Klärung des Projektauftrages	09.45 – 10.30
	4. Wünsche, Erwartungen, Befürchtungen	10.30 – 11.00
	5. Pause	11.00 – 11.15
	6. Aufgaben, Befugnisse, Kompetenzen	11.15 – 11.45
	7. Regeln der Zusammenarbeit	11.45 – 12.15
	8. Weiteres Vorgehen	12.15 – 12.30
	9. Termine	12.30 – 12.45
	10. Prozessanalyse	12.45 – 13.00
Reserve:	**20’**	**Reserve:**

Abb. 4.12: Beispiel für einen Gruppenarbeitsplan

Für die Zusammenarbeit ist es wichtig, möglichst früh Wünsche und Erwartungen, aber auch eventuelle Befürchtungen zu artikulieren. Manches kann der Projektleiter sofort klären bzw. ausräumen oder korrigieren, anderes muss erst noch recherchiert, auf jeden Fall aber im Auge behalten werden. Solche Punkte sind unbedingt in einem (offenen) Protokoll festzuhalten. Die Teammitglieder müssen erleben können, dass ihre Gedanken und Anliegen ernst genommen und beachtet werden.

Absprachen, Aufgaben, Termine und Regelungen sind ebenfalls zu visualisieren. Um die Verteilung von Aufgaben klar und verbindlich zu gestalten, empfiehlt sich die Dokumentation in einem „Aktionsplan", der z.B. auf einer Pinnwand vorbereitet ist.

Nr.	Aufgabe	Wer	Bis wann

Abb. 4.13: Aktionsplan

Regeln der Zusammenarbeit werden am besten auf einem Flipchartbogen notiert, der in jeder Sitzung, gut sichtbar platziert, als Orientierungshilfe für den Umgang miteinander dienen kann. Bei der Zusammenstellung solcher „Spielregeln" sollten zunächst die Teammitglieder ihre Vorstellungen äußern können. Die Sammlung kann im Verlauf der Projektarbeit bei konkreten Anlässen (z.B. sich wiederholende Unpünktlichkeit) erweitert werden. Hier drückt sich auch ein Grundsatz der Teamarbeit aus, der für die erfolgreiche Bearbeitung von Projekten besonders wichtig ist: Die Teammitglieder verfügen über individuelle Potenziale an Erfahrungen, Kreativität und Ideenreichtum. Und diese Potenziale gilt es zu erschließen und zusammenzuführen. Das gelingt aber nur, wenn der Projektleiter das zulässt, seinen Teammitgliedern etwas zutraut und sich selbst mehr als Lenker (Moderator) des Teamarbeitsprozesses versteht.

Regeln der Zusammenarbeit entwickeln

Die erste Sitzung sollte auch der Klarstellung der Rechte und Pflichten eines Projektleiters, seiner Befugnisse und Kompetenzen dienen.

4.9.1 Teamentwicklungsprozess

Wann immer Menschen zusammenkommen, um miteinander etwas zu tun, begeben sie sich in einen dynamisch ablaufenden Prozess, der in mehreren

Phasen abläuft. Die Kenntnis der typischen Entwicklungsprozesse erleichtert dem Projektleiter die Arbeit, weil er so die einzelnen Phasen bewusst gestalten und damit die Teambildung fördern kann.

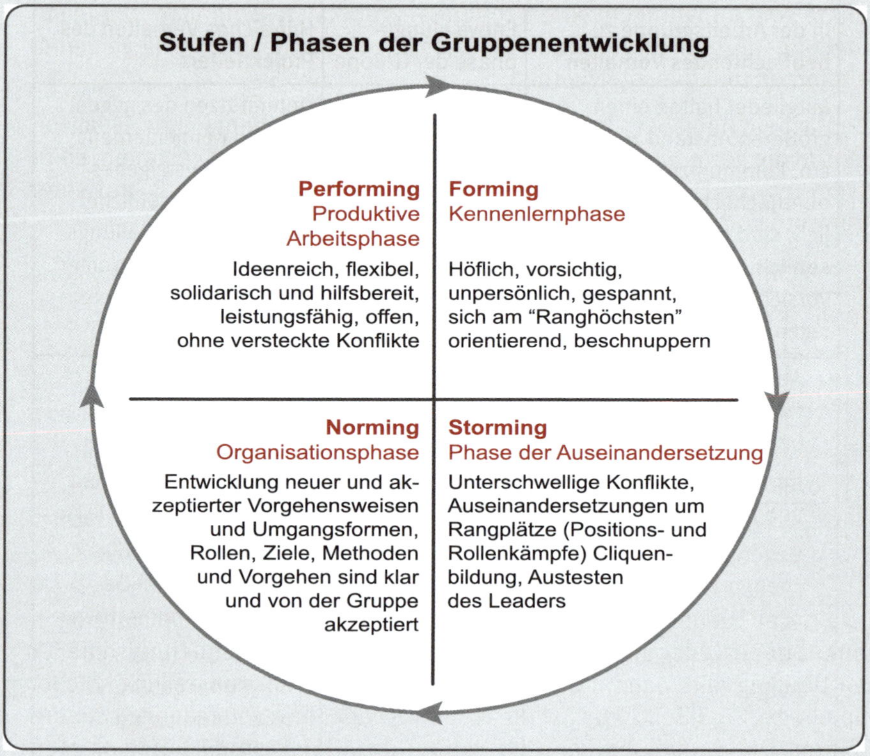

Abb. 4.14: Phasen der Gruppenentwicklung

Dieser Phasenverlauf darf nicht als kontinuierlicher Entwicklungsprozess gesehen werden. Selbst wenn den hier unterschiedenen Phasen jeweils genügend Raum gegeben wird, muss in jedem Augenblick mit „Rückschlägen" gerechnet werden. So kann sich in der Arbeitsphase trotz der vorherigen Bemühungen ein Defizit an Zielklarheit herausstellen. Das Team muss dann zurück ins „storming" und die Ziele (Sitzungsziele oder Projektziele) erneut so lange diskutieren, bis Einvernehmen hergestellt werden kann. Denkbar ist auch, dass sich in der Hektik des Geschehens (z.B. durch Termindruck oder ungenügende Ressourcen ausgelöst) der Umgangston nachhaltig verschärft, was vielleicht ein paar zusätzliche Regeln für den Umgang miteinander erforderlich macht.

Störungen haben Vorrang

Die Kenntnis dieses Entwicklungsgeschehens bietet dem Projektleiter sowohl Ansätze für die Gestaltung der Zusammenkünfte als auch wichtige Hinweise für die Steuerung des Arbeitsprozesses. Entscheidend ist, dass er Störungen im Team wahrnimmt und gemeinsam bearbeitet.

Die nachfolgende Übersicht zeigt Ansätze zur effektiven Teamsteuerung

Förderung der Teamentwicklung durch den Projektleiter		
In der Arbeitsgruppe zu beobachtendes Verhalten	**Entwicklungs-phase der Gruppe**	**Hilfreiches Verhalten des Projektleiters**
Mitglieder halten einen größeren Abstand zueinander ein, kommunizieren nur oberflächlich und unverbindlich, sind höflich aber unpersönlich, verhalten sich sehr vorsichtig, weichen aus, legen sich nicht fest.	**Forming**	Unterstützen des gegenseitigen Kennenlernens durch offenes eigenes Verhalten, persönliche Begrüßung, Vorstellungsrunde, Anrede mit Namen, Blickkontakt, motivierender Einstieg.
■ Abklopfen des Moderators nach „Referenzen“ und „Schmerzgrenzen“ ■ Infrage stellen der Ziele und des Vorgehens ■ Gegenseitiges Unterbrechen, mangelhaftes Gesprächsverhalten ■ Übergehen/Ignorieren von Mitgliedern ■ Fortwährende Meinungsverschiedenheiten ■ Fehlende Bereitschaft zu Kompromissen ■ Profilierungsversuche	**Storming**	■ Sitzungsziel und Ablauf vereinbaren ■ Gelassen reagieren, Erfahrungen mitteilen ■ Konsequent, aber nicht pedantisch auf die Einhaltung von Gesprächsregeln achten ■ Durch Gleichbehandlung oder ausdrückliche Hinweise auf Gleichrangigkeit der Mitglieder hinweisen ■ Trennende und verbindende Standpunkte klar herausarbeiten ■ Durch Feedback die Situation an die Gruppe rückspiegeln, Konsequenzen der Situation deutlich machen ■ Rollen klären ■ Gemeinsam mit der Gruppe die Ursache der Situation erarbeiten =› Prozessanalyse

Abb. 4.15: Ansätze zur effektiven Teamsteuerung

Förderung der Teamentwicklung durch den Projektleiter		
In der Arbeitsgruppe zu beobachtendes Verhalten	**Entwicklungsphase der Gruppe**	**Hilfreiches Verhalten des Projektleiters**
Die Gruppe unternimmt erste Versuche, selbst Ziele, Vorgehen, Methoden oder Verhaltensregeln zu definieren.	**Norming**	Der Teamleiter unterstützt die Regelfindung oder leitet sie bei Bedarf mit Hilfe gezielter (offener) Fragen selbst ein. Wichtige Regeln sollten visualisiert, den Teilnehmern im Protokoll zugänglich und bei Folgesitzungen bekräftigt werden.
Die Gruppe arbeitet effizient und weitgehend störungsfrei.	**Performing**	Erreichte Zwischenresultate unterstreichen, gruppendienliches Verhalten positiv verstärken, offene Protokollführung.

Abb. 4.15f: Ansätze zur effektiven Teamsteuerung

5 Projektplanung

5.1 Grundlagen der Planung

Philosophie

„Pläne machen ist mehr malen, eine üppige, prahlerische Geistesbeschäftigung, dadurch man sich ein Ansehen von schöpferischem Genie gibt, indem man fordert, was man selbst nicht leisten kann, tadelt, was man doch nicht besser machen kann und vorschlägt, wovon man selbst nicht weiß, wo es zu finden ist. Wiewohl doch zum tüchtigen Plane etwas mehr gehört, als man wohl vermuten mag, wenn er nicht bloß, wie gewöhnlich, eine Deklamation frommer Wünsche hätte werden sollen.“

Immanuel Kant:(1724 - 1804)
Schriften zur Metaphysik und Logik Prolegomena

5.1.1 Stellenwert und Prinzipien

Die Begriffe Planung und Projekt gehörten schon immer eng zusammen. So bedeutet „Pro“ nach vorne und „jekt“ werfen, also den Blick nach vorne werfen. Dies entspricht der wohlbekannten Definition von Planung:

Definition

Planung ist das gedankliche Vorwegnehmen zukünftigen, zielgerichteten Handelns.

Durch Planung erstellt der Projektleiter ein mentales Modell dessen, was vor ihm liegt, einen Plan. Dieser ist wie eine Straßenkarte, die zur Orientierung benutzt wird. Danach kann der Projektleiter navigieren und den Fortschritt messen. Damit ist der Plan auch ein Element der Führung, um Aufgaben koordinieren und delegieren zu können. Er gibt den Projektmitarbeitern Anknüpfungspunkte und Sicherheit. Deshalb sollte der Projektleiter jede Gelegenheit nutzen, das Team im Detail mit dem Plan vertraut zu machen oder noch besser an der Planung zu beteiligen.

Die Planung begleitet Projektleiter das gesamte Projekt

Die Aufgabe zu planen, begleitet den Projektleiter das gesamte Projekt. Die Planung beansprucht vor allem zu Beginn des Projektes viel Zeit. Sie soll die Frage nach der richtigen Vorgehensweise beantworten:

Wie packe ich das Projekt richtig an?
■ Was wollen wir erreichen? ■ Mit welcher Lösung wollen wir das oder die Ziele erreichen? ■ Welche Aufgaben fallen im Projekt an? ■ Wann, in welcher Reihenfolge werden die Aufgaben erledigt? ■ Wer übernimmt die Aufgaben? ■ Wieviel Aufwand verursacht es, die Aufgaben zu erledigen? ■ Wieviel kostet es, die Aufgaben im Projekt abzuwickeln? ■ Welche Einsatzmittel werden für die Aufgabenerledigung benötigt?

Der Projektleiter sollte sich trotz innerer Widerstände hierfür ausreichend Zeit nehmen,

Nutzen der Planung

denn die Planung kann	der Zeiteinsatz lohnt, obwohl er
■ die Effizienz des Handelns erhöhen ■ die Komplexität reduzieren ■ Transparenz schaffen ■ Risiken/Chancen aufzeigen ■ den Zeitdruck bei Entscheidungen reduzieren ■ eine Vernetzung ermöglichen ■ Abweichungen erst erkennbar machen.	■ vom Handeln abhält ■ Zeit kostet ■ die Flexibilität einschränkt ■ weniger Kreativität zulässt ■ gegebenenfalls zu umfangreich wird.

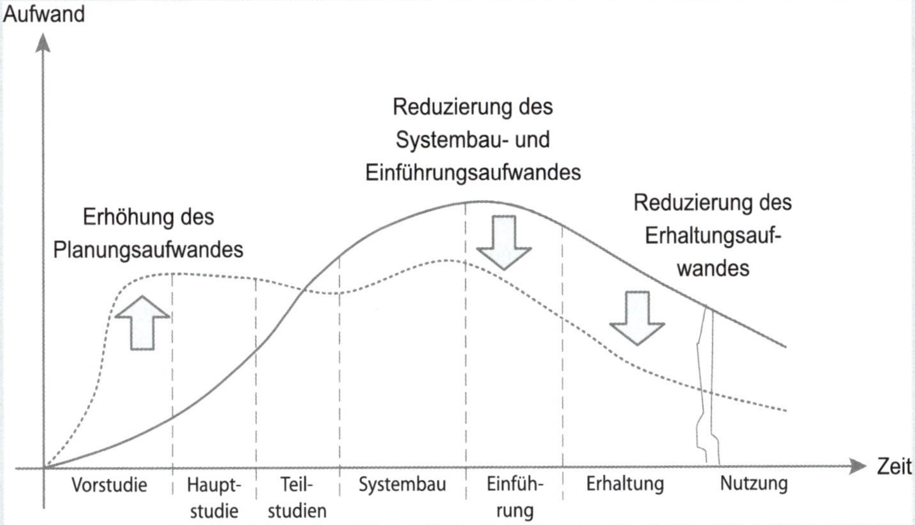

Abb. 5.01: Wirkung des Planungsaufwandes

Nach einer ersten Planung wird der Plan auf Papier oder mit Projektmanagement-Software festgehalten und vielleicht als Tapete (Format DIN Ao) im Zimmer des Projektleiters aufgehängt. Damit scheint er oft seinen Zweck erfüllt zu haben, denn er wird kaum mehr wahrgenommen, nicht mehr aktualisiert und verliert seinen Wert. Der Projektleiter sollte daher mit ihm arbeiten und ihn lebendig halten. Denn:

> „Ein Plan ist nichts, Planung ist alles."
> Dwight D. Eisenhower

Merksätze zur Planung

Planung ersetzt den Zufall durch den Irrtum

Ohne Planung erscheinen die Geschehnisse im Projekt zufällig. Es werden keine Abweichungen erkannt und es gibt auch keinen Handlungsdruck, sich auf Veränderungen einzustellen.

Plane und du wirst irren

Trotz aller Planung lässt sich die Zukunft nicht vorhersagen. Es wird immer wieder Überraschungen geben, die nicht planbar sind. Irrtümer sind in Projekten völlig normal. Es sollte allerdings geplant sein, wie damit umgegangen werden soll.

Merksätze zur Planung

Je genauer der Plan, desto härter trifft der Zufall

Meist werden sehr detaillierte Pläne von Projektleitern im „stillen Kämmerlein" erstellt. Es trifft ihn dann sehr hart, wenn ein Teammitglied sagt: „An diesen Punkt haben Sie nicht gedacht!" oder plötzlich unerwartete Ziele auftauchen.

Lassen Sie Ihr Team mitdenken.

Je weniger geplant wird, um so leichter hat es der Zufall

Wenn in komplexen Projekten mit vielen Beteiligten die Planung vernachlässigt wird, geht der Projektleiter große Risiken ein. Der Zufall hat eine große „Angriffsfläche", wenn keine Vorkehrungen für die wichtigsten Bedrohungen getroffen sind.

Adventure is the result of a poor planing

Nicht alle Teammitglieder machen gerne abenteuerliche Projekte. So benötigen viele Mitarbeiter aus der Linie klare Ansatzpunkte und Grenzen für ihre Projektaufgaben, um sie leichter innerhalb der Tagesarbeit unterbringen zu können.

Je mehr der Zufall trifft, desto nötiger ist der Plan

Wird mit einem Projekt „Neuland" betreten, beschäftigt es sich mit einem schwierigen, dynamischen Umfeld und haben die Projektbeteiligten wenig Erfahrung, so gibt ein detaillierter Plan vor allem für die ersten Schritte ausreichend Sicherheit.

Plane nicht und du wirst auch nicht wissen, ob du geirrt hast

Ohne Planung werden viele Lernchancen vergeben. Irrtümer sind gute Gelegenheiten, um zu lernen. Ohne Planung fehlen Vergleichsmöglichkeiten und konkrete Ansatzpunkte für Verbesserungen.

Plane nur soviel, wie du kontrollieren wirst (kannst und willst)

Die Planung formuliert den Qualitätsanspruch an die Ergebnisse. Die Qualität wird sinken, wenn diese Qualitätsanforderungen nicht überprüft werden. Umfang und Form der Planvorgaben bestimmen den Führungsstil im Projekt. Vertrauen Sie als Projektleiter Ihrem Team und planen Sie ziel- und ergebnisorientiert, sonst steigt der Kontrollaufwand.

5.1.2 Planungstiefe

Der geeignete Detaillierungsgrad für die Planung wird vor allem durch die Komplexität, den Umfang und den Zeitrahmen des Projektes bestimmt. Hier gilt: Soviel wie nötig, nicht soviel wie möglich. Das Ziel muss sein, eine praktikable, übersichtliche und wirtschaftliche Projektabwicklung zu gewährleisten.

Eine zu grobe Planung birgt die Gefahr, dass Einzelheiten des Projektes nicht mehr festgelegt werden. Bei der Projektdurchführung können dann beträchtliche Koordinations-, Abstimmungs- und Kontrollprobleme auftreten. Eine zu detaillierte Planung erhöht den Kontroll- und Anpassungsaufwand und senkt die Flexibilität.

Es ist unmöglich und unsinnig, beim Projektbeginn die Planung bis zum Abschluss des Vorhabens im Detail zu planen. Zum einen nimmt die für Projekte charakteristische Unsicherheit überproportional zu, je mehr der Realisierungszeitpunkt vom Planungszeitpunkt entfernt ist; zum anderen schränkt eine zu detaillierte Planung die gerade mit der Projektform beabsichtigte flexible und ganzheitliche Arbeitsweise ein.

In der Praxis hat sich die rollierende Korridorplanung bewährt:

- Für das Gesamtprojekt wird ein grober Plankorridor festgelegt
- Die anstehende Phase wird detailliert geplant
- Erkenntnisse aus der Realisierung einer Phase fließen in die Detailplanung der nächsten Phase und in die grobe Planung des restlichen Projektverlaufes ein.

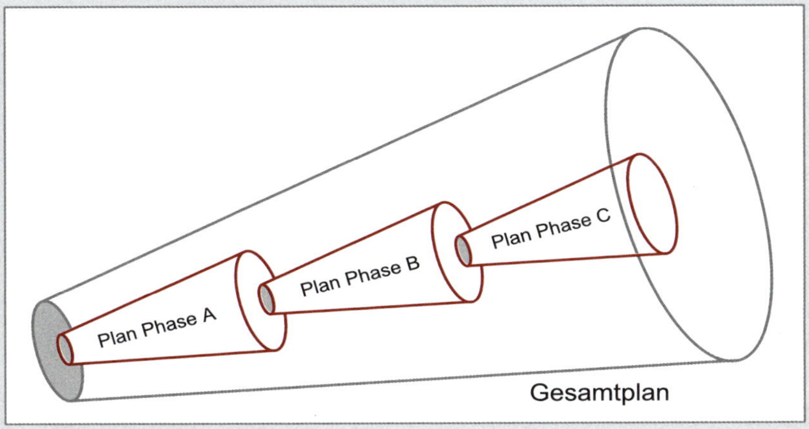

Abb. 5.02: Rollierende Planung

Mit der rollierenden Korridorplanung wird erreicht, dass

Nutzen der rollierenden Planung

- das Projekt nicht grundsätzlich die falsche Richtung einschlägt
- situationsbezogene Arbeitsweisen für den Projektmitarbeiter ad-hoc möglich sind
- der Planungsaufwand vertretbar und realistisch bleibt
- ein Projektabbruch in einem frühen Stadium des Projektes ohne „Gesichtsverlust" möglich ist.

5.1.3 Planungsprozess

Vom Projektauftrag zu delegierten Arbeitspaketen

Ziel des Planungsprozesses ist, aus den im Projektauftrag geforderten Ergebnissen (deliverables) konkrete delegierbare Arbeitspakete zu machen, die ohne den Zusammenhang zu verlieren, rationell, zielgerichtet, möglichst parallel, mit klaren Abhängigkeiten, einzeln oder im Team erledigt und überwacht werden können. Dies ist eine anspruchsvolle Aufgabe.

Ausgangspunkt ist eine allen Projekten gemeinsame Methode, in die Erfahrungen aus vielen Projekten eingeflossen sind und die zielorientierte und planmäßige Abwicklung von Projekten unterstützt. Kommen in Unternehmen bestimmte Projektarten häufig vor, so können hierfür eigenständige Methoden sinnvoll sein.

In der Methode wird ein standardisiertes Vorgehen beschrieben – wie gehe ich allgemein in Projekten vor? – , über ein Systemverständnis der Projektgegenstand allgemein zugänglich gemacht – worum geht es, woraus besteht es? – und über Ziele der Anspruch an die Lösungen formuliert – wie gut soll es sein?

Aus der Anwendung der Methode auf das konkrete Projekt werden Teilprojekte, Teilaufgaben, Arbeitspakete und Aufgaben abgeleitet und in Form eines Strukturplanes hierarchisch gegliedert, um die große Projektaufgabe zu zerlegen.

Aus dem gewählten Vorgehensmodell ergeben sich erste Meilensteine für den Projektablauf. Mit der geschätzten Dauer der Aufgaben und Arbeitspakete und deren logischer Reihenfolge lassen sich die Termine und Puffer dieser Vorgänge errechnen. Ob die Termine plausibel sind und die gesetzten Meilensteine gehalten werden können, kann erst gemeinsam mit der Einsatzmittelplanung beantwortet werden.

Für jede Aufgabe aus dem Strukturplan wird abgeleitet, welche Einsatzmittel (Personal, Sachmittel) mit welcher Leistungsfähigkeit benötigt werden. Die Aufwandsschätzung der Arbeitspakete ergibt den Einsatzmittelbedarf. Aufgrund des internen Einsatzmittelbestandes und der Verfügbarkeit kann eine Beschaffung von externen Einsatzmitteln, aber auch eine Anpassung der Termine nötig werden.

Der Verbrauch und die Nutzung von Einsatzmitteln verursachen Kosten, die im Projektablauf zu decken sind. Hierfür sind Budgets bereitzustellen, die unter Umständen eine gesonderte Finanzierung benötigen.

Die Aufgaben aus dem Projektstrukturplan werden von den Beteiligten im Projekt erledigt. In welcher Rolle mit welchen Kompetenzen und Verantwortlichkeiten sie die Aufgaben ausführen, regelt der Projektaufbau. Dabei geben allgemeine Aufbauformen je nach Projektart oder -klasse eine Empfehlung für die Art der Zusammenarbeit. Der Einfluss der Projektbeteiligten hängt von ihren Interessen als Stakeholder des Projektes ab und inwieweit sie Budgets bereitstellen oder finanzieren.

Nach der ersten Zuordnung werden die Konsequenzen deutlich, denn die Planungsinhalte sind stark voneinander abhängig. Deshalb schließt sich immer ein Abstimmprozess an, um den Plan plausibel zu machen und Ungereimtheiten zu beseitigen.

Der Planungsprozess legt die Projektinhalte insgesamt und für jedes Arbeitspaket fest. Ein Auftrag dokumentiert die Delegation der Projektaufgaben und bildet die Basis für die Ausführung.

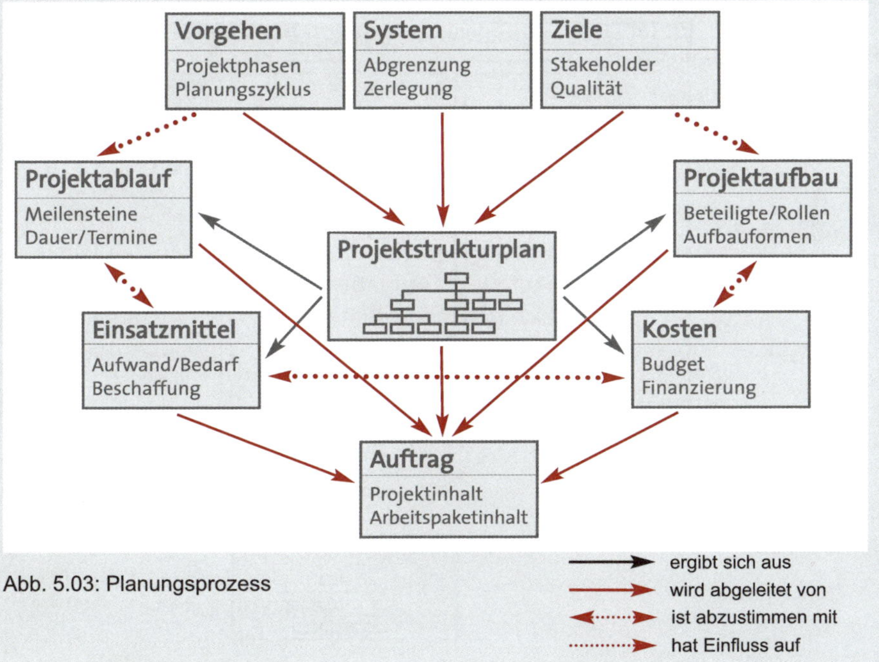

Abb. 5.03: Planungsprozess

5.1.4 Ziele und Einordnung der Methode

Methode unterstützt den Projektleiter in der Planung

Die Methode unterstützt eine planmäßige und zielorientierte Abwicklung von Projekten und fasst die Erfahrungen vieler gleichartiger Projekte zusammen. Sie legt Standards auf grober Ebene fest und ist damit quasi der „größte gemeinsame Nenner" für die Planung aller Projekte. Sie liefert naturgemäß keine Aussagen, welche Lösung für ein Fachproblem zu wählen ist, sondern sie unterstützt den Projektleiter auf seinem Lösungsweg und bietet ihm Hilfsmittel an, einen Projektplan für sein Projekt abzuleiten.

Zur Methode gehören im Einzelnen

- ein standardisiertes Vorgehen, das für jedes Vorhaben eine grobe Reihenfolge von Phasen und Teilschritten regelt
- ein Systemverständnis, das den Projektgegenstand systematisch in Gestaltungsinhalte zerlegt und seine Beziehungen nach innen und außen aufdeckt
- Ziele, mit denen sich die gewünschten Wirkungen des Projektes beschreiben lassen.

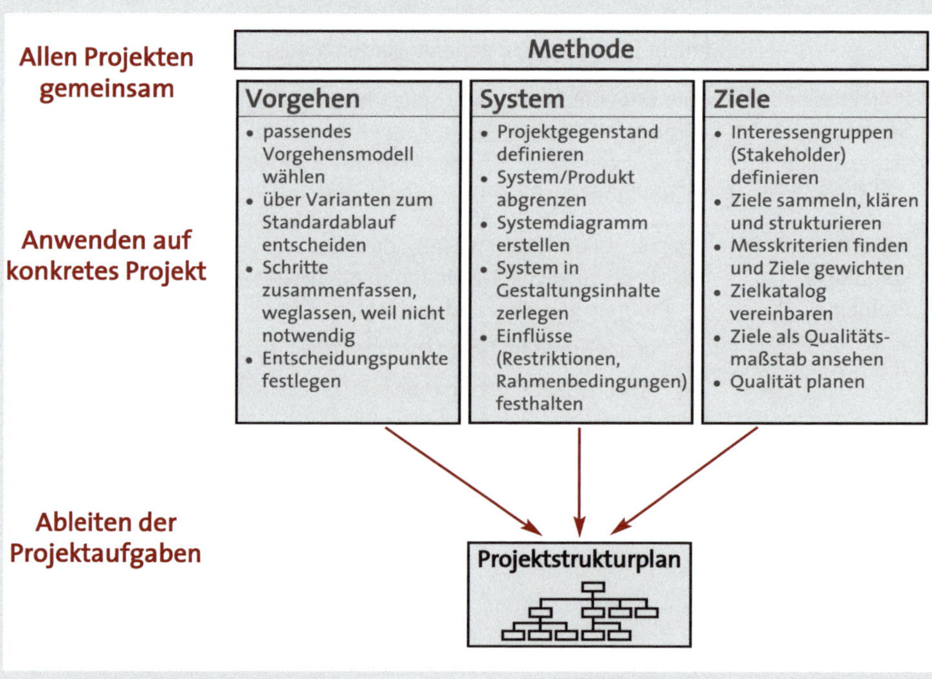

Abb. 5.04: Einordnung der Methode

Grundsätzlich dient eine Methode dazu, ein möglichst gutes Verhältnis von Ergebnisqualität und Projektaufwand zu gewährleisten. Im Einzelnen werden die in Abbildung 5.05 dargestellten Ziele angestrebt.

Was soll eine Methode leisten?

Ziele	Erläuterungen
Zielorientiertes Vorgehen	Es soll sichergestellt werden, dass die Ziele der Entscheider erkannt und verfolgt werden. Erst wenn die Ziele bekannt sind, sollen geeignete Lösungen gesucht werden.
Das „richtige" Problem anfassen	Es soll Einigkeit darüber bestehen, was als Problem anzusehen ist. Es sollen nur für solche Bereiche Vorschläge erarbeitet werden, die verändert werden dürfen. Den Handlungsspielraum einengende Vorschriften – Randbedingungen, zwingende Vorgaben – sollen so früh wie möglich bekannt sein.
Standardisiertes Vorgehen	Die Projektarbeit soll sich an einem Vorgehensmodell orientieren, das die Koordination aller Beteiligten erleichtert, so dass die Grundstruktur eines Projektes nicht jedes Mal neu geplant werden muss.
Projektbegleitende Steuerung sicherstellen	Der oder die Entscheider sollen kontinuierlich den Projektfortschritt steuern, damit kostspielige Fehlentwicklungen frühzeitig erkannt werden und ihre Entscheidungsfähigkeit und -bereitschaft gefördert wird.
Beherrschen komplexer Probleme	Es soll gewährleistet werden, dass ▪ die gedankliche Auseinandersetzung mit einem Problem geordnet und vereinfacht wird ▪ bei der Arbeit im Detail der Überblick erhalten bleibt ▪ Einzellösungen miteinander verträglich sind und Insellösungen vermieden werden.
Rationalisierungspotenziale nutzen	Mehrfach benötigte Faktoren sollen möglichst nur einmal entwickelt oder bereitgestellt werden.

Abb. 5.05: Ziele methodischen Vorgehens

5.2 Vorgehensmodelle

5.2.1 Prinzipien und Überblick

Typische Abschnitte im Verlauf eines Projektes

Der Projektlebenszyklus definiert Anfang und Ende eines Projektes und stellt damit die Verbindung zwischen den fortlaufenden Linienaufgaben und dem Projekt her. Er bestimmt, ob in einer Organisation eine Machbarkeitsstudie als erste Projektphase gilt oder als eigenständiges Projekt geführt wird und welche Übergangsmaßnahmen am Ende des Projektes eingeschlossen sind und welche nicht.

Vorgehensmodelle beschreiben den Projektlebenszyklus und sind damit ein genereller Vorgehensleitfaden für die Um- oder Neugestaltung von Systemen.

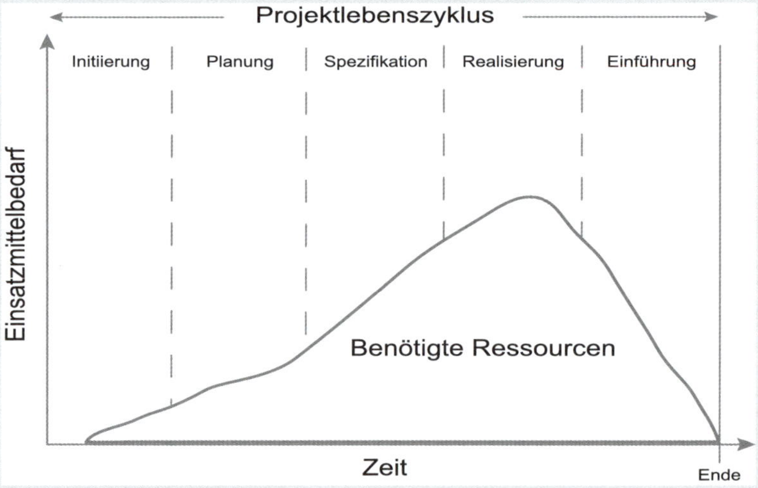

Abb. 5.06: Ressourcenbedarf im Verlauf eines Projektlebenszyklus

Der Projektlebenszyklus ist in Phasen unterteilt, die anhand von gleichartigen Prinzipien gebildet werden.

Definition

Eine Projektphase ist ein zeitlicher Abschnitt des Projektlebenszyklus, der sachlich gegenüber anderen Abschnitten getrennt ist.

In der Praxis gibt es eine Reihe von Vorgehensmodellen, die sich aus den Besonderheiten bestimmter Projektarten herausgebildet haben. Auch wenn die Bezeichnungen der Phasen und Teilschritte oft sehr unterschiedlich sind, so verfolgen alle Modelle gleiche Prinzipien. Sie werden besonders deutlich, wenn sie wie im folgenden Beispiel verletzt werden (siehe Abbildung 5.07).

Beispiel

Projektgegenstand: Ein dreijähriger Junge bittet seinen Vater - seines Zeichens IT-Leiter - ihm etwas zum Schaukeln zu bauen. Er arbeitet dieses Vorhaben projektmäßig nach dem in seiner Abteilung gültigen Vorgehensmodell ab.

Phase		Kommentar
Gesamtkonzept Wie stellt sich die IT-Abteilung den Benutzerwunsch vor. Papa geht auf die sichere Seite und plant ein „Back-up-Brett" ein.		Jedes Gesamtkonzept muss vom Auftraggeber abgenommen werden. Dieser sollte zwischen mehreren Alternativen wählen können. Die Darstellungen müssen für den Auftraggeber verständlich sein.
Detailkonzept Spezialisten definieren die Materialien für Seil und Brett. Sie verändern aufgrund der Beanspruchung das Gesamtkonzept.		Ein einmal verabschiedetes Gesamtkonzept darf durch Spezialisten nicht einfach verändert werden. Wenn die Materialfrage für das Gesamtkonzept wichtig ist, ist sie dort bereits zu klären.
Programmvorlage Verschiedene Organisatoren erstellen Montageanweisungen für Seile und Brett, der Zusammenhang geht verloren.		Bei der Zerlegung in Teilaufträge ist immer die Einordnung des Teiles an die Spezialisten als Schnittstellen weiterzugeben.
Programmierung Die Programmierer stellen bei der Montage fest, dass die Anweisungen nicht zusammenpassen und machen das Beste daraus. Kein Usability-Test.		Eine Abnahme aller Pläne hat vor der Umsetzung nicht stattgefunden. Hier hätte der Entscheider wieder eingebunden werden müssen, um die Freigabe für die Umsetzung zu geben.
Übergabe Die Organisatoren beweisen ihr großes Improvisationstalent und ermöglichen das Schaukeln. Es bleiben Zweifel an einer dauerhaften Lösung.		Selbst zu diesem Zeitpunkt kann noch ein Abbruch möglich sein. Insbesondere, wenn durch die Übergabe unwiederbringliche Schäden angerichtet werden.
Erfolgskontrolle Der Benutzerwunsch entstand aus einer Werbesendung für Autoreifen. Der Sohn entdeckte einen alten Autoreifen und initiierte ein „Ich-Auch-Projekt".		Wie groß die Freude oder Enttäuschung über das Projektergebnis wirklich ist, kann meist erst im Einsatz festgestellt werden. Für die Zukunft sollte daraus gelernt werden, um solche Abweichungen zu vermeiden.

Abb. 5.07: Ein typisches „Projektleben"

Zusammenfassend können folgende Vorgehensprinzipien festgehalten werden:

Vorgehensprinzipien

- Vor der Lösung die Ziele
- Von der Breite in die Tiefe
- Vom Groben zum Detail
- Vor dem Detail die verbindliche Entscheidung
- Zur Entscheidung „echte" Varianten anbieten
- Abweichungen vom Standard nur in begründeten Ausnahmefällen.

Jedes Vorgehensmodell besteht aus groben Abschnitten, den Projektphasen und sich ständig wiederholenden Schrittmustern für die Veränderung von Systemen. Sie unterscheiden sich darin, welcher Teil des Vorgehensmusters dominiert. Im Anlagenbau haben sich phasenorientierte Vorgehensmodelle durchgesetzt, während in der Software-Entwicklung die objektorientierten und extremprogramming Ansätze, die schnelle Veränderung der Systemkomponenten in den Vordergrund stellen.

Vorgehensmodell	**Autor**
Systems Engineering	Daenzer/Haberfellner
Wasserfallmodell	Boehm
Vorgehensmodell	Zehnder
Vorgehensmodell	Vetter
Phasenmodell	Martin
Object-Oriented Software Engineering	Jacobsen, Booch
Spiralmodell	Boehm
V-Modell	Bundesministerium der Verteidigung

Abb. 5.08: Vorgehensmodelle im Überblick

5.2.2 Phasenorientierte Vorgehensmodelle

Phasenorientierte Vorgehensmodelle haben folgende Merkmale:

- Angestrebte zeitliche Begrenzung
- Definierte Teilziele
- Beschriebene Leistungsbilder

- Prüfung des Phasenergebnisses am Ende
- Entscheidung über nächste Phase(n), Wiederholung oder Abbruch.

Die Phasen können einander anstoßen oder überlappend ausgerichtet sein.

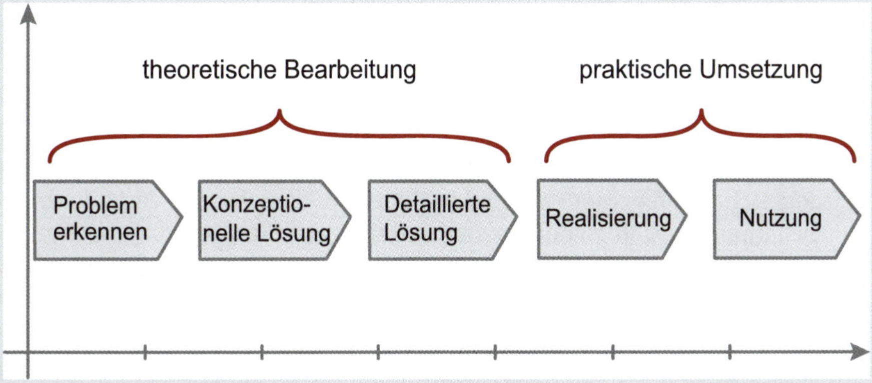

Abb. 5.09a: Anstoßplanung - sequenzieller Projektverlauf (oben)

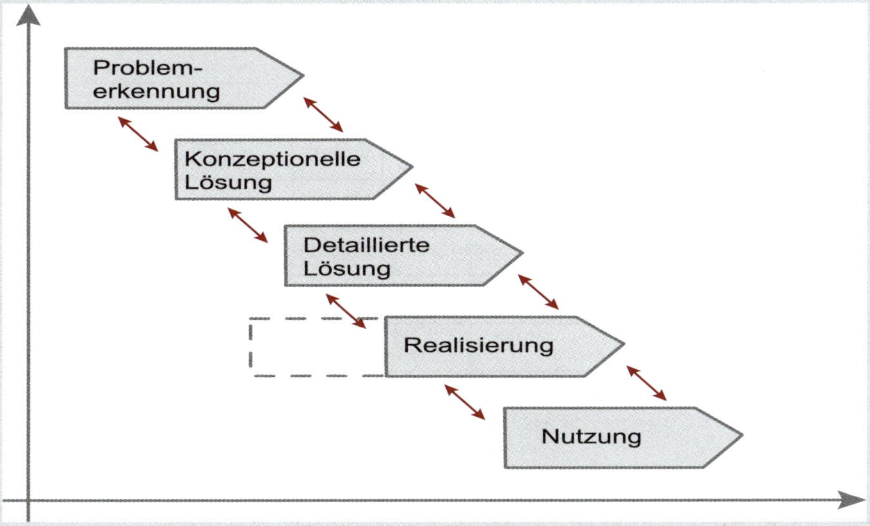

Abb. 5.09b: Überlappende Phasen - revolvierender Projektverlauf (unten)

Je nach Projekttyp ergeben sich in den Vorgehensmodellen andere Phaseneinteilungen und Verläufe sowie unterschiedliche Lieferobjekte am Ende der Phase, die Grundlage für das weitere Vorgehen in der anschließenden Phase sind.

Typ 1 Investitions-projekt		Typ 2 Entwicklungs-projekte	Typ 3 Orga-Projekte	Typ 4 Orga-Projekte
Anlagenbau-Bauwirtschaft	**Einzelprodukt**	**Produktentwicklung für Serienprodukte**	**Projekt**	**EDV-Projekt**
Grundlagen-ermittlung	Ideenfindung	Problemanalyse	Vorstudie	Problem-analyse
	Konzeption			
Vorplanung		Konzeptfindung	Konzeption	System-planung
	Durchführbar-keitsstudie			
Entwurf-Planung		Produkt-definition	Detailplanung	Detail-organisation
Genehmi-gungsplanung	Entwurf	Produkt-entwicklung	Einführung	Installation
Ausführungs-planung	Ausführungs-planung	Realisierung		
Ausschrei-bung, Vergabe	Herstellung	Produktion	Abnahme	Abnahme
Bau-ausführung	Service, Betreuung			
Objekt-verwaltung		Außerdienst-stellung		Pflege

Abb. 5.10: Vorgehensmodelle nach Projektarten im Vergleich

Für die folgenden Ausführungen wird ein allgemeines Vorgehensmodell nach Götz Schmidt verwendet, das für Organisationsprojekte typisch ist. Es lässt sich leicht auf andere Projekttypen übertragen und ist deshalb universell verwendbar. Es wird hier im Überblick vorgestellt. Näheres findet man in Band 1 dieser Schriftenreihe.

5.2.3 Allgemeines Vorgehensmodell

Das Vorgehensmodell nach Götz Schmidt folgt dem Lebenszykluskonzept von Systemen. Es grenzt die Initiative (oder Anstoß) zu Beginn und die nach Projektende beginnende Erhaltung von den eigentlichen Projektphasen ab. Es folgt dem Grundmuster Planen - Machen - Übergeben. Innerhalb der Planungsphasen (Vorstudie, Hauptstudie, Teilstudien) wiederholen sich systematisch oder auch für Einzelfragen sehr schnell immer wieder – wie in einem Zyklus – die gleichen Schritte. Diese Detailschritte pro Planungsphase bilden den Planungszyklus. Darin werden folgende vier Fragen zu jedem Systembestandteil beantwortet:

- Wohin sollen wir?
- Wo stehen wir?
- Welche Wege gibt es?
- Welcher ist der beste Weg?

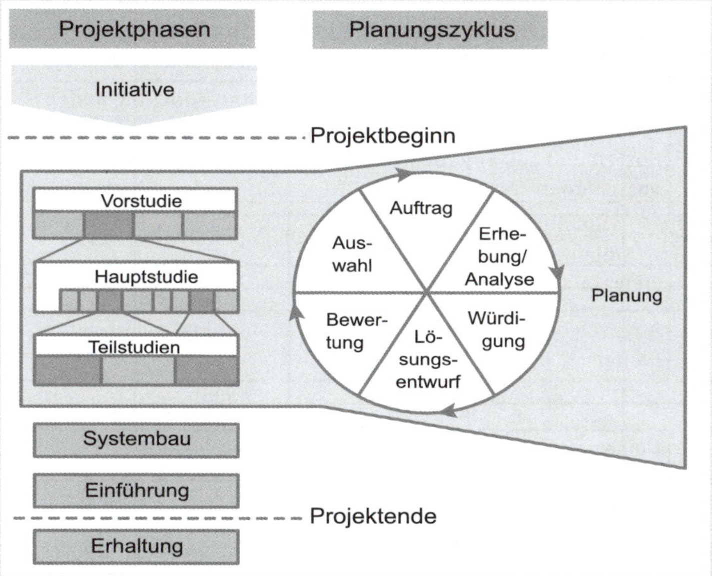

Abb. 5.11: Planungszyklus in Planungsphasen

5.2.3.1 Projektphasen

Zur Abgrenzung der Phasen werden konkrete Ergebnisse und Ziele formuliert, die am Ende einer jeden Phase vorliegen sollen. An jedem Phasenende liegen Entscheidungspunkte, an denen die künftige Richtung des Projektes festgelegt wird und (theoretisch) ein Abbruch des Projektes möglich ist. Dies garantiert eine Einbindung von Lenkungsausschuss und Auftraggeber und verhindert ein „Abdriften" des Projektteams in eine ungewollte Richtung.

Entscheidungen am Phasenende

Abgrenzung der Projektphasen

Projektbeginn

Projektende

Initiative:	Macht das Projekt Sinn?	
Ziel	Die richtigen Vorgaben des Auftraggebers ermitteln und die Voraussetzungen für das Projekt prüfen und schaffen	
Ergebnis	Abgestimmter Projektauftrag	
Vorstudie:	Welche machbare Richtung sollen wir einschlagen?	
Ziel	Feststellen, ob es machbare Lösungsrichtungen bzw. Lösungsvarianten gibt, die besser sind, als die bestehende Ausgangslage	
Ergebnis	Ein bewerteter Vorschlag für die Lösungsrichtung bzw. Lösungsvariante zur Weiterverfolgung in der Hauptstudie (auch die „Null-Variante“ als Lösungsvariante betrachten, es sei denn, eine gesetzliche Vorgabe schließt dies aus)	
Hauptstudie:	Was braucht der Benutzer?	
Ziel	Konkretisierung der Lösung in Form von Grobkonzepten für abgegrenzte Teilprojekte	
Ergebnis	Bewertete Teillösungsvorschläge zur Weiterverfolgung in den Teilstudien. Der Umfang ist geklärt und die Auswirkungen auf Kosten und Zeit sind bekannt. Varianten zum Standardablauf sind entschieden	
Teilstudien:	Wie sieht die Lösung auf dem Papier aus?	
Ziel	Freigabe der Realisierung	
Ergebnis	Abgeschlossene Planung bis hin zu ausführungsreifen Detailplänen	
Systembau:	Wie baue ich die Komponenten funktionsfähig zusammen?	
Ziel	Umsetzen der Planung in eine arbeitsfähige Lösung	
Ergebnis	Fertiggestelltes, betriebsbereites System	
Einführung:	Wie mache ich Betroffene mit dem System vertraut?	
Ziel	Ein formell vom Lenkungsausschuss abgenommenes, voll funktionsfähiges System. Akzeptanz der Lösung	
Ergebnis	Nutzungsfreigabe	
Erhaltung:	Wie halte ich die Nutzung aufrecht?	
Ziel	Aufrechterhaltung der technischen und funktionalen Betriebsbereitschaft	
Ergebnis	Ein angepasstes, funktionsfähiges, genutztes System	

Abb. 5.12: Abgrenzung der Projektphasen

Aus den folgenden Inhalten der Phasen können konkrete Aufgaben für ein Projekt abgeleitet werden (siehe Abbildung 5.13).

Inhalte der Projektphasen

Vorstudie

▪ Erhebung und Analyse von Informationen (grob) ▪ Modellierung der Situation ▪ Abgrenzung des Projektes ▪ Interne Wirkzusammenhänge ▪ Externe Beziehungen und Einflüsse ▪ Ermittlung der wichtigsten Funktionen der Lösung (was muss/soll sie leisten/können) ▪ Erarbeitung grober Lösungsvarianten bzw. prinzipieller Lösungsrichtungen ▪ Erarbeitung einer Empfehlung	▪ Prüfung der Realisierbarkeit u.a. nach den Kriterien • machbar (technisch/personell/juristisch) • durchsetzbar • sozial verträglich • wirtschaftlich sinnvoll (Vergleich mit Null-Variante) ▪ Verfeinerung der Ziele auf der Basis von Stärken/Schwächen, Chancen/Risiken ▪ Bewertung ▪ Kosten (einmalig und laufend) ▪ Nutzen

Hauptstudie

▪ Verfeinerung der modellierten Situation ▪ Zerlegung des Projektes in abgrenzbare Teilprojekte ▪ Weitergehende Erhebung und Analyse zu den abgegrenzten Teilprojekten und zu der Projektumwelt ▪ Ermittlung der Schnittstellen zwischen abgegrenzten Teilprojekten sowie den Teilprojekten und der Projektumwelt ▪ Ermittlung der fachlichen Benutzeranforderungen in dem größtmöglichen Detaillierungsgrad ▪ Ermittlung von Prioritäten für Teilprojekte	▪ Erarbeitung globaler Lösungsvarianten für die abgegrenzten Teilprojekte ▪ Verfeinerung der Ziele für die Teilprojekte aus der weitergeführten Würdigung ▪ Bewertung der Lösungsvarianten (Kosten/Nutzen) ▪ Prüfung der Verträglichkeit von Teillösungen ▪ Durchführung der Qualitätssicherung ▪ Erarbeitung von Empfehlungen für die Teilprojekte ▪ Ermittlung weiterer Qualitätsanforderungen (z.B. Ausfallsicherheit)

Abb. 5.13: Inhalte der Projektphasen

Hauptstudie	
Beispiele für Besonderheiten bei IT-Projekten (abhängig vom gewählten Verfahren der Systementwicklung)	
▪ Prüfung der technischen Realisierbarkeit (globale Anforderungen an Hardware und Systemsoftware) ▪ Erarbeitung eines funktionalen Modells (Input und Output festlegen) ▪ Ermittlung des Mengengerüstes ▪ Darstellung des logischen Datenmodells	▪ Weitgehend eindeutige Darstellung der Benutzerschnittstelle z.B. durch Prototypen/Listen/Masken ▪ Planung der Konvertierung bestehender Daten ▪ Planung des Ausfallverfahrens/Backup-Konzeptes ▪ Planung des Sicherheitskonzeptes

Teilstudien	
▪ Bedarfsabhängig weitere Erhebung und Analyse von Informationen ▪ Komplettierung der funktionalen Anforderungen und der Ziele ▪ Ermittlung des quantitativen und qualitativen Bedarfes an • Personal • Raum/Gebäuden • sonstigen Sachmitteln	▪ Erarbeitung ausführungsreifer Pläne ▪ Aufstellung von Pflichtenheften/Anforderungskatalogen ▪ Erstellung von Ausschreibungsunterlagen ▪ Einholung von Angeboten und Bewertung der Angebote ▪ Planung der Einführung ▪ Erarbeitung entscheidungsreifer Vorlagen für die Realisierung
Beispiele für Besonderheiten bei IT-Projekten	
▪ Beschreibung des Datenflusses ▪ Schnittstellenbeschreibung zwischen Systemkomponenten ▪ Beschreibung von Elementarfunktionen	▪ Entwurf der physischen Datenbankstruktur ▪ Entwurf und Spezifikation von Tests ▪ Festlegung detaillierter Anforderungen an Hard- und Systemsoftware

Abb. 5.13f: Inhalte der Projektphasen

Systembau	
■ Umsetzung der Pläne in arbeitsfähige Lösungen ■ Vergabe und Überwachung von Fremdaufträgen ■ Durchführung baulicher Maßnahmen ■ Installation notwendiger Sachmittel	■ Abschluss der Projektdokumentation ■ Fertigstellung der Benutzerdokumentation ■ Abschluss der Einführungsvorbereitung ■ Durchführung der Qualitätssicherung
Beispiele für Besonderheiten bei IT-Projekten	
■ Vollständige Beschreibung der Struktur und des Ablaufes jeden Programmes ■ Erstellung des Programmes ■ Installation der Hard- und Software ■ Bereitstellung von Testdaten	■ Test der Programme ■ Integration von Programmen ■ Test der Integration ■ (Erst-) Erfassung von Daten

Einführung	
■ Information der indirekt Betroffenen ■ Schulung der direkt Betroffenen ■ Unterstützung der Anwender in der Anfangsphase	■ Sicherstellung eines störungsfreien Funktionierens (Stabilisierung einer Lösung) ■ Vorbereitung der Entscheidung für die Nutzungsfreigabe

Erhaltung	
■ Sammlung von Betriebs- und Nutzungsinformationen ■ Störungsdiagnose und Behebung von Störungen ■ Überprüfung, in welchem Ausmaß die Regelungen eingehalten bzw. die Lösung genutzt werden	■ Überprüfung auf sachgerechte Ergebnisse ■ Durchführung des Soll/Ist-Vergleiches : Sind die Ziele – in welchem Ausmaß – erreicht? ■ Ermittlung von Anpassungs-/Änderungsbedarf (ggf. Anstoß für ein neues Projekt)

Abb. 5.13f: Inhalte der Projektphasen

5.2.3.2 Planungszyklus

Die Planungsphasen des Vorgehensmodells werden nach dem gleichen Grundmuster abgewickelt. Sie umfassen jeweils einen oder mehrere Planungszyklen. Innerhalb eines Zyklus sind auch Rücksprünge (Schleifen) möglich.

<table>
<tr><td>Auftrag</td><td>Ziele, Restriktionen, Projektorganisation, Termine, Kosten (Budget) für diese Phase. Damit muss am Ende der Phase eine neue Entscheidung eingeholt /gefällt werden. Da Aufträge oft unvollständig (zu vage) oder zu sehr lösungsorientiert formuliert werden, ist ein vollständig formulierter Auftrag als Holschuld des Projektleiters anzusehen.</td><td>Wohin sollen wir?</td></tr>
<tr><td>Erhebung</td><td>Sammeln von relevanten Informationen. Wesentliche Techniken sind Interviews, Fragebogen, Dokumentenstudium, Beobachtungen, Selbstaufschreibungen etc.</td><td rowspan="3">Wo stehen wir?</td></tr>
<tr><td>Analyse</td><td>Ordnen des erhobenen Materials. Modellierung der Problemstellung (welche Faktoren gehören zum untersuchten Bereich, wie hängen diese Faktoren zusammen, welche Faktoren wirken von außen auf das Problem?). Zur Modellierung kann das Systemdenken herangezogen werden.</td></tr>
<tr><td>Würdigung</td><td>Ermittlung von Stärken und Schwächen, Chancen und Risiken sowie Ursachen des Ist-Zustandes, um bei der Erarbeitung von Lösungsvarianten Stärken zu erhalten/ auszubauen bzw. Schwächen zu beseitigen. Dieser Schritt führt zu einer Konkretisierung des Zielkataloges und gegebenenfalls zu einer Zielerweiterung oder -korrektur.</td></tr>
<tr><td>Lösungsentwurf</td><td>Sammlung möglicher Lösungen. In einer Vorstudie sollte der Ist-Zustand („Nullvariante“) grundsätzlich auch eine mögliche Lösung sein, es sei denn, eine Restriktion verhindert dies.</td><td>Welche Wege gibt es?</td></tr>
<tr><td>Bewertung</td><td>Die Wirkungen möglicher Lösungen werden untersucht. Den betrachteten Varianten werden die Ziele gegenübergestellt, um den Zielerreichungsgrad der Varianten zu ermitteln. Der Bewertungsvorschlag durch die Entscheidungsvorbereiter wird durch die Entscheidungsberechtigten überprüft.</td><td rowspan="2">Welcher ist der beste Weg?</td></tr>
<tr><td>Auswahl</td><td>Die Auswahl schließt sich an die Bewertung an. Es wird festgelegt, ob und gegebenenfalls wie weiter vorzugehen ist. Es wird ein Auftrag für die nächste Phase erteilt.</td></tr>
</table>

Abb. 5.14: Schritte eines Planungszyklus

Aus dem Planungszyklus lassen sich sehr leicht Teilaufgaben innerhalb von Arbeitspaketen ableiten.

5.2.4 Varianten zum Standardvorgehen

Die Vielfalt der Projekte ist so groß, dass nur selten ein standardisiertes Vorgehensmodell eins zu eins befolgt werden kann. Manche Projekte sind zu klein, um alle Phasen gleichermaßen zu durchlaufen, im anderen Fall ist die Ungewissheit über die künftige Lösung sehr groß, dass sehr schnell greifbare Ergebnisse vorliegen müssen oder aufgrund gesetzlicher Vorgaben es kaum Handlungsalternativen gibt. Oft ist eine Variante zum Standardvorgehen bereits im Projektauftrag als Projektstrategie formuliert oder stellt sich im Rahmen der Vorstudie als eine grundsätzliche Lösungsalternative heraus. Spätestens nach Abschluss der Hauptstudie sollte über die Vorgehensvariante bezogen auf das Gesamtprojekt oder in Teilbereichen entschieden sein. Die Varianten werden hier nur im Überblick erläutert. Näheres finden Sie im Band 1 dieser Reihe.

Empirisches versus konzeptionelles Vorgehen

Gegenüberstellung empirischen und konzeptionellen Vorgehens

Die Entscheidung für empirisches oder konzeptionelles Vorgehen bedeutet nicht notwendigerweise eine Abkehr vom Standard. Hierbei werden unterschiedliche Schwerpunkte gesetzt. So werden beim empirischen Vorgehen umfangreiche Erhebungs-, Analyse- und Würdigungsschritte nötig, um im Detail Verbesserungspotenziale zu erkennen, die dann schrittweise umgesetzt werden. Beim konzeptionellen Vorgehen wird ein grundlegend neuer Ansatz verfolgt. Deshalb werden nur grobe Erhebungen und Analysen durchgeführt und der Schwerpunkt auf das Entwickeln und Bewerten neuer Lösungen gelegt.

Für die Projektplanung ergeben sich daraus unterschiedliche Aufwände für die jeweiligen Projektschritte.

Empirisches Vorgehen	Konzeptionelles Vorgehen
Zielt primär auf die punktuelle Beseitigung von Schwachstellen des Ist-Zustandes.	Zielt primär auf grundlegend neue Lösungsmodelle zur Optimierung.
Erfordert eine detaillierte Erhebung und Analyse.	Erfordert nur die Erhebung und Analyse von allgemeinen Informationen und Rahmenbedingungen. Es ist allerdings zu beachten, dass es auch bei einem konzeptionellen Vorgehen einen Ist-Zustand gibt. Die Würdigung dient dazu, Lösungsanforderungen zu ermitteln.
Projekte werden intuitiv – wenn man sich über das Vorgehen keine Gedanken macht – empirisch bearbeitet, dieses insbesondere, wenn ▪ man im Detail steckt ▪ der Fachbereich das Projekt bearbeitet ▪ wenig Risikobereitschaft besteht.	Bewusstes Vorgehen, wenn ▪ Ist-Zustand hoffnungslos überholt ist ▪ Planer echte Varianten zum Ist-Zustand kennen ▪ von vornherein Neuland betreten werden soll. Die Entscheidung für dieses Vorgehen erfolgt normalerweise am Ende der Vorstudie oder – bezogen auf Teilprojekte – am Ende der Hauptstudie.
Vorteile	
▪ Geringes Risiko ▪ Niedrige Kosten ▪ Schnelle Ergebnisse ▪ Weniger Änderungsaufwand für den Fachbereich ▪ Leichtere Einführung ▪ Weniger „anstrengend“	▪ Große Chance für substanzielle Verbesserung

Wegfall/Komprimierung von Projektphasen

Es kann auf eine Vorstudie verzichtet werden, wenn

- die Lösung bereits feststeht, d.h. der Lenkungsausschuss ein bestimmtes Ergebnis haben will
- ein fertiges System nur noch eingeführt werden soll
- aufgrund der politischen und rechtlichen Situation keine echten Varianten vorhanden sind.

Hauptstudie und Teilstudien können zusammengelegt werden, wenn

- sie innerhalb von weniger als 3 Monaten abzuwickeln sind
- keine eigenständigen Teilprojekte sinnvoll sind
- eine erneute Wirtschaftlichkeitsbetrachtung nicht verlangt wird.

Prototyping

Kunden-wünsche konkretisieren

Damit Produkte und Systeme nicht an den Wünschen der Kunden und Anwender vorbei entwickelt werden, empfiehlt sich das Konzept des Prototypings. Der Prototyp enthält entweder wesentliche Funktionen des zu entwickelnden Systems (funktionaler Prototyp) oder die wesentlichen Eigenschaften der Benutzeroberfläche (Prototyp der Benutzerschnittstelle). Der Prototyp wird schon in der Hauptstudie entwickelt, so dass sehr früh zu erkennen ist, wie später mit dem System gearbeitet wird. Änderungswünsche der Anwender können sehr früh eingebracht werden. Dadurch wird gewährleistet, dass das zu entwickelnde System in Einklang mit den Anforderungen der Anwender steht.

In der Regel ist das Prototyping jedoch nur für einzelne Teilprojekte anwendbar, nicht für das Gesamtprojekt.

Haubentaucher

Ergebnis-Puzzle

Voraussetzung für die Anwendung des Haubentaucher-Modells ist, dass als Ergebnis der Vorstudie ein Rahmenkonzept vorliegt, das dann in der Hauptstudie in Teilprojekte zerlegt wird. Entweder von hier aus oder von der Plattform der Teilstudien aus werden die Teilprojekte gemäß Prioritätenrangfolge nacheinander ausführungsreif geplant, realisiert und eingeführt. Das Haubentaucher-Konzept ähnelt damit einem Puzzlespiel, bei dem die Randstücke zuerst gelegt wurden. Es wird zwar letztlich eine komplette Lösung angestrebt, aber sie wird Teilprojekt für Teilprojekt, Puzzleteil für Puzzleteil, vervollständigt.

Versionenkonzept

Annäherung an Ideallösung

Soll bewusst nur eine Annäherung an eine fiktive Ideallösung entwickelt werden, die später vervollständigt und verbessert wird, so wird das Versionenkonzept angewendet. Dabei laufen Planungs- und Realisierungsphasen sequenziell, zunächst aber nur für einen eingeschränkten Lösungsumfang des Gesamtsystems ab, später für weiter zu entwickelnde Teilbereiche. Dieses Vorgehen wird empfohlen, wenn

- dringend und kurzfristig eine Problemlösung gesucht wird
- die Rahmenbedingungen des Projektes stark schwanken
- die Gesamtlösung mehrere Jahre dauern würde
- schnell Erfahrungen der Anwender in weitere Versionen einfließen sollen.

5.2.5 Das V-Modell

Das V-Modell ist eine Erweiterung des Wasserfallmodells und findet vor allem im öffentlichen Bereich breite Anwendung. Es gliedert sich in vier unterschiedliche Bereiche, die in einer Handbuchsammlung von mehreren hundert Seiten zusammengefasst sind:

- System/Software-Erstellung (SE)
- Projektmanagement (PM)
- Qualitätssicherung (QS)
- Konfigurationsmanagement (KM).

Die Phasen der eigentlichen Systemerstellung (SE) werden durch Verifikation und Validation der Teilprodukte verknüpft und sind in Form eines „V" angeordnet. Die Betrachtung erfolgt auf drei verschiedenen Ebenen:

- Systemebene
- Segmentebene
- Ebene der Software- und Hardwareeinheiten.

Verifikation ist dabei die Überprüfung der Übereinstimmung zwischen einem Softwareprodukt und seiner Spezifikation, Validation dagegen die Eignung eines Produktes für seinen Einsatzzweck.

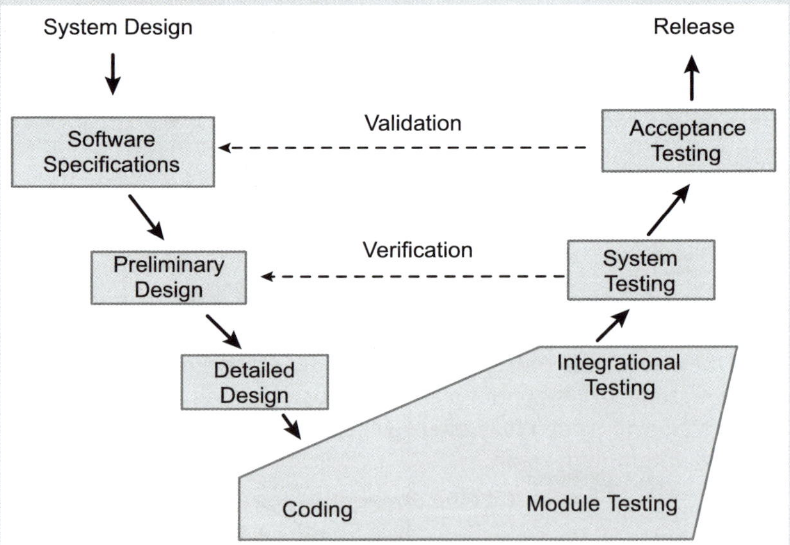

Abb. 5.15: Das V-Modell

5.2.6 Das Spiralmodell

In Projekten mit einem hohen Anpassungsbedarf an die Anforderungen von Benutzern, bei eher unklaren Vorgaben zu Beginn und bei innovativen, risikoreichen Fragestellungen zeigt das Spiralmodell seine Vorzüge. Ausgehend von den Basisanforderungen werden sehr schnell erste (Teil-)Lösungen entwickelt und durch Tests validiert. Die Teillösungen werden mit jedem Zyklus schrittweise erweitert, wobei die Ergänzungen immer wieder in die Gesamtlösung eingepasst werden.

Systematisches und stabiles Wachsen der Lösung

Eine konsequente Qualitätssicherung anhand in jedem Durchgang präzisierter Anforderungen, ein gut funktionierendes Konfigurationsmanagement und in jedem Durchlauf aktualisiertes Risikomanagement sorgen für ein systematisches und stabiles Wachsen der Lösung bis zum insgesamt angestrebten Funktionsumfang. Für den Start ist es nötig, das System grob und sauber abgegrenzt in seine Bestandteile zu zerlegen. Dies ermöglicht eine erste Aufwandsschätzung. Um Überraschungen beim Budget zu vermeiden, müssen klare Ausstiegsbedingungen aus der Spirale festgelegt werden.

Das Spiralmodell wird bei Software-Entwicklungsprojekten und technischen Innovationen mit bekannten Komponenten eingesetzt.

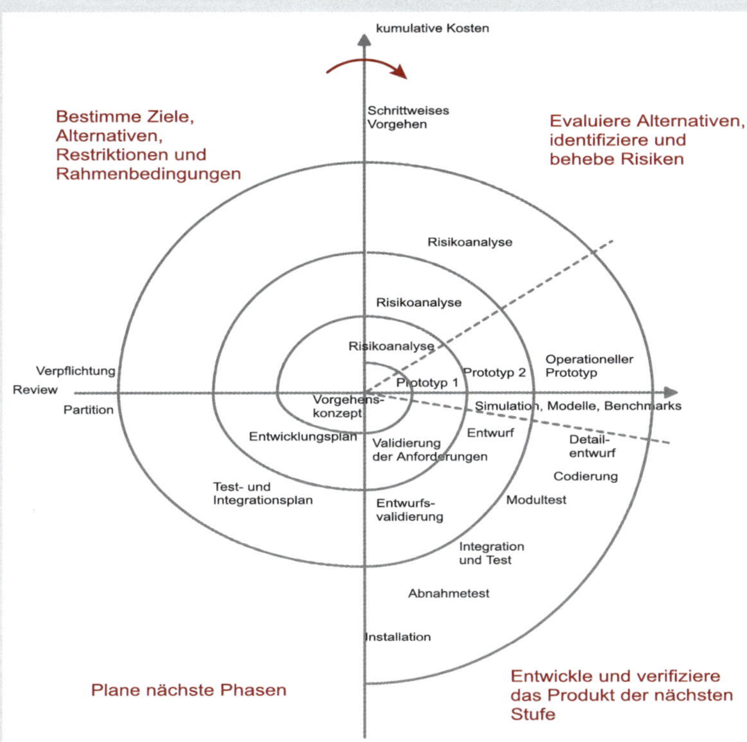

Abb 5.16: Spiralmodell

5.2.7 Objektorientiertes Vorgehen

Klassenmodell als Basis

Kern des objektorientierten Vorgehens in der Software-Entwicklung ist das Auffinden und Definieren von sogenannten Objektklassen, in denen die gewünschten Daten und Funktionalitäten enthalten sind. Diese Klassenmodellierung wird immer wieder durchlaufen, wobei sich der Schwerpunkt vom Groben zum Feinen verlagert.

Es entsteht eine Klassenbibliothek, die als Kern des zu schaffenden DV-Systems das wichtigste Projektergebnis ist. Die Prozesse im Unternehmen sind dabei Basis für das Klassenmodell.

Im objektorientierten Vorgehen ist in der Designphase ein Spiralmodell eingebettet, das hilft, die Klassenbibliothek systematisch und ohne Qualitätsverlust aufzubauen. CASE-Tools (Computer Aided Software Engineering) unterstützen die komplette Systementwicklung, um sicherzustellen, dass aufgrund der gegenseitigen Abhängigkeiten der Objekte und der starken zeitlichen Überlappung der Phasen die festgelegte Objektstruktur eingehalten werden kann.

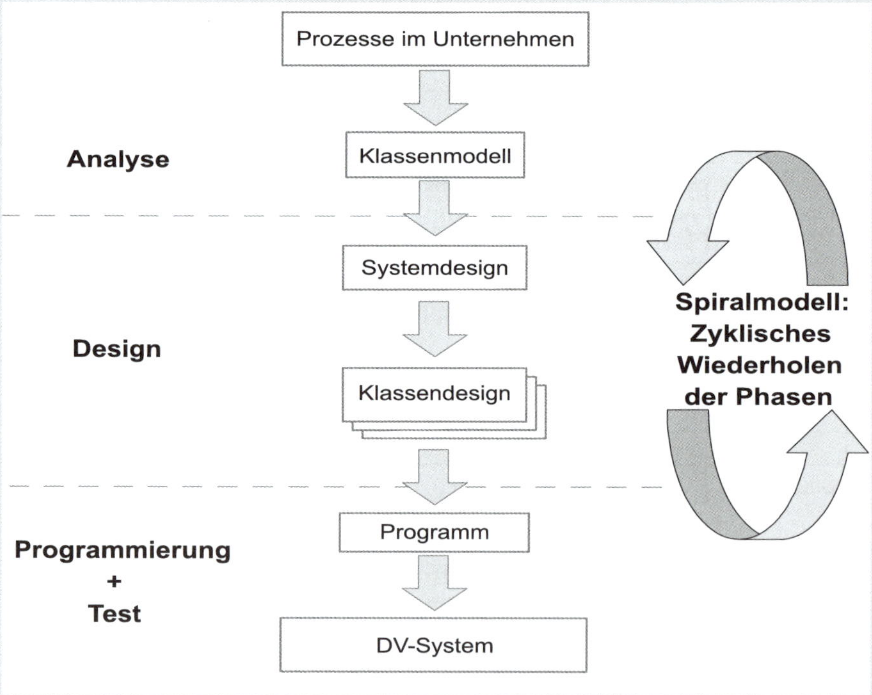

Abb 5.17: Objektorientiertes Vorgehen

5.3 System planen

Mit der Systemplanung wird in methodischen Schritten ein Bild der angefertigten und die Lösung beeinflussenden Faktoren bestimmt. Dabei wird der Projektgegenstand systematisch in Gestaltungsinhalte zerlegt und seine Beziehungen werden nach innen und außen aufgedeckt, um sagen zu können, was dazu gehört und was nicht, welche Komponenten geändert werden sollen und welche beibehalten werden können.

Hierzu wird der Projektgegenstand als System begriffen, um komplexe und vielschichtige Probleme leichter zu bearbeiten und möglichst redundanzfreie Ergebnisse zu erhalten. Das Systemdenken basiert auf dem Systems Engineering (der ingenieurmäßigen Gestaltung von Systemen).

Was im konkreten Projekt sinnvoll als Elemente und Beziehungen anzusehen ist, hängt sehr stark vom Fachgebiet, der Projektart und dem Detaillierungsgrad ab.

Definition

Ein System ist gegenüber seiner Umwelt abgegrenzt, besteht aus Teilen (Elemente), die bestimmte Merkmale (Dimensionen) aufweisen, die Elemente werden miteinander verknüpft (Beziehungen) und wirken aufeinander ein.

Projektart/ Fachgebiet	Elemente	Beziehungen
Organisationsprojekt	Bereiche, Abteilungen, Stellen, Aufgaben, Aufgabenträger, Sachmittel, Information	Prozesse, Weisungsbeziehungen, Über-/Unterordnungen, Kommunikationswege, Zuständigkeiten
Produktentwicklung	Produktteile, Stücklisten, Funktionsgruppen, Arbeits-Prüfpläne, Zeichnungen	Schraub-, Löt-, Spann-, Klebeverbindungen, Bearbeitungsprozesse, Montageschritte
IT-Projekt	Hardware-, Softwarekomponenten, Handbücher, Datenbankinhalte, Masken, Listen	Recoveryverfahren, Übertragungsprotokolle, Netzverbindungen, Eingabeprozeduren, Updateverfahren
Bauprojekt	Außenanlagen, Gebäude, Geschosse, Keller, Dach, Boden, Räume, Straße, Zufahrt	Heizungsanlage, Warmwasser-, Elektroversorgung, Beleuchtung, Verglasung, Telefonverbindungen

Abb. 5.18: Systemelemente/-beziehungen in verschiedenen Fachgebieten

Insgesamt hilft das Systemdenken den Fachexperten für die gemeinsame Modellbildung des Projektgegenstandes, damit sie sich orientieren können: Wo befinden wir uns gerade, welche Komponente ist wovon abhängig, welche Änderung bewirkt was? Hierzu haben sich je Fachgebiet eigenständige Verfahren und Darstellungsformen herausgebildet, deren gemeinsames Gedankengut das Systemdenken ist.

5.3.1 Grundbegriffe und Schritte des Systemdenkens

An dieser Stelle soll lediglich ein kurzer Überblick gegeben werden. Einzelheiten und genauere Erläuterungen sind in Band 1 dieser Schriftenreihe zu finden.

Grundbegriffe

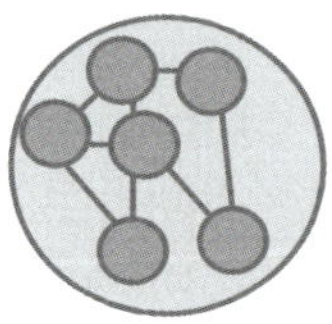	Ein System ist gegenüber der Umwelt abgegrenzt. Es besteht aus Teilen, die miteinander verknüpft sind und die aufeinander einwirken. Im Rahmen eines Projektes wird durch ein System der Bereich beschrieben, innerhalb dessen Änderungen erwünscht bzw. erlaubt sind.	System
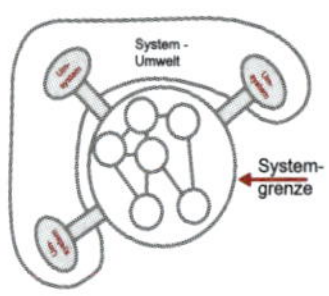	Als Umsystem wird ein Bereich verstanden, der außerhalb der Systemgrenzen liegt, zu dem das System aber Beziehungen aufweisen kann. Die Summe aller Umsysteme bildet die Systemumwelt.	Umsystem/ System-umwelt
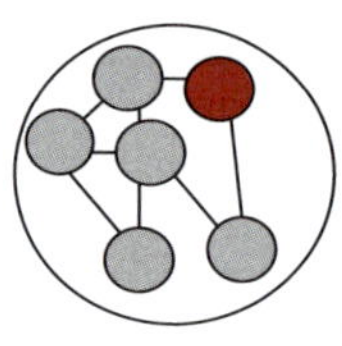	Ein Element ist eine Einheit eines Systems, die nicht mehr unterteilt werden soll (weil es nichts „bringt“, sich damit auseinanderzusetzen) oder die nicht mehr unterteilt werden kann, weil die größtmögliche Gliederungstiefe bereits erreicht ist.	Elemente
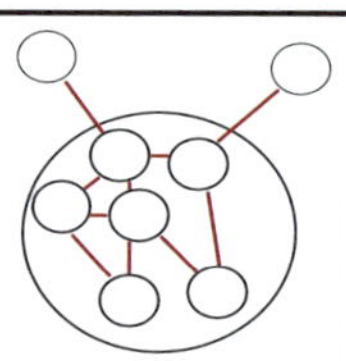	Beziehungen sind Verbindungen (Relationen /Verknüpfungen) zwischen Elementen (z.B. Aufgabe-Aufgabenträger-Beziehung), aber auch zwischen Unter- und Teilsystemen sowie zwischen dem System und der Umwelt.	Beziehung
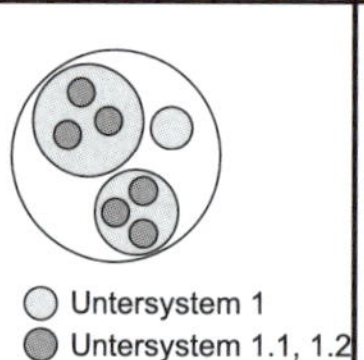	Ein Untersystem ist eine kleinere, in sich abgrenzbare Einheit eines Systems, die bei einer hierarchischen Gliederung („von oben nach unten“) entsteht. Eine solche Untergliederung ist über mehrere Stufen möglich (z.B. Unternehmung, Abteilung, Stelle, Aufgabe).	Untersystem
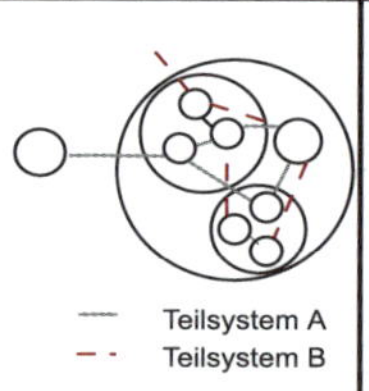	Ein Teilsystem wird gebildet durch eine Menge von Elementen, die über eine bestimmte Beziehungsart miteinander verknüpft sind bzw. bestimmte Gemeinsamkeiten haben. Diese Beziehungen können das gesamte System überlagern (z.B. Informations- oder Kompetenzsystem).	Teilsystem

Abb. 5.19: Begriffe des Systemdenkens

SEUSAG

S	**Systemgrenzen bestimmen**	Abgrenzen des Systems nach außen: Wie soll das zu untersuchende System von der Systemumwelt abgegrenzt werden? Welche Sachverhalte sollen/dürfen organisatorisch verändert werden, welche nicht? Damit wird der Gestaltungsbereich festgelegt.
E	**Einflussgrößen ermitteln**	Einflussgrößen sind - aus der Sicht des Projektes - nicht lenkbare Faktoren. Es werden unterschieden ■ Restriktionen, die durch Entscheider im Projekt als Vorgaben gesetzt sind oder extern erzwungen werden (Gesetze, Verträge etc.) ■ Rahmenbedingungen (haben Einfluss auf die Problemsituation, können im Rahmen des Projektes nicht verändert werden = Schlüsselgrößen, z.B. Verfügbarkeit von geeigneten Mitarbeitern, technisches Angebot im Markt etc.).
U	**Untersysteme/ Teilsysteme abgrenzen**	Abgrenzung von Systemen nach innen: Welche kleineren Einheiten können abgegrenzt werden, um sie isoliert zu bearbeiten? Was gehört im Innern zum Projekt? Konzentration auf Unter- und Teilsysteme, die nacheinander geplant werden. Vorgehen: ■ Vom Groben ins Detail – stufenweise Bildung ■ Minimierung der Schnittstellen bei der Abgrenzung.
S	**Schnittstellen ermitteln**	Welche Schnittstellen sind zwischen den Unter- bzw. Teilsystemen und zu den relevanten Umsystemen zu beachten? ■ Integration der Untersysteme von außen nach innen (Schnittstellenmatrix) ■ Zur Integration von Teilsystemen: schichtenweise – iterative – Planung, keine Realisation vor Abschluss der Planung (ohne Kenntnis wichtiger Zusammenhänge von Teil- bzw. Untersystemen).
A	**Analysieren**	Ermittlung und Ordnung der Elemente, Beziehungen und Dimensionen in den Unter- und Teilsystemen.
G	**Gemeinsamkeiten ermitteln**	Ermittlung gemeinsamer Elemente und Beziehungen in den abgegrenzten Unter- und Teilsystemen.

Abb. 5.20: Schritte des Systemdenkens

5.3.2 Anwenden des Systemdenkens auf Projekte

5.3.2.1 Systemgrenze bestimmen

Bei einem Organisationsprojekt werden zunächst die relevanten Organisationseinheiten, aber auch Interessengruppen (Stakeholder) als Komponenten oder Bestandteile des Systems ermittelt.

Kernfrage: Wer ist vom Projekt betroffen, daran beteiligt, hat Interessen?

Beispiel

Bei dem Projekt „Call-Center für den Kundenservice" könnten das sein:

1	Kundenservice	Hauptbetroffene	Im Gestaltungsbereich (System)
2	Call-Center (neu)	wird neu gestaltet	
3	Vertrieb	Aufgabenverlagerung	
4	Verwaltung	Aufgabenverlagerung	
5	Informatik	zusätzliche Betreuungsaufgaben	
6	Betriebstechnik	zusätzliche Betreuungsaufgaben	
7	Organisation	nur Beteiligte	Umsystem
8	Produktentwicklung	stellt Anforderungen	
9	Marketing	Einfluss auf Außendarstellung	
10	Personalbereich	Beteiligte bei Personalauswahl	
11	Vorstand	Auftraggeber	
12	Personalvertretung	Zustimmung zu Arbeitszeitregelung	
13	Controlling	Steuerungsinformationen, Abrechnung	
14	Kunden	direkter Ansprechpartner	

Abb. 5.21: Systemabgrenzung „Call-Center für den Kundenservice"

Danach werden als übergreifende Themen die heutigen und künftigen Beziehungen gesammelt. Damit nichts Wichtiges vergessen wird, sollten Fachexperten herangezogen oder Checklisten benutzt werden.

Kernfrage: Um welche Themen müssen wir uns kümmern?

Im aufgezeigten Beispiel könnten es folgende Gestaltungsinhalte sein (siehe Abbildung 5.22).

Beispiel

1	Vermarktung
2	Aufgaben des Call-Centers
3	Aufbauorganisation
4	Einsatzstrategie des Call-Centers
5	Technik
6	Kommunikationsverhalten
7	Ablauforganisation/Prozesse
8	Personalfragen
9	Raumfragen
10	Servicequalität

Abb. 5.22: Gestaltungsinhalte „Call-Center für den Kundenservice“

Bezogen auf jeden Gestaltungsinhalt entstehen nun Beziehungen zwischen den Organisationseinheiten und Interessengruppen. Sie lassen sich in einem Systemdiagramm aufzeigen. Nach dieser Betrachtung kann dann endgültig die Systemgrenze festgelegt werden.

Kernfrage: Welche Beziehungen werden durch die Gestaltungsinhalte zwischen den Organisationseinheiten, Interessengruppen, Beteiligten aufgebaut?

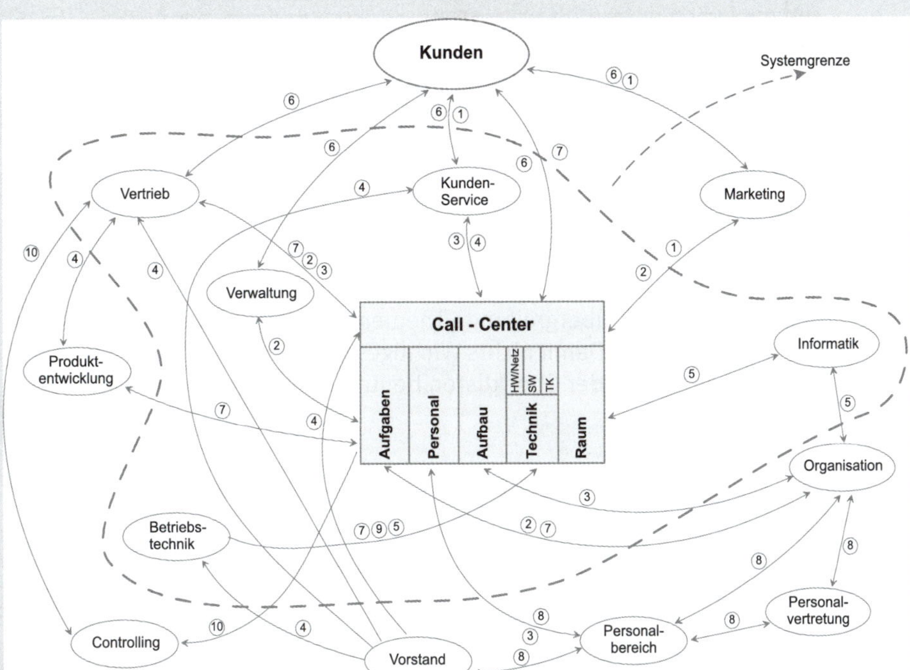

Abb.5.23: Systemdiagramm

Die Nummerierung zeigt auf, welche Organisationseinheiten von den Gestaltungsinhalten berührt sind. Damit ist der erste Schritt des Systemdenkens vollzogen und das Projekt nach außen abgegrenzt.

5.3.2.2 Einflussgrößen ermitteln

Jedes System ist in eine Umgebung mit unterschiedlichsten Einflussfaktoren (rechtlich, ökonomisch, ökologisch, wissenschaftlich, technisch, kulturell und politisch) eingebettet, in der und mit der es lebt. Durch die Erfassung dieser Faktoren lässt sich ein vollständiges und abgerundetes Bild der Situation gewinnen, was besonders zu Beginn eines Projektes eine wichtige Rolle spielt. Später wird durch diese ganzheitliche Betrachtung die Gestaltung integrationsfähiger Lösungen gefördert sowie deren Einbettung in ihr Umfeld erleichtert.

Im Rahmen einer Einflussgrößenanalyse sind drei grundlegende Fragen zu beantworten:

- Welche Einflussgrößen wirken auf das Projekt ein?
- Welche Trends können für diese Einflussgrößen prognostiziert werden?
- Welche Auswirkungen auf das Projekt lassen sich daraus ableiten?

Um diese Schlüsselgrößen zu ermitteln, können folgende Arten von Restriktionen und Rahmenbedingungen hinterfragt werden:

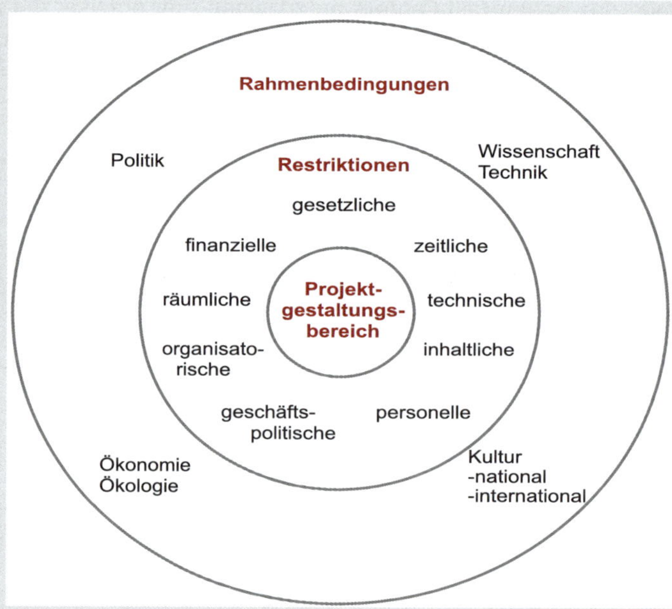

Abb. 5.24: Mögliche Einflussgrößen

Restriktionen	Rahmenbedingungen
■ Keine Entlassungen ■ Bestehende Dokumentations-standards und Verfahren für Auftragsänderungen verwenden ■ Keine Auflösung der Regional-büros ■ Datenschutzbestimmungen einhalten ■ Vorhandene Räume müssen genutzt werden	■ Kundenwachstum ■ Mitarbeiterstruktur der regio-nalen Büros ■ Angebot an ACD-Anlagen ■ Erreichbarkeit der Call-Center der Wettbewerber ■ Raumangebot in den Regional-büros

Einfluss-größen „Call-Center für den Kunden-service"

5.3.2.3 Unter- und Teilsysteme abgrenzen

In diesem Schritt wird der Projektgegenstand in kleinere Einheiten zerlegt. Das kann in diesem Beispiel in zwei Richtungen geschehen:

- Unterteilen der (Organisations)-einheiten (Untersysteme)
- Verfeinern der Beziehungen nach funktionaler Sicht (Teilsysteme).

So kann es sinnvoll sein, die Kunden nach Kundengruppen zu unterscheiden, den Vertriebsbereich in seine Abteilungen und Regionalbüros zu gliedern und die Bestandteile des neuen Call-Centers aufzuzeigen, um präziser die Ansprechpartner herauszuarbeiten und besser Aufgaben ableiten zu können. Es handelt sich immer um hierarchische Gliederungen, die in Form von Tabellen oder Strukturbildern dokumentiert werden.

Dabei ist unbedingt darauf zu achten, dass die Unterteilungen den Oberpunkt möglichst vollständig abdecken.

Erste Ebene		Zweite Ebene		Dritte Ebene	
1	Kundenservice	1.1. 1.2	Telefonzentrale Einsatzleitung		
2	Call-Center (neu)	2.1	Aufgabenbereiche	2.1.1 2.1.2 2.1.3	Kundenanfragen bearbeiten Mailing-Aktionen Kundenbefragungen
		2.2	Personal-qualifikationen	2.2.1 2.2.2 2.2.3	Technischer Experte Gruppenleiter Steuerexperte

Gliederungs-tabelle „Call-Center für den Kunden-service"

Erste Ebene		Zweite Ebene		Dritte Ebene	
		2.3	Gruppen	2.3.1 2.3.2	Marktsegment 1 Marktsegment 2
		2.4	Technik	2.4.1 2.4.2 2.4.3 2.4.4	Hardware Software ACD-Anlage Telekommunikation
		2.5	Raum	2.5.1 2.5.2 2.5.3 2.5.4	Großraum EDV-Raum Archiv Leitungsbüro
3	Vertrieb	3.1	Innendienst-zentrale	3.1.1 3.1.2 3.1.3	Sekretariat Leitung Zentrales Berichts-wesen
		3.2	Regionalbüros	3.2.1 3.2.2 3.2.3 3.2.4	Nord West Ost Süd
		3.3	Außendienst	3.3.1 3.3.2 3.3.3	Verkauf Auslieferung Technische Beratung
4	Verwaltung				
5	Informatik				
6	Betriebs-technik				
7	Organisation				
8	Produktent-wicklung				
9	Marketing				
10	Personal-bereich				
11	Vorstand				
12	Personal-vertretung				
13	Controlling				
14	Kunden	14.1	Großkunden		
		14.2	Handel		
		14.3	Endabnehmer	14.3.1 14.3.2	Landwirte Ärzte

Ebenso lassen sich die im ersten Schritt nach Funktionen des Systems gegliederten Gestaltungsinhalte über ein Mind-Map verfeinern. Dies bietet eine hohe Flexibilität für Ergänzungen, Erweiterungen oder andere Veränderungen und prägt sich gut ein.

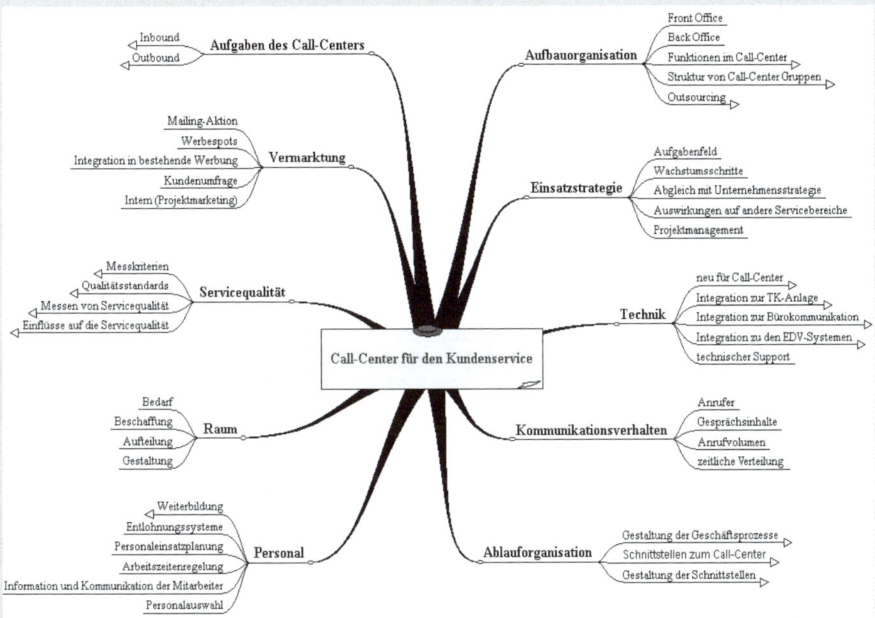

Abb. 5.25: Mind-Map zur Systemzerlegung

Um die Gestaltungsinhalte sauber abzugrenzen, sollten insbesondere bei Prozessen (dies sind Teilsysteme!) immer die auslösenden Geschäftsereignisse, die angesprochenen Organisationseinheiten und das Endergebnis aufgelistet werden.

Am Ende stehen immer Strukturpläne, die eine hierarchische Zerlegung des Projektgegenstandes (vom Groben ins Detail) zeigen. In der Praxis findet man auf Projektarten bezogene Sonderformen (siehe folgende Tabelle).

Sonderformen der Systemzerlegungen

Produktstrukturplan	Enthält die Einzelteile des künftigen Produktes.
Systemstrukturplan (SSP)	Von einem Systemstrukturplan spricht man bei der technischen Beschreibung und Strukturierung von Hard- und Software-Systemen. Er enthält die Auflösung in technische Komponenten, die technologischen Abschnitten zugeordnet werden.

Sonderformen der Systemzerlegungen

Anlagenstrukturplan (ASP)	Der Begriff Anlagenstrukturplan wird im Anlagenbau verwendet.
Objektstrukturplan (OSP)	Der Objektstrukturplan ist ein erweiterter Produktstrukturplan, der neben den Einzelteilen des künftigen Produktes auch bereits die zusätzlich während der Projektdurchführung entwickelten Zwischenprodukte wie Funktionsmuster, Prüfbauten, Testprogramme, Hilfsmittel enthält. Damit lässt sich klar trennen, was (letztendlicher) Bestandteil des Produktes ist und was nur auf dem Weg dorthin benötigt wurde.
Funktionsstruktur	Die Funktionsstruktur bildet eine planerische Vorstufe der eigentlichen Produktstruktur; sie enthält eine Gliederung der Funktionen, die das künftige Produkt leisten soll, ohne Berücksichtigung welcher Teil des Produktes die Funktion erfüllt.

In Standardproduktstrukturplänen werden die Ebenen der Gliederung bezeichnet und die Elemente der Ebenen durch ein hierarchisches Nummernsystem unterschieden. Dieses Nummernsystem hat den großen Vorteil, dass später produktteilbezogene Projektdaten beliebig nach oben komprimiert werden können.

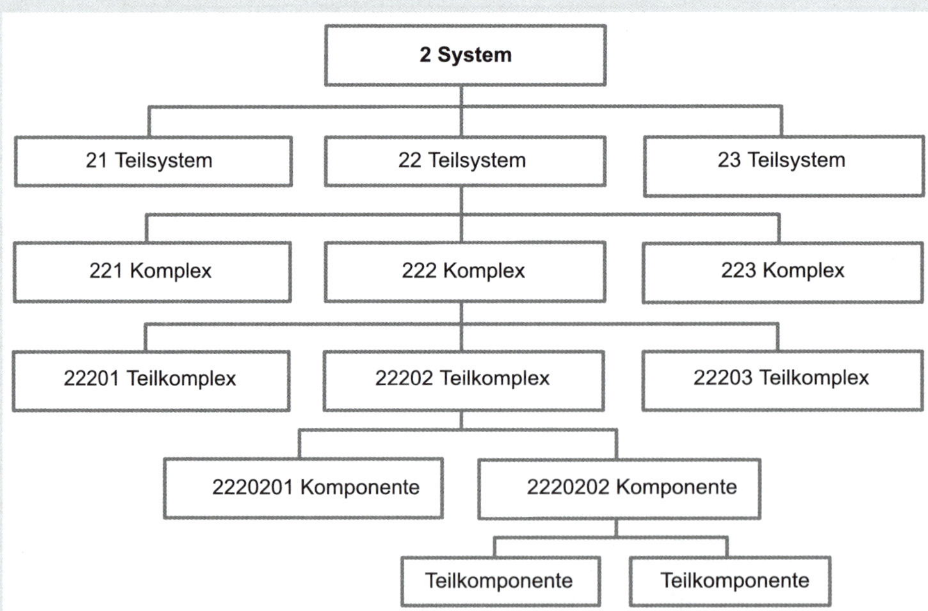

Abb. 5.26: Hierarchische Systemzerlegung

5.4 Ziele definieren

5.4.1 Bedeutung von Zielen in Projekten

> „Der Mensch ist ein zielstrebiges Wesen, doch meist strebt er zuviel und zielt zuwenig."
> Mark Twain

Ziele bestimmen Qualitätsanspruch

Unter einem Ziel wird ein angestrebter Zustand, eine erwünschte Wirkung verstanden. Ziele beschreiben also künftige Ergebnisse, die durch bestimmte Maßnahmen oder Lösungen erreicht werden. Sie setzen den Qualitätsmaßstab für die Ergebnisse fest, indem sie erlauben, die Güte der Ergebnisse zu bestimmen.

Über Ziele lassen sich auch die Interessen der verschiedenen Interessengruppen (Stakeholder) eines Projektes ausdrücken, um Lösungen zu suchen, die möglichst breit akzeptiert werden.

Lösungen /Maßnahmen	Ergebnis /Ziele	
	Soll (angestrebter Zustand)	Wirkung
▪ Einsatz von Workflow-Software ▪ Optimierung der Prozesse im Kundenservice ▪ Einführung eines Call-Centers ▪ Teamentwicklung	▪ Neues EDV-System ▪ Optimierte Prozessorganisation im OHB veröffentlicht ▪ Umgebautes Gebäude	▪ Verringerung von Durchlaufzeiten ▪ Senkung von Personalkosten ▪ Transparente Organisation ▪ Besseres Image
⇩ Auf welchem Weg soll es erreicht werden?	⇩ Was soll erreicht werden?	

Nicht immer kann eindeutig unterschieden werden, ob ein Ziel oder eine Lösung vorliegt. Es gilt der Grundsatz, dass mit zunehmender Detaillierung - im Projektfortschritt - die Ziele immer lösungsnäher werden.

Ziele haben einen hohen Stellenwert für das Projektmanagement, denn sie haben folgenden Zweck:

Nutzen von Zielen

Zwecksetzung	Beschreibung	Konsequenzen für das Projektmanagement
Koordination	Ziele fördern die Zusammenarbeit mehrerer Beteiligter an einem Projekt sowie zwischen Projekten.	Ableiten von Projektaufgaben, um zu zeigen, dass die Schritte zielführend sind.
Steuerung	Steuerung durch Entscheider wie auch die Steuerung durch den Projektleiter.	Die aktuellen Ziele bei Gesprächen mit Entscheidern als Argumentationshilfe benutzen.
Lösungssuche	Ziele stoßen die Suche nach Lösungen an (Value-Focused Thinking).	Ziele immer sichtbar machen. In kreativen Prozessen (z. B. Workshops) als Einführung bringen.
Entscheidung	Ziele sind Kriterien für die Eignung von Lösungen.	Ziele immer als Bewertungskriterien heranziehen (Nutzwertanalyse). Hierzu müssen Prioritäten in Form von Gewichten gesetzt und entschieden werden.
Messung	Ziele erlauben die Messung von Resultaten der Projektarbeit.	Ziele mit klaren Messkriterien versehen, operationalisieren. Durch Abnahmen und Reviews überprüfen, ob die bisher erreichten Ergebnisse den geforderten Ansprüchen genügen.
Motivation	Sind die Ziele bekannt und realistisch gesetzt, fördern sie die Leistungsbereitschaft.	Beim Operationalisieren sind Obergrenzen so festzulegen, dass sie für die Projektbeteiligten klar sind und innerhalb der gesetzten Fristen erreichbar scheinen.
Akzeptanz	Wird den Betroffenen und anderen Stakeholdern sichtbar, dass ihre Interessen in die Lösungsfindung einbezogen wurden, werden die Ergebnisse eher unterstützt und akzeptiert.	Projektteam an der Zielbildung beteiligen. Interessen aller Stakeholder sammeln.

Obgleich Ziele für jedes Projekt erforderlich sind, ist das Fehlen von Zielen einer der häufigsten Mängel im Projekt. Außerdem sind die Ziele den Beteiligten zu Beginn oft nur unzureichend bekannt. Ursachen hierfür sind:

Ursachen für das Fehlen von Zielen

- Der Auftraggeber ist sich über seine Ziele selbst nicht im Klaren – Störgefühl löst Projekt aus
- Der Auftraggeber nennt seine Ziele nicht, weil er sie für selbstverständlich hält
- Eine gewünschte Lösung steht im Vordergrund, über Ziele wurde noch nicht nachgedacht
- Unterschiedliche Gruppen verfolgen mit einem Projekt bestimmte Ziele, die im Projekt nicht alle bekannt sind
- Klare Aussagen zu Zielen werden bewusst vermieden, um später nicht anhand der Ziele gemessen werden zu können
- Auftraggeber oder Entscheider sind sich über die zu verfolgenden Ziele nicht einig und vermeiden deswegen klare Aussagen.

5.4.2 Anforderungen an Ziele

Ziele, die sich auf die Lösung selbst beziehen, werden als Systemziele bezeichnet (z.B. ausbaufähige ACD-Anlage). Daneben gibt es sogenannte Vorgehensziele, die den Projektverlauf betreffen (z.B. schneller Abschluss des Projektes). Zwischen den verschiedenen Zielkategorien können Zielkonflikte auftreten. Ein klassischer Zielkonflikt – ein sogenanntes „magisches Dreieck“ – besteht zwischen den Zielen:

- Kurze Durchlaufzeit des Projektes (Vorgehensziel)
- Niedrige Kosten des Systems
- Hohe Qualität der Lösung.

Sollen Ziele wirksam sein, sind einige Forderungen zu erfüllen.

Anforderungen an Ziele

Strategieverträglich	Ziele eines Projektes dürfen der Strategie nicht widersprechen.
Lösungsneutral	Ziele müssen unterschiedliche Lösungen erlauben, sie dürfen nicht von vornherein nur eine Lösung zulassen.
Redundanzfrei	Gleiche Ziele – auch wenn sie sich hinter unterschiedlichen Begriffen verbergen – sollen nicht mehrfach genannt werden.
Widerspruchsfrei	Ziele dürfen sich nicht widersprechen, Zielkonkurrenzen sind nicht zu vermeiden.

Realisierbar	Ziele müssen im Rahmen des konkreten Projektes beeinflusst werden können (realistisch sein oder außerhalb des Gestaltungsbereiches des Projektes liegen).
Beurteilbar	Ziele sind so zu formulieren, dass im Vorhinein bekannt ist, anhand welcher Kriterien die Zielerreichung gemessen werden soll.
Vollständig	Alle Ziele mit einem nennenswerten Gewicht sollten bekannt sein (zu viele Ziele können allerdings den Blick für das Wesentliche verstellen).
Relevant	Ziele müssen für die jeweilige Fragestellung maßgeschneidert sein. So ist das Ziel hohes Image für das Teilprojekt Technik anders zu verstehen als für das Teilprojekt Vermarktung.
Aktuell	Ziele sind permanent an die aktuelle Situation und den aktuellen Wissensstand anzupassen.

5.4.3 Zielfindungsprozess

Die Schritte des Zielfindungsprozesses stellen sicher, dass diese Forderungen erfüllt werden können. Erste Zielvorstellungen sind im Auftrag bereits enthalten. Hierbei handelt es sich jedoch oft lediglich um die Sicht des Auftraggebers und eventuell aus der Strategie abgeleitete Ziele. Aus den Missständen in der Ausgangslage lassen sich ebenfalls erste Ziele ableiten.

Zielfindungsprozess	
1.	**Zielideen suchen** ▪ Brainstorming im Team ▪ Stakeholder-Analyse
2.	**Zielstruktur aufbauen** ▪ Lösungen durch Ziele ersetzen ▪ Restriktionen von (Kann-)Zielen trennen ▪ Projektbezug prüfen ▪ Zielwidersprüche beseitigen, entscheiden ▪ Redundanzen eliminieren ▪ Geeignete Oberbegriffe suchen ▪ Vervollständigen unter Oberbegriffen
3.	**Ziele operationalisieren**
4.	**Ziele gewichten**
5.	**Zielkatalog entscheiden**
6.	**Ziele dokumentieren**
7.	**Ziele verfolgen und anpassen**

Abb. 5.27: Schritte zur Zielformulierung

Eine systematische Erläuterung der Schritte wird im Band 1 dieser Schriftenreihe gegeben. Hier soll lediglich auf die Stakeholder-Analyse zum Finden von Zielen eingegangen werden.

5.4.4 Stakeholder-Analyse

Die Stakeholder-Analyse besteht im Kern aus drei Fragen:

- Welche Personen bzw. Personengruppen und Institutionen müssen als potenzielle Stakeholder des Projektes betrachtet werden?
- Welchen Einfluss haben die potenziellen Stakeholder, d.h. welche Macht steht den Stakeholdern in Bezug auf das Projekt zur Verfügung?
- Wie werden sich die relevanten Stakeholder in Bezug auf das Projekt verhalten?

Zunächst sind die projektrelevanten Stakeholder zu identifizieren. Dies können sein:

Mögliche Stakeholder von Projekten

Unternehmensinterne	Unternehmensexterne
■ Auftraggeber des Projektes ■ Management: Geschäftsleitung, obere Führungsebene oder Abteilungsleitung ■ Funktionsbereiche: Marketing, Vertrieb, Forschung, Entwicklung, Einkauf, Revision, Organisation, Informatik etc. ■ Betriebs- bzw. Personalrat und sonstige Arbeitnehmervertreter ■ Lieferanten (intern) ■ Kunden (intern) ■ Mitarbeiter und Führungskräfte der betroffenen Bereiche ■ Andere Projekte oder Arbeitsgruppen, zu denen Verbindungen bestehen	■ Beteiligte Banken und Versicherungen ■ Beteiligte Berater und Gutachter, externe Fachleute ■ Lieferanten (extern) ■ Kunden (extern) ■ Wettbewerber am Markt ■ Anwohner und Anlieger am Unternehmens- bzw. Produktionsstandort ■ Lokale Politik bzw. Entscheidungsgremien (Räte, Parlamente) und Entscheidungsträger (Bürgermeister) der Lokalpolitik ■ Behörden und Verwaltungen, d.h. die zuständigen Beamten in den entsprechenden Verwaltungen ■ Organisierte Interessenvertreter, wie Umweltverbände und Verbraucherverbände ■ Kooperationspartner

Nach der Sammlung der internen und externen Stakeholder geht es darum zu erkennen, inwieweit und in welchem Ausmaß sie den Projekterfolg fördern oder behindern können und was in Bezug auf die kritischen Erfolgsfaktoren getan werden kann. Hierfür müssen zuerst die Bedeutung der Stakeholder klassifiziert (A, B, C - Stakeholder) sowie die Hauptinteressen der bedeutendsten Stakeholder formuliert werden.

Stakeholder	Einfluss	Hauptinteressen	Haltung	Erkenntnisse/ Maßnahmen
Leiter Kundenservice	A	■ Kundenzufriedenheit ■ Laufende Kosten ■ Hohe Auslastung	☺	Unterstützung würdigen, in Projekt einbeziehen, gut informieren
Mitarbeiter in Regionalbüros	B	■ Sicherer Arbeitsplatz ■ Keine finanziellen Nachteile ■ Anerkennung der Arbeit	☹	Neutral stimmen. Sorge durch Information (z.B. Präsentationen) nehmen
Großkunden	A	■ Persönliche Betreuung ■ Schnelle, kompetente Reaktion auf Anfragen	☹	Positiv stimmen, Ziele und Vorteile in Kundengesprächen aufzeigen. Anforderungen erfragen
Vorstand	A	■ Innovatives Image ■ Schneller Projektablauf	😐	Positiv stimmen durch Nutzen darstellen, Projektfortschritt aufzeigen. Erste Prototypen präsentieren
Technisch ambitionierte Mitarbeiter im Kundenservice	C	■ Karrierechance ■ Gestaltungsmöglichkeiten	☺	Einbeziehen. Für Projektteam gewinnen, freistellen
Betriebsrat	A	■ Rechtliche Interessen ■ Auswirkungen auf andere Bereiche	😐	Positiv stimmen. In Betriebsratssitzungen informieren

Abb. 5.28: Beispiel für eine Stakeholder-Analyse

Erkenntnisse können damit gewonnen werden in Bezug auf:

Nutzen der Stakeholder-Analyse

- Zu erwartende Handlungsmuster der Stakeholder
- Notwendige Projektmarketingmaßnahmen
- Geeignete Strategien im Umgang mit den Stakeholdern
- Zu berücksichtigende Ziele, Bedürfnisse und Visionen bei der Lösungsfindung
- Potenzielle Konflikte
- Kritische Erfolgsfaktoren bzw. Risiken
- Die Zusammensetzung der Projektgruppe und des Lenkungsausschusses sowie die Besetzung der Projektleiterrolle.

Aus der Stakeholder-Analyse ergeben sich zum einen die unterschiedlichen Prioritäten der Interessengruppen, zum anderen werden die für den Projekterfolg wichtigsten Stakeholder deutlich. Diese Informationen bilden eine gute Grundlage, um mit dem Auftraggeber die Projektziele zu vereinbaren, da ihm die Interessengemeinsamkeiten und -gegensätze bewusst werden.

Für ein klares Verständnis der einzelnen Ziele sollten sie bei der Vergabe der Prioritäten qualifiziert und mit einer Metrik versehen werden. Im Beispielprojekt „Call-Center für den Kunden-Service" könnte diese für das Ziel „hohe Erreichbarkeit" folgendermaßen definiert sein:

- Messkriterium: Anzahl der verloren gegangenen Anrufe
- Skalierung: noch akzeptabel: 10 pro Tag;
normal: 5 pro Tag;
ideal: weniger als 2 pro Tag
- Messzeitpunkt: Pilotphase von 2 Wochen
- Messobjekt: Installierte ACD-Anlage im Probebetrieb
- Messverfahren: Automatisches Protokoll der Anlage, Test mit 10 verschiedenen Einstellungsparametern, Statistische Auswertung.

Es empfiehlt sich, die Zahl der Ziele pro Stakeholder insbesondere mit Priorität 1 und 2 zu begrenzen (zum Beispiel auf maximal 5 insgesamt). Steht ein Stakeholder einem Ziel indifferent bzw. gleichgültig gegenüber, so wird kein Eintrag vorgenommen. Widerspricht ein Ziel dem Interesse des Stakeholders, so sollte dies deutlich gekennzeichnet sein.

	Stakeholder								
Ziele	Großkunden	Vorstand (Sponsor)	Leiter Kundenservice (Auftraggeber)	Informationstechnologie	Mitarbeiter im Call-Center	Betriebsrat	...	...	Gesamtpriorität
1.1. Niedrige Investitionskosten		1							1
1.2 Geringe laufende Kosten			1						2
1.3 Geringer Wartungsaufwand				1	2				3
2.1 Hohe Erreichbarkeit	1	1	2						1
2.2 Flexible, zukunftsorientierte Lösung		2		2					3
2.3 Kompetente Hilfen	2								2
2.4 Schnelle Problemlösung	3		2						3
3.1 Abwechslungsreiche attraktive Aufgaben					1				3
3.2 Klare Zuständigkeiten	3		2		3				3
3.3 Freundliche Gesprächsführung	1								2
3.4 Weniger Überstunden		ϟ			2	1			3
4.1 Niedriger Umstellungsaufwand		3	1	2					3
4.2 Umfassende Einbeziehung der Betroffenen					1				3

Abb. 5.29: Stakeholder Zielmatrix mit Prioritäten

Die Ergebnisse lassen sich dann zum Beispiel in eine gewichtete Zielstruktur übertragen. Zur Ableitung von Prioritäten und Gewichten von Zielen gibt es eine Reihe weiterer Methoden und Techniken wie etwa

- die stufenweise Gewichtung
- die Präferenzmatrix
- das Abstandsverfahren und
- der analytische Hierarchiebildungsprozess (analytical hierarchy process).

Näheres zu diesen Verfahren findet der interessierte Leser im Band 1 dieser Schriftenreihe.

Ziele	Gewicht	Maßstab
1. Wirtschaftlichkeitsziele	30 %	
1.1. Niedrige Investitionskosten	15 %	Ausgabewirksame Kosten des Projektes für aktivierungspflichtige Komponenten wie ACD-Anlage, Baumaßnahmen, Hardware
1.2. Geringe laufende Kosten	10 %	Kosten der Kostenstelle Call-Center pro Monat und Mitarbeiter
1.3. Geringer Wartungsaufwand	5 %	Aufwand für die Systembetreuung pro Jahr in Arbeitstagen
2. Leistungsziele	40 %	
2.1. Hohe Erreichbarkeit	15 %	Anzahl der verloren gegangenen Anrufe
2.2. Flexible, zukunftsorientierte Lösung	5 %	Anzahl der Ausbaustufen der ACD-Anlage von Minimal bis Maximal
2.3. Kompetente Hilfen	10 %	Anzahl Rückfragen zum gleichen Thema
2.4. Schnelle Problemlösung	10 %	Zeit vom Eingehen der Anfrage bis zur vollständigen Klärung mit dem Kunden
3. Kulturziele	20 %	
3.1. Abwechslungsreiche, attraktive Aufgaben	2 %	Anzahl unterschiedlicher Tätigkeiten einer Person
3.2. Klare Zuständigkeiten	5 %	Anzahl der Weitervermittlungen wegen falschen Ansprechpartners
3.3. Freundliche Gesprächsführung	10 %	Quote in der jährlichen Kundenbefragung in Prozentpunkten
3.4. Weniger Überstunden	3 %	Durchschnittlicher Anteil der Überstunden pro Mitarbeiter
4. Vorgehensziele	10 %	
4.1. Niedriger Umstellungsaufwand	5 %	Projektaufwand (intern/extern) in Personentagen
4.2. Umfassende Einbeziehung der Betroffenen	5 %	Anteil Personalaufwand für Betroffene im Projekt am gesamten Personalaufwand im Projekt

Abb. 5.30: Zielkatalog: Beispiel „Call-Center für den Kundenservice“

5.4.5 Anforderungen formulieren

Die Bedeutung der Anforderungen für den Erfolg eines Projektes kann kaum überschätzt werden. Nur wenn die Anforderungen bekannt sind, kann die richtige Lösung erarbeitet werden. Nur wenn die Anforderungen erfüllt werden, gibt es zufriedene Kunden (Stakeholder). Nur wenn die Anforderungen in der ganzen Breite ermittelt und zu einem schlüssigen Gesamtsystem verdichtet sind, lässt sich der Aufwand für ein Projekt sinnvoll planen. Nur wenn übertriebene Anforderungen rechtzeitig „abgewehrt" werden, kann eine Lösung in vertretbarer Zeit und mit vertretbaren Kosten erarbeitet werden.

Eine Anforderung beschreibt eine Eigenschaft oder Leistung, die von einem Produkt, einem Prozess oder einer an einem Prozess beteiligten Person erwartet wird.

Im Vordergrund der Anforderungsermittlung stehen die so genannten funktionalen Anforderungen. Das sind beispielsweise Leistungen, die eine Software zur Verfügung stellt, oder der unmittelbare Nutzen, den ein Produkt bietet. Sie werden häufig in einem so genannten Use Case beschrieben.

Daneben gibt es aber auch noch weitere Anforderungen, die auch als nicht-funktionale Anforderungen oder als geforderte Randbedingungen bezeichnet werden. Solche nicht-funktionalen Anforderungen sind beispielsweise Anforderungen an die Entwicklung einer neuen Lösung oder an nachgelagerte Prozesse wie Wartung und Unterstützung.

Zur Dokumentation von Anforderungen hat sich in der Praxis das Volere Schema durchgesetzt, das wie folgt gegliedert ist:

1. Produktrahmenbedingungen wie Zweck, Nutzer, Betroffene, Kunden
2. Funktionale Anforderungen
   - Abgrenzung des Systems
   - Anforderungen an Funktionen und Daten des Systems
3. Nicht-funktionale Anforderungen
   - Oberflächenanforderungen
   - Benutzbarkeitsanforderungen
   - Performance, Durchsatz, Sicherheit
   - Operationelle Anforderungen
   - Wartungs- und Portierungsanforderungen
   - Zugriffsschutzanforderungen
   - Kulturelle und politische Anforderungen
   - Rechtliche Anforderungen
4. Projektrahmenbedingungen wie Probleme, Aufgaben, Risiken, Kosten.

Um Anforderungen in einem Projekt systematisch zu ermitteln, kann man beispielsweise auf eine funktionale oder wertmäßige Analyse des bestehenden Systems zurückgreifen oder ausgehend von den Kernanforderungen des Kunden durch Dekomposition schrittweise einzelne Detailanforderungen ableiten.

Beispiel

Die Kernanforderung von Handy-Nutzern besteht sicherlich darin, mobil telefonieren zu können. Daraus lässt sich ableiten, dass das Handy etwa folgende Teile/Funktionen besitzen muss:

1. Spracheingabe
2. Anwahl des Gesprächspartners
3. Sprachausgabe
4. Sendeeinrichtung
5. Empfangsteil (Antenne)
6. Netzzugang
7. Mobile Stromversorgung.

Um nun etwa die mobile Stromversorgung sicherzustellen, werden ein Ladegerät, eine Batterie, Kontakte zum Stromverbraucher im Handy und eine erschütterungsresistente Arretierung der Batterie benötigt. Wenn eine dieser technischen Anforderungen nicht realisiert werden könnte, wäre die Kernanforderung unmöglich.

5.4.5.1 Anforderungen klassifizieren

In der Projektpraxis kommt es beim Klären und Zerlegen der Anforderungen immer wieder zu Missverständnissen hinsichtlich ihrer Bedeutung, zumal die Erfüllung aller Anforderungen meist den Rahmen des Projektbudgets sprengt. Deshalb sind gemeinsam zwischen Kunden (Auftraggeber) und Technik (Auftragnehmer) abgestimmte Anforderungsdefinitionen unerlässlich, die vor allem klare Strukturen und Prioritäten enthalten.

Die Anforderungen an das Projektergebnis sollten vor allem nach ihrer Bedeutung für Kunden beziehungsweise Nutzer eingeschätzt werden. Hier gilt es, den „voice of the customer“ (VOC) wahrzunehmen und zu verstehen. Insbesondere dann, wenn es sich um eine heterogene Kunden-/Nutzerstruktur handelt. Dabei lassen sich umfassende Anforderungslisten zum Beispiel wie folgt klassifizieren:

?	Die Anforderung ist noch nicht zwischen den verschiedenen Nutzern, Kunden geklärt und noch nicht ausreichend definiert.
A	K.O.-Kriterium, kein Betrieb möglich, wenn diese Anforderung nicht erfüllt werden kann.
B	Das Fehlen dieser Anforderung erzeugt einen Mehraufwand, der sich als wirtschaftlicher Schaden beziffern lässt.
C	Das Fehlen dieser Anforderung ist umständlich aufzufangen und entspricht einem nicht bezifferbaren Handicap.

Abb. 5.31: Kriterium „Bedeutung für Kunden“

Auf der technischen Seite müssen die Anforderungen verstanden werden und ihre Umsetzbarkeit eingeschätzt werden. So kann es sein, dass eine für den Kunden sehr zentrale Anforderung einfach und schnell realisiert werden kann. Diese sogenannten „Quick-wins“ fördern auch die Akzeptanz der übrigen Projektergebnisse. Aus technischer Sicht werden die schwierig umzusetzenden Anforderungen als besonders wichtig erachtet, da diese hohen Aufwand erwarten lassen und in der Regel das Risiko von Fehlschlägen größer ist.

?	Die technische Umsetzung der Anforderung ist noch nicht geklärt und/oder kann noch nicht beurteilt werden.
A	Technische Lösung strittig und unklar spezifiziert.
B	Lösungskonzept vorhanden, enthält aber viele Abhängigkeiten. Die Umsetzung ist aufwändig und komplex.
C	Einfach und schnell realisiert. Lösungsweg bekannt, geringer Aufwand für die Umsetzung oder durch Standardlösung abdeckbar.

Abb. 5.32: Kriterium „Umsetzungsfähigkeit“

Mit Hilfe dieser Einteilung der Anforderungen lässt sich der Status in der Anforderungsdefinition aber auch später für ein Projekt beurteilen. So kann etwa der Fortschritt während eines Klärungsworkshops durch ein Anforderungsportfolio visualisiert werden.

Abb. 5.33: Einordnung von Anforderungen

5.4.5.2 Kano-Analyse

NORIAKI KANO hat einen Ansatz entwickelt, mit dessen Hilfe Anforderungen klassifiziert werden können, um damit auch Aussagen über deren relative Bedeutung zu machen. Die nach ihm benannte Kano-Analyse bietet insbesondere bei Produkten und Leistungen eine gute Hilfe für eine erste Gewichtung.

KANO versucht, unterschiedliche Arten von Anforderungen zu ermitteln, indem er potenziellen Kunden oder Abnehmern zwei Fragen stellt:

- Wie würden Sie es finden, wenn diese Anforderung erfüllt würde (Positive Frage)?
- Wie würden Sie es finden, wenn diese Anforderung nicht erfüllt würde (Negative Frage)?

Für beide Fragen sind vier Antwortmöglichkeiten vorgegeben:

- Fände ich gut
- Erwarte ich (ist normal, dass es geboten wird)
- Ist mir gleichgültig
- Würde mir nicht gefallen.

Werden diese Fragen und die Antwortmöglichkeiten in einer Matrix einander gegenübergestellt, ergeben sich die folgenden sinnvollen Kombinationen:

		Wie würden Sie es finden, wenn die Anforderung nicht erfüllt würde?			
		Fände ich gut	Erwarte ich	Ist mir gleichgültig	Gefiel mir nicht
Wie würden Sie es finden, wenn die Anforderung erfüllt würde?	Fände ich gut		Außerordentlich zufrieden	Außerordentlich zufrieden	Macht zufrieden
	Erwarte ich				Macht unzufrieden
	Ist mir gleichgültig				Macht unzufrieden
	Gefiel mir nicht				

Abb. 5.34: Matrix Kano-Analyse

KANO nimmt die Position des Kunden (Anwenders, Nutzers) ein und unterscheidet drei Kategorien von Anforderungen:

- Elementare Anforderungen (basic requirements)
- Performance-Anforderungen (core competitive requirements)
- Überzeugende Anforderungen (breakthrough requirement)

Elementare Anforderungen sind Muss-Bestandteile

Elementare Anforderungen sind zwingend erwartete Bestandteile oder Funktionalitäten eines Produktes, einer Leistung oder eines Prozesses. Werden diese Anforderungen nicht erfüllt, ist der Kunde äußerst unzufrieden. Damit können diese Anforderungen auch als Muss-Bestandteile angesehen werden. Kunden oder Anwender nennen diese Anforderungen häufig gar nicht, weil sie aus ihrer Sicht selbstverständlich sind. Beispiele für elementare Anforderungen an einen MP3-Player sind die Funktionalitäten, dass er Musik aufzeichnen kann, wiedergeben kann, dass die Lautstärke geregelt werden kann und so weiter.

Bessere Performance sichert Zufriedenheit

Performance-Anforderungen sind Standardmerkmale eines Produktes oder einer Leistung, die aber sehr unterschiedlich ausfallen können. Bei einem MP3-Player könnte dies beispielsweise das Speichervolumen, die Leistungsfähigkeit des Akkus oder die Auflösung des Displays sein. Hier gilt die generelle Aussage, dass der Kunde umso zufriedener ist, je besser diese Anforderung erfüllt wird.

Überzeugende Anforderungen sind Leistungen oder Funktionen eines Produktes oder eines Prozesses, die der Kunde gar nicht erwartet hat und die er deshalb von sich aus auch gar nicht als Anforderung formulieren würde. Das Angebot überrascht den Kunden, beeindruckt ihn und führt im besten Fall dazu, dass er von der Leistung des Produktes begeistert ist. Bietet ein MP3-Player erstmalig die Möglichkeit, Musik direkt aus dem Internet – ohne den Umweg über einen Computer – aufzuzeichnen, so könnte dies für viele Kunden eine Neuerung sein, die einen erheblichen Vorteil gegenüber anderen Geräten bietet und die dem Anbieter damit einen Wettbewerbsvorteil beschert – zumindest solange, wie die Mitbewerber nicht nachziehen.

Mehr als der Kunde erwartet

Den Zusammenhang zwischen dem Ausmaß der Erfüllung dieser unterschiedlichen Anforderungen und der Kundenzufriedenheit zeigt die folgende Abbildung.

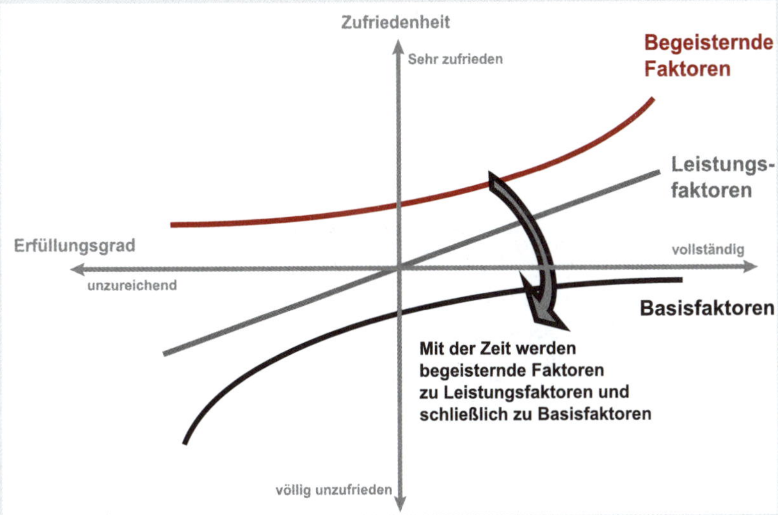

Abb. 5.35: Anforderungsarten Kano-Analyse

Werden elementare Anforderungen erfüllt, kann damit lediglich Kunden-Unzufriedenheit vermieden werden. Je besser die Performance-Anforderungen erfüllt werden, desto höher ist die Kundenzufriedenheit. Kann der Kunde darüber hinaus mehr bekommen, als er sich „erträumt" hat, so steigt die Kundenzufriedenheit unter Umständen sehr steil an. Das ist auch die Erklärung dafür, warum die Unternehmen immer wieder versuchen, Wettbewerbsvorteile durch Alleinstellungsmerkmale (Unique Selling Proposition USP) zu gewinnen, also durch Leistungsmerkmale, welche die Mitbewerber noch nicht bieten und die von den Kunden hoch geschätzt werden. In einem marktwirtschaftlichen System führt das normalerweise dazu, dass immer mehr Anbieter diese „einmaligen" Funktionalitäten bieten, so dass permanent Innovationen gesucht werden, um erneut einen Wettbewerbsvorteil zu gewinnen. Die gleiche Aussage gilt auch für die Performance-Anforderungen. So steigen die Erwartungen der

Wettbewerbsvorteil durch Alleinstellungsmerkmal

Kunden an bestimmte Leistungsmerkmale (z.B. Benzinverbrauch bei Automobilen, Ausstattung mit Airbags, Unterstützung durch elektronische Fahrhilfen) immer weiter an, je mehr ehemalige Spitzenleistungen zum Standard werden.

Die Anforderungsanalyse nach KANO kann also dazu beitragen, aus Kundensicht die richtigen Prioritäten bei den Anforderungen zu setzen.

Zusammenfassung

Die Befragung von Kunden über ihr Urteil zur Erfüllung beziehungsweise Nicht-Erfüllung von Anforderungen gibt Hinweise darauf, wie Unzufriedenheit vermieden, Kundenzufriedenheit gefördert und durch Alleinstellungsmerkmale außerordentliche Kundenzufriedenheit geschaffen werden kann. Daraus lässt sich die Gewichtung von Anforderungen ableiten.

5.4.5.3 Beziehung zwischen Anforderungen und Projektzielen

Bei vielen Projekten lassen sich nicht alle Anforderungen an funktionale Verbesserungen eines Systems gleichzeitig verwirklichen. So müssen einige neue Funktionen aufgrund von Budget- oder Terminrestriktionen in nachfolgende Versionen verschoben werden oder der Kunde erzwingt schnelle Erfolge bzw. verändert seine Ziele.

Um jederzeit die Projektarbeit auf den Fortschritt der Funktionen zu konzentrieren, die den größten Zielerreichungsgrad für den Kunden bedeuten, empfiehlt es sich in Anlehnung an die „Quality Function Deployment" Methode (QFD) Relationen zwischen den Zielen mit ihren Messkriterien und den funktionalen Anforderungen herzustellen. Dabei bedeuten die Einträge in den Kreuzungspunkten der Matrix:

Kein Eintrag	Die Art der Realisierung der Anforderung (Zeile) wirkt sich nicht auf die Erreichung des konkreten Zieles (Spalte) aus.
1	Die Realisierung dieser Funktion trägt in geringem Maße zur Zielerreichung bei.
3	Die Realisierung dieser Funktion trägt wesentlich zur Zielerreichung bei.
9	Die Realisierung dieser Funktion ist entscheidend für die Erreichung des Zieles.

Hat die Realisierung einer Funktion negative Auswirkungen auf die Erreichung eines Zieles, so kann dies durch entsprechende, negative Werte ausgedrückt werden. Sie sollten allerdings nicht gegen die positiven Werte bei der Summenbildung aufgerechnet werden, sondern als Maß für die zu klärenden Zielkonflikte und Abhängigkeiten zwischen den Anforderungen genutzt werden.

Die (positiven) gewichteten Zeilensummen ergeben ein Maß für die Bedeutung einer Anforderung zur Erreichung der Projektziele insgesamt. Die Spaltensummen zeigen auf, ob die zur Realisierung vorgesehenen Funktionen die richtigen Schwerpunkte der Projektziele abdecken. Die nachfolgende Tabelle zeigt einen Auszug aus der Anforderungsliste für die ACD-Anlage (Automatic Call Distribution) unseres Projektes „Call-Center für den Kundenservice“:

		Ziele								
		Hohe Erreichbarkeit	Flexible, zukunftsorientierte Lösung	Kompetente Hilfen	Schnelle Problemlösung	Abwechslungsreiche, attraktive Aufgaben	Klare Zuständigkeiten	Freundliche Gesprächsführung	Weniger Überstunden	**Zielbedeutung**
	Gewichtung	20	10	15	20	5	10	10	10	100
Anforderung/Funktion										
1	Automatische Anrufverteilung	9	3		1		3		1	270
2	Auswahlregel für freien Clienten		3	3	3		3			165
3	Umleitungsketten	9			3				3	270
4	Kundendateninterface	3	9	9	9			1	1	485
5	Anwahl über Kundendatenbank		3		1	3	3		3	125
6	Auslastungsreport	9				1	3		3	245
7	Anrufbeantworter	1							3	50
8	Kundenspezifische Dokumentation			3	3			1		115
9	Mitarbeitertraining (Technik)	1		1	9	1		3	3	280
10	Kommunikationstraining			9	9	3		9		420
11	Möblierung der Arbeitsplätze		3			9		3		105
12	Anforderungsprofile			3			9		1	145
13	FAQ-Datenbank		1	9	9	1		3	1	370
14	Integration Second Level Support	3		9	9		3	3	3	465
15	Betriebsvereinbarung	3				3	9		9	255
	Zielschwerpunkte des Anforderungskatalogs	38 14%	22 8%	46 17%	56 21%	21 8%	33 12%	23 9%	31 11%	270

Abb. 5.36: Beziehung zwischen Anforderung und Zielen

5.5 Projektstrukturplan

> „Mit Hilfe von Sprache, Logik und schlicht und einfach gesundem Menschenverstand sind die entscheidenden Punkte herauszufinden und eine konkrete Vorgehensweise festzulegen."
>
> Abraham Lincoln

5.5.1 Zweck von Strukturplänen

Der Projektstrukturplan (PSP) oder Work-Breakdown-Structure (WBS) zerlegt die große Projektaufgabe in kleinere delegierbare Teile. Er dokumentiert den Arbeitsvorrat aller Projektbeteiligten und fügt die Einzelergebnisse zusammen. Er ist der „Masterplan", von dem alle wesentlichen Projektpläne ausgehen und stellt ein unverzichtbares Orientierungsraster und Ordnungssystem für die Projektabwicklung dar.

Nur mit einem sauber geordneten und vollständigen Projektstrukturplan behält der Projektleiter sein Projekt im Griff. Nachträgliche Strukturänderungen können einen hohen zusätzlichen Planungsaufwand bedeuten. Deshalb sollten möglichst frühzeitig alle relevanten Aufgaben ermittelt und eingeordnet werden.

Aus dem Projektstrukturplan werden der Charakter (welche Projektart), der Planungszustand (in welcher Projektphase befindet sich das Projekt), die Projektstrategie und das gewählte Vorgehen erkennbar.

Der Projektstrukturplan bietet dem Projektleiter und seinem Team eine Menge Vorteile:

Nutzen des Projektstrukturplanes

- Besserer Überblick über die zu erledigenden Aufgaben
- Lücken und Überschneidungen werden erkennbar (Fehlen wichtiger Arbeitspakete?)
- Mehr Systematik in der Projektplanung
- Liefert die Basis für die Formulierung von Teilergebnissen und Schnittstellen
- Unterstützt eine transparente Aufwands- und Kostenschätzung
- Liefert Bausteine für die Ablauf- und Terminplanung
- Ist Grundlage für die Arbeitsteilung und Zuordnung von Kosten zu Verantwortlichen
- Gibt mehr Klarheit für alle Projektbeteiligten bezüglich der Leistung und Verantwortung
- Ist Voraussetzung für Diagnose und Steuerung
- Erleichtert die Projektdokumentation, da er die Gliederungsstruktur für die Ergebnisdokumente bildet.

5.5.2 Aufbau eines Projektstrukurplanes

Im Projektstrukturplan sind die geplanten Projektaufgaben hierarchisch geordnet. Jede Gliederungsebene wird durch eine eindeutige Nummer – die sogenannte Codierung – identifiziert. Dieses Nummernsystem ermöglicht die Zuordnung der Teile zum Ganzen. Die unterste Gliederungsebene enthält die Arbeitspakete, die Teilaufgaben oder Aufgabenkomplexe zusammenfassen. Die zweite Gliederungsebene wird oft als Teilprojektebene bezeichnet. Allerdings kann in dieser Ebene auch nach Phasen gegliedert werden. Die Projektmanagement-Aufgaben wie Projektplan erstellen, Berichte geben und Abnahmen werden in Koordinationsarbeitspaketen zusammengefasst. Sie sollten immer eigenständig aufgeführt sein, damit der hierfür notwendige Aufwand nicht untergeht.

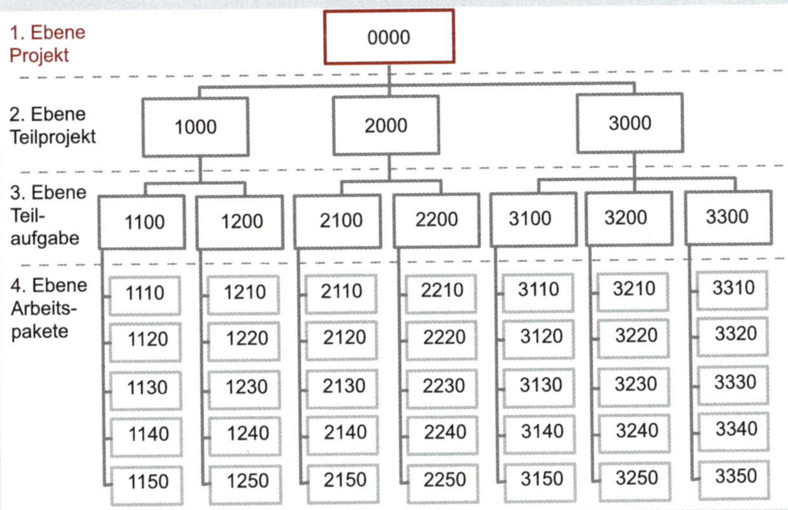

Abb. 5.37: Aufbau Projektstrukturplan

5.5.3 Gliederungsprinzipien und Codierung

Bei jeder Zerlegung (z.B. eines Teilprojektes) in die nächste Ebene sollte nach einem einheitlichen Gliederungsprinzip vorgegangen werden. Dieses Gliederungsprinzip kann von Stufe zu Stufe beibehalten oder im Wechsel eingesetzt werden. Entscheidend ist die Zweckmäßigkeit. Es gibt keine falschen, sondern nur mehr oder weniger zweckmäßige Projektstrukturpläne.

Es werden folgende Gliederungsprinzipien unterschieden:

- Objektorientiert

  Welche Teile sind im Projekt, Teilprojekt, Teilaufgabe zu bearbeiten?
- Funktions- oder verrichtungsorientiert

  Welche Funktionen sind im Projekt, Teilprojekt, Teilaufgabe auszuführen?
- Phasen- oder ablauforientiert

  In welchen Schritten läuft das Projekt, Teilprojekt, Teilaufgabe ab?

Projektstrukturpläne werden nach dem dominierenden Gliederungsprinzip eingeteilt. Es ist eher selten, dass ein Gliederungsprinzip für alle Zerlegungen gleichermaßen verwendet wird.

5.5.3.1 Phasen- oder ablauforientierter Strukturplan für ein Organisationsprojekt

Viele Organisationsprojekte laufen immer nach dem gleichen Muster ab. Damit bietet sich das standardisierte Vorgehen als dominierendes Gliederungsprinzip an. Meist ist zu Beginn der Projektumfang unklar, es sind wichtige Entscheidungspunkte zu setzen und die Teilergebnisse bauen sehr stark aufeinander auf. Eine Gliederung nach Phasen ist vor allem bei großen Projekten sinnvoll.

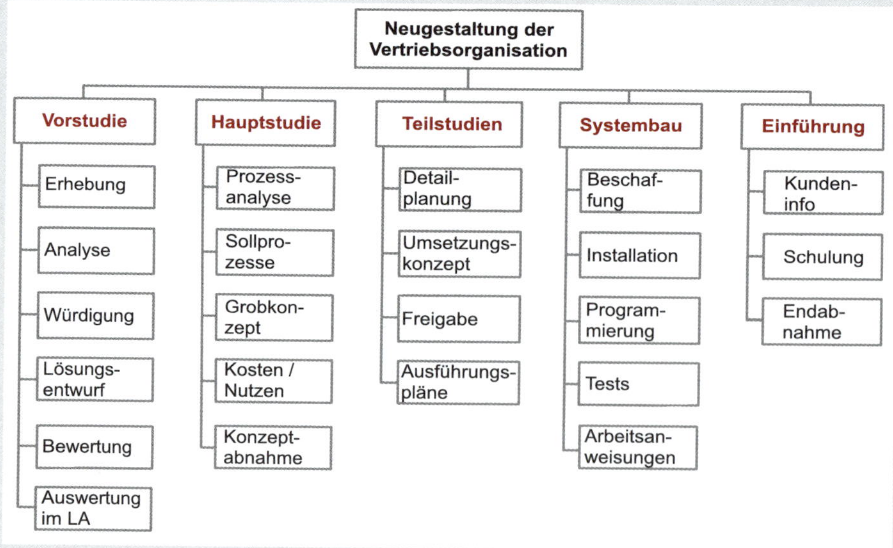

Abb. 5.38: Phasenorientierter Projektstrukturplan

5.5.3.2 Objektorientierter Strukturplan für ein technisches Projekt

Bei großen Projekten, insbesondere aus dem Anlagenbau, ist es zunächst wichtig, den Projektgegenstand in seiner vollen Komplexität zu begreifen. Während des Projektes werden dann diese Gestaltungsinhalte oder Objekte schrittweise verändert oder neu entwickelt. Hierzu werden je Objekt sehr unterschiedliche Einsatzmittel (Anlagen und Spezialisten) benötigt, wobei die Kosteneinhaltung und Steuerung im Vordergrund stehen. Da die Arbeit an den einzelnen Objekten zeitlich sehr stark überlappt und sich in ihrer Reihenfolge oft ändert, ist eine phasen- oder ablauforientierte Gliederung nicht sinnvoll. In diesen Projekten dominiert die systematische Zerlegung des Systems bzw. Produktes.

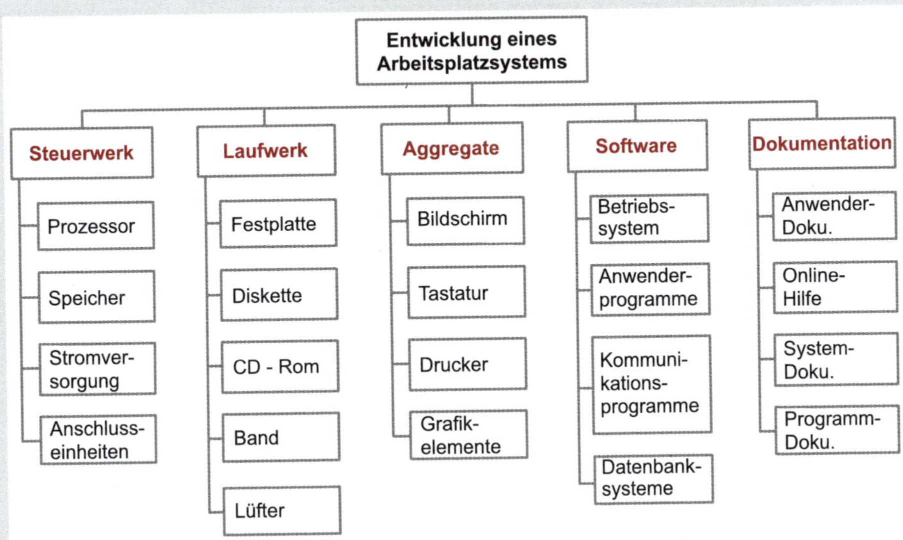

Abb. 5.39: Objektorientierter Projektstrukturplan

5.5.3.3 Funktions- oder verrichtungsorientierter Strukturplan für ein Bauprojekt

In Bauprojekten wird sehr stark arbeitsteilig gearbeitet. Sie laufen immer nach dem gleichen Muster ab. Dabei werden von Spezialkräften immer die gleichen Funktionen ausgeführt. Aufgrund der Bautechnik ergibt sich eine natürliche Reihenfolge der Verrichtungen, zwischen denen oft bestimmte zeitliche Abstände liegen, z.B. die Trocknungszeit des Estrichs. Die Koordination der verschiedenen Arbeitsgruppen wird als eigenständige Funktion betrachtet und kann einem Funktionsträger zugeordnet werden (Architekt). Die Verrichtungen/Funktionen werden über Aufwand und Termin gesteuert. So kann meist durch Kapazitätserhöhung die Arbeit beschleunigt werden.

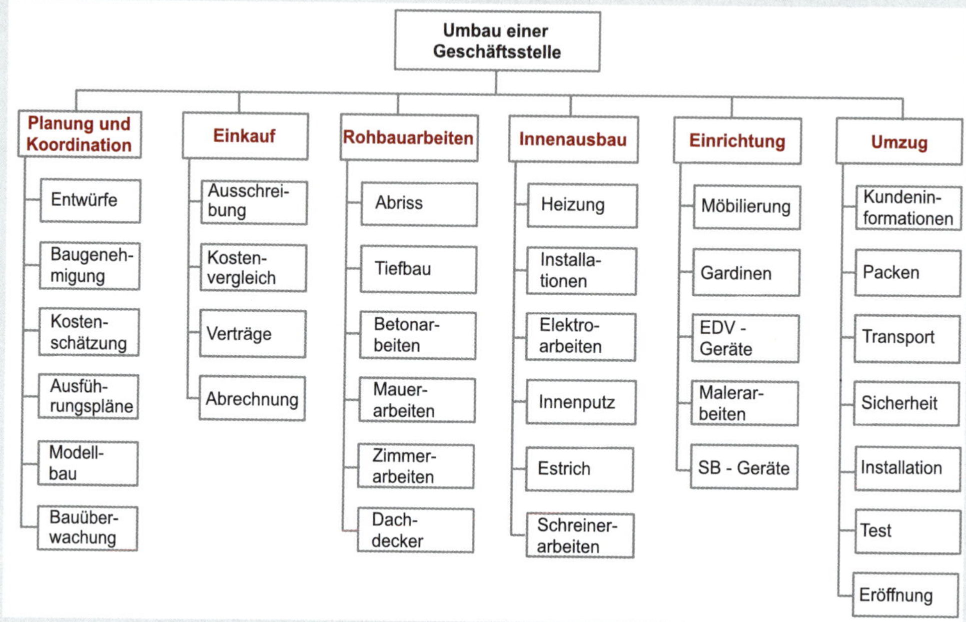

Abb. 5.40: Verrichtungsorientierter Projektstrukturplan

5.5.3.4 Codierung

Die Codierung im Projektstrukturplan soll zur eindeutigen Kommunikation im Projekt beitragen. Sie

- ist der Kontenplan des Projektes
- hilft bei der Einordnung der Arbeitspakete/Teilaufgaben
- unterstützt die Aufwandsschätzungen
- erleichtert eine Auswertung über mehrere Projekte.

Die folgenden drei Varianten der Codierung finden sich am häufigsten:

- Graphisch: Horizontale oder vertikale Baumstruktur
- Halbgraphisch: Aufgabenstruktur mit Einrückungen (wie in den obigen Beispielen)
- Tabellarisch: Dokumentation über Klassifikationsnummern (Schlüssel).

Als unterschiedliche Schlüsselarten findet man:

- Rein nummerisch
- Rein alphabetisch
- Gemischt
- Alpha-nummerischer PSP-Code.

Neben der identifizierenden Funktion innerhalb eines Projektstrukturplanes kann eine klassifizierende Codierung auch noch Informationen über die Zugehörigkeit zu Projektarten, Phasen, Abteilungen, Kostenträgern und Tätigkeitsarten beinhalten. Eine projektübergreifende Standardisierung ist erforderlich.

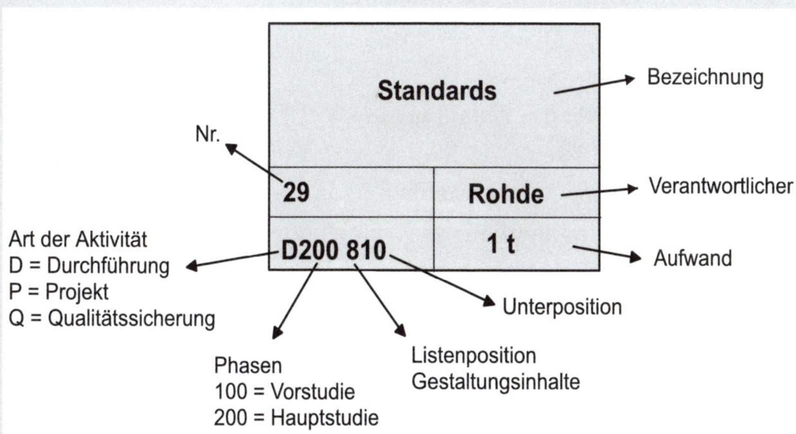

Abb. 5.41: Beispiel für eine Codierung

5.5.4 Ablauf der Strukturierung

Wird im Projekt methodisch gearbeitet, sind bereits einige Strukturen definiert:

- Vorgehensstrukturen und Entscheidungspunkte
  (Wie gehe ich prinzipiell vor?)
- Systemstrukturen
  (Um welche Gestaltungsinhalte geht es? Wie sind diese aufgebaut?)
- Gewichtete Zielstruktur
  (Wie gut muss das Ergebnis sein? Worauf kommt es besonders an?)

Der Projektstrukturplan entsteht aus diesen Bestandteilen in einem iterativen Prozess, bis Arbeitspakete eindeutig auf die Projektbeteiligten zugeordnet werden können. Bei der Zerlegung müssen drei Dinge berücksichtigt werden:

1) Wie können die Schnittstellen minimiert werden?
2) Was muss in einer Hand bleiben?
3) Nach welchen Gliederungsprinzipien (Phasen, Objekte, Verrichtungen) soll unterteilt werden?

Ein Projektstrukturplan bleibt handhabbar, wenn er nicht mehr als 4 Gliederungsebenen enthält. Der Detaillierungsgrad hängt dabei von folgenden Kriterien ab:

Nicht mehr als vier Gliederungsebenen

- Voraussichtliche Dauer des Projektes
- Voraussichtliche Kosten
- Komplexität
- Beherrschbarkeit des Ablaufes
- Risiko des Projektes
- Organisatorische Rahmenbedingungen
- Führungsprinzip innerhalb der Projektorganisation.

Der Projektstrukturplan ist kein starres Gebilde, das einmal zu Beginn festgelegt wird, sondern er lebt während des gesamten Projektgeschehens.

5.5.4.1 Die PRAKTIKER-Prinzipien des Projektstrukturplanes

Im Projektstrukturplan werden die Aufgaben „hierarchisch" geordnet, das heißt, aus dem Gesamtprojekt werden kleinere Einheiten (Teilprojekte, Aufgabenkomplexe und Arbeitspakete) abgeleitet. Bei der Strukturierung des Projektes hilft grundsätzlich das Denken in Objekten und Verrichtungen. Mit dem Systemdenken werden Teilprojekte erkennbar, die sich anhand der Fragen der Aufgabenanalyse in Aufgabenkomplexe und Arbeitspakete gliedern lassen.

Die nachfolgenden PRAKTIKER-Prinzipien geben als Checkliste wichtige Hinweise für eine sinnvolle Strukturierung.

PRAKTIKER

P ragmatische Strukturierung ansteuern	Die Qualität des Strukturplanes hängt jedoch nicht von einer möglichst reinen Form der Zerlegung, sondern vielmehr von der pragmatischen Berücksichtigung der Projektziele und Rahmenbedingungen sowie von den Erfahrungen der Beteiligten ab.
R essourcen berücksichtigen	Einheiten sollten so abgegrenzt werden, dass sie einzelnen Personen oder Gruppen übertragen werden können, weil nach deren Wissen und Können zu erwarten ist, dass sie die Teilaufgaben erfolgreich bewältigen können.
A ngemessene Tiefe anstreben	Aufgaben sollten der Komplexität und Neuartigkeit des Projektes entsprechend untergliedert werden. Bei innovativen Projekten ist ein eher grober Detaillierungsgrad ratsam, der den Arbeitspaketverantwortlichen die erforderliche Flexibilität bewahrt.
K ombination aus bottum-up- und top-down-Vorgehen wählen	Die Ermittlung der Komponenten des Projektstrukturplanes erfolgt sinnvollerweise sowohl aus einer bottom-up-orientierten kreativen Sammlung aller denkbaren Elemente als auch aus einer systematischen top-down-Analyse der Aufgaben.
T echniken einsetzen	Bei der Planung der Projektstruktur fördern Gruppenarbeits- und Visualisierungstechniken die notwendige Transparenz, Kreativität und Ganzheitlichkeit.
I nneren Zusammenhang beachten	Es sollten die Einheiten so abgegrenzt werden, dass Module entstehen, die nicht zu viele Schnittstellen nach außen haben (Übergewicht der inneren Bindung).
K omplette Aufgabenliste anstreben	Von der Aufgabenplanung hängen viele andere Planungen ab (Zeiten, Kapazitäten, Kosten). Es sollte versucht werden, so frühzeitig wie möglich alle relevanten Aufgaben zu erkennen.
E rgebnisorientierung vorziehen	Bei der Konzeption der Strukturelemente sind eindeutig definierte Ergebnisse reinen Handlungsauflistungen vorzuziehen. Je konkreter die Anforderungen an den Zustand der Systemkomponente vorliegen, desto leichter fällt die Messung der Ergebniserfüllung.
R ollende Planung anwenden	Durch eine rollende Planung sind die Teilaufgaben zunehmend zu konkretisieren (nicht schon zu Beginn versuchen, das letzte Detail zu planen – von der Breite in die Tiefe).

Abb. 5.42: PRAKTIKER-Prinzipien

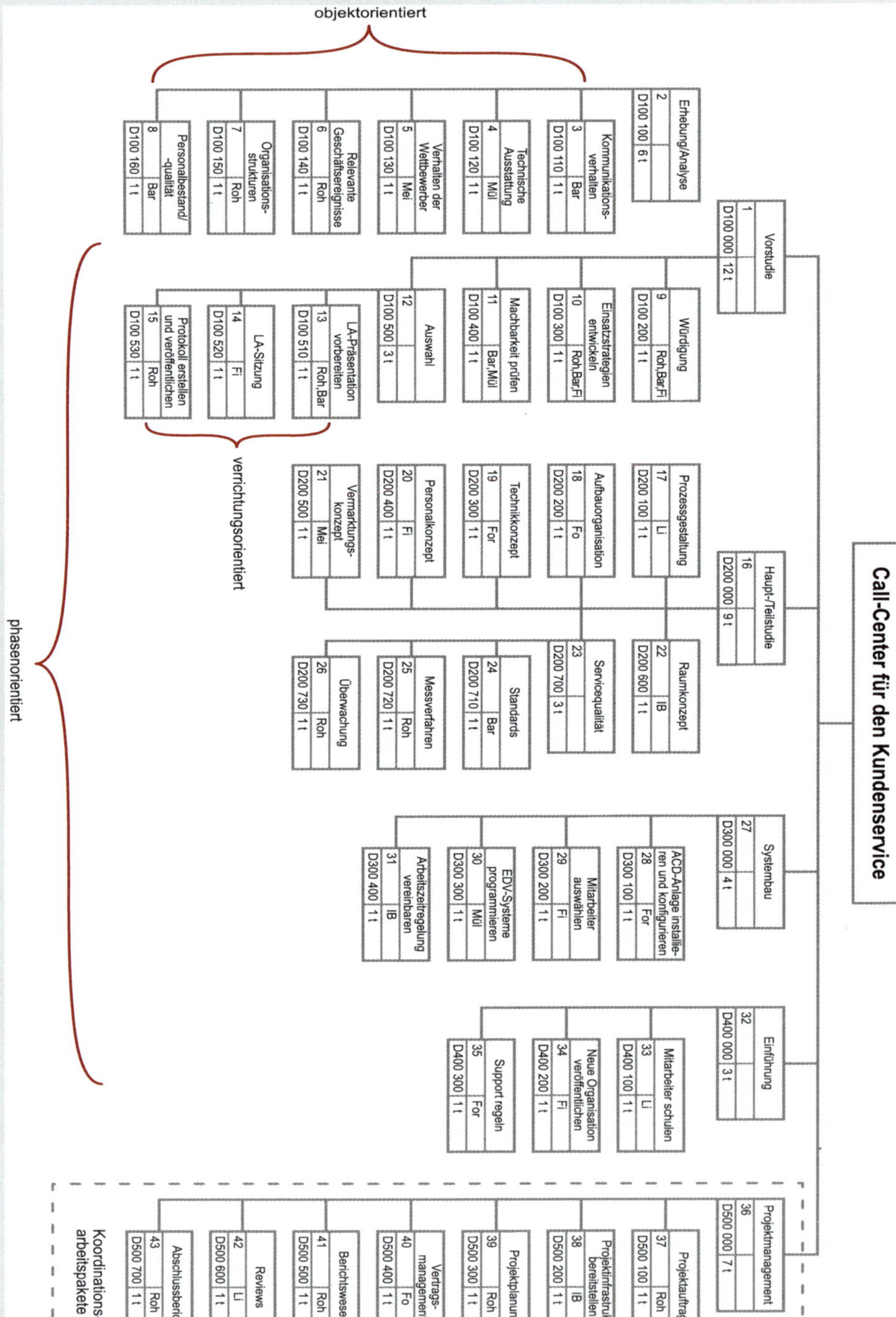

Abb. 5.43: Projektstrukturplan bei Projektstart „Call-Center für den Kundenservice“

5.5.4.2 Tabellarische Darstellung des Projektstrukturplanes

Die hierarchische Darstellung des Projektstrukturplanes ist eine sehr anschauliche Form, die Gliederungsstruktur eines Projektes zu dokumentieren. Da Projektstrukturpläne nicht selten mehr als 50 Arbeitspakete beinhalten, stößt diese Darstellungsform jedoch an ihre Grenzen. Zu Arbeitszwecken bietet sich die horizontale Dokumentation mit Hilfe einer Tabelle an. Insbesondere ab der Hauptstudie ergeben sich umfangreiche Strukturen. Die folgenden Tabellen sollen einen Eindruck über den Detaillierungsgrad vermitteln.

Code	Vorgangsname	Aufwand	AP-Verantwortlicher
D200000	**1 Hauptstudie**	**139t**	
D200100	**1.1 Aufgabenumfang des Call-Centers**	**15t**	
D200110	1.1.1 Inbound	5t	Barcklow
D200120	1.1.2 Outbound	5t	Follert
D200130	1.1.3 Interne Aufgaben	2t	Fischermanns
D200140	1.1.4 Schnittstellenmanagement	3t	Liebelt
D200400	**1.2 Prozessgestaltung**	**29t**	
D210410	1.2.1 Prozesse erheben und analysieren	5t	Pucker
D210420	1.2.2 Schnittstellen erheben	3t	Pucker
D220400	1.2.3 Stärken/ Schwächen ermitteln	3t	Rohde
D230400	1.2.4 Prozessziele formulieren	2t	Barcklow
D240410	1.2.5 Soll-Prozesse definieren	5t	Pucker
D240420	1.2.6 Soll-Schnittstellen beschreiben	3t	Barcklow
D240430	1.2.7 Anforderungen an Technik festlegen	3t	Pucker
D250400	1.2.8 Umfang der Prozessänderung festlegen	2t	Fischermanns
D260410	1.2.9 Prozesse dokumentieren (Grob)	3t	Liebelt
D200500	**1.3 Aufbauorganisation**	**32t**	
D200510	1.3.1 Front Office	4t	Barcklow
D200520	1.3.2 Back Office	5t	Follert
D200530	1.3.3 Funktionen im Call-Center	5t	Pucker
D200540	1.3.4 Struktur der Call-Center Gruppen	3t	Rohde
D200550	1.3.5 Outsourcing untersuchen	15t	Fischermanns
D200200	**1.4 Technikkonzept**	**20t**	
D200210	**1.4.1 Ausgestaltung der neuen Technik**	**8t**	
D210210	1.4.1.1 Marktangebot sichten	3t	Forgel
D220210	1.4.1.2 Expertise einholen	2t	Pucker
D240210	1.4.1.3 Größenordnung festlegen	2t	Follert
D250210	1.4.1.4 Kosten ermitteln	1t	Forgel
D200220	1.4.2 Integration zur TK-Anlage	3t	Müller
D200230	1.4.3 Integration zur Bürokommunikation	3t	Müller
D200240	**1.4.4 Integration zu den EDV-Systemen**	**6t**	
D200241	1.4.4.1 Kundensysteme	2t	Forgel
D200242	1.4.4.2 Bestellsysteme	1t	Forgel
D200243	1.4.4.3 Stammdatensysteme	3t	Forgel
D200600	**1.5 Personalkonzept**	**14t**	
D200610	1.5.1 Personalbedarf	1t	Fischermanns
D200620	1.5.2 Personalanforderungen	3t	Barcklow
D200630	1.5.3 Personaleinsatzplanung	3t	Follert
D200640	1.5.4 Arbeitszeiten (Grundzüge/Schichtmodelle)	4t	Bock
D200650	1.5.5 Information und Kommunikation im CC	2t	Follert
D200660	1.5.6 Weiterbildungsbedarf	1t	Fischermanns
D200300	1.6 Vermarktungskonzept	5t	Meister
D200700	**1.7 Raumkonzept**	**5t**	
D210700	1.7.1 Raumbedarf	1t	Meister
D240700	1.7.2 Alternative Räume ermitteln	3t	Bock
D260700	1.7.3 Standort entscheiden	1t	Fischermanns
D200800	**1.8 Servicequalität**	**12t**	
D200810	1.8.1 Standards	7t	Barcklow
D200820	1.8.2 Messverfahren	2t	Rohde
D200830	1.8.3 Überwachung	3t	Rohde
D200900	**1.9 Gesamtkonzept**	**7t**	
D240900	1.9.1 Abgrenzen der Teilstudien	2t	Rohde
D250900	1.9.2 Wirtschaftlichkeitsrechnung	1t	Barcklow
D260900	1.9.3 Umsetzungsplan	1t	Rohde
D270900	1.9.4 Gesamtkonzept abnehmen	3t	Fischermanns

Abb. 5.44: Tabellarischer Projektstrukturplan der Hauptstudie „Call-Center für den Kundenservice“

Code	Vorgangsname	Aufwand	AP-Verantwortlicher
D200000	**1 Hauptstudie**	**139 t**	
D200100	**1.1 Aufgabenumfang des Call-Centers**	**15 t**	
D200400	**1.2 Prozessgestaltung**	**29 t**	
D200500	**1.3 Aufbauorganisation**	**32 t**	
D200200	**1.4 Technikkonzept**	**20 t**	
D200600	**1.5 Personalkonzept**	**14 t**	
D200300	1.6 Vermarktungskonzept	5 t	Meister
D200700	**1.7 Raumkonzept**	**5 t**	
D200800	**1.8 Servicequalität**	**12 t**	
D200900	**1.9 Gesamtkonzept**	**7 t**	
D300000	**2 Teilstudien und Systembau**	**150 t**	
D300500	**2.1 Aufbauorganisation**	**15 t**	
D310510	2.1.1 Detaillierte Mengenanalyse	4 t	Pucker
D340510	2.1.2 Zuordnung von Geschäftsvorfällen	2 t	Barcklow
D340520	2.1.3 Gruppenzusammensetzung	2 t	Follert
D400510	2.1.4 Stellenbeschreibungen	3 t	Liebelt
D340530	2.1.5 Einordnung in Gesamtorganisation	2 t	Fischermanns
D400530	2.1.6 Organigramme	2 t	Liebelt
D300200	**2.2 Kommunikationstechnik**	**43 t**	
D300210	**2.2.1 ACD-Anlage**	**26 t**	
D300220	**2.2.2 Erweiterung TK-Anlage**	**7 t**	
D300230	**2.2.3 Sprachcomputer**	**10 t**	
D300250	**2.3 Integration zu den EDV-Systemen**	**36 t**	
D310250	2.3.1 Schnittstellenbeschreibungen	3 t	Liebelt
D320250	2.3.2 Programmbeschreibungen	4 t	Forgel
D330250	2.3.3 Datenbankentwurf	3 t	Forgel
D340250	2.3.4 Testkonzept	3 t	Rohde
D410250	2.3.5 Programmierung	15 t	Müller
D450250	2.3.6 Funktionstest	5 t	Müller
D460250	2.3.7 Integrationstest	3 t	Liebelt
D300600	**2.4 Personal**	**18 t**	
D400630	2.4.1 Stellenausschreibung	2 t	Bock
D400620	2.4.2 Mitarbeiter auswählen	5 t	Fischermanns
D400640	2.4.3 Schulungsplan	1 t	Liebelt
D400610	2.4.4 Arbeitszeitregelung vereinbaren	10 t	Rohde
D300400	**2.5 Prozesse und Steuerung**	**17 t**	
D300410	2.5.1 Prozessvorgaben für Technik	4 t	Pucker
D300420	2.5.2 Reporting	8 t	Rohde
D400430	2.5.3 Arbeitsanweisungen	5 t	Liebelt
D300300	**2.6 Vermarktung**	**9 t**	
D300310	2.6.1 Werbeaussagen	3 t	Meister
D300320	2.6.2 Werbeeinsatz planen	1 t	Meister
D400300	2.6.3 Werbemittel anpassen	5 t	Meister
D300700	**2.7 Raum**	**12 t**	
D310700	2.7.1 Raumplanung	2 t	Fischermanns
D300710	2.7.2 Mobiliar	2 t	Bock
D400720	2.7.3 Umbauten	8 t	Bock
D500000	**3 Einführung**	**20 t**	
D500600	3.1 Mitarbeiter schulen	10 t	Liebelt
D500500	3.2 neue Organisation veröffentlichen	3 t	Fischermanns
D500200	3.3 Support regeln	2 t	Forgel
D500800	3.4 Kundenbefragung	5 t	Barcklow
P600000	**4 Projektmanagement**	**27 t**	
P600110	4.1 Projektauftrag(Änderungsmanagement)	2 t	Rohde
P600200	4.2 Projektinfrastruktur bereitstellen	2 t	Bock
P600310	4.3 Projektplanung(Detailpläne)	4 t	Rohde
P600400	4.4 Vertrags-management	3 t	Follert
P600500	4.5 Berichtswesen	7 t	Rohde
Q600600	4.6 Reviews	4 t	Liebelt

Abb. 5.45: Projektstrukturplan von Hauptstudie bis Projektabschluss „Call-Center für den Kundenservice“

5.5.4.3 Vorgehen im Team

Mehr Verständnis der Aufgaben durch Erarbeiten im Team

Der Projektstrukturplan stellt für die weitere Projektarbeit eine Art Landkarte dar, deren Genauigkeit über die Qualität des Projektergebnisses mit entscheidet. Auch hier kommt es darauf an, dass der Projektleiter aus dem Team „herausholt", was in ihm steckt. Als Werkzeug bietet die Moderationsmethode mit der Metaplantechnik eine sehr gute Hilfe. In einem „Brainstorming mit Kartenabfrage" z.B. schreiben die Teammitglieder auf Pinnkarten alle Aufgaben, Teilschritte und Aspekte, die ihrer Meinung und Erfahrung nach in den Projektstrukturplan aufgenommen werden müssen. Alle Karten werden an einer Pinnwand nach und nach in eine logische Struktur gebracht. Am Ende dieses Prozesses ist in gemeinsamer Arbeit ein Projektstrukturplan entstanden, der nicht nur mit hoher Wahrscheinlichkeit vollständig ist, sondern von allen Teammitgliedern verstanden, getragen und akzeptiert wird.

Erfahrungsgemäß kollidiert eine solche „teamorientierte" Vorgehensweise nicht selten mit dem verständlichen Sicherheitsbedürfnis des Projektleiters. Er trägt letztlich die Gesamtverantwortung und will daher ganz sicher gehen, dass an alles gedacht wird, was dann dazu verführt, schon im Vorfeld „alles" zu bedenken, zu planen und festzulegen. Aber gerade diese Haltung verhindert die volle Nutzung des Teampotenzials – die Teammitglieder werden in eine eher passive Haltung gedrängt, die Teamarbeit beschränkt sich auf die Entgegennahme und Bearbeitung von Aufgaben, vielfältige Erfahrungen, Kenntnisse, Fähigkeiten und Ideen kommen kaum zum Tragen, die Motivation sinkt.

Projektarbeit ist per se Teamarbeit, also weit mehr als Arbeitsteilung nach dem Motto „Ich sage, was zu tun ist, Ihr macht es". Nur wenn dies verstanden und von allen „gelebt" wird, lohnt sich letztlich der mit dieser Arbeitsform verbundene beträchtliche Aufwand.

5.5.5 Die Schritte nach dem Projektstrukturplan

Aufwands-orientierte Planung

Nach erfolgreicher Strukturierung hängt die Reihenfolge der nächsten Planungsschritte vom jeweiligen Projekttyp und der Projektstrategie ab. Werden für ein Projekt (wie etwa ein Tunnelbau) spezielle Einsatzmittel benötigt, deren Kapazitäten abgesichert werden müssen, und soll möglichst schnell eine erste Kostenschätzung vorliegen, so werden zunächst die Einsatzmittel geplant, die Kosten ermittelt und Finanzierung und Beschaffung geregelt. Danach werden die Reihenfolge der Arbeitspakete festgelegt und die Termine fixiert.

Termin-orientierte Planung

In einem anderen Fall sind bestimmte Terminvorgaben unbedingt einzuhalten, ohne dass zunächst wichtig ist, wer die Projektaufgaben erledigt. Eine Beschleunigung des Projektes ist eher durch eine geschickte Reihenfolgenplanung als durch zusätzliche Einsatzmittel zu erreichen und der Personaleinsatz ist stark termingebunden. In diesem Fall werden zunächst Meilensteine gesetzt, die Dauer der Arbeitspaketerledigung ohne Berücksichtigung von konkreten Kapazitäten geschätzt und anschließend die Reihenfolgen geplant. Die Einsatzmittel werden dann nach Termin angefordert.

In den meisten Fällen gehen die Schritte ineinander über. Da alle Planungsinhalte voneinander abhängen, müssen diese iterativ aufeinander abgestimmt werden.

5.6 Ablauf- und Terminplanung

> „Gegenüber der Fähigkeit, die Arbeit eines einzigen Tages sinnvoll zu ordnern, ist alles andere ein Kinderspiel."
>
> Johann Wolfgang von Goethe

Die zeitliche Planung von Projekten stellt Projektteams vor eine sehr schwierige Aufgabe, gilt es doch, zu einem frühen Zeitpunkt Annahmen über zukünftige Zustände und deren zeitliche Abhängigkeiten zu treffen. Dies mag bei Vorhaben, die in ähnlicher Form schon mehrfach durchgeführt wurden, gut gelingen. Projekte sind jedoch oft gerade so einzigartig, dass nur begrenzt auf Erfahrungswerte zurückgegriffen werden kann.

In der Praxis sind dennoch überzogene Erwartungen an Genauigkeit und Stringenz der Terminplanungen anzutreffen. Detaillierte Terminpläne sollen das Gewissen beruhigen, ohne dass die Breite der zugrunde liegenden Annahmen beachtet und in der Planung berücksichtigt wird.

Terminpläne können ein wesentlicher Erfolgsfaktor für ein Projekt sein, wenn die Inhalte von den Projektbeteiligten akzeptiert werden, nachvollziehbar und transparent dargestellt werden, leicht geändert werden können und aktuell sind.

Vom Projektstruktur- zum Terminplan

Die Ablauf- und Terminplanung wird aus dem Projektstrukturplan entwickelt, indem

- die logische Verknüpfung der Arbeitspakete in einer Vorgangsliste festgehalten wird
- Termine, Meilensteine gesetzt werden
- die Dauer der Arbeitspakete abgeschätzt wird und
- zeitliche Spielräume berechnet werden.

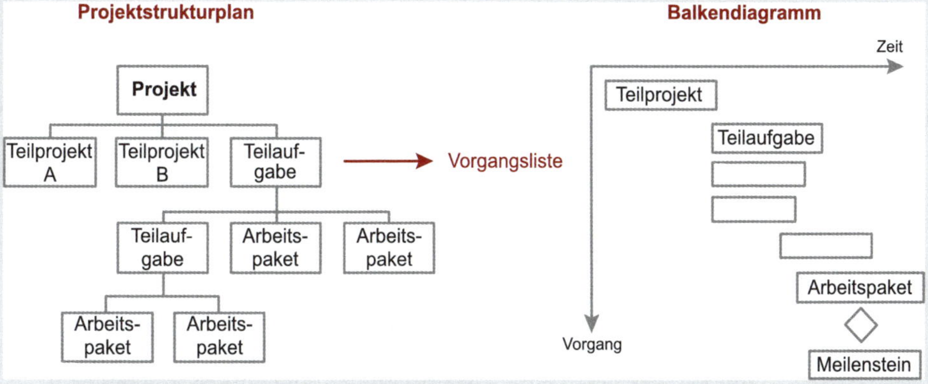

Abb. 5.46: Vom Projektstrukturplan zum Ablaufplan

Die Ablauf- und Terminplanung erfolgt in folgenden Schritten.

Aufgaben	Ziele	Ergebnis
1. Arbeitspakete detaillieren	■ Aufbrechen der Komplexität ■ Festlegen der Aufgaben	Vorgänge
2. Abläufe festlegen ■ Meilensteine setzen ■ Abhängigkeiten und Zeitabstände definieren ■ Schnittstellen klären	■ Frühzeitige Koordination ■ Planen der Abläufe	Vorgangsliste Ablaufplan (Netzplan)
3. Ablaufplan in Terminplan überführen ■ Schätzen von Vorgangsdauern ■ Erste Terminbesprechung	■ Ermitteln der vorläufigen Projektdauer ■ Pufferzeiten erkennen ■ Zeitkritische Arbeitspakete ermitteln	Vorläufiger Terminplan Balkendiagramm
4. Ablauf- und Terminplan optimieren ■ Durchspielen alternativer Abläufe ■ Schrittweise Optimierung	■ Verkürzen der Projektlaufzeit	Optimierter Terminplan
5. Ausführungsplan verabschieden	■ Verbindliche Vorgabe für alle Projektbeteiligten	Terminplan „SOLL“

Abb. 5.47: Schritte der Ablauf- und Terminplanung

5.6.1 Arbeitspakete detaillieren

Meist reicht die Gliederungstiefe des Projektstrukturplanes nicht aus, um

Warum tiefer gliedern?

- zu erkennen, was im Detail alles getan werden muss
- die Abhängigkeiten zwischen Arbeitspaketen sauber zu formulieren
- die Dauer für die Erledigung zu ermitteln
- den Arbeitsaufwand verlässlich einzuschätzen.

Viele Arbeitspaketverantwortliche zerlegen für sich ihr Arbeitspaket in kleinere Schritte, um zu erkennen, was im Einzelnen auf sie zukommt und ob sie mit der ihnen vorgegebenen Zeit auskommen können.

Der Projektleiter sollte die weitere Untergliederung dem Fachwissen des Arbeitspaketverantwortlichen überlassen und lediglich die sich daraus ergebenden Konsequenzen in seiner Planung berücksichtigen.

Im Beispiel „Call-Center für den Kundenservice“ soll in dem Arbeitspaket D100110 das heutige Kommunikationsverhalten erhoben und analysiert werden. Erst die folgende Feingliederung erlaubt klare Aussagen über Zeitbedarf und Abhängigkeiten auch zu anderen Arbeitspaketen:

Detaillierung des Arbeitspaketes

D100110 Kundenbefragung

Nr.	Teilschritte (Vorgänge)	(Teil)-Ergebnisse
1	Fragebogen entwerfen	■ Ausgefüllte Fragebogen ■ Fragebogenergebnisse in Datenbank erfasst
2	Fragebogen vervielfältigen	
3	Teilnehmerkreis bestimmen	
4	Anschreiben formulieren	
5	Fragebogen versenden	
6	Rücklauf verfolgen, Fragen beantworten	
7	Ausgefüllte Fragebogen in Datenbank erfassen	

Auf dieser Planungsebene können nun Abhängigkeiten und Zeitbedarf festgelegt werden. Der Arbeitspaketverantwortliche kann sich daraus einen eigenen Terminplan ableiten und sich zur Terminabstimmung mit Projektleiter und anderen Arbeitspaketverantwortlichen vorbereiten. Daraus ergibt sich eine durchgängige Planungshierarchie, die für jedes Vorhaben individuell anzupassen ist.

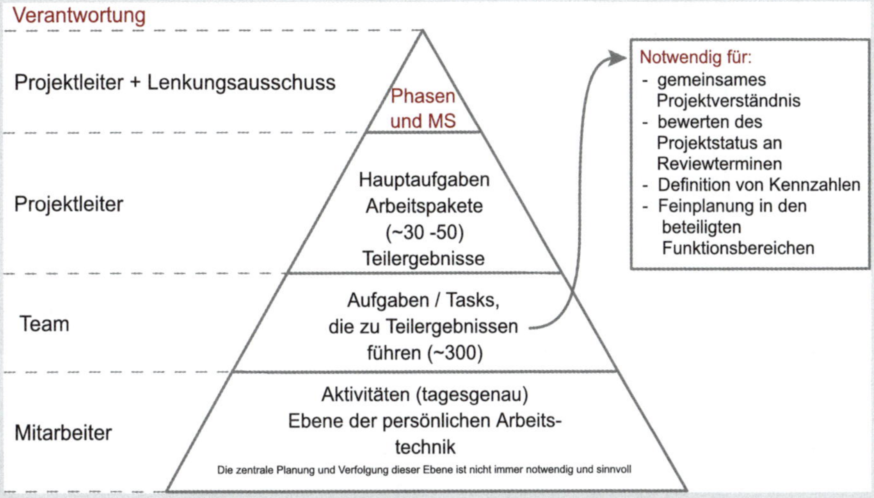

Abb. 5.48: Detaillierung von Arbeitspaketen nach Verantwortungsebenen

Die Teilschritte und Arbeitspakete werden unabhängig von der Gliederungstiefe als Vorgänge bezeichnet.

5.6.2 Reihenfolge der Arbeitspakete ermitteln

Mit der Vorgangsliste werden nun die logischen Beziehungen und Abhängigkeiten zwischen Arbeitspaketen und Teilschritten beschrieben. Hierzu erhält jeder Vorgang eine Vorgangsnummer und eine Kurzbezeichnung zur leichteren Identifikation. Die Vorgangsnummer hat mit der tatsächlichen zeitlichen/sachlichen Reihenfolge der Vorgänge nichts zu tun.

> Ein Meilenstein ist ein wesentliches und eindeutig vordefiniertes Zwischen- beziehungsweise Endergebnis im Projektablauf.

Nun wird für jeden Vorgang (Arbeitspaket, Teilschritt) durch Angabe des Vorgängers/Nachfolgers und der Art der Verknüpfung die Folgebeziehung festgelegt. Hierbei können sehr komplexe Beziehungen zwischen den Vorgängen abgebildet werden. Es empfiehlt sich allerdings hier nicht zu übertreiben, um die Flexibilität der Planung zu erhalten.

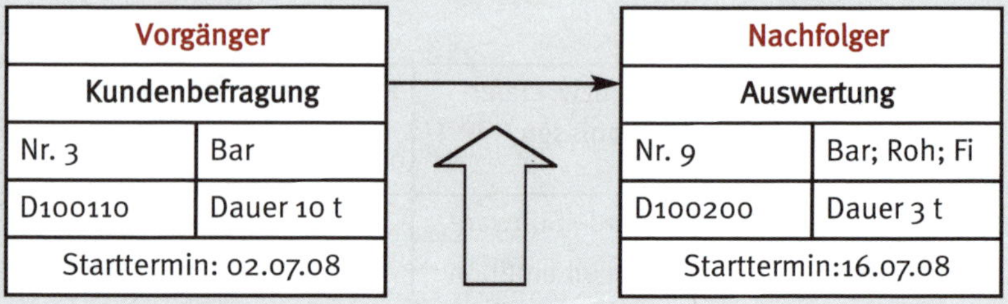

Starttermin	Art der Verknüpfung	Bedeutung	Starttermin
02.07.08	Ende - Anfang (Standard)	Der Nachfolger kann erst beginnen, wenn der Vorgänger abgeschlossen ist	16.07.08
05.07.08	Ende - Ende	Beide Vorgänge enden zum gleichen Termin	12.07.08
02.07.08	Anfang - Anfang	Beide Arbeitspakete müssen zum gleichen Termin beginnen	02.07.08
02.07.08	Ende - Anfang + 2 Wochen	Der Nachfolger beginnt 2 Wochen, nachdem der Vorgänger abgeschlossen ist (z.B. Lieferzeit einer Bestellung)	30.07.08
02.07.08	Anfang - Anfang + 30 %	Der Nachfolger beginnt, wenn 30 % der Dauer des Vorgängers verstrichen sind	05.07.08

Meilensteine setzen

Nachdem die Folgebeziehungen definiert sind, werden für die Beteiligten die Freiheitsgrade durch Setzen von Meilensteinen weiter eingeschränkt. Dabei werden zunächst nur die Meilensteintermine definiert, an denen laut Auftrag konkrete Teilergebnisse vorliegen müssen.

Meilensteine müssen nicht immer mit einem Termin verknüpft sein. In der Praxis werden sie jedoch häufig an Terminen festgemacht, z.B. Vorstudie ist am 31. Mai abgeschlossen oder der Grundstein wird am 15. August gelegt.

Meilensteine können definiert werden bei:

Ereignisse für Meilensteine

Start- und Abschluss-ereignissen bezogen auf	Test- bzw. Liefer-ergebnissen	Projektkontrollpunkten
■ Gesamtprojekt ■ Phasen ■ Teilprojekte ■ Arbeitspakete	■ Hard-/Software ■ Dokumentation ■ Dienstleistung	■ Anforderungsüberprüfungen ■ Entwurfsüberprüfungen ■ Abnahmen

Meilensteine fixieren Abschnitte, legen Kontrollpunkte im Projekt fest und setzen Entscheidungspunkte für das weitere Vorgehen. Das können Freigaben durch externe Kunden sein, Entscheidungen über grundsätzliche Alternativen oder die Festlegung des point of no return (Änderungsstopp) sein. Da an den Entscheidungspunkten eines Projektes Weichen gestellt werden, sollte danach immer eine Aktualisierung der Pläne vorgesehen werden. In zeitkritischen Projekten macht es Sinn, Alternativpläne je nach Entscheidungslage zu entwickeln. Hierfür gibt es eigenständige Planungsmethoden und Projektmanagement-Tools.

Liegen die Arbeitspakete und Meilensteine vor, können Folgebeziehungen zwischen ihnen hergestellt werden, damit deutlich wird, welche Ergebnisse aus den einzelnen Arbeitspaketen zu den jeweiligen Meilensteinen vorliegen müssen. Das zwingt alle Projektbeteiligten, auf bestimmte Projektabschnitte hinzuarbeiten. Die Diagnose und Steuerung kann dann auch auf die Meilensteine konzentriert werden. Mit dem vorgesehenen Start- und Endtermin (einer Phase) stehen in der Regel mindestens zwei Meilensteine fest.

Die Folgebeziehungen werden in eine Vorgangsliste eingetragen, die in diesem Planungsstadium nur die ersten vier Spalten der folgenden Informationen umfasst:

Inhalte einer Vorgangsliste

- Vorgangsnummer
- Vorgangs-/Arbeitspaketbezeichnung
- Vorgänger
- Nachfolger
- Dauer und Aufwand in Arbeitstagen
- Einsatzmittel (Bezeichnung und Kapazität)
- Frühester Anfang, frühestes Ende, spätester Anfang, spätestes Ende
- Puffer (Gesamt, freie).

5.6.3 Zeitdauer schätzen

Um zu einem ersten Terminplan zu kommen, muss nun die jeweilige Zeitdauer der Einzelvorgänge geschätzt werden.

Grundsätzlich sind dabei die Abhängigkeiten zwischen

- Zeitdauer
  Dauer des Vorganges vom Anfangstermin bis zum Endtermin in Arbeitstagen laut Kalender
- Aufwand oder Arbeit
  Aufwand für die Erledigung des Vorganges, wenn ein Einsatzmittel/Mitarbeiter an allen Arbeitstagen ununterbrochen an dem Vorgang arbeiten würde
- Kapazität oder Verfügbarkeit
  Anteil an Einsatzmitteln, die durchschnittlich während der gesamten Dauer des Vorganges daran arbeiten, zeitliche Unterbrechungen werden gemittelt

zu beachten.

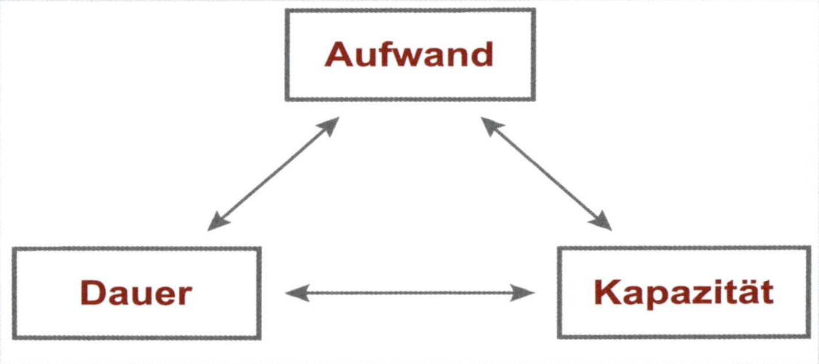

Abb. 5.49: Abhängigkeiten der Dauerschätzung

Was als Ausgangspunkt gewählt wird, kann Vorgang für Vorgang unterschiedlich sein. Führt z.B. eine fünfköpfige Projektgruppe einen eintägigen Workshop durch, dauert dies einen Tag, verursacht aber einen Aufwand von fünf Arbeitstagen. Ist umgekehrt ein Projektmitarbeiter pro Tag mit 50% seiner Kapazität ins Projekt eingebunden und ist ihm zum Beispiel ein Tag Aufwand zugeordnet worden, dann dauert die Ausführung der Aktivität zwei Tage. Die Dauer resultiert also aus verfügbarer Kapazität und dem Aufwand.

Hinweise zur Zeitschätzung

Hinweis	Vorteil	Problem
■ Unterteilen in kleinere Arbeitsschritte und abstimmen mit dem Arbeitspaketverantwortlichen	Stunden oder Tage sind besser vorstellbar	Es werden Sicherheiten für jede Teilaufgabe eingebaut → zu großer Zeitbedarf
■ Annahme: Wie wäre es, wenn ich es selbst machen würde?	Realistischere Annahmen	Weniger Erfahrene benötigen mehr Zeit
■ Zunächst von „normalen" Bedingungen und durchschnittlicher Qualifikation der Einsatzmittel ausgehen	Risikozuschläge können später noch berücksichtigt werden	Nichts ist durchschnittlich
■ Alle Vorgänge schätzen, auch wenn sie unbekannt und unübersichtlich sind	Eine teilweise Schätzung ist besser als gar keine	„Gewaltige" Abweichungen möglich
■ Zeitschätzung unabhängig von bestehenden Terminen vornehmen	Keine Beeinflussung, „das darf nur so lange dauern"	Spätere Anpassungen an Ecktermine sind immer nötig
■ Spezifische Werte bereits durchgeführter Projekte sammeln und Analogien bilden	Belastbare Basis, einfach und schnell	Kein Projekt ist wie das andere → spezifische, projektrelevante Rahmenbedingungen notieren (enger Terminrahmen, unerfahrenes Team)
■ Unabhängige Gegenschätzungen von Kollegen, Vorgesetzten oder anderen Experten durchführen lassen	Mehr Sicherheit	Geeignete Kollegen finden, die dafür Zeit haben
■ Keine Überstunden einplanen und nur maximal 80% der Stunden verplanen	Ausreichend Puffer für Bearbeitungsprobleme	Endtermin lässt sich evtl. nicht halten, Zeitrahmen wird enger
■ Eingrenzen der Zeitdauer • optimistisch – wenn es gut läuft • pessimistisch – wenn es schlecht läuft • normal – unter normalen Bedingungen	Mehr Gefühl für die Bandbreite	Aufwändigere Berechnung oder Mittelwertbildung nötig: $t = (opti+4*normal+pessi)/6$

(in Anlehnung an BURKHARD KLOSE, S. 46ff)

Das Eingrenzen der Zeitdauer durch optimistische, realistische und pessimistische Annahmen wird von der PERT-Methode (Project Evaluation and Review Technic) dazu benutzt, den gesamten Projektplan entsprechend zu berechnen. Damit ergeben sich zeitliche Sicherheitszuschläge, die bei Angeboten mit großen zeitlichen Unsicherheiten genutzt werden können, um eine geeignete Risikovorsorge zu treffen. Eine andere Methode, um die Unsicherheiten von Zeitschätzungen in den Griff zubekommen und für die Projektsteuerung zu nutzen, ist die Projektplanung nach Critical Chain, die in Kapitel 5.6.8 näher erläutert wird.

Terminplan der Vorstudie nach PERT

	Vorstudie Call-Center für Kundenservice	Mittlere Dauer	Optimistisch	Realistisch	Pessimistisch
1	Kick-off	1 Tag	1 Tag	1 Tag	1 Tag
2	Regelungen erheben	10 Tage	5 Tage	10 Tage	15 Tage
3	Kundenbefragung	39 Tage	25 Tage	40 Tage	50 Tage
4	Führungskräfteinterviews	15 Tage	5 Tage	15 Tage	25 Tage
5	Auswertung	9 Tage	5 Tage	8 Tage	15 Tage
6	Würdigung	9 Tage	5 Tage	10 Tage	10 Tage
7	Lösungsworkshop	2 Tage	2 Tage	2 Tage	2 Tage
8	Nutzwertanalyse	3 Tage	1 Tag	3 Tage	3 Tage
9	Ergebnisbericht	11 Tage	8 Tage	10 Tage	20 Tage
10	LA-Sitzung vorbereiten	5 Tage	3 Tage	5 Tage	8 Tage
11	LA-Sitzung	1 Tag	1 Tag	1 Tag	1 Tag
12	Protokoll nachbereiten	4 Tage	1 Tag	4 Tage	5 Tage
13	Ende Vorstudie	0 Tage	0 Tage	0 Tage	0 Tage
	Gesamtdauer 1)	**85 Tage**	**56 Tage**	**84 Tage**	**117 Tage**

1) Ermittelt anhand der Abhängigkeiten

Abb. 5.50: Dauerschätzung nach PERT

Für die nachfolgende Vorgangsliste wurden die Werte der realistischen Dauerschätzung verwendet. In ihr fehlen noch Angaben zum Aufwand und den verwendeten Einsatzmitteln. Aufgrund der bisher vorliegenden Daten lässt sich jedoch bereits eine erste Einschätzung der Terminsituation vornehmen, um zu prüfen, ob gesetzte Meilensteintermine gehalten werden können.

Der Leser kann die folgende Vorgangsliste nutzen, um die Berechnung des kritischen Weges nachzuvollziehen.

Nr.	Vorgang	Vorgänger	Nachfolger	Dauer in Tagen	Frühester Anfang	Frühestes Ende	Spätester Anfang	Spätestes Ende
					FA	FE	SA	SE
1	**Kick-off**		**2**	**1**				
2	Regelungen erheben	1	3, 4	9				
3	Kundenbefragung	2	5	40				
4	Führungskräfteinterviews	2	5	20				
5	Auswertung	3, 4	6, 9	10				
6	Würdigung	5	7	10				
7	Lösungsworkshop	6	8, 10	2				
8	Nutzwertanalyse	7	11	3				
9	Ergebnisbericht	5	11+2W	10				
10	LA-Sitzung vorbereiten	7	11	5				
11	**LA-Sitzung**	**8, 9 + 2W, 10**	**12**	**1**				
12	Protokoll nachbereiten	11	13	4				
13	**Ende Vorstudie**	**12**		**0**				

Abb. 5.51: Vorgangsliste zur Berechnung des kritischen Weges

5.6.4 Kritischen Weg ermitteln

Nach Eingabe der Dauer können nun die früheste und die späteste zeitliche Lage jedes Vorganges bestimmt werden.

Durch Vorwärtsrechnung (Beginn Startvorgang) wird die früheste zeitliche Lage jedes Vorganges bis zum Projektende ermittelt. Für das Projektende werden dann frühestes Ende und spätestes Ende gleichgesetzt und durch Rückwärtsrechnung (Beginn Endvorgang) die späteste zeitliche Lage jedes Vorganges berechnet. Bei letzterem wird die Frage gestellt, welche späteste Lage der Vorgänge noch erlaubt ist, damit die bei der Vorwärtsrechnung ermittelte Projektdauer eingehalten wird. Anhand dieser Berechnung können Pufferzeiten ermittelt werden.

Unter „Pufferzeiten" versteht man Zeitreserven, in deren Rahmen der Vorgang verschoben oder verlängert werden kann, ohne die Projektdauer zu gefährden. Sie stellen somit den Gestaltungsspielraum des Planers dar. Besonders wichtig ist die Gesamtpufferzeit. Sie sagt aus, um wie viele Zeiteinheiten ein Vorgang verlängert oder verschoben werden kann, damit der oder die Nachfolger gerade noch zum spätest erlaubten Anfangszeitpunkt beginnen können.

Nr.	Vorgang	Vorgänger	Dauer in Tagen	Frühester Anfang	Frühestes Ende	Spätester Anfang	Spätestes Ende	Gesamtpuffer	Freier Puffer
				FA	FE	SA	SE	GP	FP
1	**Kick-off**		**1**	0	1	0	1	0	0
2	Regelungen erheben	1	9	1	10	9	10	0	0
3	Kundenbefragung	2	40	10	50	10	50	0	0
4	Führungskräfteinterviews	2	20	10	30	30	50	20	20
5	Auswertung	3, 4	10	50	60	50	60	0	0
6	Würdigung	5	10	60	70	63	73	3	0
7	Lösungsworkshop	6	2	70	72	73	75	3	0
8	Nutzwertanalyse	7	3	72	75	77	80	5	5
9	Ergebnisbericht	5	10	60	70	60	70	0	0
10	LA-Sitzung vorbereiten	7	5	72	77	75	80	3	3
11	**LA-Sitzung**	**8, 9 + 2W, 10**	**1**	80	81	80	81	0	0
12	Protokoll nachbereiten	11	4	81	85	81	85	0	0
13	**Ende Vorstudie**	**12**	**0**	85	85	85	85	0	0

Abb. 5.52: Vorgangsliste für die Vorstudie „Call-Center für den Kundenservice"

Vorgänge, die keine Zeitreserven bzw. eine Gesamtpufferzeit von Null besitzen, heißen Kritische Vorgänge. Sie sind daran zu erkennen, dass die Werte für das frühest mögliche und spätest erlaubte Ende gleich sind. Der kritische Weg besteht also aus kritischen Vorgängen, deren Gesamtpufferzeit Null ist. Im Beispiel bilden die Vorgänge 1, 2, 3, 5, 9, 11, 12 und 13 den kritischen Weg. Was im Wesentlichen daran liegt, dass der Ergebnisbericht spätestens 10 Tage vor der LA-Sitzung dem Lenkungsausschuss vorliegen muss.

Ein wichtiges Maß für die Flexibilität eines Terminplanes ist der sogenannte freie Puffer. Er gibt an, inwieweit ein Vorgang nach hinten geschoben werden kann, ohne dass sich die frühesten Anfangstermine seiner Nachfolger verschieben. Das bedeutet, dass eine Verzögerung eines Vorganges mit freiem Puffer zu keinerlei Auswirkungen auf andere Vorgänge führt, soweit sich die Verzögerung innerhalb des freien Puffers bewegt. Die Berechnungsformel lautet:

Berechnung des freien Puffers

FPi = min (FAj) - FEi wobei j alle Nachfolger von i sind.

So beträgt der freie Puffer der Führungskräfteinterviews (Vorgang 4) 20 Tage, da er frühestens am 30. Tag enden und sein einziger Nachfolger die Auswertung frühestens am 50. Tag beginnen kann. Dies bedeutet, dass die Führungskräfteinterviews sich um 20 Tage verzögern können, ohne dass weitere Vorgänge davon berührt sind.

Der Lösungsworkshop (Vorgang 7) dagegen hat zwar einen Gesamtpuffer von 3 Tagen, seine Nachfolger (Vorgang 8 und 10) müssen jedoch frühestens am 72. Tag beginnen, ohne ihren Puffer zu verlieren. Dies ist allerdings der früheste Zeitpunkt, an dem der Lösungsworkshop beendet ist.

Die Berechnungen werden von jedem Projektmanagement-Tool durchgeführt und als Balken- oder Netzplan dargestellt.

5.6.5 Netzpläne

Vorgangsknoten-Netzplan mit einem Projektmanagement-Tool

Netzpläne stellen die logischen Abhängigkeiten der Arbeitspakete zu einander dar. Am weitesten verbreitet sind Vorgangsknoten-Netzpläne, in denen die Informationen zu einem Arbeitspaket in die Vorgangsknoten eingetragen sind (siehe Kapitel 5.6.2). Die Berechnungen folgen der „Metra-Potenzial-Methode“, kurz MPM. Sie wird von den meisten Projektmanagement-Tools als Darstellungsform eingesetzt.

Die vollständige Darstellung aller Folgebeziehungen in einem über mehrere Stufen gegliederten Projekt führt zu sehr unübersichtlichen Strukturen. Deshalb empfiehlt es sich, die Gliederungsebenen des Projektstrukturplanes für Teil-Netzpläne zu nutzen und diese abgegrenzt durch Meilensteine in einem Gesamt-Netzplan zusammenzuführen.

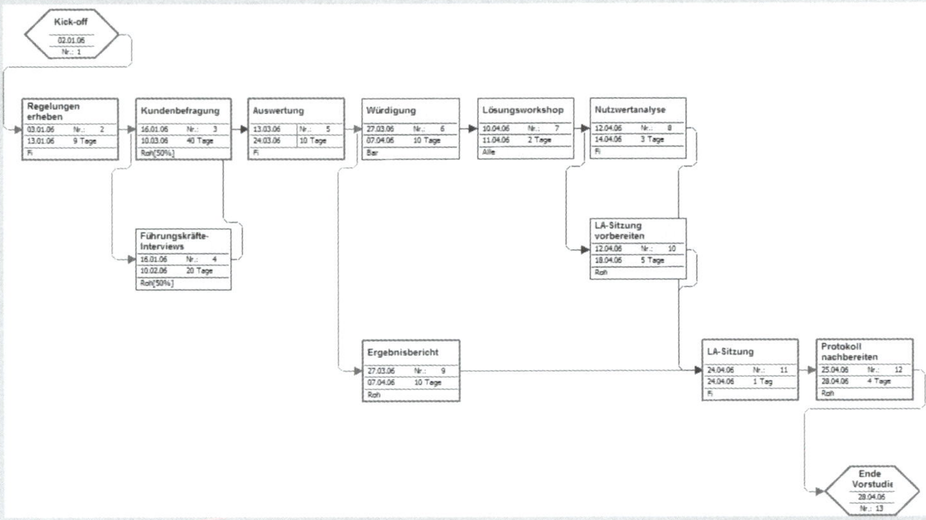

Abb. 5.53: Netzplan für Vorstudie

Ereignisknoten-Netzplan nach PMBoK

Der PMBoK-Guide favorisiert dagegen die in den USA weitverbreitete Darstellung von PERT- bzw. CPM-Netzplänen. Sie sind aus der Graphentheorie abgeleitet, wobei die Knoten als Ereignisse definiert sind und die Verbindungspfeile die eigentlichen Vorgänge mit ihrer Dauer darstellen. Sie entsprechen damit Entfernungen zwischen den Ereignisknoten. Der CPM-Netzplan für die Vorstudie des Projektes „Call-Center für den Kundenservice" hätte folgendes Aussehen.

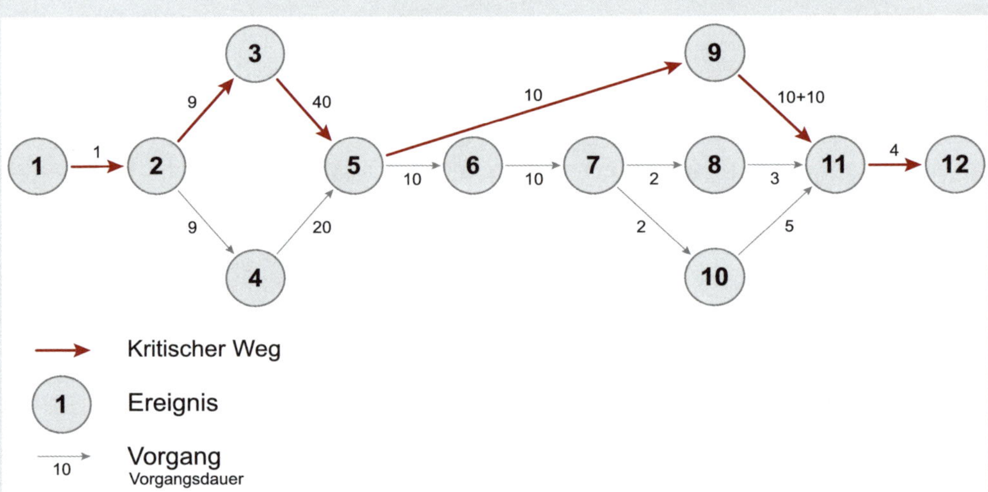

Abb. 5.54: Vorstudie als CPM-Netzplan

Alternative Wege in Netzplänen

PERT-, CPM- und MPM-Netzpläne bilden die Logik „eines" Terminplanes ab, sie können jedoch keine alternativen Wege durch den Plan darstellen. Diese Entscheidungsweichen mit alternativen Vorgängen und mehreren möglichen Projektergebnissen können GERT-Entscheidungsnetzpläne aufzeigen. Dies ist insbesondere dann der Fall, wenn Tests mehrfach durchlaufen werden müssen und bei Abbruch ein alternatives Vorgehen gewählt werden muss. GERT steht für Graphical Evaluation and Review Technique.

5.6.6 Balkenplan

Balkenpläne haben sich in der Praxis als nützliche und leicht lesbare Instrumente etabliert, um Terminsituationen transparent zu machen. Die Länge der Balken gibt die geplante Dauer für die Durchführung der Aufgaben an. Die Lage der Balken zueinander bildet logische und zeitliche Folgebeziehungen sowie sachliche Abhängigkeiten ab. Die Verknüpfungen lassen sich auch – allerdings auf Kosten der Übersichtlichkeit – in den Balkenplan aufnehmen. Für die Darstellung des kritischen Weges werden die Balken der Arbeitspakete auf dem kritischen Weg farbig oder durch Muster markiert. Meilensteine werden häufig in Form einer Raute abgebildet.

Farbe für kritische Vorgänge und Einsatzmittel nutzen

Die hierarchische Struktur des Projektstrukturplanes wird durch Einrücken der Vorgänge dargestellt. Die übergeordneten Balken werden dabei als Sammelvorgänge bezeichnet. Die Einsatzmittel können durch Bezeichnung der Balken zugeordnet oder individuell eingefärbt werden, was die Beobachtung von kritischen Einsatzmitteln erleichtert.

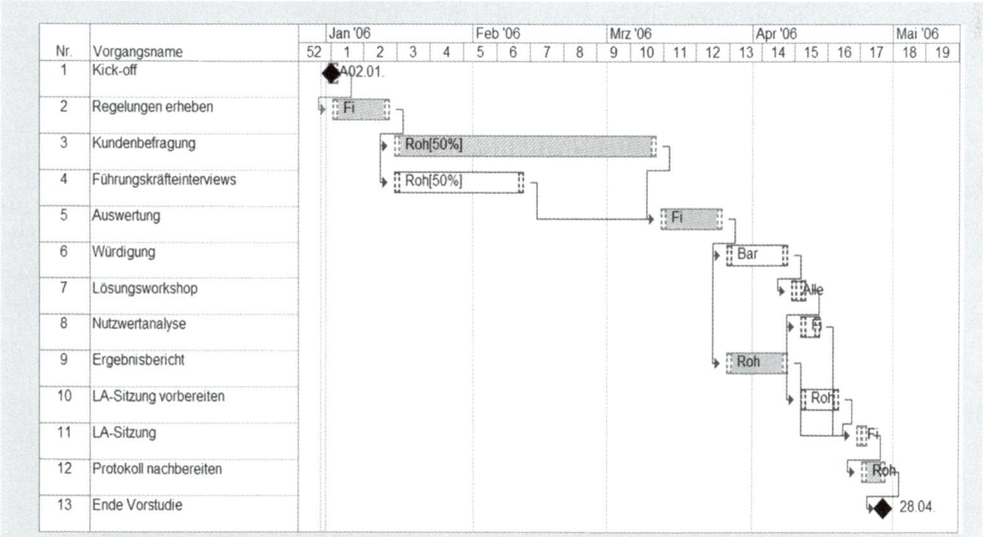

Abb. 5.55: Balkenplan für Vorstudie

Balkendiagramm und Netzplan in der Praxis

Balkendiagramm	Netzplan
Vorteile	
■ Hohe Transparenz ■ Einfach zu erstellen und zu pflegen ■ Für „Laien“ lesbar und verständlich ■ Geeignet für Präsentationen ■ Wenig platzaufwändig ■ Gegenüberstellung von „Soll“ und „Ist“ möglich ■ Weit verbreitet; ist mit Hilfe der gängigen Projekt-Software erstellbar	■ Die zeitlich-logischen Abhängigkeiten sind eindeutig erkennbar ■ Gute Basis für Kapazitätensteuerung, Kostenplanung und Zeitberechnung ■ Kritischer Pfad erkennbar, der höchste Aufmerksamkeit erfordert ■ Tiefere gedankliche Auseinandersetzung mit dem Projekt
Nachteile	
■ Die zeitlich-logischen Abhängigkeiten sind nicht eindeutig erkennbar ■ Mangelnde Exaktheit (z.B. „kritischer Pfad“, Pufferzeiten etc.) ■ Wichtige Kontroll- und Steuerungsinfos (z.B. zum Kapazitäteneinsatz) fehlen ■ Aufwändige Erstellung und Pflege	■ Für „Laien“ z.T. erläuterungsbedürftig ■ Weniger geeignet für Präsentationen, da zu viele Informationen ■ Gegenüberstellung von „Soll“ und „Ist“ nur über zweiten Netzplan möglich ■ Sehr papierintensive Dokumentation

Abb. 5.56: Vor- und Nachteile von Balken- und Netzplan

5.6.7 Optimierung der Ablauf- und Terminplanung

Der erste errechnete Terminplan trifft häufig nicht die gestellten Anforderungen. So liegen wichtige Meilensteine zu spät, vorgesehene Mitarbeiter fallen wegen Urlaub oder anderer Projekte aus oder die geschätzte Dauer von Vorgängen erscheint zu pessimistisch. Es gibt folgende Möglichkeiten, den Terminplan zu beschleunigen:

Maßnahmen zur Terminplanoptimierung

- Paralleles Durchführen von Aufgaben
- Veränderter Mitarbeitereinsatz
- Aufstocken der vorgesehenen Personalkapazitäten
- (Zeitlich begrenztes) Ansetzen von Überstunden
- Vergabe von Aufgaben an Unterauftragnehmer (intern oder extern)

- Kaufen von Entwicklungsteilen statt Eigenentwicklung („make or buy“)
- Verbessern der Qualifikation des einzusetzenden Personals
- Sinnvolles Beschränken der Leistung des geplanten Produktes durch eine Wertanalyse – → Auftragsänderung.

Termin-konflikte lösen

Im Beispiel fehlen wichtige Mitarbeiter wegen ihres Osterurlaubes in den ersten 2 Wochen des April und der Lenkungsausschuss möchte noch vor Ostern über die Vorstudienvarianten entschieden haben. Folgende Maßnahmen sollen die Terminkonflikte lösen:

- Die Kundenbefragung wird nur eine Woche nach dem Kick-off in Angriff genommen, so dass erste Ergebnisse aus der Erhebung der Regelungen vorliegen
- Der Projektleiter unterstützt den Arbeitspaketverantwortlichen für die Auswertung in der Anfangsphase. Dadurch kann die Dauer von 10t auf 7t gesenkt werden
- Die Vervielfältigung der Fragebogen wird nicht wie geplant durch die eigene Druckerei vorgenommen, sondern in einem Copy-Shop. Die Zusatzkosten sind im Budget zu berücksichtigen. Die Dauer verkürzt sich damit von 40t auf 35t.

Die Maßnahmen konzentrieren sich darauf, die Dauer von Vorgängen auf dem kritischen Weg zu verkürzen, wobei der Verlauf des kritischen Weges sich ändern kann.

Das Beispiel belegt, wie der Zwang zur Einhaltung eines Meilensteines die Phantasie beflügelt, um geeignete Maßnahmen der Terminbeschleunigung zu finden.

So können Projektleiter ihre Kompetenz beweisen. Sie nutzen ein Planungsinstrument, um die Terminsituation klar zu machen und daraus zielgerichtet Maßnahmen abzuleiten, ohne gleich dem Lenkungsausschuss eine Terminverschiebung abzuverlangen. Der optimierte Terminplan hat nun folgendes Aussehen (siehe Abbildung 5.57).

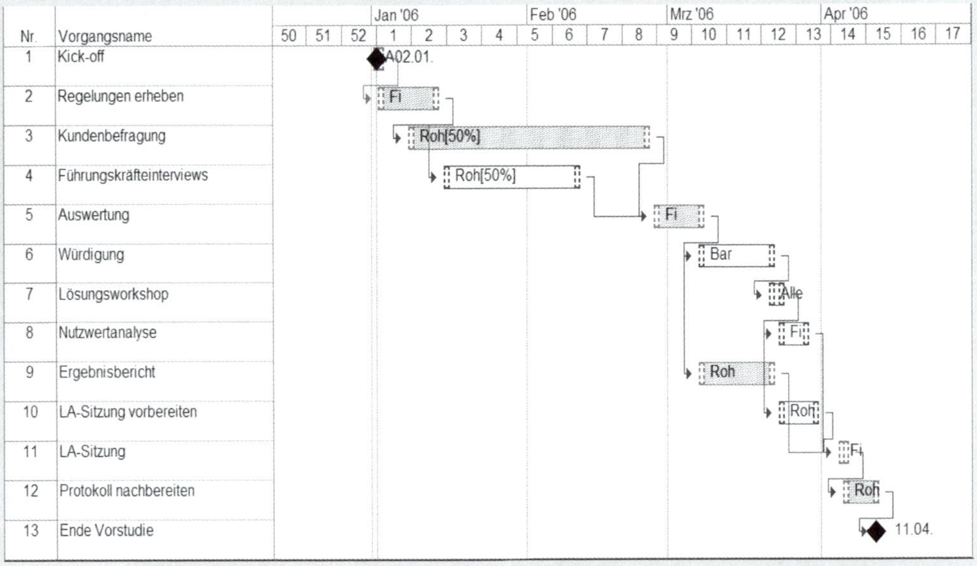

Abb. 5.57: Optimierter Terminplan für Vorstudie

5.6.8 Critical Chain

Bei der Optimierung von Projektplänen nach dem kritischen Weg wird der Ansatz verfolgt, so früh wie möglich mit einem Vorgang zu beginnen, um ausreichend Puffer zu behalten. Handlungsbedarf wird nur bei Vorgängen sichtbar, die auf dem kritischen Weg liegen. Deshalb wird die Dauer dieser Vorgänge in der Regel mit einem Sicherheitspuffer versehen, damit die Tätigkeiten auch in der vorgegebenen Zeit zu schaffen sind. So braucht ein Projektmitarbeiter eigentlich nur 5 Tage für ein Arbeitspaket, obwohl er 8 Tage im Projektplan einträgt. Dies hängt von der persönlichen Einschätzung der Projektmitarbeiter ab. Aussagen wie

Sicherheitszuschläge in der Dauerschätzung sind etwas „Persönliches“

- „Zeitüberschreitungen sind mir unangenehm!“
- „Ich habe einen eigenen Zuschlag für Unvorhergesehenes!“
- „Meine Terminschätzung wird von Auftraggeber und Projektleiter sowieso gekürzt!“

führen in der Praxis zu enormen Sicherheitszuschlägen, um vor den Ungewissheiten geschützt zu sein.

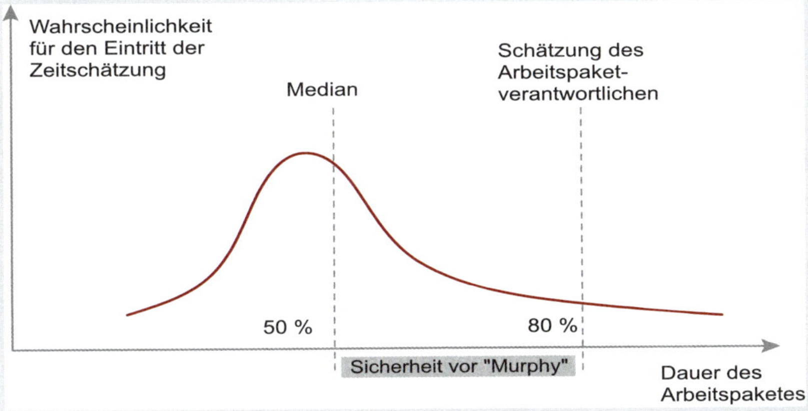

Abb. 5.58: Zeitschätzungen bei Unsicherheit

In der Planung wird damit der kritische Weg deutlich länger als er in Wirklichkeit sein könnte. Es ist menschlich, dass diese Puffer auch ausgenutzt werden, weil kaum ein Projektmitarbeiter bereits nach 5 Tagen ruft „früher fertig“, wenn er sich 8 Tage Zeit lassen kann. Das in der Praxis häufig anzutreffende „Studentensyndrom“sorgt dafür, dass der durchaus sinnvolle Puffer für Unvorhergesehenes seinen Zweck nicht erfüllen kann. Denn meist verstreicht gerade zu Beginn des Arbeitspaketes die Zeit, die zum Endtermin hin gebraucht wird und der Projektleiter erhält erst kurz vor dem Endtermin Signale, dass eine Zeitüberschreitung droht. Damit wird die Reaktionszeit für den Projektleiter sehr kurz.

Sicherheitspuffer verstreichen oft ungenutzt

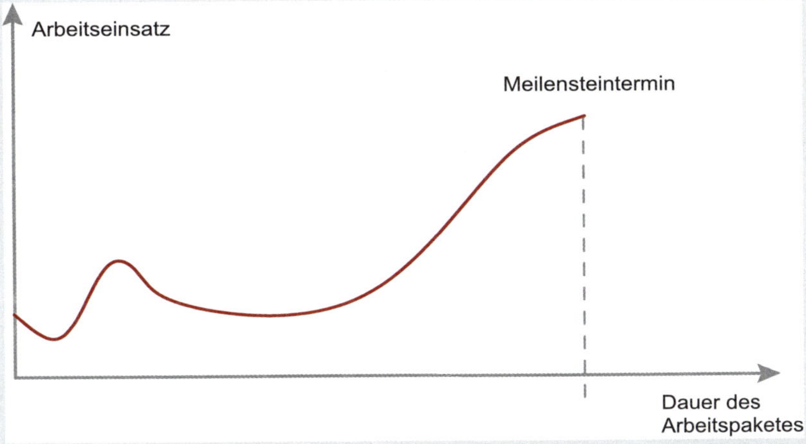

Abb. 5.59: Studentensyndrom

Persönliche Puffer werden „sozialisiert“

Diesem Vorgehen möchte, der von ELIYAHU GOLDRATT vorgestellte Ansatz, der „Critical Chain“ entgegen wirken. Die Projektmitarbeiter geben die einzelnen Sicherheitspuffer pro Vorgang an einen Gesamtprojektpuffer weiter, der vor dem Meilenstein am Projektende eingesetzt wird. Die Zeitschätzungen werden aufgrund von „besten Bedingungen“ vorgenommen, die auch entsprechend zu dokumentieren sind. Dabei sind diese Zeitangaben nur zu 50% realistisch haltbar, so dass Terminverschiebungen während des Projektes sehr häufig sind.

Der Projektleiter ist kein „Terminwächter“, sondern überwacht den Projektfortschritt und den Verbrauch des Projektpuffers und sorgt dafür, dass die Projektmitarbeiter unter besten Bedingungen arbeiten können.

Die Projektmitarbeiter fangen so spät wie möglich mit den Arbeitspaketen an, sorgen jedoch dafür, dass sie sich voll auf die Erledigung der Arbeitspakete konzentrieren können. Die Teilergebnisse werden wie bei einem Staffellauf in einem Wechselterminkorridor von Projektmitarbeitern selbstständig übergeben.

Eine kürzere Dauer eines Arbeitspaketes kommt dann sofort dem Projektpuffer zu Gute, während Verzögerungen zum Verbrauch führen. Bei Projektende sollten der Puffer vollständig verbraucht und alle Aufgaben erledigt sein.

Terminverzug hat finanzielle Konsequenzen

Diese Methode ist besonders erfolgreich bei Projekten, in denen ein Terminverzug zu deutlich sichtbaren finanziellen Konsequenzen führt und ein zügiges Arbeiten sich für Projektleiter und Projektmitarbeiter lohnt.

Im Folgenden sollen die Schritte der Terminplanung nach Critical Chain an einem einfachen Beispiel dargestellt werden:

1. Erstelle einen Projektplan nach der Methode des kritischen Weges, um den Endtermin zu bestimmen.

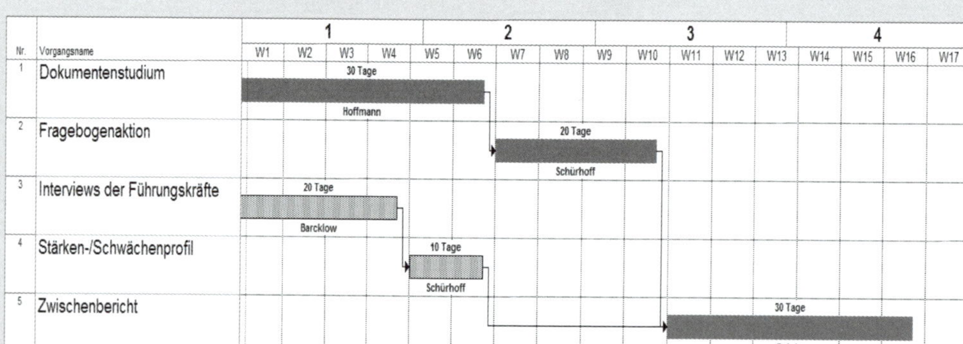

Abb. 5.60: Erster Terminplan nach kritischem Weg

2. Ermittle den Projektplan mit 50-50 Schätzungen für die Vorgangsdauer und lasse alle Vorgänge so spät wie möglich beginnen.

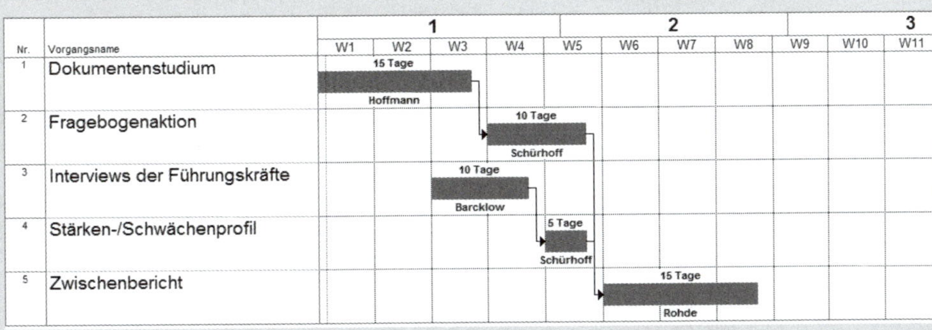

Abb. 5.61: Best-Case Terminplan nach kritischem Weg

3. Setze 50% der Differenz zwischen Best-Case und Ursprungsplan als Projektpuffer ans Ende des letzten Meilensteines und schütze den kritischen Weg durch Zuführungspuffer. Diese sollten maximal 50% der Länge des eingehenden Stranges sein und zu keiner Veränderung des kritischen Weges führen, d.h. unterhalb des Gesamtpuffers nach der CPM-Methode liegen.

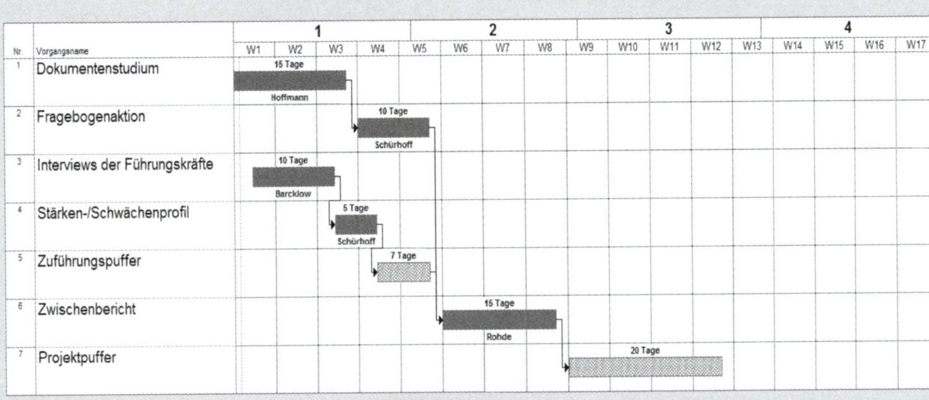

Abb. 5.62: Terminplan mit Projekt- und Zuführungspuffer

4. Beseitige die Ressourcenkonflikte im Projektplan, so dass jede Ressource sich voll auf den Vorgang konzentrieren kann. Dadurch verlängert sich im Beispiel das bisher ermittelte Projektende um 5 Tage.

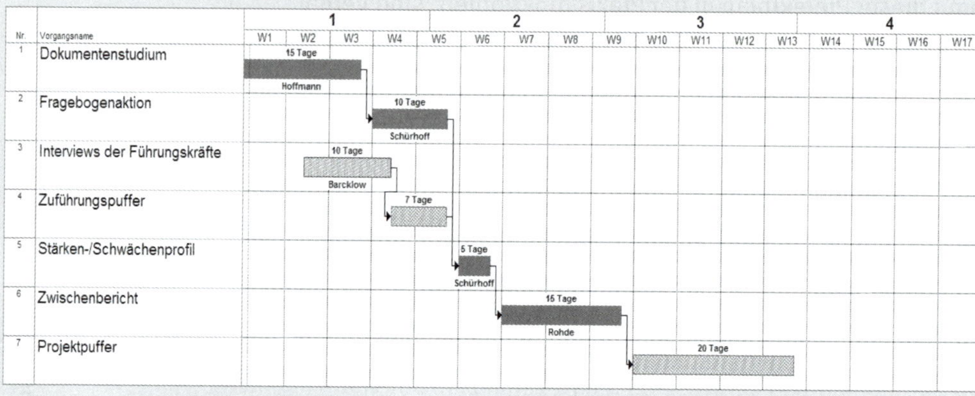

Abb. 5.63: Terminplan mit bereinigten Ressourcenkonflikten

5. Ermittle nun die „kritische Kette" als längsten Weg durch das Projekt, der Verknüpfungen und Ressourcen berücksichtigt.

6. Baue für die Ressourcen in der „kritischen Kette" Ressourcenpuffer auf, um zusätzlichen Ressourcenbedarf sofort decken zu können. Dies soll bei den Übergängen zwischen verschiedenen Projektmitarbeitern dafür sorgen, dass die Projektmitarbeiter Kapazitäten haben, um ihren Schreibtisch zu leeren beziehungsweise andere Vorgänge und Linientätigkeiten abzuschließen.

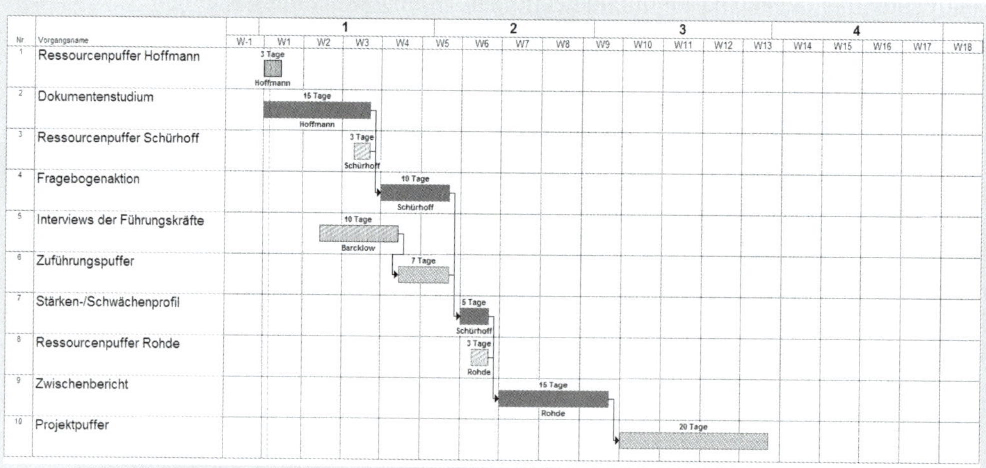

Abb. 5.64: Terminplan nach Critical Chain

7. Nutze den Projektpuffer zur Vorsorge und seinen Verbrauch als Maßstab, um die Leistungen im Projekt zu überwachen. Gegebenenfalls kann der Projektpuffer nun soweit ausgedehnt werden, dass der ursprüngliche Endtermin erreicht wird.

Damit dieser Projektplan in der Praxis funktioniert, sind Verhaltensänderungen bei Projektleiter, Projektmitarbeitern und Management sowie eine ausführliche Schulung der Methodik im Rahmen des Kick-off und erster Projektsitzung nötig.

Verhaltensänderungen im Projekt nötig

Management (PL, LA, AG)	Projektmitarbeiter
■ Projektmitarbeiter zur Verwendung von 50-50 Zeitschätzungen ermutigen ■ Ermöglichen, dass Projektmitarbeiter sich auf nur einen Vorgang konzentrieren können	■ Nur auf eine Aufgabe konzentrieren und diese so schnell wie möglich abschließen ■ Sich ständig über die Pufferberichte informieren, um zu entscheiden, was als Nächstes zu tun ist

Mit Hilfe der Planung nach „Critical Chain“ soll

- die Dauer des Projektes verkürzt werden können
- der Risikofaktor aus Einzeltätigkeiten genommen werden und
- das Ressourcen-Verhalten der Projektmitarbeiter positiv beeinflusst werden.

5.7 Einsatzmittelplanung

> „Spezialisten sind Leute, die nur eine Saite auf ihrer Fidel haben.“
> Henry Miller

Die Aufgaben im Projekt beanspruchen Einsatzmittel, sonst können sie nicht erledigt werden. Die Einsatzmittelplanung leitet aus dem Projektstrukturplan den zukünftigen Bedarf ab, stößt die Beschaffung der Einsatzmittel an und optimiert durch Aufzeigen von Engpässen und Leerläufen deren Einsatz.

In Projekten wechseln sich für viele Projektmitarbeiter Zeiten hoher Arbeitsintensität mit ruhigeren Phasen ab. In Spitzenzeiten wäre es sinnvoll, schnell und kurzfristig Spezialisten bereitzustellen, während sonst diese Experten (unnötig) Personalkosten binden. Die Einsatzmittelplanung versucht, zwischen einer gleichmäßig hohen Auslastung der Einsatzmittel, dem Kosten bindenden Vorhalten von Know-how und Anlagen und dem kurzfristigen, flexiblen Bedarf einen Ausgleich herzustellen.

Definition

Einsatzmittel sind nach DIN 69902 Personal und Sachmittel, die zur Durchführung von Vorgängen, Arbeitspaketen und Projekten benötigt werden. Sie können wiederholt oder nur einmal einsetzbar sein. Sie können in Wert oder Mengeneinheiten beschrieben und für einen Zeitpunkt oder Zeitraum disponiert werden.

5.7.1 Einsatzmittelarten

Es können folgende Einsatzmittelarten unterschieden werden:

- Nicht-verzehrbare Einsatzmittel (Personal, Sachmittel)
- Verzehrbare Einsatzmittel (Material, Geldmittel).

Für die Planung, Bedarfsermittlung, Optimierung und Beschaffung sind in Unternehmen je nach Einsatzmittel andere Bereiche verantwortlich, was für den Projektleiter zu einem erhöhten Abstimmaufwand führt. Die Kenntnis der internen Beschaffungsprozesse ist für den Projektleiter unerlässlich.

Projektart und ihre speziellen Einsatzmittel

Die Bedeutung der verschiedenen Einsatzmittel in Projekten ist je Projektart sehr unterschiedlich. Bei Organisationsprojekten wird meist nur Personal eingesetzt, während im Anlagenbau die Einsatzplanung aufwändiger und teuerer Sachmittel wie Kräne, Tunnelbohrmaschinen wichtiger ist. Für Forschungsprojekte werden seltene Spezialisten und oft teure, erst zu entwickelnde Geräte benötigt; bei der Entwicklung einer neuen Waschmaschine mit vielen Einzelteilen ist das Material- und Teilemanagement ein kritischer Erfolgsfaktor.

Einsatzmittel	Bedarfs-ermittlung	Optimierung	Beschaffung
Personal ■ Projektteammitglieder ■ Interne Mitarbeiter aus Fach- und Service-bereichen ■ Fremde Dienststellen ■ Externe Consultants ■ Dienstleister	Personal-vorrat Personal-bedarf (Aufwands-schätzung)	Personalein-satzplanung	Personalan-forderungen Personalbe-schaffung Qualifizie-rung
Sachmittel ■ EDV-Anlagen ■ Testgeräte ■ Präsentationsgeräte ■ Labors ■ Räume ■ Videokonferenz ■ CAD ■ Software für Simulatio-nen, Prozessdarstellung ■ CASE-Tools, CNC-Maschinen ■ Transportmittel	Betriebsmitteleinsatzpla-nung		Investitions-gütereinkauf
Material ■ Produktbestandteile ■ Toner/Papier ■ Labormaterial	Lagerhaltung Absatz-planung	Logistik	Materialein-kauf
Geldmittel ■ Interne Budgets ■ Fremdmittel	Controlling		Finanz- und Rechnungs-wesen

Abb. 5.65: Einsatzmittelarten

5.7.2 Personaleinsatzplanung

In den meisten Projekten ist das eingesetzte Personal hinsichtlich Kosten, Qualifikation und Wissen das wertvollste Einsatzmittel und damit ein sehr knappes Gut. Deshalb ist eine fundierte Terminplanung Grundvoraussetzung für die Personaleinsatzplanung, um folgende Aspekte im Projekt ausreichend berücksichtigen zu können:

Kernfragen der Einsatzmittelplanung

- Qualifikation des Personals
  Welches Wissen und Können ist vorhanden?
- Verfügbare Personalkapazität
  Wieviele Mitarbeiter sind mit der entsprechenden Qualifikation vorhanden?
- Zeitliche Verfügbarkeit
  Wann können die Mitarbeiter für das Projekt wie intensiv eingesetzt werden?
- Örtliche Verfügbarkeit
  Wo sind die Mitarbeiter einsetzbar?
- Organisatorische Zuordnung
  Wer muss die Mitarbeiter für das Projekt freigeben?

Andererseits müssen Personaleinsatzplanung und Terminplanung häufig miteinander abgeglichen werden, denn es sind die Sichten von Auftraggeber und Auftragnehmer unter einen Hut zu bringen.

Auftraggeber gibt Termin vor		**Das Personal auf Auftragnehmerseite steht fest**
Welche Personalkapazität in welcher zeitlichen Belegung ist erforderlich?	↔	Welches ist der früheste Projektabschlusstermin bei optimalem Personaleinsatz?
Termintreue Einsatzplanung		**Kapazitätstreue Einsatzplanung**

Die Einsatzplanung durchläuft folgende Schritte:

Schritte der Einsatzmittelplanung

- Ermitteln des Vorrates
- Errechnen des Bedarfes? Aufwandsschätzung
- Gegenüberstellen von Bedarf und Vorrat
- Ableiten von Personalbeschaffungsmaßnahmen
- Optimieren der Personalauslastung.

5.7.2.1 Personalvorrat

Betrachtungsebenen der Personaleinsatzplanung

Beim Bestimmen des verfügbaren Personalvorrates befindet man sich in der „Zwickmühle" zwischen qualifikationsgerechter Betrachtung („Eignung"), zeitgerechter Betrachtung („Zeiträume freier Kapazität") und pauschalierter Betrachtung („Gesamtkapazität").

Bei qualifikationsgerechter Betrachtung teilt man das zur Verfügung stehende Personal in Gruppen gleicher Qualifikation (Skills) ein und ordnet es gemäß der Eignung den Projektaufgaben zu. Eine Zuordnungsmatrix kann nur eine grobe Orientierung geben, da die zeitliche Belastung nicht sichtbar wird. Auch reichen in der Praxis die Gruppeneinteilungen nicht aus. Vielmehr muss die Eignung über den Abgleich von Skill-Profilen und der Know-how-Anforderung aus dem Projekt ermittelt werden.

Die Zuordnung nach Kopfzahlen ist nur eine Momentaufnahme und lässt die zeitliche Komponente außer Acht. Hinter jeder Zuordnung verstecken sich konkrete Projekte mit einer geplanten Zeitdauer und unterschiedlichen Belastungen für die Mitarbeiter. Außerdem sind Veränderungen im Mitarbeiterstamm wie

Brutto-Personalvorrat

- Neueinstellungen
- Kündigungen
- Arbeitszeitverkürzungen
- Pensionierung
- Versetzungen

nicht berücksichtigt. Werden diese einkalkuliert, so erhält man den Brutto-Personalvorrat je Zeiteinheit. Für den Netto-Personalvorrat müssen noch Fehl- und Ausfallzeiten einbezogen werden.

Netto-Personalvorrat

Hierzu zählen:

- Krankheits- oder unfallbedingte Ausfälle
- Urlaub
- Weiterbildungen.

Diese Fehl- und Ausfallzeiten werden meist durch Pauschalen abgedeckt.

5.7.2.2 Errechnen des Bedarfs – Aufwandsschätzung

Jede Aufwandsschätzung eines Projektes basiert auf einem Projektstrukturplan, einer Aufwandsschätzmethode und einer gehörigen Portion Erfahrung.

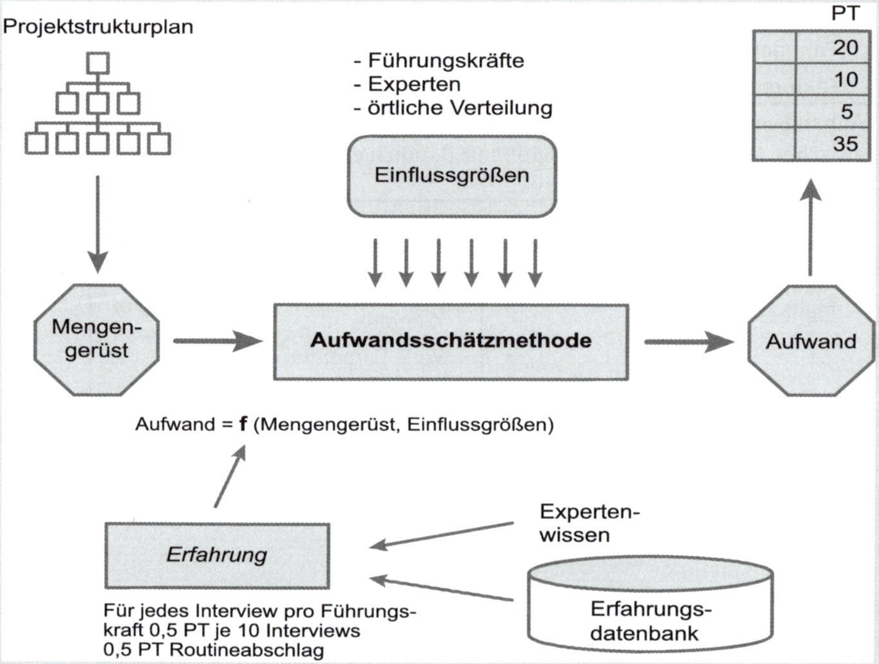

Abb. 5.66: Errechnen des Bedarfs - Aufwandsschätzung

Gerade bei den Aufwandsschätzungen ergeben sich in der Praxis häufig Probleme. Diese können gemildert werden durch

Voraussetzungen einer „guten Aufwandsschätzung"

- einen solide erarbeiteten Projektstrukturplan
- eine genaue Beschreibung (Abgrenzung) von Arbeitspaketen
- die Benennung eines exakten Qualitätsniveaus
- klare Anforderungen an das Qualifikationsprofil des Mitarbeiters
- hohe Objektivität
- genaue Verarbeitungs- und Bewertungsrichtlinien, kein Checklistencharakter
- Anwenderfreundlichkeit - einfach zu erlernen, praktikabler Einsatz, geringer Zeitaufwand
- frühzeitige Berücksichtigung relevanter Faktoren
- Vergleich über viele Projekte hinweg
- Ermittlung von Gesamtaufwänden und Teilaufwänden.

Die in der Praxis angewendeten Aufwandsschätzmethoden lassen sich aufgrund ihrer Funktionsweise in vier Klassen einteilen. Verbreitung und Einsatz hängen von Projektart, Phase und dem Detaillierungsgrad ab.

Algorithmische Methoden

- Parametrische Methoden wie COCOMO, PRICE, SLIM
- Faktorenmethoden wie Sürbeck, ZKP oder IBM-Faktorenmethode

Anhand vergangener Projekte wird ein formelmäßiger Zusammenhang zwischen Mengen und Einflussgrößen z.B. durch eine Regressionsanalyse hergestellt.

Vorteile	Nachteile
▪ Statistische Sicherheit ▪ Standardisierte Mengen und Einflussgrößen	▪ Große Datenbasis nötig ▪ Anspruchsvoll ▪ Komplex ▪ Viele Parameter ▪ Aufwändige Software

Vergleichsmethoden

- Analogieverfahren mit/ohne Erfahrungsdatenbank (EDB)
- Funktionswertmethode
- Data-Point-Methode
- Relationsmethode

Mittels Erfahrungsdatenbanken werden ähnliche abgeschlossene Projekte gesucht und das zu planende Projekt anhand von Kennzahlen eingeordnet. Aus dem Vergleich wird der Aufwand abgeleitet.

Vorteile	Nachteile
▪ Der Vergleich mit ähnlichen Projekten gibt zusätzliche Hinweise für die Strukturierung ▪ Hohe Sicherheit bei Standardprojekten	▪ Aufwändige Pflege einer Erfahrungsdatenbank nötig ▪ Abhängig von der Qualität der Aufwandserfassung vergangener Projekte

Kennzahlenmethoden

- Prozentsatzverfahren
- Multiplikatormethoden wie Wolverton
- Produktivitätsmethoden wie Boeing, Aron

Aus vergangenen Projekten werden Kennzahlen je Mengeneinheit abgeleitet, die abhängig von Einflussgrößen durch einfache Multiplikation anhand von Faktorentabellen den Aufwand ermitteln.

Vorteile	Nachteile
▪ Einfache Handhabung ▪ Leicht nachvollziehbar ▪ In vielen Projektphasen anwendbar	▪ Trotz aufwändig ermittelter Faktoren große Bandbreite ▪ Suggeriert hohe Genauigkeit, die nicht da ist ▪ Variiert sehr stark, wenn Kennzahlen sich ändern

Abb. 5.67: Methoden der Aufwandsschätzung

Weitere Methoden	
■ Expertenbefragung ■ Schätzklausur ■ Top-down-Methode ■ Bottom-up-Methode	
Durch Befragung und Erfahrungsaustausch wird in mehrfachen iterativen Schritten mit Bildung von Mittelwerten der Aufwand eingegrenzt und abgeleitet.	
Vorteile ■ Immer anwendbar ■ Viele Tipps nebenbei	Nachteile ■ Oft schwieriger Zugang zu den Experten ■ Besonderheiten werden zu wenig beachtet

Abb. 5.67f: Methoden der Aufwandsschätzung

Im Folgenden sollen einige Aufwandsschätzmethoden an dem Beispiel „Call-Center für den Kundenservice“ erläutert werden:

Aufwands-verteilung nach Phasen

Es wird eine Einschätzung des Gesamtaufwandes zu Beginn des Projektes benötigt. Der Projektstrukturplan ist auf oberster Ebene phasenorientiert gegliedert. Deshalb bietet sich an, den Aufwand der Vorstudie genau zu ermitteln und den Gesamtaufwand mit dem Prozentsatzverfahren hochzurechnen. Die Prozentsätze könnten von einem Anbieter für Call-Center stammen, der bereits mehrfach ähnliche Projekte abgewickelt hat.

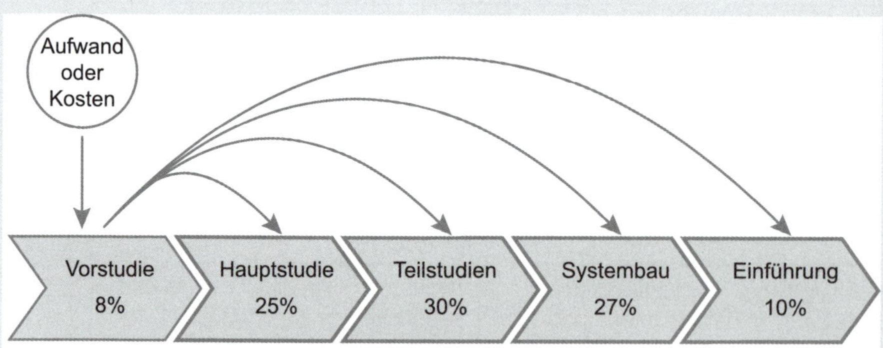

Abb. 5.68: Prozentsatzverfahren (Prinzip)

Damit diese Abschätzungen angewendet werden können, wird nun die Vorstudie so fein strukturiert, dass die erwarteten Ergebnisse je Arbeitspaket klar definiert sind. Anschließend werden pro Arbeitspaket das erwartete Mengengerüst ermittelt und mögliche Einflussgrößen festgehalten.

Mengengerüst und Einflussgrößen zur Aufwandsschätzung

Arbeitspaket (Nr. Bezeichnung)		Mengengerüst (Kennzahl, Wert)		Einflussgrößen/ Ausprägung	
3	Erhebung/Analyse des Kommunikationsverhaltens	Anzahl betroffener Mitarbeiter Zahl der Standorte	15 3	Erhebungsform Einstellung der Betroffenen	Interview Kritisch
4	Erhebung/Analyse der technischen Ausstattung	Anzahl verschiedener Geräte Anzahl technischer Schnittstellen	5 20	Qualität der technischen Dokumente	Schlecht
5	Erhebung/Analyse des Verhaltens der Wettbewerber	Zahl der Wettbewerber Anzahl der erwarteten Aussagen pro Wettbewerber	3 5	Datenzugang Verwendbarkeit von vorhandenen Daten	Leicht Gut
6	Erhebung/Analyse der relevanten Geschäftsereignisse	Anzahl Geschäftsereignisse	30	Anforderung an die Dokumentation	Hoch
7	Erhebung/Analyse der Organisationsstrukturen	Anzahl Organisationseinheiten Anzahl der erwarteten Aussagen pro Organisationseinheit	10 5	Qualität und Aktualität des vorhandenen Organisationshandbuches (OHB)	Gut
8	Erhebung/Analyse von Personalbestand/-qualität	Anzahl betroffener Mitarbeiter Zahl der Standorte	15 3	Erhebungsform Aussagefähigkeit bestehender Dokumente	Akten Gut
9	Würdigung	Anzahl Beteiligter Umfang der Dokumentationen	5 15	Komplexitätsgrad Arbeitsform	Hoch Workshop
10	Einsatzstrategien entwickeln	Anzahl Varianten Anzahl Beteiligter	4 5	Beteiligungsgrad Arbeitsform	Hoch Workshop
11	Machbarkeit prüfen	Anzahl Bewertungskriterien	10	Verwendete Methode	Nutzwert-Analyse

Abb. 5.69: Vorbereitung der Aufwandsschätzung

Arbeitspaket (Nr. Bezeichnung)		Mengengerüst (Kennzahl, Wert)		Einflussgrößen/ Ausprägung	
13	LA-Präsentation vorbereiten	Seitenzahl des Ergebnisberichtes Anzahl Charts für Präsentation	30 10	Qualitäts-anforderung Standards vorhanden	Hoch Ja
14	LA-Sitzung durchführen	Dauer der Sitzung in Std. Anzahl Beteiligter Anzahl Beteiligter mit Anreise	2 10 2	Standortvertei-lung Ort	National Zentral, intern
15	LA-Sitzung nachbereiten	Anzahl Verände-rungen gegen-über der Vorlage	2	Dokumentati-onsform Abstimmungs-verfahren	Standard Ohne

Abb. 5.69f: Vorbereitung der Aufwandsschätzung

Diese Tabelle gibt dem Projektleiter bereits mehr Sicherheit für die Einschätzung des Aufwandes, erleichtert den Vergleich mit anderen Projekten und gibt Experten gute Anhaltspunkte für ihre Schätzungen. Mit Analogiemethoden lassen sich dann Bezüge zu bereits abgewickelten Projekten aus der Vergangenheit herstellen.

Aus der Seminar-praxis

In vielen Seminarveranstaltungen hat es sich gezeigt, dass der Austausch von Mengengerüsten, Einflussgrößen und Annahmen zwischen Experten aber auch thematischen Laien erstaunlich gute Schätzergebnisse liefert.

Im Beispielunternehmen hat der Bereich Organisation in vielen vergleichbaren Projekten Erhebungen und Analysen durchgeführt. Deshalb kann sehr gut anhand von Vergleichsmethoden der Aufwand abgeleitet werden.

Arbeitspaket Kennzahl/Einfluss-größe	Andere Projekte			Call-Center	Andere Projekte		
Erhebung/Analyse von Geschäfts-ereignissen (Aufwand in PT)	5	8	10	15	20	30	50
Anzahl Geschäftsereignisse	20	10	20	30	30	50	100
Anforderung an Dokumentation	gering	mittel	mittel	mittel	hoch	hoch	mittel

Abb. 5.70: Vergleichsmethode bei einem Arbeitspaket

Zum Aufwand der Erhebung der technischen Ausstattung wurden vier Experten befragt (Expertenbefragung), die jeweils eine optimistische, pessimistische und normale Einschätzung vornehmen sollten.

	Experte 1	**Experte 2**	**Experte 3**	**Mittelwert**	Aufwand= (optimist.+- 4*normal+- pessimist.)/6
Optimistisch	6	5	7	6,0	**10,0 PT**
Normal	8	9	10	9,0	
Pessimistisch	17	19	18	18,0	

In ähnlicher Art und Weise können alle Arbeitspakete der Vorstudie bearbeitet werden. In eine realistische Einschätzung sollten, wenn dies bereits feststeht, die künftigen Arbeitspaketverantwortlichen einbezogen werden.

Arbeitspaket (Nr. Bezeichnung)		**Aufwand**	**PL**	**Org**	**IT**	**Vetrieb**
3	Erhebung/Analyse des Kommunikationsverhaltens	20 PT	5	10		5
4	Erhebung/Analyse der technischen Ausstattung	10 Pt			10	
5	Erhebung/Analyse des Verhaltens der Wettbewerber	8 PT				8
6	Erhebung/Analyse der relevanten Geschäftsereignisse	15 PT		10		5
7	Erhebung/Analyse der Organisationsstrukturen	7 PT	2	5		
8	Erhebung/Analyse von Personalbestand/-qualität	5 PT	5			
9	Würdigung	20 PT	5	5	5	5
10	Einsatzstrategien entwickeln	25 PT	7	6	6	6
11	Machbarkeit prüfen	15 PT	6	3	3	3
13	LA-Präsentation vorbereiten	20 PT	8	6	2	4
14	LA-Sitzung durchführen	10 PT	1	2	1	6
15	LA-Sitzung nachbereiten	5 PT	3	2		
	Summe	**160 PT**	**42**	**49**	**27**	**42**

Abb. 5.71: Aufwandsverteilung nach Bereichen

Nach Aufsummierung der Einzelaufwände ergeben sich 160 PT. Aufgrund der Prozentsatzmethode muss für das gesamte Projekt mit folgendem Aufwand gerechnet werden:

Vorstudie	Hauptstudie	Teilstudien	Systembau	Einführung	Gesamt
8%	25%	30%	27%	10%	100%
160 PT	500 PT	600 PT	540 PT	200 PT	2000 PT

5.7.2.3 Gegenüberstellen von Bedarf und Vorrat

Anhand der Vorgangsliste und der Zuordnung des Aufwandes zu Arbeitspaketverantwortlichen kann nun der zeitliche Verlauf des Personalbedarfes ermittelt und dem Personalvorrat gegenübergestellt werden. Da Mitarbeiter in der Regel in unterschiedlichen Projekten tätig sind und zusätzlich oft noch Linienaufgaben erfüllen, reicht es nicht aus, die Kapazitätsbelastung für ein Projekt isoliert zu betrachten. Außerdem müssen sogenannte Grundlasten wie z.B. Ausbildungszeiten und regelmäßige Linienaufgaben einbezogen werden.

Auswertung von Projektkapazitäten

Für eine gute Steuerung der Projektmitarbeiter sollte es möglich sein, die Kapazitätskurven unter den Blickwinkeln

- Projekte
- Organisationseinheiten (Linienverantwortung)
- Themen/Qualifikation

betrachten zu können. Darüber hinaus muss erkennbar sein, aus welchen konkreten Projektaufgaben die Belastung entsteht.

Die Kapazitätsbelastung wird in Form von Histogrammen dargestellt, in denen Überlastungen farblich abgesetzt werden.

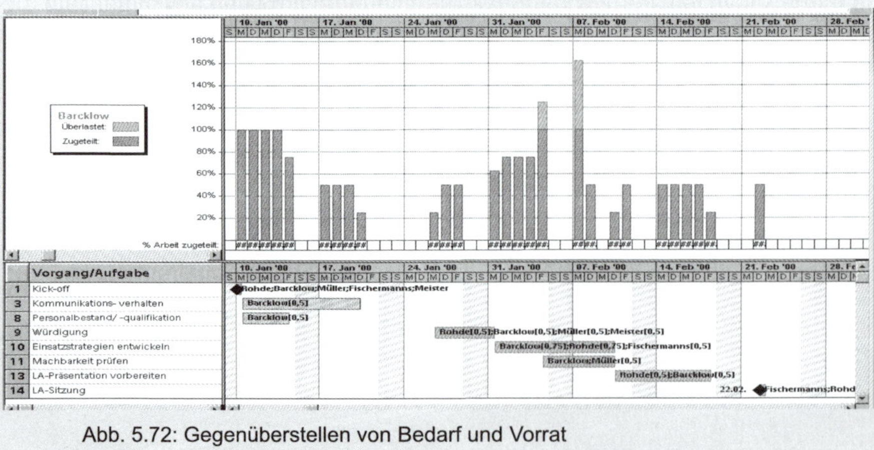

Abb. 5.72: Gegenüberstellen von Bedarf und Vorrat

5.7.2.4 Optimieren der Personalauslastung

Praktische Einschränkungen der Optimierung

Beim Optimieren der Personalauslastung wird versucht, nichtkritische Arbeitspakete aus Überlastbereichen in Zeiten mit geringer Auslastung zu verlegen. Oft ist dies wegen personeller, technologischer oder organisatorischer Abhängigkeiten nur eingeschränkt möglich. Nur der Projektleiter kann durch eine genaue Kenntnis der einzelnen Arbeitspakete einschätzen, inwieweit eine Verschiebung sinnvoll ist. Der Handlungsspielraum des Projektleiters wird in der Praxis auch durch Linienvorgesetzte und andere Projektleiter eingeschränkt. Diese orientieren sich an den einmal gemachten Zusagen, wann welcher Mitarbeiter in welchem Umfang benötigt wird. Eine Änderung der Einsatzzeiten beeinträchtigt auch deren Planungen.

Maschinelle Kapazitätsabgleiche sind problematisch

Ein von vielen Projektmanagement-Tools angebotener maschineller Kapazitätsabgleich bringt in der Regel deutlich schlechtere Ergebnisse als manuelle Eingriffe des Projektleiters, da unter Umständen Vorgänge weiter unterteilt, eine angenommene gleichmäßige Belastung flexibel eingepasst oder individuell Arbeitspakete an andere Mitarbeiter weitergegeben werden müssen.

Bei der Optimierung steht der Projektleiter immer vor der Frage, ob die Einhaltung des Endtermins oder die kapazitätsgetreue Auslastung vorgeht. Um hier möglichst flexibel zu sein, werden oft externe Mitarbeiter eingesetzt, die die Belastungsspitzen abdecken. Allerdings muss hierbei immer ein zeitlicher Vorlauf für Einarbeitung und Suche eingeplant werden.

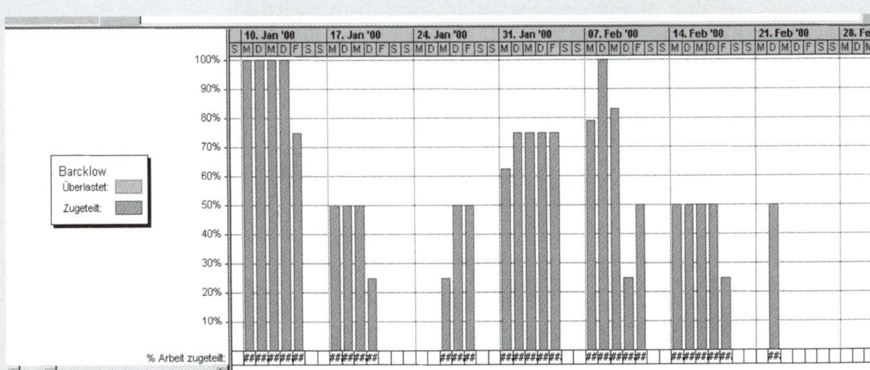

Abb. 5.73: Optimieren der Personalauslastung

5.7.3 Sachmitteleinsatzplanung

Viele technische Projekte benötigen meist sehr kostspielige Sachmittel wie Labors, CAD-Arbeitsplätze, Prüfsysteme, Kräne, Transportmittel, Schulungsräume und Testanlagen. Unternehmen stehen dabei immer vor der Entscheidung, diese Sachmittel selbst vorzuhalten, individuell im Rahmen des Projektes zu erzeugen oder bei Bedarf zu mieten und damit nur eine Nutzungsgebühr zu entrichten.

Für die eigene Bevorratung spricht der schnellere und flexiblere Zugriff auf die Sachmittel. In der Regel sind die Mitarbeiter besser mit den Geräten vertraut und sie können zielgerichtet für das Projekt eingesetzt werden.

Spezielle Sachmittel bedarfsbezogen beschaffen

Sehr selten eingesetzte Sachmittel wie Spezialkräne oder moderne Prüfeinrichtungen können meist nicht ausreichend ausgelastet werden, erfordern hohe Investitionen, verursachen hohe laufende Kosten und binden viel Kapital. Wenn diese Sachmittel benötigt werden, empfiehlt es sich, frühzeitig das Angebot an Dienstleistern zu sichten, damit im Bedarfsfall schnell reagiert werden kann. Ein guter Projektplan hilft, die Sachmittel termingerecht zu reservieren. Bei bedarfsbezogener Beschaffung können auch die aktuellsten und modernsten Geräte und Technologien eingesetzt werden.

Interne Sachmittel rechtzeitig reservieren

Stehen benötigte Sachmittel intern zur Verfügung, so werden die Anforderungen in einem Belegungsplan übergreifend dargestellt. Als Zugriffsregel wird meist das FIFO-Prinzip (first in, first out) angewendet: Wer zuerst kommt, wird als erster bedient. Weitere Spielregeln sollten das Vordrängeln einzelner Projekte oder langfristige Reservierungen nur zur Sicherheit eingrenzen. Für besondere Notfälle ist eine allgemeine Reserve nützlich.

Der Belegungsplan sollte auch die wichtigsten Merkmale der Sachmittel enthalten und nach Sachmittelarten sortiert sein, damit leichter Alternativen angeboten werden können.

Sachmittel	Merkmale	KW 10					KW 11				
		Mo	Di	Mi	Do	Fr	Mo	Di	Mi	Do	Fr
PC-Schulungsraum A	max. 20 TN 10 PC	P1	P1	P1			P2	P2	P2		
		P1	P1	P1			P2	P2	P2		
Schulungsraum B	max. 30 TN			P2	P2	P2		P3			
	2 Beamer, Videoanlage			P2	P2	P2		P3			
Besprechungszimmer	max. 10 TN	P1	P1	P1							
	1 Flip-Chart	P1	P1	P2							
Testanlage	20 User			P4	P4	P4	P4	P4			
Videoanlage 1	Digital, 2006	T1	T1	T2	T2	T2					
Videoanlage 2	Analog, 2003									T3	T3

Abb. 5.74: Belegungsplan

5.7.4 Beschaffung

Die Beschaffung der Einsatzmittel erfolgt in Projekten immer in enger Zusammenarbeit mit den Abteilungen Einkauf, Lager und Personal der Linienorganisation.

5.7.4.1 Personalbeschaffung

Das benötigte Personal wird zunächst in der Linienorganisation angefordert, die ihrerseits mit dem Personalbereich gemeinsam das Personal beschafft. Im Vorfeld sollte der Bedarf qualitativ und quantitativ eindeutig ermittelt werden.

Die Personalbeschaffung gleicht die Anforderungen an die Stelle mit den Qualifikationen der Bewerber ab. Ebenso sollten die Ambitionen eines Bewerbers mit den Erwartungen des Unternehmens weitgehend übereinstimmen. Mögliche Varianten zur Personalbeschaffung sind in Abbildung 5.75 dargestellt.

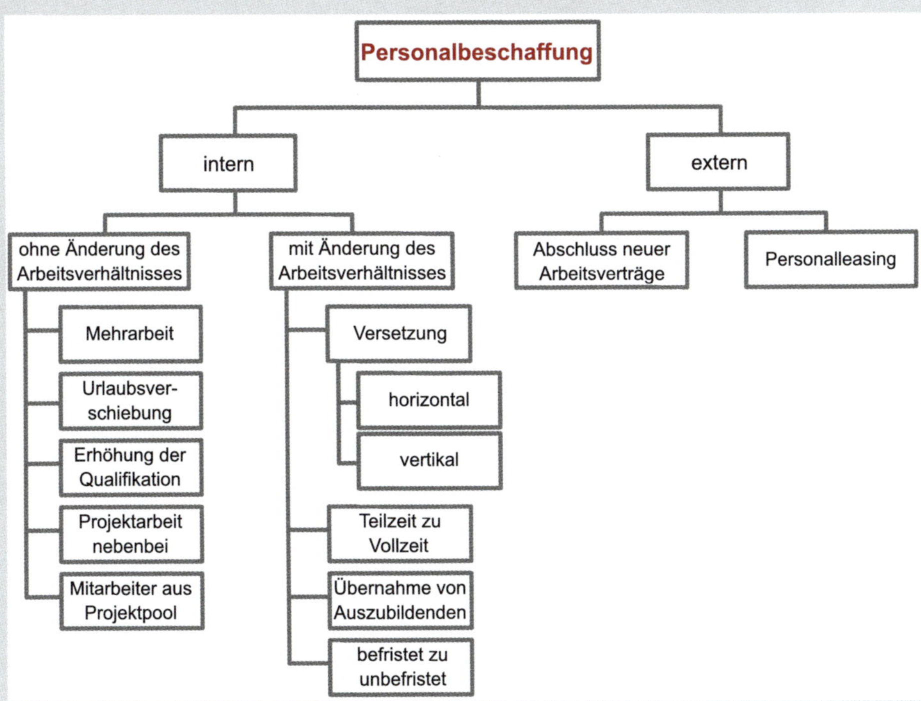

Abb. 5.75: Personalbeschaffung

5.7.4.2 Beschaffung von Material und Sachmitteln

Für den Einkauf von teuren Sachmitteln (Investitionen) müssen umfangreiche Spezifikationen erstellt, Expertisen von Fachabteilungen eingeholt und spezielle Genehmigungsverfahren durchlaufen werden. Bei der Materialbeschaffung kommt es dabei auf die optimale Bestellmenge über mehrere Projekte an und es sind die aktuellen Lagerbestände zu berücksichtigen.

Ziele der Beschaffung

Jedes Projekt benötigt wirksame Verfahren für Einkauf und Materialverwaltung. Sie sollen Verzögerungen aufgrund von Nachschubmangel und Fehllieferungen vermeiden sowie Kostenüberschreitungen durch zu hohe Lagerbestände, Materialschwund und unnötige Transporte verhindern.

Materialmangel kann den Projektabschluss zeitlich verschieben, die Rechnungslegung aufhalten, die Zahlungseingänge verzögern und sogar Vertragsstrafen nach sich ziehen. Unzureichendes Materialmanagement hat schon so manches Bauunternehmen in Schwierigkeiten gebracht.

Material und Sachmittel werden immer nach dem gleichen Muster beschafft. Deshalb sind die Einkaufsabteilungen der Linienorganisation hierfür zuständig. Die Abwicklung sollte allerdings jederzeit eine Zuordnung der Materialien zum Projekt ermöglichen. Zu Kalkulationszwecken kann eine Verfeinerung auf Arbeitspakete, Produktbestandteile oder Anlagenteile nötig sein. Bei folgenden Schritten, die sich bei jeder Beschaffung wiederholen, müssen sich Einkauf und Projekt inhaltlich, kostenmäßig und terminlich abstimmen:

	Schritt	Zuständig	Typische Probleme in Projekten
1	Material- oder Sachmittel spezifizieren	Konstruktion, Projektleiter	Häufige Änderungen der Spezifikationen
2	Bestand und Verbrauch beobachten	Lager, Einkauf	Überraschend hoher Projektbedarf stört Liniensteuerung
3	Materialbedarf ermitteln (Bedarfsprognosen)	Einkauf, Projektleiter	Unzureichende Abstimmung, ungenaue Prognosen
4	Materialanforderung formulieren	Projektleiter	Unklare Spezifikationen, fehlerhafte Zeichnungen
5	Lieferanten auswählen (Preis, Qualität, Lieferzeit)	Einkauf, Projektleiter	Unklare Vorgaben seitens Projekt, Kompetenzgerangel, Entscheidungsstau, bestehende Rahmenverträge nicht beachtet
6	Vertrag abschließen	Einkauf, Projektleiter, Rechtsabteilung	Langwierige Verhandlungen, ungenaue Rollenklärung im Vertrag, unzureichende Leistungsbeschreibungen

	Schritt	Zuständig	Typische Probleme in Projekten
7	Bestellung auslösen	Einkauf	Keine Information an Projektabrechnung
8	Auftragsbestätigung des Lieferanten einplanen	Einkauf, Projektleiter	Weiterleiten an Projektleiter fehlt, Planung wird nicht aktualisiert
9	Liefertermine überwachen	Einkauf	Aktives Nachfassen bei aus Projektsicht wichtigen Materialien und Sachmitteln fehlt
10	Material ausliefern und Rechnung stellen	Lieferant	Keine projektbezogene Differenzierung der Lieferorte, lokale Gegebenheiten nicht beachtet, Rechnung geht an Projektleiter vorbei
11	Eingegangenes Material/Sachmittel prüfen (Menge, Qualität)	Projektmitarbeiter, Lager, QS	Unklare Prüfanforderungen
12	Material einlagern und Bestand aktualisieren	Lager	Vermischen von Projektbeständen
13	Rechnung zur Zahlung freigeben	Projektleiter	Aufwändige Zuordnung zur Bestellung
14	Zahlung abwickeln	Rechnungswesen	Hohe Abhängigkeit von Projektinformationen

Abb. 5.76: Beschaffungsprozess

Bei großen, materialintensiven Projekten lohnt es sich, einen Spezialisten für Materialmanagement mit der Koordination des Einkaufes zu betrauen. Tipp

5.8 Kosten- und Finanzmittelplanung

„Wer zu spät an die Kosten denkt, ruiniert sein Unternehmen.
Wer zu früh an die Kosten denkt, tötet die Kreativität“
Philipp Rosenthal

5.8.1 Grundlagen der Kostenplanung

Mit der Kosten- und Finanzmittelplanung werden Projekte in das Finanz- und Rechnungswesen eingebettet. Sie liefert das Zahlenmaterial, um Budgets festzulegen und schrittweise freizugeben, die Wirtschaftlichkeit regelmäßig zu überprüfen, Projektleistungen intern oder gegenüber Externen abzurechnen und dem Ausufern der Kosten frühzeitig entgegenzuwirken. Dabei ist zu beachten, dass die Projektkosten nur in den Planungsphasen maßgeblich beeinflusst werden können.

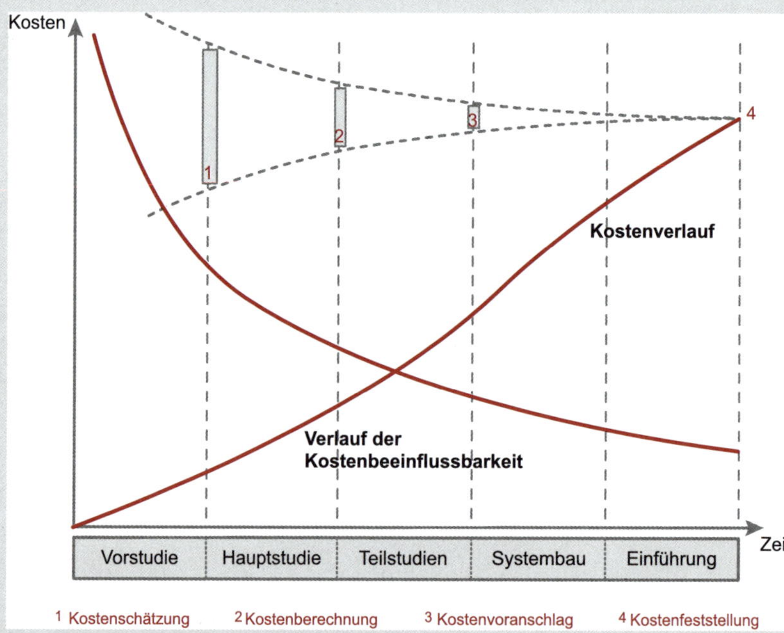

Abb. 5.77: Einfluss auf die Projektkosten

Zuordnung der Kosten auf Projektstrukturen sicherstellen

Damit der Brückenschlag zum Rechnungswesen gelingt, müssen die Betrachtungsfelder der klassischen Kostenrechnung

- Was? → Kostenart
- Wo? → Kostenstelle
- Wofür? → Kostenträger

für Projekte erweitert werden. So sollten die Kosten auf Projektphasen bis hin zu Tätigkeitsarten zuordbar sein und Kostenherkunft und Kostenempfänger ermittelt werden können.

5.8.2 Kostenarten

In der Praxis werden die angefallenen Kosten nach einem vorgegebenen, nach betriebswirtschaftlichen Gesichtspunkten gegliederten Kostenartenkatalog auf Kostenstellen verbucht. Für eine Kostenplanung ist dieser meist zu detailliert und entspricht selten den Anforderungen des Projektmanagements. Hier ein Beispiel für eine Kostenartengliederung, die für ein Projekt wichtige Kosten zusammenfasst.

Personalkosten	Materialkosten	Sach- und Dienstleistungskosten	Kapitaleinsatzkosten
■ Gemeinkosten Löhne ■ Gemeinkosten Gehälter ■ Sozialkosten ■ Erfolgsbeteiligung ■ Schulungskosten	■ Lagerhaltungskosten ■ Verpackungskosten ■ Rohstoffkosten ■ Hilfsmaterial ■ Einsatzmaterial ■ Werkzeugkosten ■ Büromaterial	■ Vertriebs-, Werbekosten ■ Rechnerstunden ■ Reisekosten ■ Raumkosten ■ Verwaltungskosten ■ Beratungskosten ■ Transportkosten ■ Bewirtungskosten ■ Nachrichtenkosten ■ Instandhaltungskosten	■ Kalkulatorische Abschreibungen ■ Kalkulatorische Zinsen ■ Kalkulatorische Wagnisse ■ Mieten, Pachten ■ Steuern, Versicherungen

Abb. 5.78: Kostenartengliederung

Für eine saubere Verbindung zum Finanz- und Rechnungswesen und um aussagekräftige Informationen zur Projektsteuerung zu erhalten, sollte die notwendige Detaillierung nach Kostenarten für Projekte geregelt sein. Das gilt vor allem für Plan- und Budgetwerte.

5.8.3 Schritte der Kostenplanung

Übergreifende Kosten schrittweise zuordnen

Eine transparente und aussagefähige Kostenplanung und Budgetierung setzt einen vollständigen Projektstrukturplan voraus, in dem jedem Arbeitspaket die benötigten Einsatzmittel mit ihrem erwarteten Verbrauch/Aufwand zugeordnet sind. Durch Multiplikation von Verbrauch/Aufwand mit entsprechenden Kostensätzen oder Preisen erhält man durch Aufsummieren (Bottom-up) die geplanten Projektkosten. Dabei sollten alle arbeitspaket- oder teilprojektübergreifenden Kosten wie Risikozuschläge, Grundlagenentwicklung, allgemeine Verwaltung stufenweise als sogenannte „Interfacekosten“ zugeordnet werden.

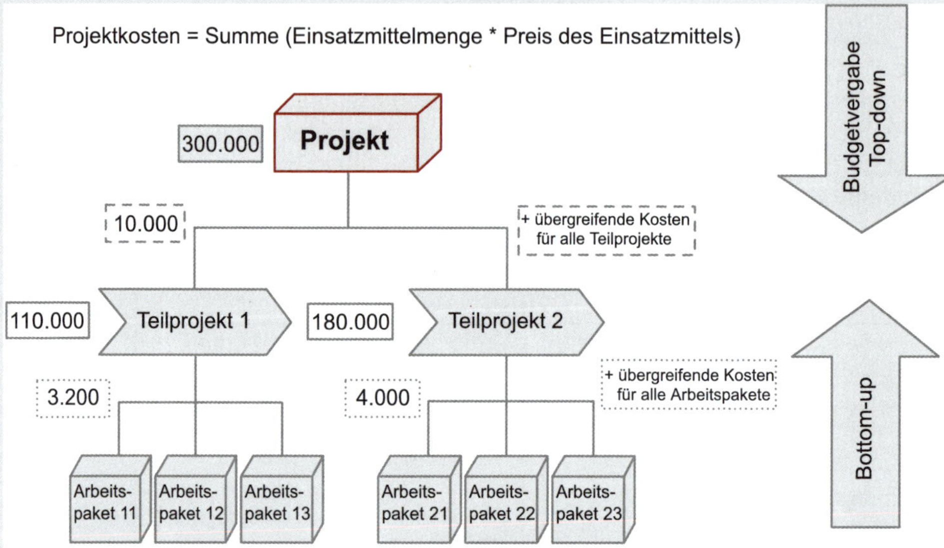

Einsatz-mittel	Menge	Menge	Menge	Menge	Menge	Menge
Program-mierer	10 Tage	20 Tage	30 Tage	-	5 Tage	40 Tage
Berater	3 Tage	15 Tage	-	30 Tage	20 Tage	-
Rechner-nutzung	-	-	10 h	-	-	20 h
Kosten	12.800	40.000	54.000	48.000	36.000	92.000

Einsatzmittel	Einheit	Einheit
Programmierer	/ Tag	800,-
Berater	/ Tag	1.600,-
Rechnernutzung	/ CPU-h	3.000,-

Abb. 5.79: Schritte der Kostenplanung

Aus dem zeitlichen Verlauf der entstehenden Projektkosten kann der langfristige Finanzierungsbedarf abgeleitet werden. Für kostenintensive Projekte (Bau, Anlagenbau, F+E, Produktentwicklungen) sollte daher der Projektstrukturplan so aufgebaut sein, dass er Freigabepunkte von Budgetmitteln enthält und eine Top-Down-Zuordnung der Mittel auf die folgenden Projektschritte ermöglicht.

5.8.4 Struktur der Projektkosten

Projektkosten lassen sich nach Vorgehens- (im Endprodukt nicht sichtbar) und Systemkosten (Investitionskosten) unterscheiden.

Bei der Planung der Vorgehenskosten empfiehlt es sich, einen Pauschalsatz für alle Projektmitarbeiter zu ermitteln. Dieser Satz deckt neben dem Gehalt sämtliche Nebenkosten sowie anteilige Raum-, Energie-, Telefonkosten etc. der Mitarbeiter ab. Da hier auch Zeiten berücksichtigt werden, die nicht für die Projektarbeit zur Verfügung stehen (Fortbildung, Sitzungen etc.) liegt er in der Regel über 600,- €/Personentag. Werden viele Leistungen fremd vergeben, so sollte immer mit realen Preisen geplant werden. Liegen noch keine konkreten Angebote vor, müssen die Preisannahmen festgehalten werden, um mögliche Abweichungen richtig zu lokalisieren. Für internationale Projekte sollte eine einheitliche Projektwährung festgelegt werden, um die Steuerung bei wechselnden Kursen nicht zu erschweren. Währungsrisiken werden dann projektübergreifend abgesichert. So plant EADS die Airbus-Projekte in US-Dollar, obwohl die beteiligten Firmen im Euroland ansässig sind.

Inhalte der Kostensätze und Preiseinflüsse

Normalerweise werden nur die Kosten des Projektleiters sowie der Projektmitarbeiter in der Projektkostenrechnung berücksichtigt. Aufwände von anderen Projektbeteiligten gehen oft nicht in die Projektkostenrechnung ein, d.h. dass beispielsweise die Zeitaufwände für Interviewpartner oder Mitglieder des Lenkungsausschusses nicht mitkalkuliert werden. Das kann insbesondere bei Make-or-Buy-Entscheidungen die Kostenaussagen verfälschen.

Die Systemkosten werden während des Projektes schrittweise konkretisiert, da sie von der gewählten Lösung wesentlich bestimmt sind. Meist können erst dann exakte Aussagen gemacht werden, wenn die Ausschreibungsunterlagen vorliegen. Deshalb sollten frühzeitig Mengengerüste und Kenngrößen ermittelt werden, die eine Abschätzung und Bewertung mit Preisen ermöglichen. In Bauprojekten werden z.B. die Systemkosten aufgrund des Raumbedarfes (Kubikmeter umbauter Raum) und Annahmen über die Ausstattungsqualität ermittelt. Bei Produktentwicklungen liegen oft Zielkosten fest, die den Rahmen für die Systemkosten abstecken.

5.8.5 Projektkosten und Budgetierung im zeitlichen Verlauf

Abfluss der finanziellen Mittel im Projektverlauf

Um die finanziellen Risiken überschaubar zu halten und dem Management (Auftraggeber) ausreichend Einfluss auf das Projektgeschehen zu geben, werden die finanziellen Mittel für größere Projekte nur schrittweise mit dem Projektverlauf freigegeben. Zusätzlich muss bei langfristigen Projekten (Laufzeit mehr als ein Jahr) ein Abgleich mit der internen Jahresplanung erfolgen. Bei aufwändigen Bauprojekten ist die Bereitstellung der Finanzmittel durch Geldgeber an den Projektfortschritt geknüpft.

Vom Projektleiter wird verlangt, jederzeit genau über den erwarteten Verlauf der Projektkosten berichten zu können. Hierzu verknüpft der Projektleiter die Kostenplanung mit der Terminplanung. Dabei ist es sinnvoll, die Budgetfreigaben im Struktur- und Terminplan deutlich sichtbar zu machen und phasenbezogen die notwendigen Ausgaben abzugrenzen.

Um Überraschungen zu vermeiden, sollten die für die Budgetfreigabe erforderlichen Teilergebnisse genau spezifiziert sein, damit die notwendigen Ergebnisse zeitgerecht vorliegen. Es gibt in der Praxis viele Beispiele für Projektverzögerungen und Projektruinen aufgrund fehlender Unterlagen zur Freigabe des nächsten Abschnittes.

Voraussetzungen für integrierte Kostenplanung

Moderne Projektmanagement-Tools unterstützen den Projektleiter bei der Darstellung des erwarteten zeitlichen Verlaufes der Projektkosten und bei der Überwachung, wenn folgende Voraussetzungen geschaffen sind:

- Projektstrukturplan mit Zuordnung aller erforderlichen Einsatzmittel
- Gliederung des Projektstrukturplanes nach Systembestandteilen und Vorgehensschritten
- Terminplan mit Vorgangsliste
- Preisangaben für alle Einsatzmittel (Personen, Sachmittel und Material)
- Festlegung der Abrechnungsform für die Einsatzmittel (regelmäßig, monatlich nach Aufwand, bei Bestellung/Lieferung, mit Abschlagszahlungen nach Fortschritt usw.)
- Schnittstelle zu Einkauf und Rechnungswesen zur korrekten Erfassung von Bestellungen (Mittel sind verfügt), Aktualisierung von Preisen bei Angebotsabgaben und Verbuchung eingehender Rechnungen (Geld ist ausgegeben).

Für das Projektbeispiel „Call-Center für den Kundenservice" gibt es im Projektverlauf einige auffällige Sprünge. Während zu Beginn die Kosten sehr regelmäßig steigen, da überwiegend Projektarbeit geleistet wird, machen sich später der Kauf der ACD-Anlage, die Lizenzgebühren und die aufwändige Konfiguration der Standardsoftware, die Umbauten und die geplante Systemerweiterung bemerkbar.

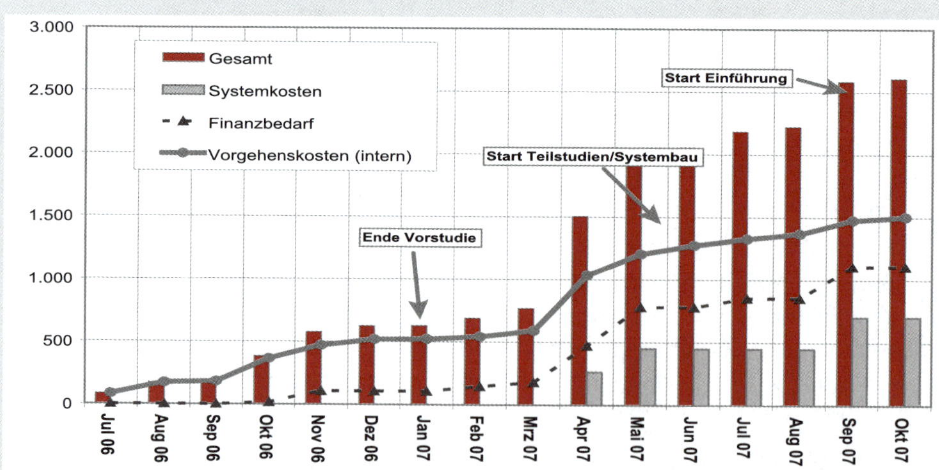

Abb. 5.80: Entwicklung der Projektkosten

In manchen Branchen reicht es nicht aus, die aufgelaufenen Kosten zu betrachten. Bei Bauprojekten sind die liquiden Mittel sehr begrenzt. Um die Finanzierungskosten gering zu halten, müssen die erwarteten Ausgaben wöchentlich oder maximal monatlich verfolgt werden. Hier kommen Kostenganglinien zum Einsatz. Sie werden aus dem mit Preisen bewerteten Einsatzmittelverbrauch und den erwarteten Ausgaben für Investitionen abgeleitet.

Der Verlauf orientiert sich an den frühesten Terminen des Projektplanes. Die Einmalkosten werden jeweils zu Beginn oder Ende der Woche/des Monates fällig. Für die Vorstudie des Call-Centerprojektes könnte die Rechnung wie folgt aussehen:

Kostenplantabelle

Nr	Bezeichnung	Dauer	Start	Ende	Aufwand in PT	Material-kosten	Einmal-kosten
1	**Kick-off**	**1**	0	1	10		2
2	Regelungen erheben	9	1	10	9		
3	Kundenbefragung	40	10	50	20	4	
4	Führungskräfteinterviews	20	10	30	10	10	
5	Auswertung	10	50	60	5		5
6	Würdigung	10	60	70	10		
7	Lösungsworkshop	2	70	72	20		5
8	Nutzwertanalyse	3	72	75	3		
9	Ergebnisbericht	10	60	70	10		3
10	LA-Sitzung vorbereiten	5	72	77	5		
11	**LA-Sitzung**	**1**	80	81	10		2
12	Protokoll nachbereiten	4	81	85	2		
13	**Ende Vorstudie**	**0**	85	85			

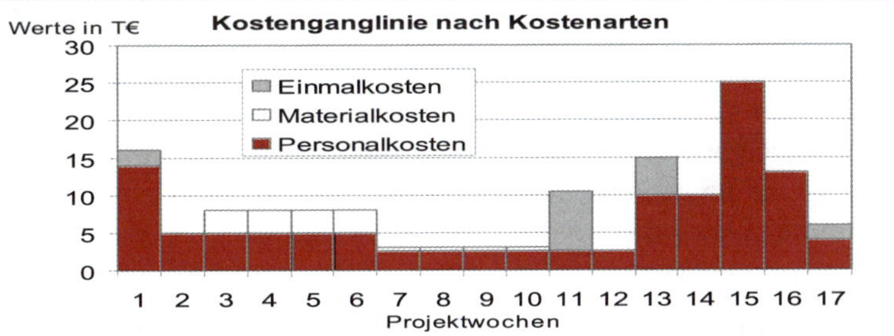

Abb. 5.81: Kostenplantabelle und Kostenganglinie nach Kostenarten

5.8.6 Finanzmittelplanung

Aufgaben des Projektleiters bei der Projektfinanzierung

Aus dem geplanten Verlauf der Projektkosten lassen sich die ausgabewirksamen Kosten als Finanzmittelbedarf ableiten. Die Beschaffung der dafür nötigen finanziellen Mittel ist die Aufgabe der Projektfinanzierung. Obwohl die Finanzierung selbst oft in den Händen des Auftraggebers liegt, muss der Projektleiter eine Reihe von Unterlagen liefern und die Auswirkungen der finanziellen Situation auf das Projekt berücksichtigen. So hat der Projektleiter

- Angaben über Finanzierungsmöglichkeiten und die zeitliche Einordnung der Finanzierungs- und Kreditbeschlüsse in den Projektablauf (Dringlichkeit; Etappen) zu liefern
- Unterlagen für das Einholen von Gesamtkrediten, Teilkrediten und Zusatzkrediten zu erstellen

- bei der Verwaltung der bewilligten Kredite mitzuarbeiten
- Unterlagen für die Umwandlung kurzfristiger Kredite in langfristige Darlehen und für die Abrechnung der Kredite aufzuarbeiten
- dafür zu sorgen, dass die Kredite rechtzeitig bewilligt und abgerechnet werden
- Risiken ungeklärter Finanzierung zu kennen und entsprechende Eventualmaßnahmen einzuplanen
- die mit den Krediten eingegangenen Verpflichtungen zu kontrollieren
- regelmäßig die Zahlungsströme und Rechnungen zu überwachen
- die Entwicklung des Finanzmittelbedarfes anhand von Teuerung und Zinsen zu planen.

Ziel ist es, im Projekt immer über ausreichend Liquidität zur Bezahlung der Rechnungen zu verfügen und andererseits die Zinskosten für nicht beanspruchte Kredite möglichst gering zu halten. Hierzu ist es nötig, folgende Stadien der Projektkosten zu unterscheiden:

Status der Projektkosten

- Kostenschätzung als Basis für einen ersten Kredit (z.B. am Ende der Vorstudie)
- Kostenberechnung für die Genehmigung eines Ergänzungskredites (z.B. am Ende der Hauptstudie)
- Vertragsabschlüsse, Bestellungen (zu erwartende Zahlungsverpflichtungen)
- Teilrechnungen, Zahlungen
- Schlussrechnungen
- Voraussichtliche Endkosten.

Die Zusammenhänge und den zeitlichen Verlauf zeigt nachfolgende Grafik:

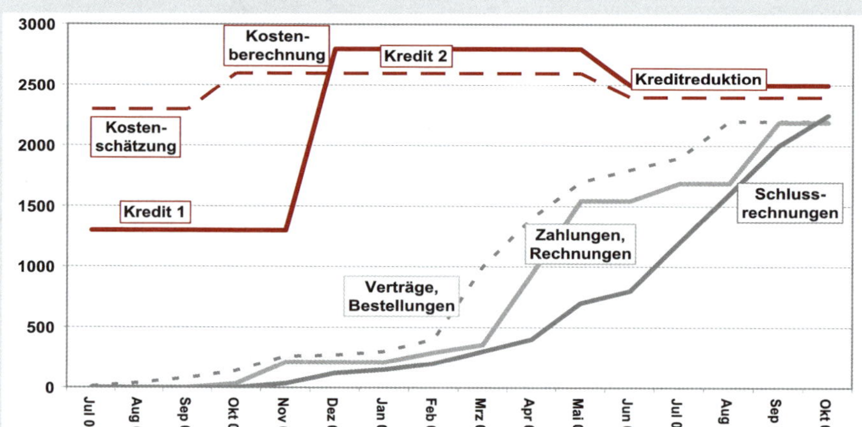

Abb. 5.82: Kostenstadien zur Finanzmittelplanung

5.9 Vergabe der Arbeitspakete

Aus dem Projektstrukturplan lassen sich alle Aktivitäten ableiten, die in einem vorgegebenen Zeitraster erledigt werden müssen. Jedes Projektteammitglied hat im Rahmen seiner Fachzuständigkeit und seiner Qualifikation Aufgaben zu übernehmen und unter Berücksichtigung vorgegebener bzw. vereinbarter Qualitätsstandards termingerecht zu erledigen. Die Art und Weise, wie die Vergabe der Aufgaben geschieht, hängt einerseits sehr stark vom Führungsverständnis und dem Ausmaß der Teamorientierung des Projektleiters ab, andererseits spielen auch das Leistungsvermögen und die Teamfähigkeit des einzelnen Mitarbeiters dabei eine Rolle. Der Projektleiter muss sich aber im Klaren sein, dass gerade hier sehr oft eine Art „Weichenstellung" im Hinblick auf die Motivation und Leistungsbereitschaft der Teammitglieder erfolgt. Projektarbeit als Teamarbeit wird um so erfolgreicher sein, je besser es dem Projektleiter gelingt, die individuellen Potenziale zu aktivieren und zusammenzuführen. Die Ausgestaltung und Vergabe der Arbeitspakete einschließlich des zugehörigen Controllings erfolgt am besten gemeinsam mit dem Team, wobei Art und Ausmaß der ebenfalls zu vereinbarenden Überwachungsmaßnahmen von den individuellen Möglichkeiten der Mitarbeiter (Erfahrungen, Qualifikation, Selbständigkeit) abhängen. Grundsätzlich sollte hierbei das „AKV-Prinzip" (Aufgabe – Kompetenz – Verantwortung) gelten.

5.9.1 Beschreibung der Arbeitspakete (Formular)

Es empfiehlt sich, die Arbeitspaketvergabe mit einem elektronisch bereitgestellten Formular zu dokumentieren. Dem Projektleiter gibt es die Gewissheit, dass der Arbeitspaketverantwortliche die Inhalte verstanden hat. Eckpunkte wie Termin und Aufwandsvorgabe sind klar festgehalten. Außerdem sind damit die Voraussetzungen für inhaltliche Reviews geschaffen. Für den Arbeitspaketverantwortlichen ist es eine Checkliste, um sicher zu sein, alle für das Arbeitspaket notwendigen Informationen geklärt zu haben. Auftragsklarheit ist im Projekt in jedem Teilschritt unabdingbar.

Arbeits-paket-formular

Arbeitspaketauftrag		Seite 1
Projekt/Phase/Teilprojekt Bezeichnung des Arbeitspaketes		Projekt-Nr. AP-Nr.
Datum/Unterschrift (Teil-)Projektleiter	Datum/Unterschrift Arbeitspaketverantwortliche(r) AVP	
Inhalte des Arbeitspaketes		
1. Grundlage des Arbeitspaketes Beschreibung der vorausgesetzten Arbeitsergebnisse z.B. von anderen Arbeitspaketen, getroffene Entscheidungen, vorhandene Dokumente **2. Gestaltungsbereich** Benennung der vom Arbeitspaket betroffenen Organisationseinheit(en) und Prozesse, Aufzählung von Schnittstellen/Gemeinsamkeiten mit anderen Arbeitspaketen/Teilprojekten **3. Gestaltungsaufgaben** Aufzählung wesentlicher durchzuführender Aufgaben **4. Ziele/Ergebnisse des Arbeitspaketes** Aufzählung der für das Arbeitspaket relevanten Ziele und Aufzählung, was durch diesen Auftrag an Ergebnissen erbracht werden soll **5. Einflussgrößen (Restriktionen und Rahmenbedingungen)** Zwingend einzuhaltende Restriktionen und zu beachtende Gesetze oder äußere Einflüsse **6. Budget für Aufwand und Kosten** Nennung des geplanten Arbeitspaketaufwandes und der Kostenobergrenze **7. Termine/Meilensteine** Festlegung des Endtermines für die Vorlage der Arbeitspaketergebnisse und/oder Benennung von Meilensteinen für Zwischenergebnisse und Reviews **8. Ressourcenzugriff/Befugnisse** Aufzählung der beanspruchbaren Mitarbeiterkapazitäten; Beschreibung der Weisungs-, Vertretungs- und Verfügungsbefugnisse, die das Arbeitspaket betreffen **9. Information** Festlegung der Informationsempfänger und Informanten sowie der Termine, Anlässe und Form(en) der Informationen, die zur Berichterstattung über den Arbeitsfortschritt und zur Zusammenarbeit notwendig sind **10. Risiken** Auflistung möglicher Risiken, die die Arbeitspaketerledigung beeinträchtigen können		
Anlagen		
Ausführungen zu den Punkten 1-9 auf folgenden Seiten des Arbeitspaketauftrages		
Erledigt: Datum/Unterschrift APV	Abgenommen: Datum/Unterschrift (Teil-)Projektleiter	

Abb. 5.83: Beispiel der Seite 1 eines Arbeitspaketauftrages

5.9.2 Erste Arbeitssitzung im Projekt

Nachdem in der „ersten Projektsitzung“ (siehe Kap. 4.9) die Weichen für eine erfolgreiche Teamarbeit gestellt wurden (Kennenlernen – Teambildung – Auftragsklärung – Rollenklärung – Regeln der Zusammenarbeit – Vorgehen im Projekt – Terminplan u.a.m.), beginnt für das Team der „Projektalltag“. Die nun folgenden (regelmäßigen) Arbeitssitzungen orientieren sich in ihrem Ablauf am besten an der Struktur der ersten Projektsitzung.

Agenda einer Arbeitssitzung

Projekt „......” Arbeitssitzung am	
Ziel(e):	
Teilschritte: 1. 2. 3. 4. 5. 6. Prozessanalyse	von ... bis
Reserve:	

Jeweils zu Beginn der Arbeitssitzung wird der Gruppenarbeitsplan mit Zeitangaben aufgestellt bzw. vereinbart. Kommt es in Einzelfällen zu Überschreitungen des angesetzten Zeitbudgets, lässt sich dies meistens mit Hilfe der Reserve kompensieren.

Die Moderation muss nicht unbedingt beim Projektleiter liegen. Denkbar (und im Sinne des Teamgedankens besser) ist auch ein Wechsel dieser Rolle. Das setzt aber voraus, dass die Mitarbeiter über Grundkenntnisse der Moderationsmethode verfügen.

Durch Visualisierung aller relevanten Regelungen, Vereinbarungen, Fragestellungen, Ergebnisse und Aufgaben - immer in Abstimmung mit dem gesamten Team - ist mit dem Ende der Projektsitzung das Protokoll schon fertig. Noch wichtiger aber ist, dass die Form der „offenen Protokollführung“ dem Team in jedem Augenblick der Arbeitssitzung zeigt, wo es steht, was schon erledigt ist, was noch getan werden muss, ob der Zeitplan funktioniert und was alles zu beachten ist. Idealerweise steht noch etwas Zeit für eine abschließende „Prozessanalyse“ zur Verfügung. Das Team reflektiert hier gemeinsam den Sitzungsverlauf und eröffnet sich damit wichtige Lernchancen.

Typische Prozessfragen sind:

Prozess-
analyse

1. Wie sind wir vorgegangen?
2. Haben wir unsere Ziele erreicht?
3. Was hat uns gefördert?
4. Was hat uns behindert?
5. Was wollen/müssen wir ändern?

Die vereinbarten Änderungen werden ebenfalls visualisiert, um in der nächsten Sitzung wirksam werden zu können. Auf diese Weise kann das Projektteam von Mal zu Mal besser werden, der „Teufelskreis" scheinbar unvermeidlicher Unzulänglichkeiten im Ablauf von Sitzungen oder Besprechungen wird durchbrochen!

In der Folgesitzung wird gleich zu Beginn der Aktionsplan überprüft – erledigte Aufgaben werden „abgehakt", offene bzw. neue Aufgaben fortgeschrieben.

5.10 Motivation im Team

„Motivation" ist heute in der Arbeitswelt ein viel gebrauchtes Wort. Motivierte Mitarbeiter werden als leistungsfähiger, zufriedener, weniger krank, anpassungsfähiger, kooperativer, umgänglicher erlebt. Untersuchungen bestätigen diesen Zusammenhang. Die Frage ist nur, wie und ob ausreichend Motivation erzeugt werden kann. Die Meinungen hierzu sind kontrovers. Die Palette reicht von „man kann Mitarbeiter nicht im eigentlichen Sinn motivieren, man kann ihnen nur (und muss!) Bedingungen zur Selbstmotivation schaffen" bis zur Überzeugung, durch die geschickte Anwendung von Motivationstechniken Mitarbeiter optimal motivieren und zu Höchstleistungen bringen zu können. Sogar vom „Mythos Motivation" ist die Rede. Die Wahrheit liegt wohl in der Mitte. Ohne Zweifel spielt die Motivation am Arbeitsplatz eine sehr wichtige Rolle und kann durch entsprechende Bedingungen wie z.B. ein kooperatives Führungsverhalten gefördert werden. Dabei kommt es aber entscheidend darauf an, was der Einzelne aus diesen Bedingungen macht. Ebenso sicher ist davon auszugehen, dass Veränderungsprozesse besser gelingen, wenn sie von einer breiten Mitarbeitermotivation getragen werden. Somit ist Motivation auch und gerade in der Projektarbeit ein wichtiges Thema.

Motivation lässt sich ganz allgemein als die Summe der in einer Handlung wirksamen Motive definieren, die das individuelle Verhalten aktivieren und regulieren. Die Vielzahl möglicher Motive kann differenziert werden nach

- Grundmotiven: alle Motive, die der Existenzsicherung dienen
- abgeleiteten Motiven: Grundmotive können oft nur auf „Umwegen" – z.B. durch Geld, Arbeit – erfüllt werden

Motive für Motivation

- erworbenen Motiven: sie entstehen aus der Auseinandersetzung mit der Umwelt
- aktuellen Anreizen: sie sprechen bereits vorhandene Motive an
- Normen und Werten: sie werden in Sozialisationsprozessen verinnerlicht
- Zukunftsentwürfen: Hoffnungen, Wünsche, Erwartungen u.ä.

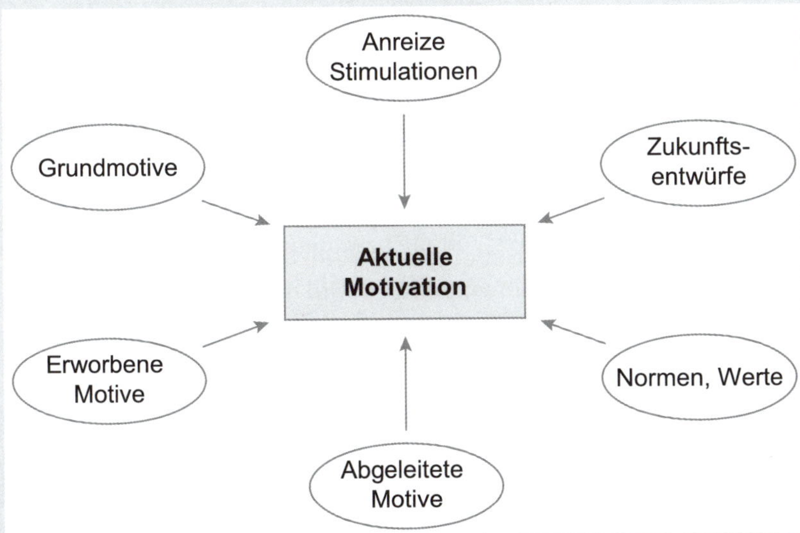

Abb. 5.84: Aktuelle Motivation

Die Grafik zeigt nicht nur die Vielschichtigkeit aktueller Motivation, sondern auch, wie unterschiedlich die Motivation einzelner Menschen sein kann. Die Motivation der Mitarbeiter beeinflussen zu wollen, heißt demnach auch, sehr genau den jeweiligen Menschen in den Blick zu nehmen.

Nach MASLOW entsteht Motivation in erster Linie durch den Wunsch und/oder die Chance, Bedürfnisse befriedigen zu können. Das bietet dem Projektleiter gute Ansatzpunkte. Ein kooperativer Führungsstil, das Zugestehen von Gestaltungsspielräumen und Verantwortung, eine entsprechende Aufgabengestaltung (wichtige Gestaltungsmerkmale sind: Ganzheitlichkeit, Anforderungsvielfalt, Möglichkeiten zur sozialen Interaktion, Autonomie, Lern- und Entwicklungsmöglichkeiten) und konstruktives Feedback seien hier stellvertretend genannt.

Projektarbeit bietet allein schon durch den Einbezug in Gestaltungs- und Entscheidungsprozesse vielerlei Möglichkeiten zur Motivation und Identifikation. Mit Projekten geht aber auch eine nicht unerhebliche Belastung für die Teammitglieder einher, besonders wenn sie – was überwiegend der Fall ist –

nur partiell im Projekt mitarbeiten können. Die Belastung besteht dabei einerseits in der rein zeitlichen Überlastung durch die Doppelbeanspruchung Projekt und Linie und andererseits in dem damit verbundenen Konfliktpotenzial, zweierlei „Herren" dienen zu müssen. Wenn hier keine klaren Absprachen getroffen werden, kann das sehr schnell die Motivation beeinträchtigen, der Mitarbeiter sitzt zwischen zwei Stühlen. Der Projektleiter muss daher alles tun, um mit den jeweiligen Linienvorgesetzten seiner Teammitglieder tragfähige und verbindliche Regelungen zu finden. Uneingeschränkte Rückendeckung durch den Auftraggeber und/oder Sponsoren ist hierbei eine unverzichtbare Voraussetzung. Zwei Handlungsfelder stehen im Vordergrund:

Handlungsfelder für Motivation im Projekt

- Klare Kompetenzregelungen zwischen Linie und Projekt verschaffen dem Projektmitarbeiter und anderen Beteiligten die notwendige Grundorientierung und Klarheit. Eine klare Kompetenzregelung verhindert zwar nicht alle Konflikte zwischen Linie und Projekt, sie lassen sich aber reduzieren
- Projekte sollten in die strategischen Zielsetzungen des Unternehmens eingebettet werden. Dadurch wird ihr Stellenwert sichtbar. Der Projektleiter erhält die notwendige Rückendeckung, um Mitarbeiter im erforderlichen Umfang freizustellen und somit eine Überforderung zu vermeiden.

Projekte stellen häufig sehr hohe Anforderungen an das Durchhaltevermögen der beteiligten Mitarbeiter. Insbesondere bei langwierigen Vorhaben kann es mit der Zeit zu einer gewissen Projektmüdigkeit kommen, was sich auf die Motivation und in der Folge auch auf die Qualität der Arbeit auswirken kann. Einer solchen Entwicklung kann jedoch vorgebeugt werden. So empfiehlt sich z.B. eine klare und überschaubare Strukturierung und Gliederung, damit der Fortgang des Projektes „erlebt" werden kann. Über das Erreichen kleinerer Etappenziele lassen sich die für die Motivation so wichtigen Erfolgserlebnisse vermitteln. Bereits in der ersten Projektsitzung können solche Etappen, die sich am geplanten Projektverlauf orientieren müssen, gemeinsam mit dem Team festgelegt werden.

Darüber hinaus ist die Vereinbarung symbolischer Handlungen bei Erreichung eines Etappenzieles (z.B. gemeinsame Markierung des visualisierten Verlaufsplanes, „Etappenessen" des Projetteams, „Bergfest" u.a.m.) denkbar. Diese und ähnliche Maßnahmen dienen gleichzeitig der Pflege der Beziehungsebene und fördern auf längere Sicht den Teamzusammenhalt, was wiederum der Qualität der Projektarbeit zugute kommt. Sollten sich dennoch „Ermüdungserscheinungen" im Projektteam zeigen, empfiehlt sich eine Aussprache, um die wirklichen Ursachen zu ergründen und eventuelle Änderungen und Neuregelungen zu vereinbaren.

6 Projektdiagnose und -steuerung

6.1 Grundlagen und Themenüberblick

„Fakten hören nicht auf zu existieren, wenn man sie absichtlich übersieht."
Aldous Huxley

Nach erfolgreicher Planung sind die Arbeitspakete an Projektmitarbeiter verteilt. Und der Projektleiter wird arbeitslos? Nein, denn nun beginnt die primäre Aufgabe des Projektleiters: Kurs halten während des Projektverlaufes. Viele Projektleiter nehmen diese Funktion tagtäglich automatisch wahr, ohne genau zu wissen, dass dies Controlling-Funktionen sind.

Typische Controllingaktivitäten im Projekt

Einige Beispiele:

- Durch die wöchentliche Stundenaufschreibung der Projektmitarbeiter errechnet der Projektleiter eine 20prozentige Überschreitung der geplanten Personalkosten. Seiner Prognose nach wären damit nach der Hälfte der Projektlaufzeit bereits sämtliche finanziellen Mittel verbraucht. Er ruft eine außerordentliche Projektteamsitzung ein und fragt nach den Ursachen des hohen Stundenaufkommens. Die Mitarbeiter klagen über mangelnde technische Unterstützung bei der Analyse der erhobenen Daten. Daraufhin veranlasst der Projektleiter den sofortigen Kauf leistungsstarker PC's mit entsprechender Software.
- Im Kantinengespräch erfährt der Projektleiter von der wahrscheinlichen Absage zweier für die nächste Phase fest eingeplanter Projektmitarbeiter. Daraufhin fragt er noch in der Mittagspause den Fachbereichsleiter, wen er für diesen Fall für das Projekt gewinnen und einplanen kann.
- Beim täglichen Morning-Meeting des Projektteams gestehen die für die Erhebung eingesetzten Projektmitarbeiter ein, die notwendigen Interviews in der dafür eingeplanten Zeit nicht mehr durchführen zu können. Da keine zusätzlichen Kapazitäten frei sind, bleibt nur eine zeitliche Verlängerung der Erhebungsphase. Der Projektleiter informiert den Lenkungsausschuss und bittet um eine Verlängerung der Projektphase.
- Bei einem Review des Fachkonzeptes werden durch die Fachabteilung zusätzliche Anforderungen gestellt, die den Projektumfang um 10% erweitern. Der Projektleiter ermittelt die Konsequenzen dieser Auftragsergänzung hinsichtlich Zeit und Kosten, stimmt das mit dem Auftraggeber ab, dokumentiert es in einer Änderungsmitteilung und aktualisiert seine Planung.

Ob es gelingt, den Kurs zu halten, hängt nicht nur von den Schritten der Diagnose und Steuerung ab. Die Wirksamkeit der Maßnahmen, die Qualität der Steuerungsinformationen und die Verlässlichkeit von getroffenen Vereinbarungen werden von der Projektkultur und den Formen der Führung und Zusammenarbeit geprägt.

Diagnose und Steuerung nur mit Führung wirksam

Bei jeder Abweichung von Vorgaben tauchen Konflikte auf, die der Projektleiter bearbeiten muss. Um die wirklichen Ursachen von Abweichungen zu ergründen, ist eine von Vertrauen und Offenheit bestimmte Gesprächsführung nötig. Problemlösungen sollten systematisch im Team bearbeitet werden. In Projektkrisen sollten immer auch die Chancen für grundlegende Veränderungen gesehen werden. Viele Steuerungsmaßnahmen müssen im Sinne des Projektes gegenüber den „Mächtigen" in der Linie durchgesetzt werden. Eine regelmäßige Diagnose der Zusammenarbeit im Projekt durch eine Prozessanalyse fördert die Flexibilität und die Entwicklung des Teams. Beim Kurs halten wird die Ganzheitlichkeit des Projektmanagements besonders deutlich.

6.1.1 Der Regelkreis

Die Schritte der Diagnose und Steuerung wiederholen sich immer wieder während des Projektverlaufes und bilden einen Regelkreis, um das Projekt „auf Kurs" zu halten.

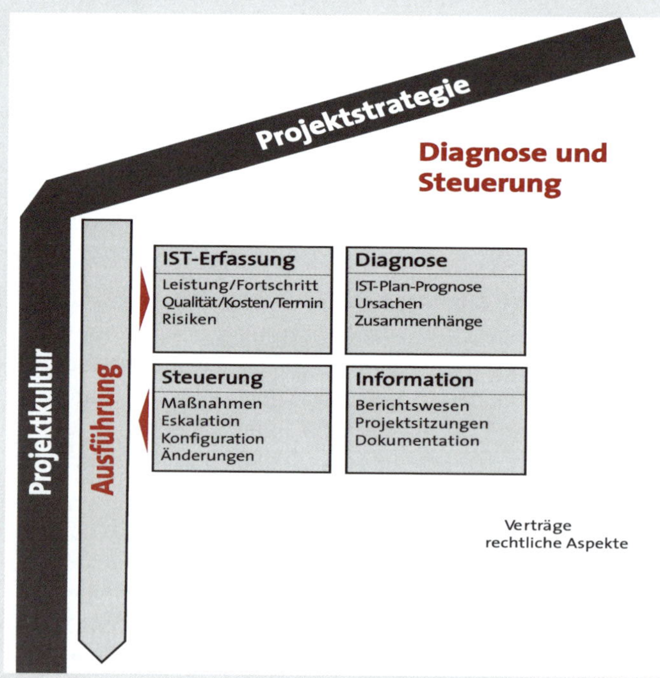

Abb. 6.01: Regelkreis der Diagnose und Steuerung

6.1.2 Inhalte der Projektdiagnose

Während der Kapitän zur See die Lage seines Schiffes ortet, die Geschwindigkeit des Schiffes abliest, die Leistung der Motoren bestimmt, Windrichtung, Windstärke und Seegang beobachtet und die Stimmung in der Mannschaft spürt, sind für den Projektleiter alle Inhalte relevant, die im Rahmen der Projektplanung festgelegt wurden.

Denn es gilt:

Merke!

> Keine Planung ohne Diagnose und Steuerung.
> Keine Diagnose und Steuerung ohne Planung.
> Plane nur das, was Du auch kontrollieren wirst.

So werden genaue und umfassende Vorgaben und Pläne schnell unterlaufen (sie sind offensichtlich nicht so wichtig), wenn nicht entsprechende Kontrollschritte erfolgen, und die Teammitglieder nehmen die Qualitätsansprüche zurück. Andererseits sind übermäßige Kontrollen ohne ausreichende Planvorgaben wenig motivierend.

Im Vordergrund des Interesses stehen gemäß dem „magischen Dreieck" Termine - Kosten - Ergebnisse/Ziele. Der Projektleiter sollte aber auch auf die Leistungsbereitschaft der Projektmitarbeiter achten. Wie in einem Cockpit sind mehrere Anzeigen für den Projektleiter wichtig, um sein Projekt zu beurteilen. Der Beobachtungsschwerpunkt wird sich bei wechselnden Rahmenbedingungen ändern. Dies erfordert auch, häufiger hinter eine Anzeige zu schauen, tiefergehende Informationen einzuholen und Abhängigkeiten zwischen den dargestellten Werten zu ergründen.

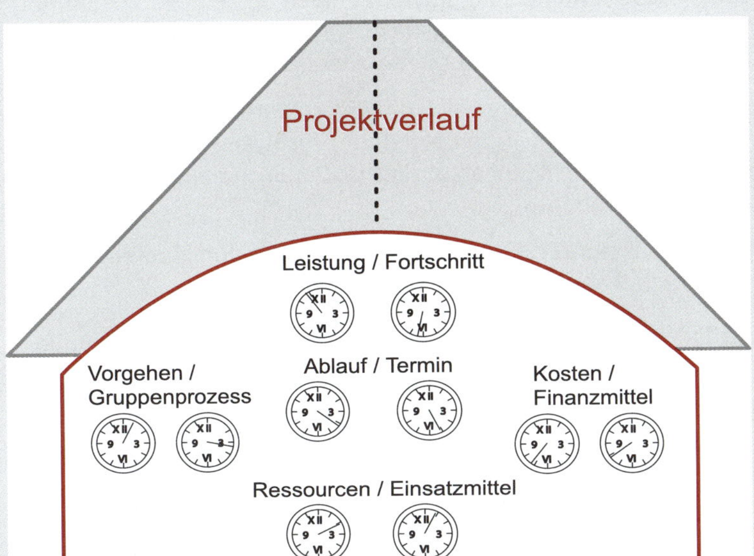

Abb. 6.02: Inhalte der Projektdiagnose

Auch Steuerungsmaßnahmen wirken sich immer auf alle Aspekte aus. Eine einseitige Konzentration auf Termine oder Kosten legt falsche Entscheidungen nahe.

Auswirkung von Steuerung auf Wirtschaftlichkeit

Mit Überstunden kann ein Projekt beschleunigt werden und einen Monat früher in Betrieb gehen. Dies verursacht überplanmäßige Kosten von 1% der Projektkosten (1.000 T€). Für das Projekt wird ein jährlicher Deckungsbeitrag von 300 T€/Jahr erwartet. Das bedeutet 25 T€ mehr Deckungsbeitrag, die den Mehrkosten von 10 T€ gegenüberstehen.

Da inhaltliche Verbindungen zwischen den abgegrenzten Projektaufgaben bestehen, reicht eine isolierte Betrachtung einzelner Arbeitspakete nicht aus. Es sollte immer versucht werden, die Abhängigkeiten zu anderen, zukünftigen Arbeitspaketen zu ermitteln.

Zusätzlich ist das Projekt auch in das Linienmanagement eingebettet. So können umfangreiche Abstimmungen und Meldungen erforderlich sein. Das bestehende Controlling liefert unzureichend detaillierte oder verdichtete Daten, die im Projekt aufbereitet werden müssen.

6.1.3 Der Projektüberwachungszyklus

Wie bei einem Kapitän zur See muss der Projektleiter regelmäßig zu festen Terminen die Lage seines Schiffes (Projektes) beurteilen, um ein aktuelles Bild zu erhalten. Diese Termine sind entweder durch das Projekt bestimmt (Meilensteine oder Abnahme von Arbeitspaketen) oder durch den Kalender vorgegeben (monatliche Ergebnismeldungen oder täglicher Rundgang).

Einfluss auf den Überwachungszyklus

An diesen Terminen orientieren sich die Projektbeteiligten, deshalb sind sie mit ihnen zu vereinbaren. Überraschende, nicht angekündigte Kontrollen irritieren. Dabei wird nicht jedesmal alles im Detail und umfassend überprüft, oft genügen Stichproben.

Wie oft der Regelkreis zur Diagnose und Steuerung durchlaufen wird, hängt vom Projektverlauf ab:

- Häufiger in kritischen Abschnitten, wo sich ständig neue Situationen ergeben können
- Schrittweise weniger, wenn unerfahrene Projektmitarbeiter eingearbeitet werden
- Umfassend nach Projektkrisen.

Lieber ungefähr richtig als genau falsch

Bei der Festlegung der geeigneten Frequenz sollte der Projektleiter nicht nur auf externe Vorgaben und den erforderlichen Aufwand achten, sondern sich auch der Wirkung auf die Teammitglieder bewusst sein. Schnelles Reagieren ist oft wichtiger als auf zu spät vorliegende genaue Informationen zu warten.

Das macht Abbildung 6.03 zur Reaktionszeit von Statusberichten deutlich.

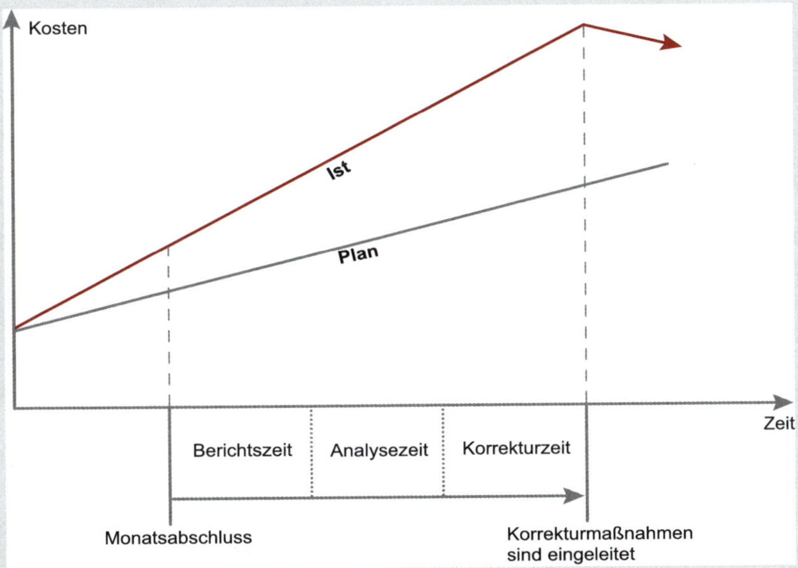

Abb. 6.03: Reaktionszeit

Zur Festlegung des Projektüberwachungszyklus kann man sich abhängig von der Projektlaufzeit an folgender Faustregel orientieren:

Projektdauer	Projektüberwachungszyklus
bis 6 Monate	1 Woche
bis 15 Monate	2 Wochen
bis 60 Monate	4 Wochen
über 60 Monate	8 Wochen

Die Vereinbarungen über den Projektüberwachungszyklus sollten in der ersten Projektsitzung festgelegt und dokumentiert werden. Das könnte folgendermaßen aussehen:

Controlling-Konzept

Was?	Wann?	Durch wen?
Projektaufwand	Monatlich	Projektleiter/Team
Fertigstellungsgrad der Arbeitspakete (inhaltlich, Restaufwand)	Täglich Wöchentlich	Arbeitspaketverantwortlichen Projektleiter
Projektkosten	Monatlich	Projektleiter/Auftraggeber
Status der Arbeitspakete	14-tägig	Arbeitspaketverantwortlichen
Ressourceneinsatz	Quartal	Projektleiter/Vorgesetzte der Teammitglieder
Termine	14-tägig Monatlich	Projektleiter Lenkungsausschuss

6.1.4 Beziehung zur Führung

Die Projektkultur sowie die Formen der Führung und Zusammenarbeit wirken sich auf die Qualität der Steuerungsinformationen, die Verbindlichkeit von Vereinbarungen und die Wirksamkeit der getroffenen Maßnahmen aus.

Die nachfolgende Gegenüberstellung verdeutlicht die Verbindung von Diagnose und Steuerung mit der Führung und Zusammenarbeit im Projekt:

Diagnose und Steuerung		Führung und Zusammenarbeit
Teamarbeit als Inhalt der Diagnose und Steuerung	↔	Prozessanalyse zur Förderung der Teamentwicklung
Abweichungen erkennen	↔	Konflikte bearbeiten
Risiken einschätzen	↔	Bei Krisen die Phasen von Veränderungsprozessen berücksichtigen
Ursachen von Abweichungen ergründen	↔	Gesprächsführung, die von Offenheit und Vertrauen geprägt ist
Steuerungsmaßnahmen ableiten	↔	Problemlösungen systematisch im Team erarbeiten
Vertrags- und Claimmanagement	↔	Verhandlungen mit internen und externen Vertragspartnern führen
Steuerungsmaßnahmen durchsetzen	↔	Umgang mit Macht und Hierarchie

6.2 Führungsarbeit im Projektverlauf

Projektleitung ist vor allem auch Führungstätigkeit, die sich jedoch von der Führung mit Linienautorität und Linienfachwissen deutlich unterscheidet. Im Vordergrund steht hier die Persönlichkeit des Projektleiters, da er im Allgemeinen über keine disziplinarische Weisungsbefugnis verfügt. Somit muss er die Mitarbeiter des Projektteams mehr oder weniger „ohne Macht" führen. Das wirkt sich auf den Charakter des Führungsverhaltens aus: Führung der Projektgruppe bedeutet oft Moderation der Projektgruppe, ihrer Arbeit und ihrer Prozesse. Der Projektleiter kann sich jedoch einige projektspezifische Vorteile zunutze machen:

- Projektarbeit ermöglicht partizipative Mitarbeit. Hingegen werden in traditionellen Organisationen Mitarbeiter im Rahmen der normalen Hierarchie kaum oder gar nicht in Entscheidungsprozesse mit einbezogen. Die Projektarbeit erhöht somit im Allgemeinen die Motivation.
- Weitere Anreize ergeben sich aus der Art der Aufgabenstellung, den Inhalten, den Möglichkeiten sich zu qualifizieren (das trifft insbesondere auf die Schulung der sozialen Kompetenz zu) und aus den Profilierungschancen der Mitarbeiter.

Abbildung 6.04 zeigt die wichtigsten Aktionsfelder der Projektführung:

Aktionsfeld	Wichtige Aufgaben
Unternehmen	Projektergebnisse verändern mehr oder weniger das Unternehmen selbst, was Widerstand hervorrufen kann. Daher müssen von Beginn an Anlass, Notwendigkeit und Zielsetzung öffentlichkeitswirksam kommuniziert werden (Projektmarketing!). Mit umfassenden Partizipationsmaßnahmen sind Unterstützung und Akzeptanz zu fördern und praxisgerechte Lösungen sicherzustellen.
Team	Projektarbeit ist Teamarbeit. Der Projektleiter ist zugleich Teamleiter und Teamentwickler. Er muss durch geeignete Führungs- und Entwicklungsmaßnahmen den Teambildungsprozess unterstützen, damit die individuellen Potenziale der Teammitglieder für das Projekt zu einem optimalen Ganzen zusammengefügt werden können (Einsatz von Moderations- und Problemlösetechniken, Prozessanalysen, Kommunikation u.a.m.).
Individuum	Planung, Diagnose und Steuerung erfordern Projektmanagement- und Führungskompetenz. Der Projektleiter muss Aufgaben (Arbeitspakete) delegieren, Feedback geben, Widerstände erkennen und überwinden, ausgleichen und vermitteln, Konflikte mit oder zwischen Teammitgliedern bearbeiten und die Motivation unterstützen.

Abb. 6.04: Aktionsfelder der Projektführung

Weitere Handlungsbereiche ergeben sich aus der

- Zusammenarbeit mit dem Auftraggeber (z.B. Auftragsklärung)
- Zusammenarbeit mit den Gremien (z.B. Lenkungsausschuss)
- Zusammenarbeit mit den Leitern der betroffenen Bereiche (z.B. Verhandlungen um Ressourcen).

Projektarbeit vollzieht sich immer – wie alle anderen Arbeitsformen auch – auf zwei Ebenen, der Sach- und der Beziehungsebene. Beide sind für den Projektleiter in seiner Führungsrolle gleichermaßen wichtig!

Sach- und Beziehungsebene in der Projektarbeit

Aspekte der Sachebene	Aspekte der Beziehungsebene
Projektmanagement	Grundeinstellung
Projektauftrag	Kommunikation
Ziele	Führungsstil
Termine	Kooperation
Planung	Konfliktbearbeitung
Diagnose	Teamentwicklung
Steuerung	Umgang mit Macht und Hierarchie
Ressourcen	Motivation
Projektsitzungen	Sitzungsgestaltung
Vor-, Haupt-, Teilstudie	Feedback

6.2.1 Führungsgrundlagen

In der Praxis sind zahlreiche, zum Teil sehr unterschiedliche Führungsansätze anzutreffen, die hier nicht näher betrachtet werden müssen. Für den Projektleiter kommt es darauf an, im Interesse einer optimalen Zielerreichung seine Verhaltensweisen und sein Vorgehen mit seiner Persönlichkeit in Einklang zu bringen und an den Möglichkeiten und Bedürfnissen der Projektmitarbeiter zu orientieren. Das nachfolgende Kontinuum (nach TANNENBAUM und SCHMIDT) veranschaulicht das Spektrum des Führungsverhaltens von der Willensdurchsetzung zur Willensbildung:

Führungskontinuum nach TANNENBAUM und SCHMIDT

Projektleiterzentrierte Führung →

← Projektmitarbeiterzentrierte Führung

Willensdurchsetzung				Willensbildung		
Einflussnahme des Projektleiters (PL)						Handlungsspielraum des Projektmitarbeiters (PMA)
PL entscheidet, setzt durch, notfalls mit Zwang	PL entscheidet, setzt mit Überredung durch	PL entscheidet, setzt mit Überzeugung durch	PL entscheidet nach Meinungsäußerung der PMAs	PL definiert Problem, PMAs entwickeln Vorschläge, PL entscheidet	PL setzt Rahmenbedingungen, PMAs entscheiden	PMAs handeln autonom im übergeordneten Rahmen

Grundsätzlich wirken alle Verhaltensweisen des Projektleiters als Führungsinstrument - sofern sie bewusst zur Bewältigung der Führungsaufgaben eingesetzt werden. Einige „Instrumente“ erweisen sich jedoch immer wieder als besonders wichtig (siehe Abbildung 6.05).

Führungsinstrument	Bedeutung
Kommunikation	„Man kann nicht, nicht kommunizieren“ - nach diesem Grundsatz ist der bewusste Umgang mit den Kommunikationsmitteln und die bewusste Wahrnehmung der Kommunikation des Anderen (verbal und nonverbal) Bestandteil effizienter Kommunikation. Ebenso bedeutsam sind Ich-Botschaften, Ermittlung von Kommunikationsblockaden und deren Beseitigung.
Feedback	„Feedback ist die wohl wichtigste Lernchance erwachsener Menschen“ -also immer bedeutsam, wenn es darum geht, das Ziel zu verfolgen, Mitarbeiter zum Lernen zu bewegen. Lernen ist auch jede Form der Verhaltensänderung.

Abb. 6.05: Führungsinstrumente und deren Bedeutung im Überblick

Führungsinstrument	Bedeutung
Fragetechniken	„Wer fragt, der führt“ - und lässt den Anderen entscheiden, welche Themen und in welcher Tiefe diese besprochen werden. Direktives und non-direktives Fragen bewusst einsetzen, je nach Ziel im Gespräch.
Delegation	„Wenn alles so laufen soll, wie ich es will, kann ich alles gleich selbst machen“ - neben Aufgaben auch Kompetenz und Verantwortung übertragen.
Coaching-Grundhaltung	„Nicht vorneweg laufen und den Weg zeigen, sondern hinter den Menschen“ - nichts ist wertvoller als Lernen aus Selbsterkenntnis, Eigenverantwortung und in selbstbestimmter Geschwindigkeit.

Abb. 6.05f: Führungsinstrumente und deren Bedeutung im Überblick

6.2.2 Menschenbilder und Einstellungen

X-, Y-Theorie

Das Bild, das sich ein Projektleiter von seinen Mitarbeitern macht, prägt den Führungsstil, den er für sich als passend wählt. Die als Theorie X von McGREGOR benannte Vorstellung, dass Menschen natürlicherweise Arbeit so weit wie möglich vermeiden und nicht gerne Verantwortung übernehmen, unterstützt die Vorstellung, Menschen müssten zur Arbeit gezwungen, gelenkt, geführt, kontrolliert und mit Strafe bedroht werden. Dieses Menschenbild ist noch immer in den Denkmustern mancher Führungskräfte mehr oder weniger spürbar vorhanden.

Die volle Nutzung der Leistungsbereitschaft von Menschen und die Verschmelzung von individuellen Zielen mit den Unternehmens- bzw. Projektzielen erfordern jedoch ein verändertes Menschenbild. McGREGOR hat dieses positive Menschenbild in der Theorie Y veranschaulicht.

Das positive Menschenbild in der Theorie Y

1. Physische und geistige Anstrengungen bei der Arbeit sind ebenso natürlich wie Spielen oder Schlafen. Daher lehnt der Mensch Arbeit nicht prinzipiell ab.
2. Überwachung und Androhung von Strafe sind nicht die einzigen Mittel, Mitarbeiter dazu zu bewegen, sich für die Ziele des Unternehmens einzusetzen, zumal sie nur kurzfristig wirken und immer wieder erneuert und „verschärft“ werden müssen. Zugunsten von Zielen, denen sie sich verpflichtet fühlen, werden Mitarbeiter

Selbstdisziplin und Selbstkontrolle praktizieren.

3. Die Identifikation mit den Zielen der Organisation ist eine Funktion der damit erreichbaren Belohnungen. Die wichtigste Belohnung ist die Befriedigung der Ich-Bedürfnisse und des Bedürfnisses nach Selbstverwirklichung.
4. Der Durchschnittsmensch lernt – unter geeigneten Bedingungen – Verantwortung nicht nur zu übernehmen, sondern sogar zu suchen.
5. Die Anlage zu einem verhältnismäßig hohen Grad an Vorstellungskraft, Urteilsvermögen und Erfindungsgabe für die Lösung organisatorischer Probleme ist weit gestreut in Organisationen.
6. Unter den Bedingungen des modernen industriellen Lebens ist das intellektuelle Potenzial des „Durchschnittsmenschen" nur zum Teil genutzt.

Es liegt auf der Hand, dass eine solche Grundeinstellung zum Menschen sehr viel besser zur Idee der Teamarbeit und damit zur Projektarbeit passt.

6.2.3 Situativ angemessenes Führungsverhalten

Entscheidend für die Wirkung eines bestimmten Führungsverhaltens auf die Arbeitsleistung der Mitarbeiter ist die Situation, in der geführt wird. Bei bestimmten Aufgabenstellungen, Arbeitsgruppenstrukturen und Persönlichkeitsmerkmalen kann entweder ein kooperativer oder auch ein (in Maßen) autoritärer Führungsstil zu besseren Leistungen führen. Untersuchungen belegen, dass die Effizienz von kooperativ geführten Arbeitsgruppen höher als bei autoritär geführten ist, in manchen kritischen Situationen ein direktiver Führungsstil jedoch effizienter erscheint. Sind Mitarbeiter auch in fachlichen Fragen geringer qualifiziert als die Führungskraft, wird diese eher durch klare Zielvereinbarungen (Management by Objectives) führen. Sind die Mitarbeiter hochrangige Spezialisten, wird die Führung durch Delegation mit weitgehender Selbstregelung (Management by Systems) der situativ angemessene Führungsstil sein. Führung wird in diesem Fall zur Koordination und Moderation von Spezialisten.

Es gibt nicht den richtigen Führungsstil, er muss an die jeweils bestehende Situation angepasst werden. Projektleiter sollten ihr Gespür für konkrete Situationen, in denen sie führen, sehr genau schulen und sensibilisieren und ein Bewusstsein für ihr eigenes Führungsverhalten entwickeln. Sie sollten aufmerksam für Feedback sein und dieses auch von Mitarbeitern und Kollegen erbitten. So können sie ihre eigene Wahrnehmung mit der Fremdwahrnehmung der Mitarbeiter vergleichen, gegebenenfalls Verhaltenskorrekturen vornehmen und insgesamt ihre Führungskompetenz erweitern.

6.2.4 Die Führung des Projektteams

Führen bedeutet auch in Projekten, Mitarbeiter unter Berücksichtigung der jeweiligen Situation auf ein gemeinsames Ziel hin zu beeinflussen. Durch die gemeinsame Vereinbarung der Projektziele und der aus ihnen abgeleiteten Teilziele wächst die Bereitschaft zur Mitarbeit an der Zielerreichung. Auch die Identifikation mit den Projektzielen wird gefördert. Die Zielvereinbarung ist Bestandteil der Auftragsabstimmung und -vereinbarung.

Die Abstimmung mit den Projektmitarbeitern geschieht am besten in Zielvereinbarungsgesprächen. In ihnen werden auf der Basis des Projekt-/Teilprojekt-/Arbeitspaketauftrages die Ziele gemeinsam festgelegt und durch Leistungsstandards präzisiert (Kontrolle der Zielerreichung).

Ein guter Projektleiter muss über hohe fachliche und soziale Kompetenz verfügen. Nur so ist er in der Lage, sowohl aufgaben- und zielorientiert als auch mitarbeiterorientiert zu handeln. Wenn auch sein Erfolg in erster Linie an der Erfüllung des Projektauftrages gemessen wird, so darf nicht übersehen werden, dass der Projekterfolg auch und gerade von der Qualität der Mitarbeiterführung abhängt.

Führungsfunktionen

- Einarbeitung neuer Mitarbeiter (veranlassen, unterstützen, durchführen)
- Auftragsklärung
- Vereinbarung von Zielen
- Förderung der Teamentwicklung
- Zuweisung von Aufgaben, die dem Leistungsvermögen der Mitarbeiter entsprechen
- Kontrolle des Arbeitsfortschrittes
- Konstruktive Kritik
- Motivation
- Lob und Anerkennung der Mitarbeiter
- Feedback
- Information der Mitarbeiter
- Koordination der Mitarbeiter
- Klärung von Konflikten.

Allgemein gilt, dass mit zunehmender Projektgröße die Führungsaufgabe des Projektleiters gegenüber der Fachaufgabe immer stärker in den Vordergrund tritt. Vor allem in den Fällen, wo die Projektgruppe aus hierarchisch gleichgestellten Mitgliedern mit ähnlicher oder gleichwertiger Qualifikation zusammengesetzt ist, ist der Projektleiter gefordert. Er muss durch sein Vorbild, sein Interesse an der Arbeit jedes Einzelnen, sein Engagement, seine Kritikfähigkeit und seine Fähigkeit, in echter Form Anerkennung auszusprechen, sein Team immer wieder neu motivieren.

6.3 Organisation der Ist-Datenerfassung

Anhand seines Controlling-Cockpits legt der Projektleiter fest, welche Ist-Daten über den Projektverlauf er wie oft und wie detailliert gegliedert benötigt. Er kann dabei den Aufwand für sich und seine Projektmitarbeiter gering halten, wenn etablierte Abrechnungs- und Zeiterfassungsverfahren seinen Anforderungen entgegenkommen. Typische Fragen sind dabei:

Organisatorische Fragen der Ist-Datenerfassung

- Sind Projekte als Kostenträger eingerichtet?
- Welche Projektmitarbeiter erfassen in der Linie regelmäßig ihren Arbeitsaufwand und ordnen diesen auf Projekte zu?
- Bis zu welcher Gliederungsebene kann auf die Projektstruktur zurückgemeldet werden?
- Inwieweit können Rechnungen Projektstrukturplanpositionen zugeordnet werden und sind den Mitarbeitern der Buchhaltung diese bekannt?
- Welche IT-Unterstützung steht für eine automatische Übernahme von Daten zur Verfügung? Welche unternehmensweiten Standards gibt es hierfür?
- An welcher Stelle werden die Plandaten zugeführt und werden regelmäßig Prognosen aktualisiert?

Die Gliederungstiefe der Rückmeldeinhalte hängt vom Projektstrukturplan, der Strukturierung der Linienorganisation und den angewendeten Methoden zur Erfassung der Ist-Daten ab. Idealerweise sollte von jedem Projektbeteiligten zurückgemeldet werden, welche Arbeitspakete er mit wie viel Aufwand bearbeitet hat und welche Kosten durch ihn dadurch verursacht wurden. Allerdings stehen diesem Wunsch hohe Verwaltungsaufwände und nicht immer vorhandene IT-Systeme entgegen.

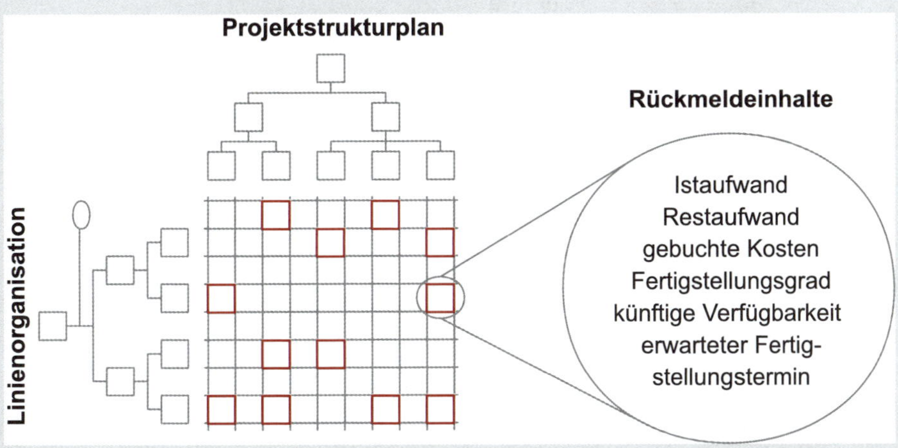

Abb. 6.06: Rückmeldung von Arbeitspaketen

Die aktuelle Situation im Projekt kann durch die in Abbildung 6.07 dargestellten vier Methoden erhoben bzw. gemessen werden.

Formale Abfragen	Teamorientierte Datengewinnung
▪ Termin-/Ablaufmeldungen ▪ Kostenerfassungsbelege ▪ Stundenaufschreibungen ▪ Rückmeldelisten	▪ Statusbesprechungen ▪ Prozessfragebogen ▪ Schätzung/Meinungsbildung
Beobachtung	**Qualitätsbewertung**
▪ Walkthrough ▪ Inspektion ▪ Tests ▪ Versuchsreihen ▪ Prototypen	▪ Checklisten ▪ Audits ▪ Reviews

Abb. 6.07: Methoden der Erfassung von Daten über den Projektverlauf

Die Erhebungsergebnisse werden aufbereitet und transparent in Form von Protokollen dokumentiert. In der Praxis ergeben sich einige Schwierigkeiten, die die Effektivität und Aussagekraft beeinträchtigen:

Typische Probleme bei der Datengewinnung im Projekt

- Ergebnisse von Vorgängen in Arbeit lassen sich nur schwer abschätzen (fehlende Etappenziele)
- Ergebnisse werden nicht als fertiggestellt gemeldet (90% Syndrom und mangelnder Mut zum Abschluss)
- Learning by doing führt permanent zu Änderungen an Ergebnissen, Terminen und Kosten in der Projektrealisierung (wachsende Kluft zwischen Plan und Ist)
- Reporting wird als Zusatzbelastung und Überwachung empfunden (Defizite in der Lern- und Fehlerkultur)
- Mehrere Mitarbeiter müssen gemeinsam den Vorgangsstatus bewerten, da Vorgänge und Ergebnisse vernetzt sind („Ich kann nicht weil…“-Syndrom).

Dem kann der Projektleiter durch eine saubere Projektplanung mit der Definition von konkreten (Teil-) Ergebnissen und die Bereitstellung und Nutzung von Erfassungsvorlagen entgegenwirken. Auf der kulturellen Seite erleichtert ein konstruktiver Umgang mit Abweichungen und Fehlern die Akzeptanz der Regelungen.

Für eine eindeutige Identifikation und Zuordnung zu Arbeitspaketen sollten alle erhobenen Ist-Ergebnisse mit Projektnummer, Projektstrukturplan-Code des Arbeitspaketes, Arbeitspaketbezeichnung, dem Arbeitspaketverantwortlichen und den beteiligten Projektmitarbeitern versehen sein.

Nachfolgend werden zu jeder Erfassungsmethode einige ausgewählte Beispiele aus der Praxis beschrieben.

6.3.1 Termin-/Ablaufmeldung

Terminrückmeldungen eines Arbeitspaketverantwortlichen

Eine Termin-/Ablaufmeldung kann für Projektmitarbeiter so eingerichtet werden (zum Beispiel in MS-Project über Filter), dass nur die Arbeitspakete/Vorgänge aufgelistet werden, an denen sie beteiligt sind. In der Meldung sollten geplanter Anfang, geplantes Ende vorbelegt sein und der Fertigstellungsgrad, aktueller Anfang, aktuelles Ende abgefragt werden. Zeilen für zusätzliche, ungeplante Vorgänge erhöhen die Flexibilität. Fallweise kann auch eine Einschätzung des zu erwartenden Endes (Hochrechnung) vom Arbeitspaketverantwortlichen verlangt werden.

Verantwortlicher						**Monat**
Follert						Jun 06
		Aktuell	**Erwartet**		**Plan**	
PSP-Nr.	**Arbeitspakete des Verantwortlichen**	**Anfang**	**Ende**	**FGR**	**Anfang**	**Ende**
D200110	Aufgabenumfang Outbound	22.03.2006	21.04.2006	100%	15.03.2006	07.04.2006
D200520	Aufbauorganisation Back-Office	02.05.2006	05.07.2006	80%	24.04.2006	19.05.2006
D200540	Struktur der Call-Center Gruppen	01.06.2006	14.07.2006	50%	15.05.2006	23.06.2006
D200650	Information und Kommunikation im Call-Center			0%	12.06.2006	07.07.2006
D240210	Größenordnung neue Technik			0%	26.06.2006	28.07.2006
D300510	Stellenbeschreibungen			0%	15.08.2006	29.09.2006

FGR Fertigstellungsgrad

Abb. 6.08: Termin-/Ablaufmeldung

6.3.2 Kostenerfassungsbeleg

Müssen die Projektkosten weiter verrechnet werden, so sind Kostenerfassungsbelege nötig, um den Kostennachweis zu erbringen. Folgende Angaben sind hierzu erforderlich:

- Kostenstellenbezeichnung
- Kostenstellennummer
- Kostenstellenleiter
- Kostenartenbezeichnung
- Kostenartenbeschreibung
- Ist-Kosten
- Projektstrukturplan-Code des Arbeitspaketes.

Formblatt zur Kostenerfassung

Kostenerfassungsbeleg		Abrechnungsmonat	Jun 06
Kostenstellenbezeichnung	XY-Software-Entwicklung	**Kostenstellenleiter**	Herr Sippel
Projekt-Nr:	0.1466.01	**Kostenstellen-Nr:**	513220

Datum	Kostenart	Kurzbeschreibung	PSP	Vorgangsname	Ist-Kosten
30.06.2006	Honorarkosten	ibo Beratung und Training, BER-4711/06	1.1	Führungskräfteinterviews	15.350,00 €
30.06.2006	sonstige Kosten	Reisekosten nach Hamburg	1.1	Führungskräfteinterviews	633,80 €
06.06.2006	Investitionskosten	Softwarekauf, Netproject 4.0	5.0	Projektmanagement	1.450,00 €
08.06.2006	Materialkosten	Pinwandpapier	1	Problemanalyse	45,30 €
				Summe	17.479,10 €

Abb. 6.09: Kostenerfassungsbeleg

Arbeitsnachweis IT-gestützt zurückmelden

Eine Stundenaufschreibung ergänzt die Kostenerfassung und generiert für die Projektmitarbeiter einen Arbeitsnachweis. Typische Angaben sind hierbei Arbeitszeiten, Arbeitstage, eine Tätigkeitsbeschreibung oder Nennung des Projektstrukturplan-Codes des Arbeitspaketes und die eingesetzten Personentage.

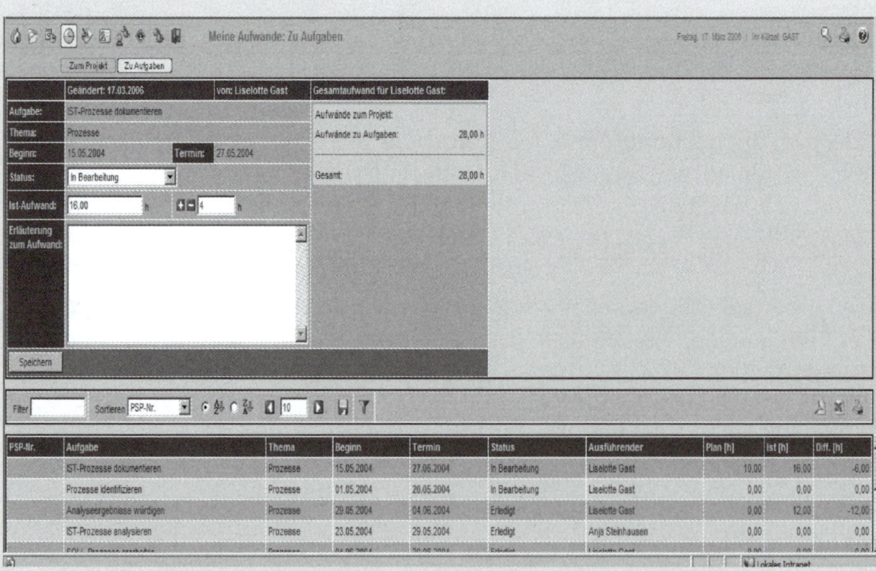

Abb. 6.10: Erfassungsmaske aus ibo Netproject

6.3.3 Prozessfragebogen

Qualität von Führung und Zusammenarbeit messen

Um sich von Zeit zu Zeit einen fundierten Überblick über die Qualität der Führung und Zusammenarbeit im Projekt zu verschaffen, kann ein Prozessfragebogen sinnvoll sein. Er sollte allerdings immer während einer Teambesprechung eingesetzt werden, damit aktuelle Eindrücke einfließen können und Missverständnisse direkt geklärt werden können. Der Prozessfragebogen sollte klare Messkriterien, eine Skalierung, assoziative Fragen und Situationsbeschreibungen zur Orientierung enthalten.

Perspektive: Kommunikation im Team

Kommunikationsstil: *Wie wurde in der Gruppe kommuniziert? Wurde aktiv zugehört? Wurden alle Teammitglieder eingebunden? Verhalten sich die Mitglieder offen zueinander? Traten Missverständnisse aufgrund von Kommunikationsfehlern auf?*

Man unterbricht sich, man geht nicht aufeinander ein, Seitengespräche sind üblich, vieles läuft „unter dem Tisch", die Meinung des Anderen wird erst einmal abgewertet, Missverständnisse treten auf.	1	2	3	4	5	6	7	Jeder versucht auf den Anderen einzugehen, es wird aktiv zugehört, Seitengespräche werden vermieden, jeder hat die Möglichkeit, sich zu äußern. Die Mitglieder sind sehr offen zueinander. Es traten keine Missverständnisse auf.

Feedback/Erfahrungsaustauch: *Werden regelmäßig Feedbacks gegeben sowie Reviews genutzt? Wird die Weitergabe von Erfahrungen aktiv unterstützt (z.B. Vorträge, Workshops, Präsentationen)? Gibt es Gelegenheiten, verschiedene Interpretationen zu formulieren und zu vergleichen?*

Feedbacks werden selten genutzt. Erfahrungen werden gehortet und für den eigenen Vorteil genutzt. Andere Perspektiven sind nicht von Interesse.	1	2	3	4	5	6	7	Rückmeldungen und fremde Erfahrungen werden aktiv gefordert und als Bereicherung der eigenen Erkenntnisse verstanden.

Abb. 6.11: Prozessfragebogen

6.3.4 Beurteilen der Ergebnisqualität

Mit Reviews, Inspektionen und Tests wird die bisher erzielte Qualität der Ergebnisse gemessen. Dabei prüfen Dritte anhand von definierten Qualitätskriterien erarbeitete Unterlagen, Prototypen, Programme, Systeme, Geräte und dokumentieren die festgestellten Mängel mit ihren Abweichungen. Sie sollen

Ziele der Qualitätsbewertung

- Sicherheit für die weiteren Projektschritte geben
- Abnahmen vorbereiten
- Fehler schon in frühen Projektphasen entdecken helfen
- Fehlerkosten senken.

Die Qualitätsbewertung kann von einem „Schau mal drüber" über das Abklopfen der Ergebnisse anhand des Pflichtenheftes bis zu einem formalisierten, strukturierten Abarbeiten eines Testkonzeptes von vielen unterschiedlichen Testpersonen reichen. Die entdeckten Mängel werden lokalisiert, beschrieben und nach ihrer Bedeutung gewichtet.

Bei einem Walkthrough „spielen die Teilnehmer Computer" und überprüfen gedanklich den Datenfluss, die Funktionen und Schnittstellen eines Programms. Bei Prozessoptimierungen werden die Soll-Prozesse gedanklich durchlaufen und immer hinterfragt: „Könnte es so funktionieren?"

Voraussetzungen für einen Walkthrough

- Schreibtisch-Testfälle
- Verfahrensanweisungen
- Funktionsbeschreibungen
- Qualitätsvorgaben.

Bei einer Inspektion vergleichen die Teilnehmer vorgelegte Prüfobjekte mit bekannten Normen und Regeln.

Softwareentwicklung	Anlagenbau	Produktentwicklung
■ Programmieranweisungen ■ Modulbeschreibungen ■ Entity-Relationship-Diagramme	■ Technische Zeichnungen ■ Bauteile ■ Statikberechnungen ■ Verfahrensanweisungen	■ Proben ■ Produktionsverfahren ■ Rezepturen ■ Stücklisten ■ Zeichnungen

Abb. 6.12: Prüfobjekte bei Inspektionen

Neben den Prüfobjekten werden Inspektionschecklisten, Spezifikationen, Richtlinien, Normen und Standards für Inspektionen herangezogen. Typische Fragen sind:

Prüffragen

- Stimmte das Objekt mit der Spezifikation überein?
- Ist das Objekt vollständig?
- Sind die Funktionen korrekt implementiert?
- Enthält das Objekt nur Funktionen/Inhalte, die es enthalten soll?
- Sind Richtlinien, Normen und Standards eingehalten?
- Wurden Korrekturen aus vorherigen Prüfungen korrekt implementiert?

Mit Reviews sollen unterschiedliche Betrachtungsweisen in die Entwicklung der Projektergebnisse einfließen und Abnahmen vorbereitet werden.

So geben in Zwischenreviews Experten, Betroffene oder andere Projektmitarbeiter Anregungen zu den Arbeitsergebnissen, die zu Qualitätsverbesserungen führen.

Ein Abschlussreview wird in erster Linie genutzt, um eine bevorstehende

Abnahme vorzubereiten. Damit soll gewährleistet werden, dass

- die Projektergebnisse inhaltlich vollständig und korrekt sind
- die Meinungen von Instanzen mit maßgeblichem Einfluss auf die Akzeptanz einer Lösung berücksichtigt sind
- der Lenkungsausschuss sicherer in der Entscheidungsfindung wird.

Review Protokoll

Review Art:	Review Nummer:
Datum:	Dauer:
Vorbereitungszeit der Gutachter:	von:
	bis:

Prüfling (zu prüfendes Dokument):

Referenzunterlagen:

Empfehlung:

☐ akzeptieren (kein neues Review erforderlich)	☐ wie es ist
	☐ kleine Änderungen
☐ nicht akzeptieren (neues Review erforderlich)	☐ große Änderungen
	☐ komplette Überarbeitung
☐ Review nicht beendet	

Zusammenfassung des Review Ergebnisse:

Abb. 6.13: Reviewprotokoll

Ein Reviewprotokoll hält notwendige Änderungen und den Überarbeitungsbedarf fest, deren Umsetzung wieder zu überwachen ist. Es dokumentiert damit den Qualitätsstatus von Arbeitspaketergebnissen.

6.3.5 Tests und Abnahmen

Bei einem Test werden die Testobjekte anhand von Testfällen/-daten auf ihre korrekte Funktionsweise überprüft. Was korrekt heißt, wird durch Testkriterien festgelegt. Da ein Test nie vollständig die Realität abbilden kann, wird der Testumfang aufgrund von Zuverlässigkeitsanforderungen (Testgenauigkeit) bestimmt.

Die Testergebnisse werden in einem Testprotokoll dokumentiert.

	Testprotokoll	
Teilprojekt: __________ Testobjekt: __________		Testfallnummer: ________
Teststufe:		
☐ Spezifikationstest	☐ Modultest	☐ Integrationstest
☐ Produktionstest	☐ Regressionstest	☐ Usabilitytest
Ursache: *(nur bei Regressionstest)*		

Fehler/Abweichung #	[laufende Fehler-ID]
Datum	[Datum des Fehlerauftrittes]
Produkt/Applikation	[betroffenes Produkt]
Version	[Version des betroffenen Produktes]
HW/SW-Umfeld	[Informationen bzgl. des Umfeldes, in dem der Fehler auftrat]
Status	
Behebung des Fehlers bis	
Beschreibung des Fehlers:	

Testdurchführung: ________ (Name)	erledigt am: ________ (Datum, Handzeichen)
Fehlerbehebung: ________ (Name)	erledigt am: ________ (Datum, Handzeichen)

Abb. 6.14: Testprotokoll

Nachfolgend sind einige gängige Testverfahren aus der Praxis von IT-Projekten aufgeführt:

Testverfahren in IT-Projekten

- Spezifikationstests prüfen gemeinsam mit dem Endnutzer eine Systemspezifikation auf Vollständigkeit, Klarheit, Konsistenz und Realisierbarkeit.
- Modultests sollen alle Abweichungen der programmierten Module von der Spezifikation (einzeln und im Zusammenspiel) aufdecken.
- Integrationstests sollen die Verbindungen zwischen Modulen eines Subsystems und ihre Integration in das Systemumfeld prüfen.

- Produktionstests prüfen das System mit realen Daten unter realen Einsatzbedingungen in Zusammenarbeit mit dem Benutzer.
- Usability Tests testen Programmsysteme nach Erlernbarkeit, Effizienz der Abwicklung und Zufriedenheit der Benutzer.

Abnahmen sind wichtige Meilensteine

Abnahmen schließen Projektabschnitte ab. Sie setzen natürliche Meilensteine in ein Projekt und sorgen dafür, dass der Bearbeitungsstand von Teilergebnissen eingefroren wird. Sie werden durch Reviews vorbereitet und von Kompetenzträgern vorgenommen. So können die Reviews z.B. an ein Beratungsgremium delegiert werden, während der Lenkungsausschuss sich die Abnahme vorbehält. Die Ergebnisse einer solchen Abnahme werden in Abnahmeprotokollen dokumentiert und gehen damit in den Kreislauf der Diagnose und Steuerung ein.

6.4 Diagnose des Projektstatus

> „Von der Zeit nehmen wir Notiz, wenn sie vorbei ist.“
> Lothar Schmidt

Unterscheidung von Diagnosetechniken

Der Projektleiter erhält eine Fülle von Informationen über den Projektverlauf, die gesichtet, geordnet, dem Plan gegenübergestellt, ausgewertet und analysiert werden müssen. Hierbei helfen ihm eine Reihe von Techniken und Darstellungen, die nach den Gesichtspunkten Controlling-Inhalt und Zeitbezug unterschieden werden.

Alle Techniken basieren auf einer realistischen Feststellung des tatsächlichen Projektverlaufes. Hierzu müssen Informationen zum Beispiel in Statusmeetings erhoben werden, Rückmeldungen geregelt sein sowie Qualitätsprüfungen mit Reviews, Tests und Audits stattfinden. Für den Projektleiter kommt es darauf an, den für sein Projekt passende Mix aufzubauen und in Form eines „Cockpit-Controlling“ seine Messinstrumente anzuordnen.

6.4.1 Überblick

Techniken		Controlling-Inhalt							Zeitbezug			
		Termin	Aufwand/Kosten	Fertigstellungsgrad	Qualität	Einsatzmittel	Vorgehen	Zusammenhänge	Plan	Ist	Prognose	Trend
6.4.2.1	Aktivitätenbericht			x			x			x		
6.4.2.2	Fertigstellungswert-tabelle		x	x					x	x	x	
6.4.2.3	Meilensteinbewertung	x		x					x	x		
6.4.2.5	Earned-Value-Analyse	x	x	x					x	x	x	x
6.4.3.1	Terminliste	x							x	x		
6.4.3.2	Balkendiagramm	x		x					x	x	x	
6.4.3.3	Statusnetzplan	x		x					x	x		
6.4.3.4	Meilensteintrend-analyse	x										x
6.4.4	Projektpuffer-entwicklung			x						x	x	x
6.4.5.1	Kostenstrukturanalyse		x						x	x	x	
6.4.5.2	Kostenartenvergleich		x						x	x	x	
6.4.5.3	Kostenprognosen		x							x	x	x
6.4.6.1	Verfügbarkeitstabelle					x			x	x	x	x
6.4.6.2	Belastungshistogramm					x			x	x	x	
6.4.7	Prozessgeschichte						x	x		x		
6.4.8.1	Ishikawa-Diagramm							x		x		
6.4.8.3	Ursachen-Wirkungs-diagramm							x		x		
6.7.4.3	Ampelbericht	x	x	x	x	x	x	x		x		
6.6.5	Indikatorenentwicklung	x	x	x	x	x	x	x				x
6.6.8	Risikolage		x								x	x
6.8.2	Änderungsstatistik				x		x			x		

Abb. 6.15: Techniken der Projektdiagnose im Überblick

6.4.2 Diagnose der Arbeitspaketergebnisse (Arbeitsfortschritt)

Die Beobachtung der inhaltlichen Ergebnisse und des Arbeitsfortschrittes ist für viele Projektleiter ein schwieriges Unterfangen. Es fehlen häufig vereinbarte Teilergebnisse und Ziele oder die Inhalte betreffen Spezialgebiete, die für ihn nur bedingt durchschaubar sind.

Deshalb sollte der Projektleiter entweder selbst über genügend Fachwissen verfügen oder fallweise neutrale Experten hinzuziehen. Dabei ist er auf ein gutes Vertrauensverhältnis zu den Teammitgliedern angewiesen.

6.4.2.1 Aktivitätenbericht

Um vor allen Dingen die Entwicklung der Arbeit von Spezialisten nachvollziehbar zu machen, haben sich einfache regelmäßige, schriftliche Statusberichte bewährt, in denen die seit dem letzten Berichtszeitraum erledigten Aktivitäten und bis zum nächsten Bericht vorgesehene Schritte aufgezeigt werden. Ein Vergleich mit dem letzten Bericht ermöglicht eine gezielte Auseinandersetzung mit dem Arbeitsfortschritt.

Berichtstermin: 15. KW 2008		**Projekt: Call-Center für den Kundenservice**		**Projektmitarbeiter: David Barcklow**			
PSP-Code	Erledigte Aktivitäten	Fertigstellungsgrad	Nächste Schritte	Ziele erreichbar?	Hemmnisse	Entscheidungsbedarf	Kommentar/ Bemerkungen
1010	Fragebogen entwickelt	50%	Info.-Brief an die zu Befragenden	Ja	Nein	Nein	
1020	Richtlinien besorgt	20%	Fehlende Richtlinien aus Archiv holen	Nein	Ja	Nein	
1030	Führungskräfte interviewt; Ergebnisse sind dokumentiert	100%	Arbeitspaket ist abgeschlossen	Ja	Nein	Ja	

Abb. 6.16: Aktivitätenbericht

6.4.2.2 Fertigstellungsgrad von Arbeitspaketen

Der Arbeitsfortschritt lässt sich anhand von Fertigstellungsgrad und Fertigstellungswert beurteilen. Der Fertigstellungsgrad (FGR) ist das Verhältnis der zu einem Stichtag erbrachten Leistung zur Gesamtleistung eines Arbeitspaketes oder Projektes.

Formel zur Berechnung des Fertigstellungsgrades

$$FGR_{IST} = \frac{Aufwand_{IST}}{Aufwand_{IST} + Restaufwand} \%$$

Differenzierte Einschätzung des Fertigstellungsgrades

Bei der Einschätzung des Fertigstellungsgrades sollte auch immer die Frage beantwortet werden, wieviel Aufwand noch erforderlich ist, um das Arbeitspaket zu beenden. Ansonsten vergehen viele Berichtsperioden und der Fertigstellungsgrad bleibt bei 90 %, obwohl ständig daran gearbeitet wird. Damit kann der Fertigstellungsgrad im Projektverlauf auch sinken, etwa wenn der Leistungsumfang erweitert wird.

Technik/ Verfahren	Zeichnerische Darstellung	Fortschrittsgrad FGR = x [%]	Beispiel
Statusschritte	M S1 M S2 M S3 0 x_1 x_2 x_3 100	X = X1, X2, X3 bei den jeweiligen Meilensteinen	Bauprojekte, Fertigungsprojekte, Entwicklungsprojekte
50 – 50	Nicht begonnen / Begonnen / Fertig 0 50 100	X = 0, 50, 100	Aktivitäten mit umfangreichen Vorarbeiten
0 – 100	Nicht begonnen / Begonnen oder fertig 0 100	X = 0, 100	Aktivitäten von kurzer Dauer
Mengen-proportionalität	0 x_1 x_2 x_2 100	$X = \frac{\text{Fertige Menge}}{\text{Plan - Menge}}$	Konstruktionsprojekte, Fremdleistungen
Sekundär-proportionalität	0 x_1 x_2 x_2 100	X = FGR der führenden Betrachtungseinheit	Qualitätssicherung, baubegleitende Prüfarbeiten
Schätzung	0 x_1 x_2 x_2 100	X = subjektiv eingeschätzte Maßangabe	Nicht empfohlen! (Universell einsetzbar)
Zeit-proportionalität	0 x_1 x_2 x_2 100	$X = \frac{\text{abgel. Zeit}}{\text{gepl. Zeit}}$	Projektleitung, Projektmanagement, Beratungstätigkeiten

Abb. 6.17: Einschätzung des Fertigstellungsgrades

Zur Fortschrittsermittlung sollte man sich immer auf die Bezugsgröße einigen, die zur Einschätzung herangezogen wird. Sie kann nach Projekttyp und Arbeitspaket variieren.

Linearer Zusammenhang

Häufig wird ein linearer Zusammenhang zwischen Fertigstellungsgrad und Arbeitsmenge unterstellt. So sind beim Arbeitspaket „Führungskräfteinterviews" 20 Führungskräfte innerhalb von 5 Wochen zu befragen, was einem geplanten Fortschritt von 4 Interviews pro Woche entspricht. Sind nach 3 Wochen erst 8 Interviews geführt, so ist der Ist-Fertigstellungsgrad 40%, während zu diesem Stichtag bereits 12 Interviews geführt sein sollten. Dies kann allerdings ein falsches Bild ergeben, wenn in der ersten Woche die Terminvereinbarungen stattfinden und erst ab der zweiten Woche die Interviewreihe mit 5 pro Woche beginnen sollte, wie folgende Grafik zeigt:

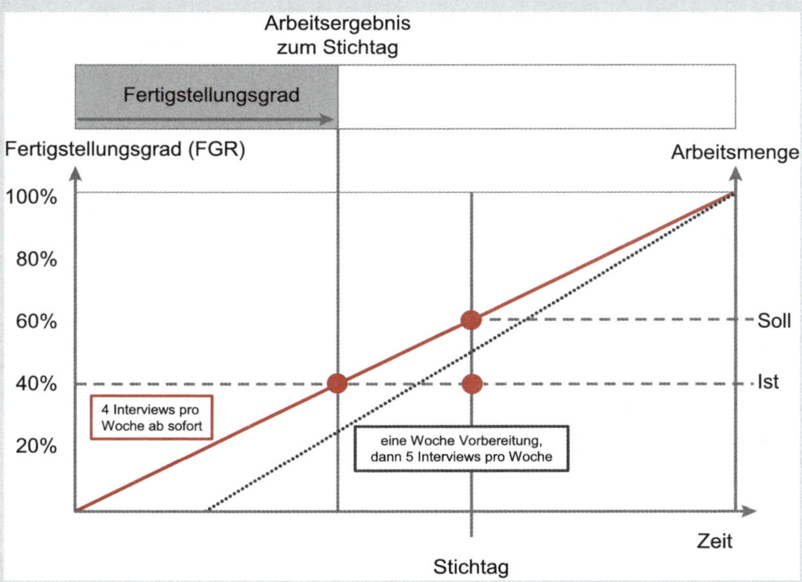

Abb. 6.18: Linearer Zusammenhang zwischen Fertigstellungsgrad und Arbeitsmenge

Soll der Fertigstellungsgrad eines Projektes oder mehrerer Arbeitspakete insgesamt ermittelt werden, liegen keine einheitlichen Arbeitsmengen als Bezugsgröße vor und die einzelnen Pakete unterscheiden sich hinsichtlich ihres Anteiles am Projektergebnis. Als gemeinsamer Bewertungsmaßstab werden die Plankosten des jeweiligen Arbeitspaketes genutzt. Dies ergibt den Fertigstellungswert (FW).

$$FW = \text{Geplante Gesamtkosten} \times FGR_{IST}$$

Mit Hilfe des Fertigstellungswertes lässt sich auch der Wert der erbrachten Sach- und Dienstleistungen zu einem bestimmten Projektzeitpunkt bestimmen und nach Terminfortschritt mit den tatsächlich angefallenen Kosten vergleichen.

Datum	Plankosten	FGR	FW	Istkosten	Abweichung
01.09.08	50.000,-	40%	20.000,-	15.000,-	- 5.000,-
01.10.08	50.000,-	50%	25.000,-	35.000,-	+ 10.000,-
01.11.08	50.000,-	70%	35.000,-	45.000,-	+ 10.000,-
01.12.08	50.000,-	90%	45.000,-	60.000,-	+ 15.000,-
01.01.09	50.000,-				

Abb. 6.19: Verlauf von Fertigstellungswert und Istkosten

Maßgrößen für Fertigstellungswertanalyse

Eine fundierte Fertigstellungswertanalyse setzt voraus, dass die zu erbringende Leistung eindeutig inhaltlich beschrieben ist und die Leistungserbringung stufenweise messbar ist. Die Maßgrößen hängen sehr stark von dem jeweiligen Projekt ab. Beispiele sind

- Straßenbauprojekt: Kubikmeter Erdbewegung, geteerte Straßenkilometer, Kubikmeter verbautes Material
- Softwareentwicklung: Zeilen Code, realisierte Funktionen, bediente Schnittstellen
- Produktentwicklung: Reduktion der Produktvarianten
- Organisationsprojekt: Anzahl Ausführungsunterlagen.

6.4.2.3 Bewertung des Gesamtfortschrittes

Um das gesamte Projekt hinsichtlich der Entwicklung des Arbeitsfortschrittes zu beurteilen, werden anhand des Projektstrukturplanes die Fertigstellungswerte für jedes Arbeitspaket ermittelt und zeitlich eingeordnet. Hierbei können nun die unterschiedlichen Ansätze für jedes Arbeitspaket zur Beurteilung des Fertigstellungsgrades herangezogen werden.

Als Vergleich kann aus dem Terminplan für jeden Berichtszeitraum der Plan-Fertigstellungsgrad je Arbeitspaket und für das Gesamtprojekt ermittelt werden. Für die Vorstudie des Projektes Call-Center für den Kundenservice ergäbe sich nach 11 Wochen das nachfolgende Bild (siehe Abbildung 6.20).

Call-Center für Kundenservice - Vorstudie		Tage	Wochen		Werte in T €	Status nach 11. Woche				
		Dauer	Start	Ende	Plan-kosten	Plan-kosten	Plan-FGR	Ist-FGR	FW	Ist-kosten
1	Kick-off	1	0	1	12	12	100%	100%	12	14
2	Regelungen erheben	9	0	2	9	9	100%	100%	9	10
3	Kundenbefragung	40	2	10	24	24	100%	75%	18	20
4	Führungskräfteinterviews	20	2	6	20	20	100%	60%	12	10
5	Auswertung	10	10	12	10	2,5	25%	0%	0	0
6	Würdigung	10	12	14	10	0	0%	0%	0	0
7	Lösungsworkshop	2	14	15	25	0	0%	0%	0	0
8	Nutzwertanalyse	3	14	15	3	0	0%	0%	0	0
9	Ergebnisbericht	10	12	14	15	0	0%	0%	0	0
10	LA-Sitzung vorbereiten	5	14	16	5	0	0%	0%	0	0
11	LA-Sitzung	1	15	16	15	0	0%	0%	0	0
12	Protokoll nachbereiten	4	16	17	2	0	0%	0%	0	0
Gesamt					150	67,5	45%	34%	51	54

Abb. 6.20: Fertigstellungswerte im Vergleich mit Plan und Ist

Die Fertigstellungswerte von Arbeitspaketen, die für die Ergebnisse eines Meilensteines nötig sind, können zusammengefasst und den geplanten Meilensteinen gegenübergestellt werden.

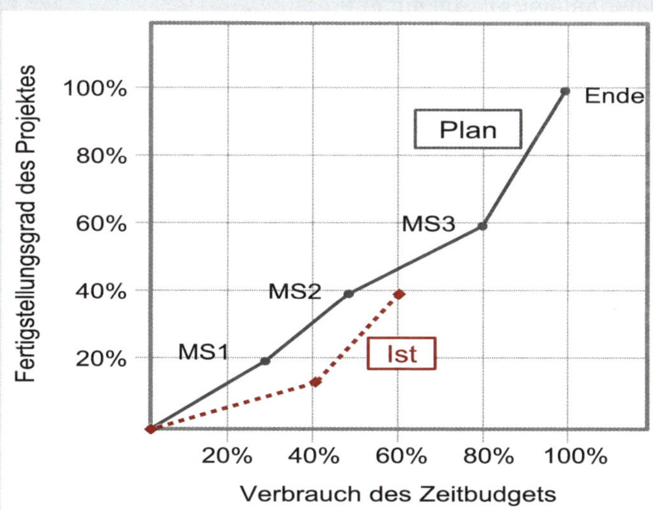

Abb. 6.21: Bewertung der Meilensteine nach Gesamtfortschritt

6.4.2.4 Bewertung des Fortschrittes in IT-Projekten (DART-Prinzip)

In Software-Entwicklungsprojekten wird der Arbeitsumfang im Wesentlichen durch die vorliegende Anforderungsliste der Kunden und die Liste der technisch nötigen Funktionen bestimmt. Da sich häufig in modernen IT-Entwicklungsumgebungen jede einzelne Anforderung während des Projektes in unterschiedlichen Entwicklungsphasen befindet, hat sich die Messung des Arbeitsfortschrittes orientiert an den Projektphasen als ungeeignet für die Diagnose und Steuerung erwiesen.

Deshalb sollte die Beurteilung des Arbeitsfortschrittes den Status einzelner Anforderungen berücksichtigen, um den Gesamtprojektfortschritt zu messen. Normalerweise folgt die Entwicklung von IT-Anforderungen/Funktionen verschiedenen Entwicklungsstadien. Das jeweilige Ende kann durch Meilensteindefinitionen beschrieben werden, deren Erfüllung einem prozentualen Fortschritt entspricht. Der Einfachheit halber ist eine gleichmäßige Verteilung zu empfehlen.

Definiert	50%	Anforderung/Funktion/Prozess ist formuliert und kundenseitig abgestimmt.
	100%	Anforderung ist vom Entwickler verstanden, abgenommen. Fachliche, organisatorische Lösung bekannt.
Analysiert	50%	Technische Umsetzung der Anforderung ist geklärt. Konsequenzen sind durchdacht.
	100%	Technische Vorgaben, Spezifikationen, Schnittstellen, Prozesse sind formuliert.
Realisiert	50%	Anforderung ist einzeln umgesetzt; kann vom Kunden beurteilt werden.
	100%	Anforderung steht für integrierten Kundentest bereit.
Getestet	50%	Anforderung ist getestet. Fehlerprotokoll erstellt.
	100%	Anforderung durch Software inhaltlich erfüllt. Arbeitet zum Umfeld fehlerfrei. Feature ist eingetroffen.

Abb. 6.22: Statusschritte bei der Umsetzung von IT-Anforderungen

Natürlich ist die Bedeutung einer einzelnen Anforderung oder der geschätzte Aufwand für die Umsetzung der Anforderung ein wichtiger Gewichtungsfaktor, der bei der Beurteilung des reellen Fortschrittes mit der geplanten Entwicklung zu berücksichtigen ist. Für einen sinnvollen Vergleich muss allerdings zunächst eine Verteilung des geplanten Fortschrittes vorliegen. Hierzu empfiehlt es sich, eine Reihenfolge in der Umsetzung der Anforderungen anzunehmen, die dafür sorgt, dass soweit möglich die wichtigsten Anforderungen zuerst realisiert werden. Damit können vor allem diese mit einem ausreichenden Zeitpuffer vor Verzögerungen geschützt werden. Für die übrigen Anforderungen kann dieser dann kleiner ausfallen oder ganz entfallen.

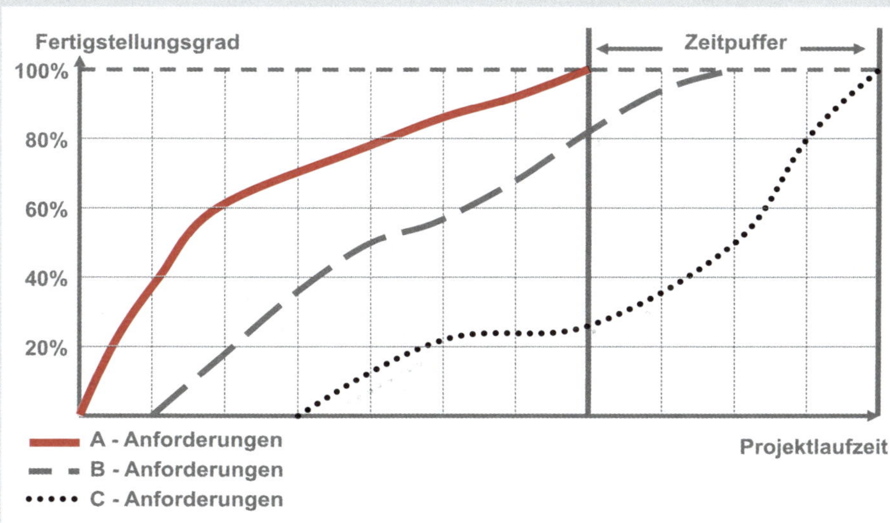

Abb. 6.23: Fortschrittsplanung von Anforderungen

Während des Projektes wird dann die Veränderung des Status von jeder einzelnen Anforderung zurückgemeldet. Dabei ist es möglich, dass durch Fehler oder Änderungen in einzelnen Anforderungen der Fortschrittsgrad sinkt. Bei einem Prototyping Ansatz kann der Status je Anforderung in mehreren Abschnitten des DART auf 50% stehen, bis bei der Verabschiedung der endgültigen Definition der D- und A-Status gleichzeitig auf 100% gesetzt wird.

Wird nun differenziert nach der Bedeutung der Anforderung der jeweilige Fortschrittsgrad ermittelt, lässt sich pro Berichtszeitpunkt sehr gut erkennen, ob es im Projektverlauf möglich war, die Kräfte auf den Fortschritt der wichtigsten Anforderungen zu konzentrieren.

Im nachfolgenden Beispiel (siehe Abbildung 6.24) konnten die A-Anforderungen in den ersten Perioden nicht in dem Maße vorangetrieben werden, wie dies vorgesehen war. Für B- und C-Anforderungen konnten dagegen schnell Fortschritte erzielt werden. Im Lauf der letzten Perioden war es nun möglich, die Lücke bei den A-Anforderungen gegenüber der Planung zu schließen. Dies könnte unter anderem dadurch geschehen sein, dass Ressourcen von B- und C-Anforderungen abgezogen wurden oder der Projektleiter die Entwickler angewiesen hat, sich stärker um den Fortschritt der A-Anforderungen zu kümmern.

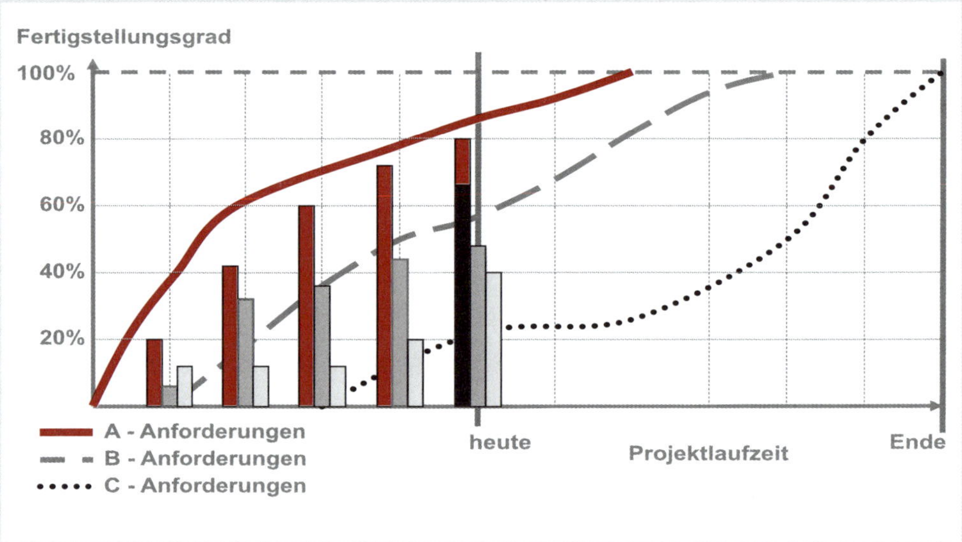

Abb. 6.24: Fortschrittsüberwachung von Anforderungen

Da diese Kurven und Auswertungen bei größeren Projekten mit hunderten von Einzelanforderungen nur durch umfangreiche Kalkulationen erzeugt werden können, empfiehlt es sich, eine Verknüpfung mit dem IT-gestützten Anforderungsmanagement der IT-Organisation herzustellen. Darin werden dann zentral von den Entwicklern die Veränderungen des Status pro Anforderung zeitnah dokumentiert.

Darüberhinaus sollte auch aufgezeigt werden, wie viele Anforderungen in absoluten Zahlen sich in welchem Entwicklungsstadium befinden. Damit wird transparent, wie groß die Realisierungschancen für alle ursprünglich als Umfang definierten Anforderungen sind.

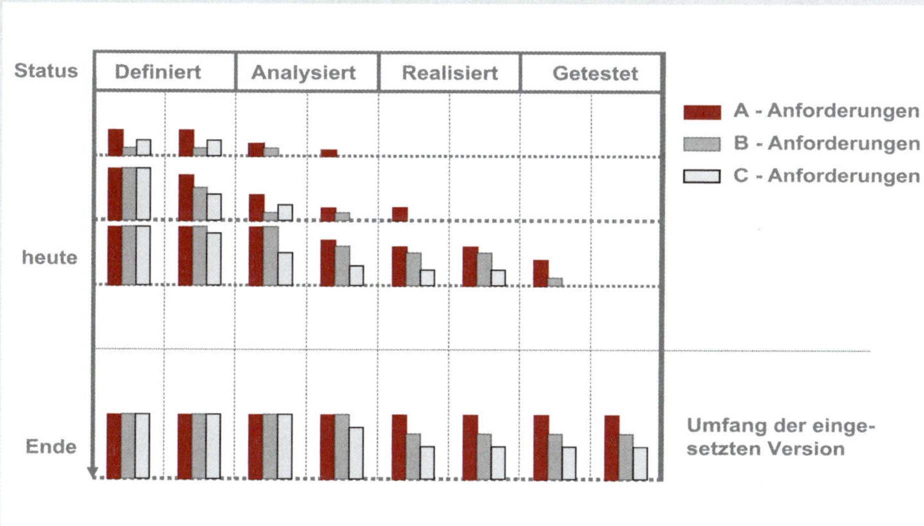

Abb. 6.25: Anzahl von Anforderungen im ADART-Projektstatus

Zum Projektabschluss kann dann der Entwicklungsstand der Anforderungen, die nicht in der projektierten Version umgesetzt werden konnten, im sogenannten Close-out festgehalten werden.

6.4.2.5 Prognose des Arbeitsfortschrittes

Der Projektleiter muss häufig aufgrund des Projektverlaufes Aussagen treffen können, wann mit dem Ende welches Arbeitspaketes zu rechnen ist. Um diese Frage zu beantworten, ist es nötig, den künftigen Arbeitsfortschritt einzuschätzen. Das kann auf 3 Arten geschehen:

Bei der linearen Hochrechnung wird die Abweichung (negativ oder positiv) am Stichtag in die Zukunft projiziert. Man geht davon aus, dass die weitere Leistungserbringung nach dem Stichtag so gut oder schlecht weiter verlaufen wird wie bisher. Es gilt die Formel:

Lineare Hochrechnung

$$\text{Erwartete Gesamtkosten} = \frac{\text{Geplante Gesamtkosten x Istkosten (Gesamt)}}{\text{Fertigstellungswert (Gesamt)}}$$

Additive Hochrechnung

Die additive Hochrechnung prognostiziert für das Ende des Arbeitspaketes die absolut gleiche Abweichung wie am Stichtag. Dies bedeutet, dass im verbleibenden Zeitraum weder Rückstände aufgeholt werden noch zusätzliche Abweichungen entstehen. Als Formel

$$\text{Erwartete Gesamtkosten} = \text{Geplante Gesamtkosten} + \text{Istkosten (Gesamt)} - \text{Fertigstellungswert (Gesamt)}$$

Erwartet = Plan

Es besteht auch die Möglichkeit, Erwartet gleich Plan zu setzen. Bei dieser Prognose wird die Abweichung am Stichtag rechnerisch nicht berücksichtigt. Die zu erwartenden Gesamtkosten der Betrachtungseinheit werden mit den geplanten Gesamtkosten gleichgesetzt.

6.4.2.6 Earned-Value-Analyse

Ziel der Earned-Value-Analyse ist es, den Projektfortschritt auf der Basis des prozentualen Fortschritts- bzw. Fertigstellungsgrades zu überwachen. Der Projektstatus wird zu einem Stichtag anhand der erreichten Arbeitsergebnisse bzw. erbrachten Leistungen bewertet und als Entscheidungsgrundlage zur Projektsteuerung verwendet. Unter Berücksichtigung von Terminen, Kosten und Leistungen können der erreichte Projektfortschritt mit dem geplanten verglichen sowie eine Prognose erstellt werden. Den Projektverantwortlichen können aussagekräftige Kennzahlen zur Verfügung gestellt werden. Als Frühwarnsystem für projektbezogene Chancen und Risiken ist die Earned-Value-Analyse eine wichtige Hilfe.

Die Earned-Value-Analyse zeigt den aktuellen Stand des Projektes unter Berücksichtigung des integrierten Zusammenhanges der Zielgrößen. Der ursprüngliche geplante Kostenverlauf (Basiskostensummenkurve) gegenüber dem tatsächlichen Kostenverlauf (Ist-Kostensummenkurve) sowie dem prognostizierten Kostenverlauf (Soll-Kostensummenkurve) macht die Mehrkosten transparent, die entstehen können, wenn keine Steuerungsmaßnahmen durchgeführt werden.

Die Fertigstellungswertkurve (Earned-Value) verdeutlicht, wo die Leistungserbringung im Projekt steht und wann die Leistung fertig erbracht sein wird (Leistungs-/Terminverzug).

Vorteil der Earned-Value-Analyse ist die sehr gute Transparenz über den bisherigen und zukünftigen Verlauf des Projektes. Nachteil ist, dass die Earned-Value-Analyse einen erheblichen Aufwand verursacht.

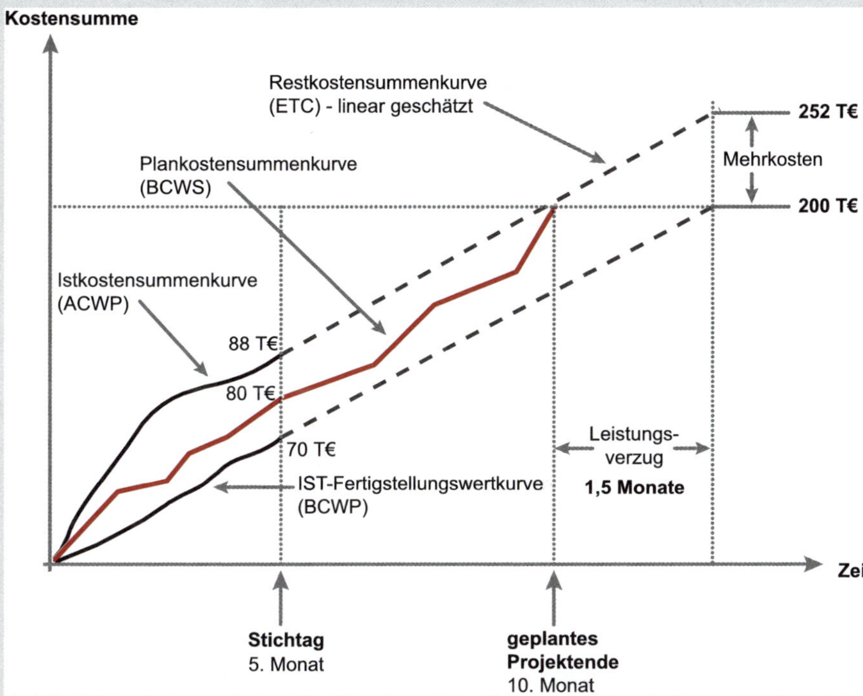

Abb. 6.26: Earned-Value-Analyse

In obiger Darstellung liegt der Fertigstellungswert (BCWP - Budget Costs of Work Performed) zum Stichtag unterhalb der bis zu diesem Zeitpunkt geplanten Kosten (BCWS - Budget Costs of Work Scheduled). Dies zeigt einen Leistungsverzug an, da der Fertigstellungsgrad der Arbeitspakete nicht der Planung entspricht.

Außerdem zeichnen sich Mehrkosten ab, da die aufgelaufenen Istkosten (ACWP - Actual Costs of Work Performed) höher sind als geplant und die vorliegenden Ergebnisse die geplanten Vorstellungen zum Stichtag noch nicht erreicht haben.

Entwicklungsindices für Termine und Kosten

Durch die Bildung von Quotienten lassen sich diese Aussagen in einen Kostenentwicklungsindex (CPI - Cost Performance Index) und einen Terminentwicklungsindex (SPI - Schedule Performance Index) zusammenfassen.

		BCWP				BCWP
CPI	=	----------		SPI	=	-----------
		ACWP				BCWS

Zur Earned-Value-Analyse gehören folgende Schritte, die anhand des obigen Beispieles nachvollzogen werden können.

Schritte der Earned-Value-Analyse (Beispielrechnung)

1. Plankosten nach Projektplan bis zum Stichtag aufsummieren.

   Zur Mitte des Projektes (Laufzeit 10 Monate) sollten 80.000 € ausgegeben sein. Das heißt BCWS = 80.000 €.

2. Bis zum Stichtag aufgelaufene Aufwände ermitteln, mit Preisen bewerten und sonstige Kosten zu den Istkosten aufaddieren.

   Nach 5 Monaten wurden 40 PT zu 2.000 € geleistet, Softwarelizenzen für 5.000 € angeschafft und ein extern moderierter Workshop für 3.000 € durchgeführt. Damit betragen die Istkosten ACWP =40*2.000 €+ 5.000 €+ 3000 € = 88.000 €.

3. Fertigstellungsgrad je Arbeitspaket aus den festgestellten Ergebnissen ermitteln und mit den geplanten Kosten der Arbeitspakete multiplizieren, um den Fertigstellungswert zu berechnen.

   Vorstudie und Hauptstudie sind abgeschlossen (Plankosten 40.000 €), die Teilstudien (60.000 €) sind zu 50 % fertig. BCWP = 40.000 € + 50%*60.000 € = 70.000 €.

4. Kostenabweichung (CV - Cost Variance) und CPI ermitteln.

   CV = BCWP - ACWP = 70.000 € - 88.000 € = - 18.000 €; CPI = BCWP/ACWP = 70.000 €/88.000 € = 0,795

5. Terminabweichung (SV - Schedule Variance) und SPI bestimmen.

   SV = BCWP - BCWS = 70.000 € - 80.000 € = - 10.000 €; SPI = BCWP/BCWS = 70.000 €/80.000 € = 0,875

6. Geplantes Gesamtbudget (BAC - Budget at Completion) verifizieren.

   Für das Projekt sind insgesamt 200.000 € als Budget geplant.

7. Erwartete Kosten (EAC - Estimate At Completion) zum Projektende mit Hilfe des CPI hochrechnen.

   EAC=BAC/CPI = 200.000 €/0,795 = 251.572 €

8. Restkosten vom Stichtag bis zum Projektende (ETC - Estimate To Complete) schätzen.

   ETC = EAC - ACWP = 251.572 € - 88.000 € = 163.572 €

9. Erwarteten Endtermin anhand des SPI verifizieren.

   Erwarteter Endtermin = Projektdauer/SPI = 10 Monate/0,875 = 11 ½ Monate.

Wird die Earned-Value-Analyse regelmäßig durchgeführt, lässt sich mit den Leistungskennzahlen CPI (Cost Performance Index) und SPI (Schedule Performance Index) beobachten, inwieweit der Projektleiter Einfluss auf die Entwicklung von Kosten und Termin genommen hat.

Schwanken die Kurven um den Wert 1,0 und wird die Amplitude schrittweise kleiner, so zeigt dies, dass das Projekt in „ruhigen Bahnen" verläuft.

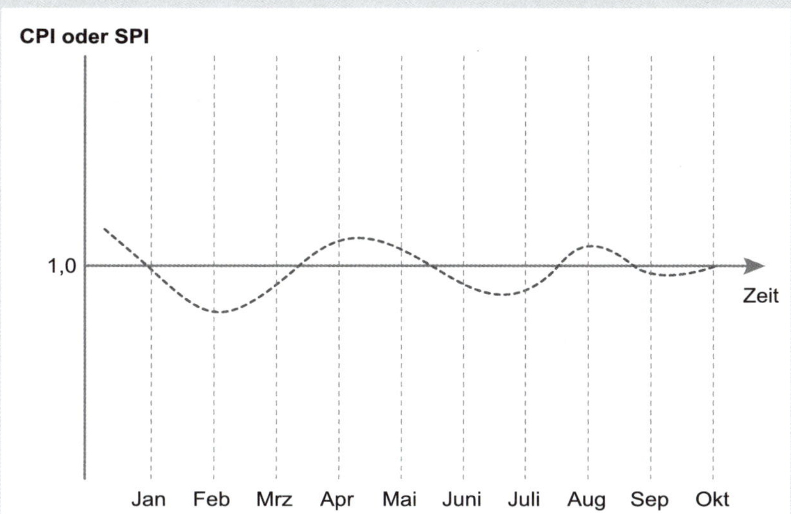

Abb. 6.27: Neutrale Entwicklung von CPI und SPI

Bewegen sich die Kurven oberhalb der 1,0-Linie, läuft das Projekt deutlich besser als geplant. Je weiter die Kennzahlen unter 1,0 liegen, desto kritischer wird das Projekt.

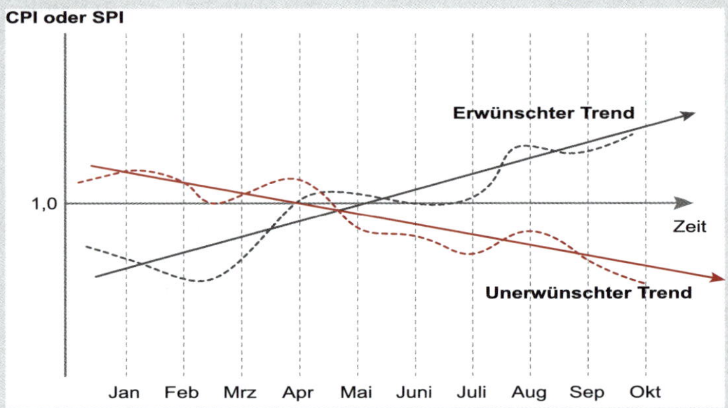

Abb. 6.28: Erwünschte und unerwünschte Trends von CPI und SPI

6.4.3 Termine, Meilensteine

Da es kaum Projekte ohne enge Terminvorgaben gibt, zählen Techniken zur Darstellung von Terminen und Meilensteinen zu den gängigsten Überwachungsinstrumenten des Projektleiters.

6.4.3.1 Terminliste

Ein sehr einfaches, aber anschauliches Instrument zur Ablauf- und Termindarstellung ist die Terminliste. Sie führt die Rückmeldungen der Arbeitspaketverantwortlichen zusammen und kann mit jedem Tabellenkalkulationsprogramm erstellt werden.

Nr.	Vorgangsname	Geplanter Anfang	Akt. Anfang	gepl. Ende	erw. Ende	Akt. Ende	Plandauer	Istdauer	% Abg.	Verbl. Dauer
1	Kick-off	02.01.06	09.01.06	02.01.06	09.01.06	09.01.06	1 Tag	1 Tag	100%	0 Tage
2	Regelungen erheben	03.01.06	11.01.06	13.01.06	27.01.06	27.01.06	9 Tage	13 Tage	100%	0 Tage
3	Kundenbefragung	16.01.06	30.01.06	10.03.06	24.03.06	NV	40 Tage	28 Tage	70%	12 Tage
4	Führungskräfteinterviews	16.01.06	06.02.06	10.02.06	10.03.06	10.03.06	20 Tage	25 Tage	100%	0 Tage
5	Auswertung	13.03.06	27.03.06	24.03.06	07.04.06	NV	10 Tage	1 Tag	10%	9 Tage
6	Würdigung	27.03.06	NV	07.04.06	21.04.06	NV	10 Tage	0 Tage	0%	10 Tage
7	Lösungsworkshop	10.04.06	NV	11.04.06	25.04.06	NV	2 Tage	0 Tage	0%	2 Tage
8	Nutzwertanalyse	12.04.06	NV	14.04.06	28.04.06	NV	3 Tage	0 Tage	0%	3 Tage
9	Ergebnisbericht	27.03.06	NV	07.04.06	21.04.06	NV	10 Tage	0 Tage	0%	10 Tage
10	LA-Sitzung vorbereiten	12.04.06	NV	18.04.06	02.05.06	NV	5 Tage	0 Tage	0%	5 Tage
11	LA-Sitzung	24.04.06	NV	24.04.06	08.05.06	NV	1 Tag	0 Tage	0%	1 Tag
12	Protokoll nachbereiten	25.04.06	NV	28.04.06	12.05.06	NV	4 Tage	0 Tage	0%	4 Tage
13	Ende Vorstudie	28.04.06	NV	28.04.06	12.05.06	NV	0 Tage	0 Tage	0%	0 Tage

Abb. 6.29: Terminliste

In dem in Abbildung 6.25 dargestellten Beispiel sind nur die Planwerte und die tatsächlich zurückgemeldeten Ist-Termine aufgeführt. In der Zukunft drohende Terminverschiebungen kann man nicht erkennen und der Betrachtungszeitpunkt, bis zu welchem Termin Rückmeldungen einbezogen sind, fehlt ebenfalls. Für ein kleines Projekt mit geringen Abhängigkeiten zwischen den Arbeitspaketen reicht dies jedoch aus.

Tipp

Ein verspäteter Start führt in den gängigsten Projektmanagement-Tools automatisch zu neu berechneten Folge- und Endterminen. Da dies nicht immer erwünscht ist, sollte der Projektleiter die neuen Terminwerte nicht ungeprüft übernehmen, sondern bewusst entscheiden, welche er für die künftige Steuerung verwenden möchte.

6.4.3.2 Balkendiagramme

Gute Orientierung für Entscheider

Balkendiagramme unterstützen die visuelle Beurteilung der Terminsituation. Abhängigkeiten zwischen den Arbeitspaketen werden angedeutet, der aktuelle Fertigstellungsgrad kann einbezogen werden und ein Vergleich mit zu erwartenden Endterminen wird möglich. Anhand einer Statuslinie (hier zum 29. März 2006) lässt sich auch bei länger dauernden Arbeitspaketen beurteilen, ob das Projekt im Fertigstellungsgrad zurückliegt oder bereits vorgearbeitet hat.

In der Vorstudie (Beispiel) muss wegen des um eine Woche verspäteten Kick-off sowie der Verzögerungen bei der Kundenbefragung zurzeit damit gerechnet werden, dass der geplante Lenkungsausschusstermin um 14 Tage auf den 12. Mai 2006 verschoben werden muss.

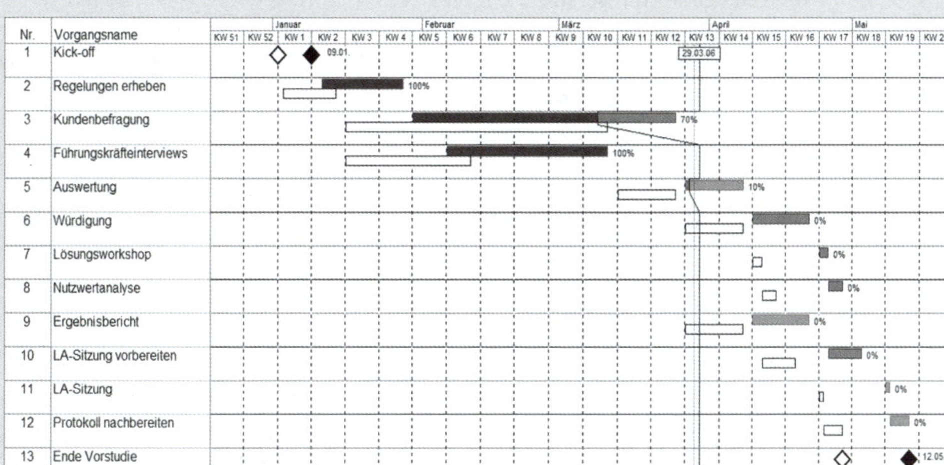

Abb. 6.30: Balkendiagramme

6.4.3.3 Netzpläne

Abhängigkeiten werden sichtbar

Netzpläne zeigen ihre Stärken in großen Projekten mit vielen Abhängigkeiten. Großflächig angebrachte, aktuelle Ausdrucke erleichtern das Verständnis in Teambesprechungen, wenn es um Konsequenzen von Terminverschiebungen geht. Der kritische Weg kann leicht verfolgt werden, insbesondere wenn durch Rückmeldungen der Verlauf des kritischen Weges sich verändert.

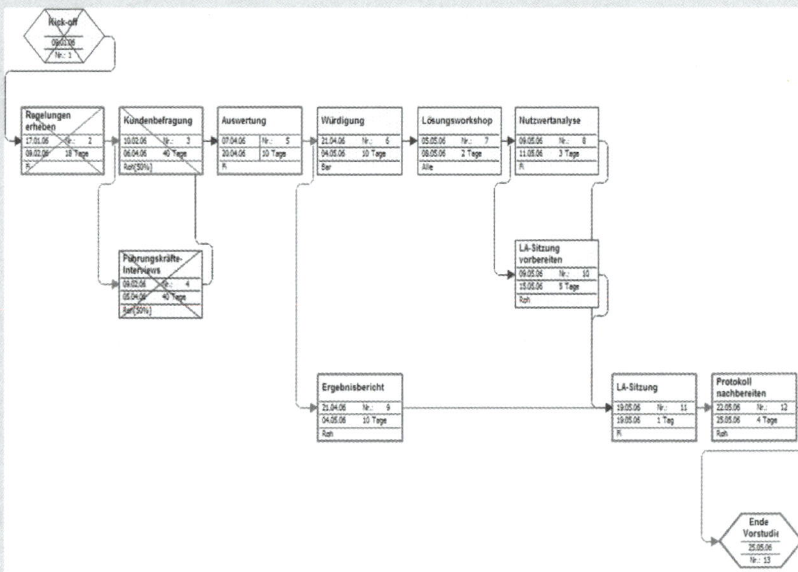

Abb. 6.31: Netzplan zur Terminüberwachung

Nach den ersten Rückmeldungen werden angefangene Arbeitspakete durch einen Querstrich markiert und erfolgreich abgeschlossene als Kreuz durchgestrichen. Der veränderte Verlauf des kritischen Weges wird durch Fettdruck oder farblich kenntlich gemacht.

6.4.3.4 Meilensteintrendanalyse

Eine sehr kompakte und vor allem für Statusberichte sehr gut geeignete Darstellung der Terminsituation ist die Meilensteintrendanalyse. Hier werden lediglich die Entwicklungen von etwa 4 bis 7 relevanten Meilensteinen aufgezeigt. Aus dem Verlauf der Meilensteine können ein Handlungsbedarf schnell abgeleitet und die Konsequenzen auf nachfolgende Meilensteine aufgezeigt werden. Es empfiehlt sich, in die Grafik genehmigte Terminverschiebungen einzutragen. Damit kann jederzeit nachgewiesen werden, wann es zu Verzögerungen kam und wie darauf reagiert wurde.

Die Aussagekraft der aktuellen Meilensteintrendanalyse eines Projektes ist beachtlich. Geübte Augen können daraus eine Projektgeschichte ablesen.

Vorgehen

Nun zu der Technik selbst. Zu jedem Berichtstermin wird das Erreichen aller Meilensteine abgeschätzt und mit dem Punkt des vorherigen Berichtstermines verbunden. Erreicht der Berichtstermin einen Meilensteintermin, so schneidet er bei erfolgreichem Abschluss die Diagonale der Grafik oder er muss terminlich nach oben verschoben werden. Die Kurven lassen sich einfach von Hand in kariertem Papier einzeichnen oder aber in einem Excel-Diagramm darstellen.

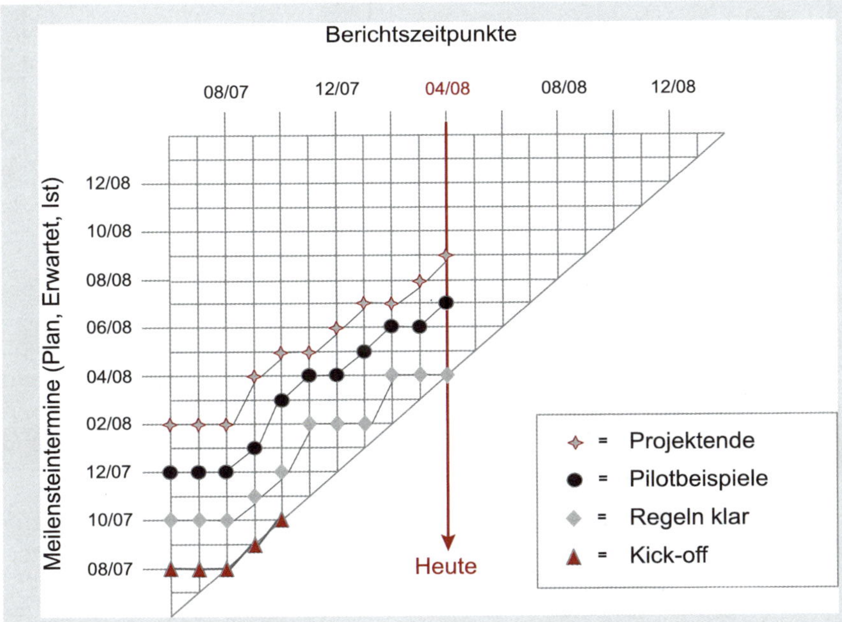

Abb. 6.32: Meilensteintrendanalyse

Die sich ergebenden Kurven lassen sich wie folgt interpretieren:

Interpretation des Kurvenverlaufes

- Werden Termine immer wieder nach hinten verschoben, zeigt die Kurve nach oben, d.h., sie strebt weg vom ursprünglichen geplanten Termin, also weg von der Diagonale
- Wird die Planung eingehalten, ergibt sich ein horizontaler Kurvenverlauf
- Werden Termine eher als ursprünglich geplant erledigt, zeigt die Kurve nach unten und strebt der Diagonale entgegen.

Bewertung der Meilensteintrendanalyse

Vorteile	Nachteile
■ Einfach und schnell zu erstellen ■ Übersichtlich ■ Terminabweichungen sind sofort erkennbar ■ Geeignetes Kommunikationsmittel innerhalb und außerhalb des Projektes ■ Abstimmungsdefizite können erkannt werden ■ Schärft und fördert das Terminbewusstsein im Team	■ Subjektive Schätzung ■ Trendkurve alleine ist nicht ausreichend ■ Kommentare sind erforderlich

Abb. 6.33: Bewertung der Meilensteintrendanalyse

6.4.4 Terminüberwachung nach Critical Chain

Die Terminplanung nach der Methode Critical Chain („Kritische Kette") von ELIYAHU GOLDRATT verkürzt die Zeitdauer der einzelnen Arbeitspakete und setzt die verbliebene Zeit als Projektpuffer ans Ende des Terminplanes. Zur Verfolgung der Terminsituation wird nun der Verbrauch dieses Puffers während des Projektes beobachtet.

Ziel ist es, möglichst wenig von diesem Puffer während der Projektlaufzeit aufzugeben. Wenn er am Ende vollständig verbraucht ist, wurde das Projekt termingerecht abgeschlossen.

Vergleicht man nun den Verbrauch des Projektpuffers mit dem Fertigstellungsgrad der Arbeitspakete auf der kritischen Kette, wird dringender Handlungsbedarf signalisiert, wenn die Kurven sich aufeinander zu bewegen.

Ähnlich der Meilensteintrendanalyse wird damit in einer Grafik die Terminsituation deutlich.

Einzeltermine werden durch Arbeitspaketverantwortliche selbst überwacht

Da die Dauerschätzungen bei dieser Methode nur mit einer 50-50-Chance sicher sind, müssen die Arbeitspaketverantwortlichen aufeinanderfolgender Arbeitspakete in direktem Kontakt stehen, um Veränderungen schnell weiterzugeben. Eine Terminüberwachung durch den Projektleiter erfolgt über Meilensteine und den Pufferverbrauch.

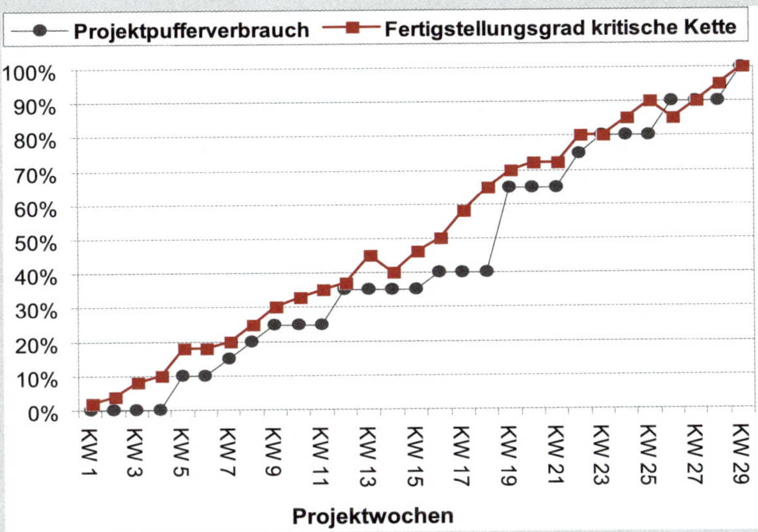

Abb. 6.34: Überwachung von Projektpuffer und Fertigstellungsgrad

6.4.5 Kostenüberwachung

Um Abweichungen bei Aufwand und Kosten auf die Spur zu kommen, benötigt der Projektleiter Auswertungsinstrumente, die

Voraussetzungen für Kostenüberwachung

- Top-Down über die Hierarchie des Projektstrukturplanes auffällige Arbeitspakete identifizieren
- über eine Verbindung zum Rechnungswesen die korrekte Verbuchung von Rechnungen und Bestellungen prüfen können
- anhand des Projektfortschrittes die künftige Kostenentwicklung ableiten können
- freigegebene Budgets aufzeigen
- differenziert nach Kostenarten Anhaltspunkte liefern, um Aufwand und Kosten zu beeinflussen.

Projektleiter muss seine Kosten kennen

Neben integrierten DV-Tools zur Projektkostenrechnung (z.B. SAP-PS) stehen dem Projektleiter umfangreiche Listen und Tabellen zur Verfügung. Falls die vorhandenen DV-Systeme nicht die notwendigen projektbezogenen Daten bereitstellen können, sollten trotz des Aufwandes eigene Tabellenkalkulationen erstellt werden, denn Fragen zu den Kosten muss der Projektleiter immer beantworten können.

Die Projektkosten können nur gemeinsam mit dem aktuellen Fertigstellungsgrad eingeschätzt werden. So sollte der Projektleiter turnusmäßig von den Arbeitspaketverantwortlichen für die angefangenen Arbeitspakete eine Schätzung der noch offenen Kosten verlangen und feste Budgets pro Arbeitspaket vorgeben. Die erwarteten Projektkosten setzen sich dann aus den Istkosten abgeschlossener und begonnener Arbeitspakete, den geschätzten Restkosten begonnener Arbeitspakete und den geplanten Kosten aller offenen Arbeitspakete zusammen.

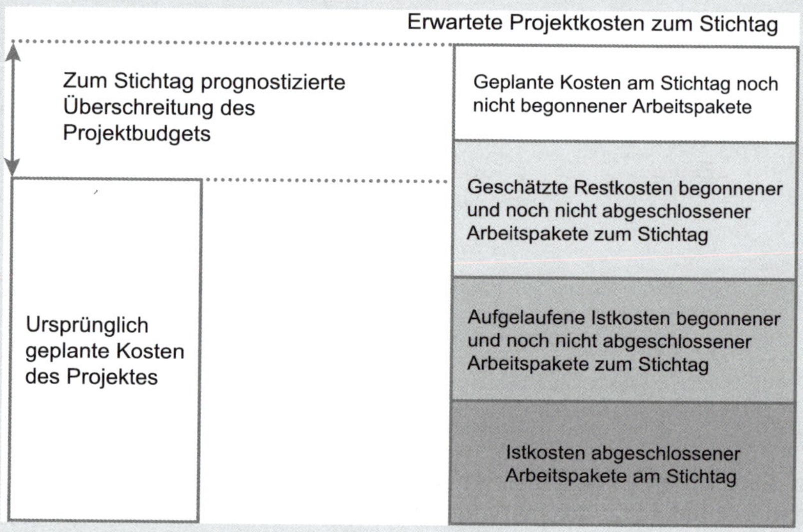

Abb. 6.35: Zusammensetzung erwarteter Projektkosten

6.4.5.1 Kostenstrukturanalysen

Die Kostenstruktur eines Projektes wird im Projektstrukturplan vorbestimmt. In dieser Gliederungstiefe sollten regelmäßig Aufwand und Kosten überprüft und analysiert werden. Werden die geplanten Gesamtkostenanteile sichtbar gemacht, zeigt sich, in welchen Arbeitspaketen der Projektleiter besonders auf die Kosten achten sollte.

Abbildung 6.36 zeigt den „fiktiven" Stand des Projektes „Call-Center für den Kundenservice" ab der Hauptstudie.

Auswertung optisch unterstützen

Durch Angabe von Schwellenwerten kann der Handlungsbedarf auch optisch angezeigt werden. Ist die Summe aus aufgelaufenen Istkosten und erwarteten Restkosten in einer Position größer als 10 T€, so wird die Abweichung rot eingefärbt und der Projektleiter sollte hier näher nachforschen. Relative Abweichungen von mehr als 10% sind ebenfalls als auffällig und zwar in beiden Richtungen zu betrachten.

Code	Arbeitspaket/Teilprojekt/Phase	Plankosten	Anteil	Ist	FGR	Restkosten	Planabweichung	
							absolut	relativ
3	**Hauptstudie**	**1.136.600 €**	**23%**	**1.206.000 €**	**100%**	**- €**	**69.400 €**	**6,1%**
3.1	Aufgabenumfang des Call-Centers	98.400 €	**2%**	112.000 €	100%	- €	**13.600 €**	**13,8%**
3.2	Prozessgestaltung	498.000 €	**10%**	533.000 €	100%	- €	**35.000 €**	**7,0%**
3.3	Aufbauorganisation	144.500 €	**3%**	153.000 €	100%	- €	**8.500 €**	**5,9%**
3.4	Technikkonzept	136.500 €	**3%**	140.000 €	100%	- €	**3.500 €**	**2,6%**
3.5	Personalkonzept	92.000 €	**2%**	93.000 €	100%	- €	**1.000 €**	**1,1%**
3.6	Vermarktungskonzept	12.000 €	**0%**	10.000 €	100%	- €	- **2.000 €**	-16,7%
3.7	Raumkonzept	31.200 €	**1%**	31.000 €	100%	- €	- **200 €**	**-0,6%**
3.8	Servicequalität	70.000 €	**1%**	85.000 €	100%	- €	**15.000 €**	**21,4%**
3.9	Gesamtkonzept	54.000 €	**1%**	49.000 €	100%	- €	- **5.000 €**	**-9,3%**
4	**Teilstudien und Systembau**	**3.309.000 €**	**68%**	1.735.000 €	51%	**1.700.000 €**	**126.000 €**	**3,8%**
4.1	Aufbauorganisation	262.500 €	**5%**	310.000 €	100%	- €	**47.500 €**	**18,1%**
4.2	Kommunikationstechnik	747.500 €	**15%**	370.000 €	47%	410.000 €	**32.500 €**	**4,3%**
4.3	Integration zu den EDV-Systemen	1.500.500 €	**31%**	800.000 €	55%	730.000 €	**29.500 €**	**2,0%**
4.3.1	Schnittstellenbeschreibungen	64.000 €	**1%**	70.000 €	100%	- €	**6.000 €**	**9,4%**
4.3.2	Programmbeschreibungen	240.000 €	**5%**	150.000 €	70%	100.000 €	**10.000 €**	**4,2%**
4.3.3	Datenbankentwurf	174.000 €	**4%**	200.000 €	100%	- €	**26.000 €**	**14,9%**
4.3.4	Testkonzept	60.000 €	**1%**	30.000 €	50%	50.000 €	**20.000 €**	**33,3%**
4.3.5	Programmierung	342.500 €	**7%**	150.000 €	50%	200.000 €	**7.500 €**	**2,2%**
4.3.6	Funktionstest	80.000 €	**2%**		0%	80.000 €	**- €**	**0,0%**
4.3.7	Integrationstest	540.000 €	**11%**	200.000 €	40%	300.000 €	- **40.000 €**	**-7,4%**
4.4	Personal	152.000 €	**3%**	115.000 €	68%	48.000 €	**11.000 €**	**7,2%**
4.5	Prozesse und Steuerung	134.500 €	**3%**	140.000 €	100%	- €	**5.500 €**	**4,1%**
4.6	Vermarktung	44.000 €	**1%**	- €	0%	44.000 €	**- €**	**0,0%**
4.7	Raum	468.000 €	**10%**	- €	0%	468.000 €	**- €**	**0,0%**
5	**Einführung**	**212.000 €**	**4%**	- €	0%	**202.000 €**	- **10.000 €**	**-4,7%**
6	**Projektmanagement**	**198.000 €**	**4%**	**86.000 €**	**38%**	**123.000 €**	**11.000 €**	**5,6%**
	Gesamtkosten (Aktuell)	**4.855.600 €**		**3.027.000 €**	**59%**	**2.025.000 €**	**196.400 €**	**4,0%**

Abb. 6.36: Kostenstrukturanalysen

Um gleichzeitig die Gesamtentwicklung zu beobachten, können nach jedem Berichtszeitpunkt die ermittelten Kosten festgehalten und in einer Grafik aufgezeigt werden.

Merke

Diese Tabelle soll nicht den Eindruck erwecken, als ob damit eine vollständige Analyse von Kostenabweichungen erfolgen könnte. Oft sind die Geschichten hinter den Zahlen viel interessanter und ermöglichen eine bessere Steuerungsgrundlage als das bloße Schreiben von Tabellen.

6.4.5.2 Kostenvergleich nach Kostenarten

Mit der Kostenartenanalyse werden in den Zeilen die verschiedenen kostenrelevanten Handlungsfelder aufgezeigt. In den Spalten können vom Fertigstellungsgrad abhängige Vergleiche vorgenommen werden.

Kostenvergleichswerte

Budget	Welche Mittel wurden für die Kostenart freigegeben?
Plan	Welche Kosten wurden für die Kostenart geplant?
Verfügt	Bis zu welchem Betrag wurden Bestellungen ausgelöst, Arbeitspakete vergeben?
Abgerechnet	Welche Arbeitspakete sind vollständig abgeschlossen und bezahlt?
Offen	Mit welchen Kosten/Aufwänden ist über die Bestellung hinaus noch zu rechnen?
Erwartet	Wie hoch sind die erwarteten Gesamtkosten (Verfügt offen)?
Über-/Unterdeckung	Mit welcher Abweichung gegenüber dem Budget ist zu rechnen?

Basiswerte aus der Buchhaltung abgreifen

Das Projekt „Call-Center für den Kundenservice“ verursacht hohe externe Ausgaben. In diesem Fall empfiehlt es sich, Kosten und Aufwand für die externe Unterstützung gemeinsam zu betrachten und die verfügten, abgerechneten und zu erwartenden Kosten mit dem Budget zu vergleichen.

	Projektkostenstellenbericht							
	Projekt-Nr: 4712/06	**Neue Kassentresore in den Filialen**						**Berichtsmonat** Jun 06
	Aufwands-/Kostenart	**Plan**		**Ist**			**erwartet**	**Über-/Unter-**
	- Werte in T€ -	**Preis**	**Budget**	**verfügt**	**abgerechnet**	**offen**		**deckung (+/-)**
1	**Investitionen**		**1410**	**1060**	**510**	**720**	**1780**	**-370**
	Hardware		600	100	50	450	550	50
	Software		300	340	0	200	540	-240
	Leitungen/Netzwerke		150	200	150	0	200	-50
	Telekommunikation		200	160	150	20	180	20
	Baumaßnahmen		120	250	150	0	250	-130
	Möbel/Ausstattung		40	10	10	50	60	-20
2	**Sonstige Sachkosten**		**74**	**52**	**52**	**52**	**104**	**-30**
	Projektinfrastruktur		30	40	40	0	40	-10
	Reisekosten		40	10	10	50	60	-20
	Büromaterial		4	2	2	2	4	0
3	**Externe Dienstleistungen**		**270**	**280**	**120**	**40**	**320**	**-50**
	Organisationsberatung		120	130	90	0	130	-10
	Technische Dienstleistungen		80	70	30	30	100	-20
	Software-Lieferanten		70	80	0	10	90	-20
4	**Projektarbeit in Personentagen**		**160**	**100**	**0**	**75**	**175**	**-15**
	Organisation	800	70	60		20	80	-10
	Anwenderbetreuung	800	20	15		15	30	-10
	Zentralbereiche	700	30	10		20	30	0
	Geschäftsbereiche	700	30	10		10	20	10
	Vertriebseinheiten	600	10	5		10	15	-5
5	**Gesamt**		**1874**	**1469**	**682**	**867**	**2336**	**-462**
	ohne bewertete Projektarbeit		1754	1392	682	812	2204	-450

Abb. 6.37: Kostenvergleich nach Kostenarten eines Bankprojektes

In diesem Beispiel sind Budgetnachforderungen von 20 % erforderlich, die vom Auftraggeber genehmigt werden müssen.

6.4.5.3 Kostenprognosen

Die Beantwortung der Frage

„Kommen wir mit unseren budgetierten Kosten aus?“

verfolgt den Projektleiter während der gesamten Projektlaufzeit. Um sie möglichst zuverlässig zu beantworten, können Prognosetechniken eingesetzt werden, die in der Praxis durch den Erfahrungsschatz des Projektleiters und Aussagen der Arbeitspaketverantwortlichen ergänzt werden.

Eine verlässliche Prognose setzt voraus, dass für Plan-/Ist-Abweichungen Ursachen ermittelt werden und die Projektstruktur (Wieviel ist fertig? Was kommt noch?) weitgehend bekannt ist. Eine verlässliche Kostenprognose hängt ab von

Einflussfaktoren für Kostenprognosen

- dem Fertigstellungsgrad der Arbeitspakete mit ihrem Anteil am Gesamtvolumen
- dem Anteil der Preise / Stundensätze an der Kostenveränderung
- den Anpassungen der Leistungsziele
- der Entwicklung der Ist-Aufwände gegenüber der Planung.

Durch Erwartungswerte aus optimistischen, pessimistischen und realistischen Schätzungen je Arbeitspaket kann die Hochrechnung verbessert werden. Mit dem Fortschritt des jeweiligen Arbeitspaketes werden die Bandbreiten zwischen optimistischen und pessimistischen Werten immer kleiner und die Eintrittswahrscheinlichkeit der Schätzung nimmt zu, wie das nachfolgende Beispiel zeigt:

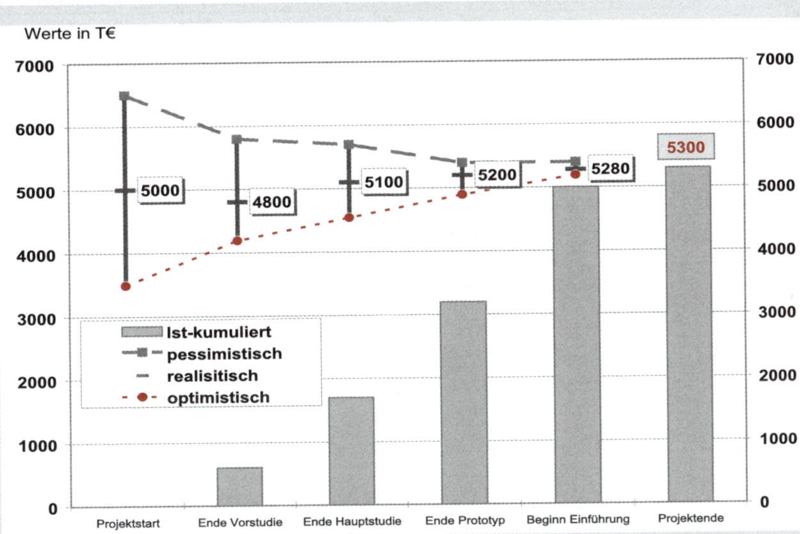

Abb. 6.38: Bandbreite von Kostenprognosen

6.4.6 Verfügbarkeit von Einsatzmitteln

Zusagen von Linienvorgesetzten kontrollieren

Die Verfügbarkeit von Einsatzmitteln hat in der Praxis einen entscheidenden Einfluss auf die termingerechte Fertigstellung von Projekten. Deshalb sollte sie vom Projektleiter regelmäßig beobachtet werden. Veränderungen gegenüber gemachten Zusagen durch Linienvorgesetzte sind genauer zu analysieren. Eine transparente Darstellung kann hier auch als Gesprächsgrundlage für Konfliktsituationen dienen. Besonderes Interesse gilt hierbei auch grundlegenden Abwesenheiten wie Urlaub, Krankheit und Seminare. Deren überraschende Veränderungen können Anzeichen von sinkender Motivation und nachlassendem Interesse am Projekt sein.

6.4.6.1 Verfügbarkeitstabelle

Die Verfügbarkeitstabellen sollten von den Projektmitarbeitern in Abstimmung mit ihren Linienvorgesetzten regelmäßig, mindestens einmal pro Monat, aktualisiert werden. Dabei interessieren lediglich die zu erwartenden Änderungen in der Zukunft, die Auswirkungen auf die Kapazitäten der Projektmitarbeiter haben. Durch eine offene Kommunikation von möglichen Kapazitätsengpässen zwischen Linie und Projekt lassen sich im Vorfeld viele Verzögerungen in Projekten vermeiden und der Projektleiter kann rechtzeitig bei ähnlich gelagertem Know-how-Profil Aufgaben auf andere Projektmitarbeiter verlagern.

In der nachfolgenden Tabelle wurden die Unterdeckungen bei Herrn Pfetzing durch Herrn Richter ausgeglichen.

Berater		per Feb 08	Mrz 08	Apr 08	Mai 08	Jun 08	Jul 08	per Projektende
Barcklow	Plan	**30**	6	6	6	6	3	**57**
	Ist/erwartet	**28**	4	6	5	8	4	**55**
	Unter-/Überdeckung (-/+)	**-2**	**-2**	0	**-1**	2	1	**-2**
	Verfügbarkeit (Ist/erwartet)	**18%**	18%	33%	24%	40%	19%	**21%**
Rohde	Plan	**60**	12	9	6	6	0	**93**
	Ist/erwartet	**70**	5	12	8	4	4	**103**
	Unter-/Überdeckung (-/+)	**10**	**-7**	3	2	**-2**	4	**10**
	Verfügbarkeit (Ist/erwartet)	**44%**	23%	67%	38%	20%	19%	**39%**
Pfetzing	Plan	**50**	6	8	4	4	4	**76**
	Ist/erwartet	**20**	2	4	6	0	0	**32**
	Unter-/Überdeckung (-/+)	**-30**	**-4**	**-4**	2	**-4**	**-4**	**-44**
	Verfügbarkeit (Ist/erwartet)	**13%**	9%	22%	29%	0%	0%	**12%**
Richter	Plan	**30**	4	4	3	3	3	**47**
	Ist/erwartet	**70**	6	8	9	5	0	**98**
	Unter-/Überdeckung (-/+)	**40**	2	4	6	2	**-3**	**51**
	Verfügbarkeit (Ist/erwartet)	**44%**	27%	44%	43%	25%	0%	**37%**
Summe	Plan	**170**	28	27	19	19	10	**273**
	Ist/erwartet	**188**	17	30	28	17	8	**288**
	Unter-/Überdeckung (-/+)	**18**	**-11**	3	9	**-2**	**-2**	**15**
	Verfügbarkeit (Ist/erwartet)	**29%**	19%	42%	33%	21%	10%	**27%**
Anzahl Arbeitstage im Monat		160	22	18	21	20	21	262

Generelle Abwesenheiten	
	Barcklow hat Jahresurlaub vom 10.4. bis 21.4.
	Rohde fällt ab 3.4. Montag und Mittwoch für Projekt aus
	Richter hat vom 3.5. bis 5.5. PM-Schulung und vom 10.7. bis 28.7. Jahresurlaub

Abb. 6.39: Verfügbarkeitstabelle

6.4.6.2 Belastungsdiagramm

Eine grafische Unterstützung bieten Belastungsdiagramme, die von verschiedenen Projektmanagement-Tools für einzelne Mitarbeiter, Gruppen oder Bereiche erzeugt werden. Die Aussagekraft hängt allerdings sehr stark von der Aktualität und Vollständigkeit der eingegebenen Daten ab. Da sich im Projektgeschehen sehr viel ändert, genügen grobe Aussagen und Tendenzen, um daraus Handlungsbedarf abzuleiten. Sinnvolle Aussagen über zu erwartende Überlastungen sind dabei nur möglich, wenn die Projekt- und Linienaufgaben sowie alle Grundlasten und Abwesenheiten erfasst werden.

Gute Aussagekraft nur mit aktuellen und vollständigen Daten

In der Praxis hat es sich besonders bewährt, wenn für die Richtigkeit der Angaben die Linienvorgesetzten die Verantwortung übernehmen und sie die Kapazitätsverteilung ihrer Mitarbeiter regelmäßig pflegen und die Projektleiter entsprechend informieren.

Tipp

Dies setzt natürlich eine Projektkultur im Unternehmen voraus, in der das Zusammenspiel von Linien- und Projektinteressen gut funktioniert. Gestützt von IT-Instrumenten, die Kapazitätsveränderungen in einzelnen Vorhaben übergreifend anzeigen, sollte die regelmäßige Überarbeitung der künftigen Kapazitäten für die Mitarbeiter in Linie und Projekt obligatorisch sein.

Eine einfache Bedienung, transparente Darstellungen, klare Aufschlüsselung der Projektprioritäten und direkter Zugang zu einzelnen Personen helfen, drohende Kapazitätsengpässe zu lösen.

Abb. 6.40: Belastungshistogramm mit ibo netProject

6.4.7 Darstellung von Teamprozessen im Projekt

Zu einem ganzheitlichen Ansatz im Projektmanagement gehört, neben den harten Fakten auch die kulturellen Prozesse im Projektteam zu beobachten. Hierbei kann die Darstellung von Teamprozessen helfen,

Nutzen durch Transparenz

- die Prozesse zielgerichtet und systematisch zu analysieren
- unterschiedliche Wahrnehmungen, Interpretationen und Reaktionen sichtbar zu machen und zu diskutieren
- aktiv gestalterisch in die Prozesse einzugreifen sowie
- die Zusammenarbeit im Team zu fördern und damit die Leistungsfähigkeit der Gruppe zu steigern.

Destruktive Kritik und Schuldzuweisungen sind dabei natürlich zu vermeiden. In besonders schwierigen Situationen ist zu überlegen, ob ein externer Moderator den Klärungsprozess unterstützen kann. Zur Datenerhebung eignet sich ein Fragebogen zum Gruppenprozess. Er macht Defizite und Trends in der Gruppenentwicklung sichtbar, zeigt Handlungsbedarf auf und klärt den Einfluss von Ereignissen, Entscheidungen oder Steuerungsmaßnahmen auf die Teamarbeit.

Mit einer Prozessgeschichte lassen sich Entscheidungen mit maßgeblichem Einfluss auf den Projektverlauf und die Teamentwicklung nachvollziehen und reflektieren. Sie sollte über den gesamten Projektverlauf angewendet, regelmäßig aktualisiert und fortgeschrieben werden. Sie ist oft eine gute Grundlage für Erklärungen zu Abweichungen bei den übrigen Controllinginhalten.

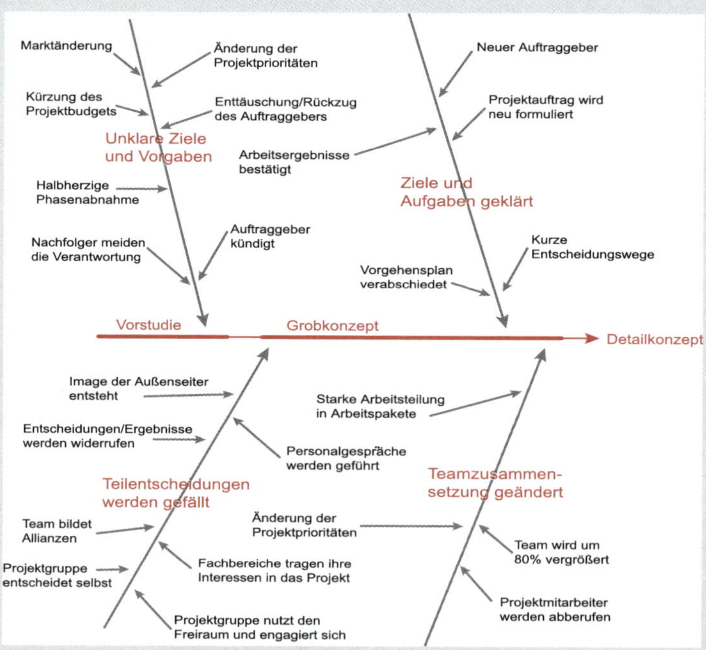

Abb. 6.41: Prozessgeschichte

6.4.8 Ursachen und Zusammenhänge klären

> „Etwas wirklich zu wissen bedeutet, dessen Ursachen zu kennen."
> Francis Bacon

Ein guter Arzt ermittelt nicht nur regelmäßig den Blutdruck und verfolgt dessen Entwicklung, sondern nimmt sich bei Abweichungen gegenüber dem Soll Zeit für tiefergehende und gründlichere Untersuchungen, um die Ursachen der Abweichungen zu ergründen. Denn die fundierte Diagnose entscheidet über den Erfolg der (Therapie-) maßnahmen.

In ähnlicher Art und Weise sollte auch der Projektleiter vor Steuerungsmaßnahmen eine fundierte Analyse der Gründe für erkannte Projektabweichungen stellen. Dabei gilt es:

- Überreaktionen zu vermeiden
- Frühzeitig zu handeln, solange die Abweichungen noch klein sind
- Konsequenzen möglicher Maßnahmen zu überdenken
- Den Umfang und die Tragweite der Abweichung richtig einzuschätzen.

Um den Aufwand gering zu halten, empfiehlt sich ein stufenweises Vorgehen.

Stufen der Ursachenanalyse

1.	Annahmen über Checklisten/Prüffragenkataloge abklopfen
2.	Annahme verifizieren durch Fakten oder Indikatoren
3.	Umfang und Zusammenhänge klären
4.	Tragweite für Projekt einschätzen
5.	Gegebenenfalls Untersuchungsbereich (Kreis der Betroffenen) ausweiten

In der Praxis finden dazu vor allem Gespräche statt und es werden tiefergehende Kontrollen durchgeführt. Die Verlässlichkeit und der Wahrheitsgehalt der erhaltenen Informationen werden dabei maßgeblich durch die Gesprächsführung und das Führungsverhalten des Projektleiters beeinflusst.

Eine Checkliste, die der Unterstützung im praktischen Alltag dienen soll, zeigt Abbildung 6.42.

Ursachen-katalog

Abweichungen bei...	Mögliche Gründe	Tiefergehende Ursachen
den Kosten		
■ Mehraufwand bei einem Arbeitspaket ■ Zusatzkosten durch Extraleistungen ■ Preiserhöhung bei Lieferanten	■ Optimistische Planung ■ Zusätzliche Anforderungen ■ Fehlerhafte Zuarbeiten ■ Unklare Zielvorgabe ■ Unvorhergesehene technische Probleme ■ Große Abhängigkeit vom Lieferanten	■ Unzureichende vertragliche Absicherung ■ Unzureichende Abnahme vorausgesetzter Ergebnisse ■ Wenig Erfahrung bei der Aufwandsschätzung ■ Oberflächliche Arbeitspaketvergabe
den Terminen		
■ Kritisches Arbeitspaket verzögert sich ■ Arbeitspaket wurde noch nicht begonnen	■ Wichtige Experten fehlen bei Abnahmen ■ Keine Abstimmung zwischen Arbeitspaketverantwortlichen ■ Arbeitspaketverantwortliche warten auf Freigabe durch Projektleiter	■ Bedeutung des Arbeitspaketes nicht allen Beteiligten bewusst ■ Verspätete Information der Experten ■ Diskussionen ohne geklärte Ziele
der Qualität der Ergebnisse		
■ Fehlerhafte Konzepte ■ Veraltete Unterlagen ■ Unverständliche Darstellungen	■ Mangelnde Qualifikation von Projektmitarbeitern (PMA) ■ Arbeitsüberlastungen ■ Termindruck ■ Abnahme/Rücksprache mit Fachabteilung fehlt ■ Unzureichende Arbeitsmittel	■ Keine klaren Anforderungen an die Auswahl der PMA formuliert ■ Fehlender Überblick der offenen Aktivitäten ■ Gewichtung der Arbeitspakete fehlt ■ Bedeutung der Arbeitsqualität wird vom PL nicht vorgelebt
den Einsatzmitteln		
■ Spezialist fehlt bei Sitzungen ■ Vereinbarte Verfügbarkeit wird nicht erreicht ■ Fachbereiche stellen keine Mitarbeiter frei	■ Spezialist arbeitet in weiteren Projekten ■ Linienarbeit hat höhere Prioritäten ■ Hohe Arbeitsbelastung in den Fachbereichen ■ Arbeitsanteile zu pauschal angesetzt ■ Widerstände im Fachbereich gegenüber dem Vorhaben	■ Langweilige Sitzungsgestaltung ■ Bedeutung der Mitarbeit für den Fachbereich nicht klar ■ Bereitstellung der PMA nicht mit Fachbereichsleitung abgestimmt ■ Arbeitspakete für Fachbereich unklar formuliert

Abweichungen bei...	Mögliche Gründe	Tiefergehende Ursachen
der Vorgehensweise		
■ Vereinbarte Dokumentationsverfahren werden nicht praktiziert ■ Projektauftrag fehlt ■ Aufwandsmeldungen werden nicht abgegeben	■ Verfahren unzureichend erläutert ■ Dokumentation für PMA zu aufwändig ■ Bedeutung für die Projektarbeit wird unterschätzt	■ Keine Beispiele genannt ■ Infrastruktur für Dokumentation nicht korrekt eingerichtet ■ PMA kennen andere, einfachere Verfahren ■ PMA fühlen sich kontrolliert
der Projektkultur		
■ Persönliche Angriffe in Sitzungen ■ Umfangreicher Schriftwechsel zu Detailproblemen	■ Keine Regeln der Zusammenarbeit vereinbart ■ Sitzungen ohne Moderator ■ Sachfragen werden überbetont ■ Kein offenes Feedback	■ Projektleiter lässt persönliche Angriffe zu, traut sich nicht einzugreifen ■ Keine gemeinsam vereinbarten Beschlüsse ■ Projektleiter fühlt sich auf der Beziehungsebene unsicher

Abb. 6.42: Ursachenkatalog

Um Ansatzpunkte für steuernde Maßnahmen zu finden und sich vor allem in Gesprächen die Zusammenhänge der Abweichungsursachen bewusst zu machen, haben sich in der Praxis folgende Darstellungstechniken bewährt:

- Ishikawa-Diagramme oder Fischgrätdiagramme
- Mind-Maps
- Ursachen-Wirkungs-Netzwerke.

Während Mind-Maps und Ishikawa-Diagramme lediglich lineare Zusammenhänge zwischen Wirkungen und Ursachen darstellen, machen die Ursachen-Wirkungs-Netzwerke auch wechselseitige und zyklische Zusammenhänge deutlich.

6.4.8.1 Ishikawa-Diagramm

Die sieben „M" von Ishikawa

Mit dem Ishikawa-Diagramm werden insgesamt sieben grundsätzlich mögliche Ursachenbereiche systematisch abgeprüft und schrittweise verfeinert. Die festgestellte Abweichung ist dabei der Kopf, auf den die Ursachen wie eine Fischgräte zeigen. Das Ishikawa-Diagramm stammt aus der Automobilindustrie und verwendet folgende Ursachenbereiche, die sich größtenteils auch bei Projektabweichungen nutzen lassen:

- **M**oney (finanzielle Mittel)
- **M**anagement (Steuerungs- und Führungsmängel)
- **M**ilieu (Ursachen im Umfeld)
- **M**ensch (Ursachen beim Know-how oder in der Zusammenarbeit der Beteiligten)
- **M**aschine (fehlende Werkzeuge, Anlagen, PM-Software)
- **M**ethode (fehlerhafte Prozesse und Vorgehensweisen)
- **M**aterial (ungeeignete Werkstoffe, Rohmaterialien)

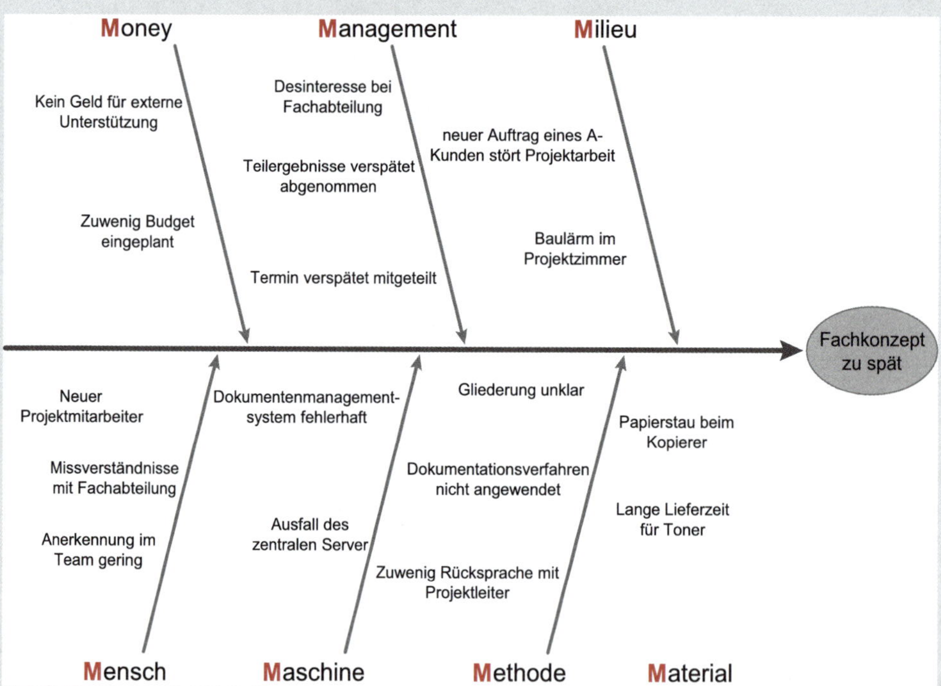

Abb. 6.43: Ishikawa-Diagramm

Mit dem Ishikawa-Diagramm lassen sich im Team tiefergehende Ursachen für Projektabweichungen ableiten und dokumentieren. Um vielversprechende Ansätze für die Steuerung daraus abzuleiten, sollten jedoch die Einzelursachen priorisiert und gewichtet werden.

6.4.8.2 Mind-Maps

Mind-Maps visualisieren Gliederungen und Zusammenhänge

Mit Mind-Maps lassen sich auch IT-gestützt im Team die Zusammenhänge von Ursachen der Projektabweichungen visualisieren. Durch optische Hilfsmittel können Schwerpunkte gesetzt und wichtige Beziehungen von Ursachen dargestellt werden. Mind-Maps sind auch für die Projektplanung und die Entwicklung von Lösungen im Projektmanagement ein wichtiges Werkzeug.

Im Beispiel der Abbildung 6.44 wurden lange Wartezeiten bei eingereichten Entscheidungen diagnostiziert und mögliche Ursachen aufgezeigt.

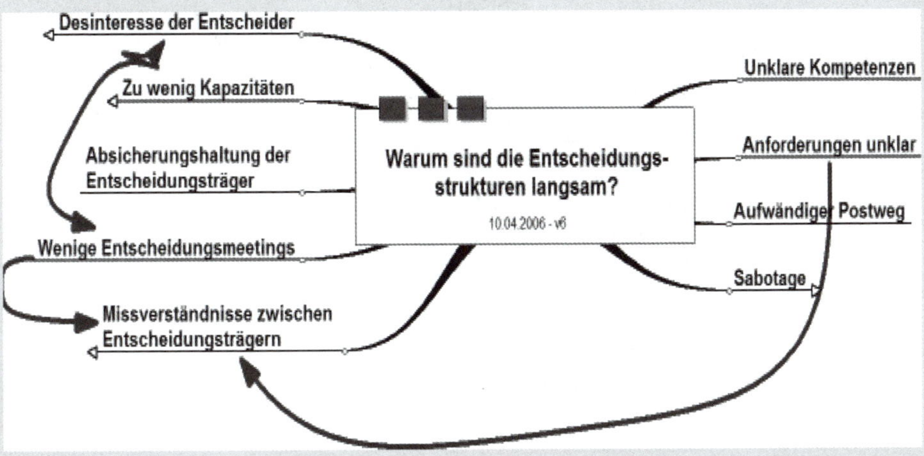

Abb. 6.44: Mind-Map

6.4.8.3 Ursachen-Wirkungs-Netzwerke

Hot Spots und Zyklen erkennen

In der Regel sind die Ursachen von Projektabweichungen miteinander vernetzt. Mit Hilfe eines Ursachen-Wirkungs-Netzwerkes können die Beziehungen von Problemwirkungen und Ursachen visualisiert werden. Es entstehen Problemkreisläufe und sogenannte Hot Spots, von denen die wesentlichen Wirkungen ausgehen und die deshalb gute Ansatzpunkte für Steuerungsmaßnahmen sind.

Bei den Wirkungsbeziehungen wird zwischen verstärkenden ⊕ und abschwächenden ⊖ unterschieden. Die Wirkungsrichtung wird durch Pfeile gekennzeichnet. Sich hochschaukelnde Zyklen werden farblich hervorgehoben. Hierbei sollten die Steuerungsmaßnahmen auf die Unterbrechung des Zyklus ausgerichtet sein, um zunächst ein Verschärfen der Situation zu verhindern.

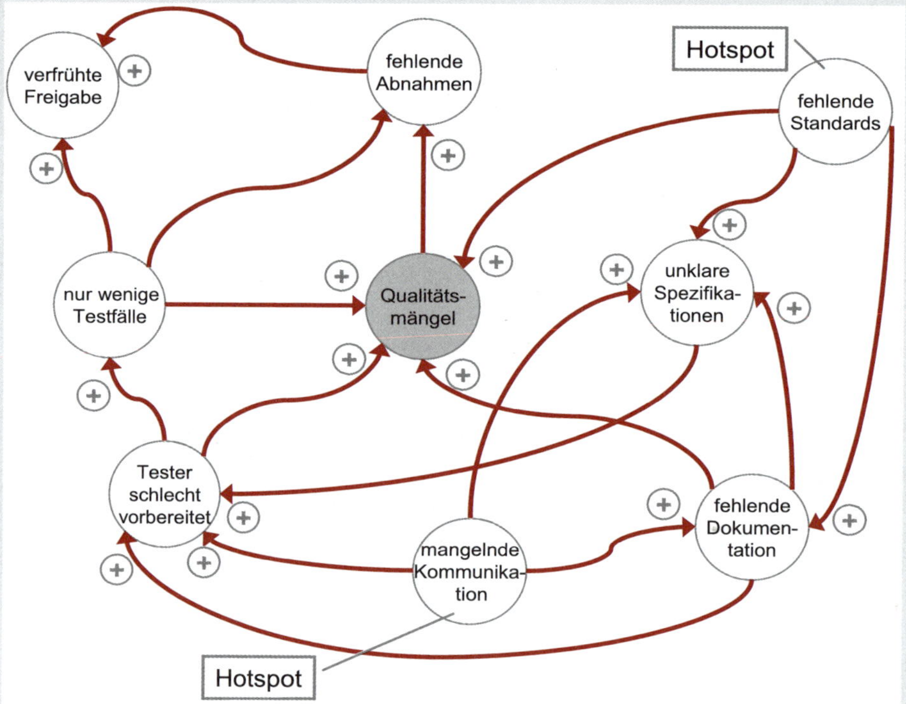

Abb. 6.45: Ursachen-Wirkungs-Netzwerk

6.5 Gesprächsführung zur Diagnose und Steuerung

Im Laufe der Projektarbeit kann es immer wieder zu Situationen bzw. Entwicklungen kommen, die ein rasches und effektives Gegensteuern erfordern. Termine geraten in Gefahr, Arbeitspakete werden nicht rechtzeitig fertiggestellt, ihre Qualität entspricht nicht den Anforderungen, im Team gibt es Probleme bei der Zusammenarbeit u.a.m. Hier kommt es in erster Linie darauf an, die Ursachen genau zu erfassen und zu verstehen, um dann mit den Betroffenen geeignete Lösungen entwickeln und notwendige Maßnahmen einleiten zu können. Für den Projektleiter bedeutet dies, mit einzelnen Mitarbeitern oder – wenn es der Sachverhalt erfordert – mit dem ganzen Projektteam Gespräche zu führen. Das setzt ein hohes Maß an Kommunikationsfähigkeit voraus. Insbesondere, wenn es um kritische Anlässe geht – z.B. Leistungsdefizite eines Mitarbeiters – , hängt der Erfolg eines solchen Mitarbeitergespräches sehr stark von der Gesprächsbasis ab, die von Vertrauen und gegenseitiger Achtung getragen sein muss.

6.5.1 Grundlagen der Kommunikation

Kommunikation ist ein Prozess der Abgabe, Übermittlung und Aufnahme von Informationen mit dem Ziel, Verständigung herbeizuführen. Das setzt voraus, dass die Kommunikationspartner einander verstehen. Und genau hier liegt ein großes Problem, denn auch wenn zwei Menschen sich der gleichen Sprache bedienen, heißt das noch lange nicht, dass es mit der Verständigung tatsächlich klappt. Zahlreiche Klippen führen allzu oft zu Komplikationen oder gar zum Scheitern. Der Vorgang selbst sieht recht einfach aus (Abbildung 6.46).

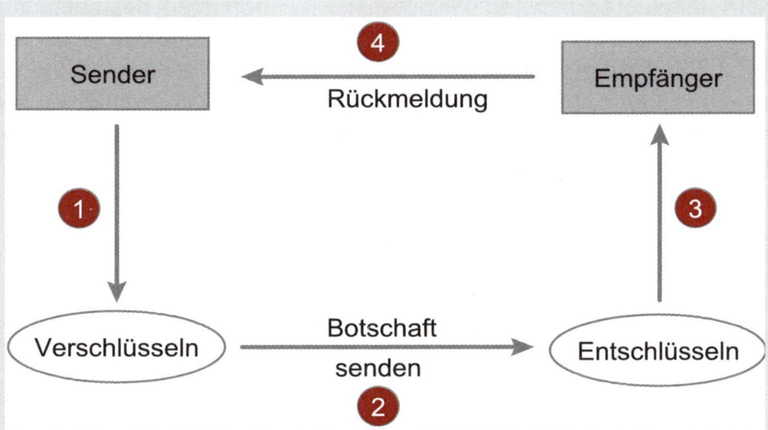

Abb. 6.46: Grundlagen der Kommunikation

Nach der Übermittlung der Botschaft entschlüsselt (decodiert) sie der Empfänger und interpretiert ihren Sinn. Ob die Interpretation der Absicht des Senders entspricht, stellt sich dann heraus, wenn der Empfänger sie durch Feedback rückmeldet.

Verbale und nonverbale Kommunikation

Damit taucht aber schon die erste Hürde auf. Häufig lässt sich der Empfänger von dem leiten, was er glaubt, verstanden zu haben, eine Überprüfung – z.B. in Form einer Rückfrage oder kurzen Zusammenfassung – unterbleibt. Zwar könnte sich auch der Sender vergewissern, ob er in seinem Sinne verstanden wurde, das geschieht jedoch ebenfalls nicht immer. Missverständnisse oder gar Streitigkeiten sind nicht selten die zwangsläufige Folge. Neben der Sprache mit ihrer zentralen Bedeutung für die Kommunikation wirken auch nonverbale Aspekte wie Körpersprache, Mimik und Gestik als Informationsüberträger und können den Verständigungsprozess unterstützen, aber hier sind natürlich ebenso Fehlinterpretationen möglich. Feedback spielt daher für die Verständigung eine sehr wichtige Rolle.

„Ich“-Botschaft vor „Man-, Sie-, Du-, Wir“-Botschaft

Weitere Kommunikationsprobleme können sich aus Fehlern ergeben, die entweder beim Sender oder beim Empfänger liegen. Ein typischer Fehler des Senders besteht in der Abgabe zu großer Informationsmengen – Menschen können nur eine begrenzte Menge von Informationen auf einmal verarbeiten. Ungeeignet sind darüber hinaus einige weit verbreitete Botschaftsarten, allen voran die „Man-Botschaft“, bei der nicht klar wird, von wem hier eigentlich die Rede ist. „Du-„ bzw. „Sie-Botschaften“ wirken im Zusammenhang mit Differenzen oder Konflikten sehr schnell beschuldigend und aggressiv, was die Verständigung belasten kann, „Wir-Botschaften“ haben mitunter etwas Belehrendes oder Manipulatives („Wir müssen doch einsehen...“) und provozieren Ablehnung.

Ein „Kardinalfehler“ auf Seiten des potenziellen Empfängers besteht im nicht ausreichenden Zuhören bzw. zu schnellen Erwidern. Während der Sender noch spricht, sucht der Empfänger bereits „innerlich“ nach Gegenargumenten, dabei kann er aber nicht mehr vollständig zuhören. Dem lässt sich durch sogenanntes „aktives Zuhören“ (z.B. Blickkontakt, Nicken, Paraphrasieren) entgegen wirken, was dem Sender nicht nur Aufmerksamkeit signalisiert, sondern den Empfänger selbst tatsächlich bei der Informationsaufnahme unterstützt.

FRIEDMANN SCHULZ VON THUN macht mit seinem Nachrichtenquadrat deutlich, dass jede Aussage immer vier Seiten enthält (Abbildung 6.47).

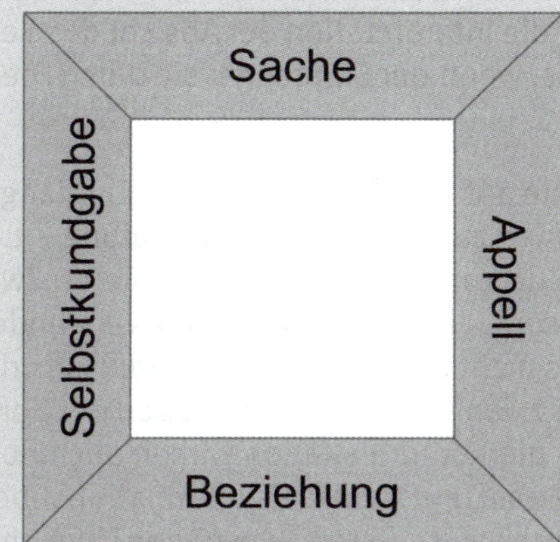

Abb. 6.47: Nachrichtenquadrat

Bei nahezu jeder Form verbaler Kommunikation wird auf allen diesen vier Ebenen gesendet und empfangen. Missverständnisse sind praktisch vorprogrammiert und können sowohl auf der Sachebene als auch auf den Ebenen der Selbstkundgabe, des Appells und der Beziehung auftreten. Dies ist den Kommunikationspartnern jedoch meistens nicht bewusst, dominiert doch in unserer eher rational ausgerichteten Kultur eindeutig die Sachebene. Gerade im betrieblichen Umfeld wird alles, was mit Emotionen und persönlichen Bedürfnissen zu tun hat, mehr oder weniger zurückgewiesen.

Beispiel

Sagt ein Teammitglied zu einem anderen: „Ich halte Deinen Vorschlag für völlig unsinnig", können – in ganz unterschiedlichem Mischverhältnis – folgende Botschaften enthalten sein:

Sache:	Der Vorschlag kann das Problem nicht lösen
Selbstkundgabe:	Ich bestimme hier, was richtig oder falsch ist
Appell:	Du sollst Dir mehr Gedanken machen
Beziehung:	Die Beziehung zwischen uns ist gespannt.

Im Weiteren wird vermutlich nur über die Sachaussage diskutiert, eventuell gemeinte bzw. gehörte Bedürfnisse oder Störgefühle bleiben ungeklärt und belasten unter Umständen die weitere Zusammenarbeit. Auch hier kann Feedback weiterhelfen. Sensibilität für die verschiedenen Ebenen der Kommunikation stellt eine wichtige Grundlage für erfolgreiche Gesprächsführung dar. Insbesondere bei Missverständnissen und Differenzen kann das Nachrichtenquadrat zur Klärung beitragen. Nachfolgend einige nützliche Kommunikationsregeln (Abbildung 6.48).

Nützliche Kommunikationsregeln

1. Sprechen Sie per „Ich"!
Sprechen Sie nicht per „wir" oder „man", übernehmen Sie die Verantwortung für das, was Sie sagen!
2. Leiten Sie Ihre Fragen mit einer Begründung ein!
Teilen Sie mit, was die Fragen für Sie bedeuten; bitten Sie um notwendige Informationen und vermeiden Sie unechte, rhetorische Fragen.
3. Seien Sie ehrlich in Ihren Äußerungen!
Aber achten Sie auch auf die Verkraftbarkeit, Verständnisfähigkeit und Vertrauensbereitschaft des Anderen. Mangelnde Offenheit, Manipulation und wenig Verständnisbereitschaft verhindern die Kooperation.
4. Interpretieren Sie nicht den Anderen!
Sprechen Sie über die Wahrnehmungen und Reaktionen, die er bei Ihnen ausgelöst hat.
5. Vermeiden Sie Verallgemeinerungen (immer, nie, überall ...)!
Versuchen Sie vielmehr, bei Ihren Aussagen im „Hier und Jetzt" zu bleiben. Verwenden Sie Beispiele zur Veranschaulichung, aber spielen Sie keine Einzelfälle hoch.
6. Hören Sie dem Anderen zu und versuchen Sie, ihn zu verstehen!
Vermeiden Sie Unterbrechungen, aber unterbrechen Sie das Gespräch, wenn Sie eine Störung empfinden oder nicht folgen können.
7. Seien Sie fair, verwenden Sie keine Anklagen, Vorwürfe und Entwertungen (Killerphrasen)!
Sprechen Sie stattdessen von den Gefühlen, die der andere bei Ihnen ausgelöst hat. Suchen Sie bei Problemen nicht gleich den Schuldigen, sondern vielmehr nach Möglichkeiten, wie die Probleme gelöst werden könnten.
8. Sprechen Sie Anwesende direkt an!
Sprechen Sie **mit** Ihrem Kommunikationspartner, aber sprechen Sie nicht über ihn.

Abb. 6.48: Kommunikationsregeln

6.5.2 Feedback als Lernchance

Der Begriff Feedback bedeutet Rückkopplung und kommt ursprünglich aus der technischen Kybernetik. Übertragen auf lebende Systeme (Individuen, Gruppen, Organisationen) ist damit die Fähigkeit zur Selbstregulierung gemeint. Feedbackprozesse sind für die Lern- und Anpassungsfähigkeit von Individuen, Gruppen und Organisationen sehr wichtig.

Was passiert bei Feedback?

Menschen, die miteinander leben und arbeiten, benötigen zu ihrer Orientierung und zur Entwicklung eines gesunden Selbstbildes Feedback darüber, wie sie mit ihrem Verhalten und Handeln auf ihre Mitmenschen wirken (Fremdbild) und in welche Richtung sie sich sozialkompetent weiterentwickeln oder verändern können bzw. sollten. Zu große Diskrepanzen zwischen Selbst- und Fremdbild können viele Missverständnisse und Konflikte erzeugen. Aber weder die völlige Übernahme des Fremdbildes (Chamäleoneffekte) noch die totale Abwehr (übersteigertes Selbstbild) sind hilfreich. Sinnvoll ist vielmehr der Einbau von Filtern, um einen nützlichen Umgang mit Feedback und die Entwicklung eines positiven und realistischen Selbstbildes zu ermöglichen.

Damit Feedback als individuelle Lernchance wirken kann, ist die Einhaltung einiger Regeln unverzichtbar.

Regeln für den Feedback-Geber

- Feedback nur auf aktuelle (zeitnahe) Geschehnisse beziehen
- Angaben so genau wie möglich machen und alle Punkte mit konkreten Beispielen des Verhaltens belegen
- Den Empfänger nicht bedrängen, sondern versuchen, die Dinge aus seiner Sicht zu sehen - zugeben, dass man sich auch irren kann
- Das Verhalten nicht interpretieren oder Motive suchen
- Keine Vermutungen oder Unterstellungen, nur Beobachtetes äußern
- Auch Positives ansprechen (+/-)
- Ich-Botschaften (persönlicher Eindruck, subjektiv!) senden
- Keine „Generalabrechnungen“ vornehmen.

Regeln für den Feedback-Empfänger

- Zuhören
- Keine Rechtfertigungen
- Keine Gegenargumentationen
- Zuhören, Nachfragen, Klären.

Ergänzende Regeln:

- Beschreibend statt bewertend
- Konkret statt allgemein
- Angemessen (konstruktiv, bedürfnisgerecht) statt destruktiv
- Brauchbar (nur was veränderbar ist)
- Erbeten statt aufgezwungen
- Zur rechten Zeit (möglichst zeitnah und wenn es die Situation zulässt)
- Klar und genau statt diffus und verwaschen
- Korrekt (nachprüfbar).

Für das Projektteam ist eine positive Feedbackkultur äußerst hilfreich. Das Verhalten der Teammitglieder und die Qualität der Zusammenarbeit können so regelmäßig überprüft und weiterentwickelt werden. Dabei fördert die Vereinbarung und Einhaltung konkreter Feedbackregeln die Bereitschaft, diese große Lernchance individuell und für das Team zu nutzen.

6.5.3 Mitarbeiterzentrierte Gesprächsführung

Eine gute Möglichkeit, Probleme mit Mitarbeitern zu bearbeiten und zu klären, bietet die mitarbeiterzentrierte Gesprächsführung. Sie folgt verschiedenen Grundprinzipien, die der Projektleiter unbedingt beachten muss:

Grundprinzipien

- Geduld und Freundlichkeit, keine Unterbrechungen, echtes Interesse
- Wertschätzung
- Kein autoritäres Gebaren
- Keine Ratschläge oder moralischen Ermahnungen
- Keine Streitereien
- Ermutigung zur Offenheit
- „Raum“ für den Mitarbeiter.

Sofern es gelingt, mit Hilfe dieser Prinzipien eine tragfähige Gesprächsbasis zu entwickeln, können die Vorteile einer mitarbeiterzentrierten Gesprächsführung wirksam werden:

Vorteile für den Projektleiter

- Der Projektleiter hat Zeit zum Beobachten und Zuhören
- Der Mitarbeiter wird Eigeninitiative entwickeln
- In einer Atmosphäre, in der nicht jedes Wort auf die Goldwaage

gelegt wird, fällt es Mitarbeitern leichter, „Dampf abzulassen", auch über brisante Themen zu sprechen
- Bedürfnisse, Gefühle und Ängste können angesprochen werden und erklären oft besser als „Fakten" bestimmte Verhaltensweisen
- Erarbeitete Problemlösungen stammen zumindest zum Teil vom Mitarbeiter, passen also in sein Wertesystem und finden eher Akzeptanz.

6.5.3.1 Gesprächsvorbereitung

Eine gewissenhafte Vorbereitung des Gespräches erleichtert die Behandlung von Fragen, Gegenargumenten und Einwänden seitens des Mitarbeiters. Deshalb ist es für den Projektleiter hilfreich,

Hinweise zur Vorbereitung

- sich das Ziel des Gespräches zu verdeutlichen
- sich inhaltlich auf das jeweilige Thema vorzubereiten
- im Gespräch Schwerpunkte zu setzen
- die Welt des Mitarbeiters zu berücksichtigen
- die verfügbare Zeit zu berücksichtigen
- sich auf das Wesentliche zu konzentrieren
- die Verständlichkeit sicherzustellen
- gegebenenfalls Unterlagen vorzubereiten.

6.5.3.2 Gesprächsdurchführung – ein Phasenkonzept

Das nachfolgende Phasenkonzept zeigt exemplarisch, wie ein Mitarbeitergespräch zur Klärung und Lösung eines Problems aussehen kann. Es dient als Leitfaden, der natürlich nicht schematisch sondern flexibel und situationsgerecht eingesetzt werden soll. Phase für Phase muss geprüft werden, welche Kriterien auf die Situation und Zielsetzung zutreffen. Selbstverständlich ist schon bei der Einladung zum Gespräch bzw. bei der Terminabsprache der Anlass zu nennen, damit sich der Mitarbeiter darauf einstellen kann und sich nicht überrumpelt fühlt.

Phasen der Gesprächsführung

Gesprächsphase	Praxishilfen für die Gesprächsführung
1. Gespräch eröffnen: Begrüßung/motivierender Einstieg	■ Anlass und Ziel nennen ■ Gesprächsgegenstand (Thema/Problem) abgrenzen ■ Bedeutung des Gespräches für den Mitarbeiter herausstellen ■ Mitarbeiter früh aktivieren ■ Gesprächsplan anbieten
2. Diskussion/ Argumentation	■ Analyse der Situation ■ Gemeinsame Ist-/Fakten-Analyse ■ Kernprobleme herausarbeiten ■ Nach Ursachen suchen ■ Gemeinsames Ziel vereinbaren ■ (Alternative) Lösungen suchen ■ Gemeinsam diskutieren nach Prüfkriterien wie Durchführbarkeit, Akzeptanz, Kosten
1. Entscheiden	■ Die beste Alternative auswählen ■ (Anhand der Prüfkriterien) Entscheidung gemeinsam treffen oder sich die Entscheidung vorbehalten
4. Durchführung planen	■ Wer tut was bis wann mit wem? ■ Wer ist zu informieren? ■ Wer kontrolliert das Ergebnis?
5. Gespräch beenden	■ Ergebnis zusammenfassen ■ Motivierende Schlussbemerkung ■ Ausblick

Abb. 6.49: Phasenkonzept der Gesprächsdurchführung

Noch eine Anmerkung zur Gesprächssituation:

Tipp

Wählen Sie eine günstige Sitzordnung (möglichst über Eck, kein Frontalverhalten) in einer möglichst störungsfreien Umgebung, gehen Sie behutsam vor, „überfallen“ Sie Ihren Gesprächspartner nicht, beginnen Sie möglichst positiv, indem Sie z.B. Gemeinsamkeiten betonen oder bisherige gute Erfahrungen ansprechen und stellen Sie Konfliktträchtiges zunächst zurück.

6.5.3.3 Grundhaltung im Mitarbeitergespräch

Es reicht nicht aus, Gesprächsführungstechniken (Frage- und Zuhörtechniken usw.) zu beherrschen, um erfolgreich Gespräche zu führen. Hinzukommen muss eine positive Grundhaltung zum Mitarbeiter, ohne die eine tragfähige Vertrauensbasis zwischen den Gesprächspartnern nicht entstehen kann.

Wesentliche Aspekte einer solchen positiven Grundhaltung sind

Drei Aspekte einer positiven Grundhaltung

1. Akzeptanz und Wertschätzung
   - Äußern Sie Ihren Respekt und akzeptieren Sie Ihren Mitarbeiter ohne Vorbehalt als Menschen!
   - Zeigen Sie, dass Sie Ihren Mitarbeiter als vollwertigen Gesprächspartner anerkennen und das Gespräch auch für Sie von Bedeutung ist!
2. Einfühlendes Verstehen
   - Versuchen Sie sich in die Lage des Mitarbeiters hineinzuversetzen!
   - Versuchen Sie, sein Verhalten zu verstehen, auch wenn es für Sie nicht akzeptabel ist!
3. Kongruenz und Echtheit
   - Bleiben Sie „echt“ und vermitteln Sie Ihren Mitarbeitern Offenheit und Transparenz!
   - Seien Sie sich selbst über Ihre Gefühle im Klaren und übertragen Sie diese nicht auf Ihren Gesprächspartner!

6.5.4 Kritikgespräch

Bietet persönliches Fehlverhalten eines Mitarbeiters den Anlass zu einem Kritikgespräch, sind die Anforderungen an die Kommunikations- und Führungsfähigkeit des Projektleiters noch höher. Schließlich soll ja das Gespräch dazu führen, dass der Mitarbeiter seine kritikwürdige Verhaltensweise korrigiert bzw. zukünftig ein Fehlverhalten unterlässt.

Ein motivationsbewusster Projektleiter sollte sich in einem Kritikgespräch das Ziel setzen, dass der Mitarbeiter seine kritikwürdige Verhaltensweise korrigiert bzw. zukünftig ein Fehlverhalten unterlässt.

Sechs Schritte des Gespräches

1. Anfangskontakt herstellen
2. Kritikwürdigen Tatbestand darstellen
3. Mitarbeiter zu Wort kommen lassen
4. Geklärten Sachverhalt bewerten
5. Künftiges Verhalten vereinbaren (inkl. Kontrolle)
6. Grundsätzliche Wertschätzung ausdrücken.

1. Anfangskontakt herstellen (Kontaktbrücke)

Zunächst ist eine entspannte Atmosphäre zu schaffen, die dem Abbau von Hemmungen und möglicher sozialer Distanz zwischen den Gesprächspartnern dient. Die freundliche Kontaktaufnahme zu Beginn (z.B. durch ein kurzes Gespräch über aktuelle Ereignisse oder Betriebsangelegenheiten) wirkt allerdings nur, wenn sie echt und passend ist und von einem generell positiven und kooperativen Führungsstil getragen wird. Keinesfalls darf der Einstieg übertrieben oder aufgesetzt daher kommen, weniger ist hier meistens mehr! Sofern die bisherige Zusammenarbeit positiv verlaufen ist, kann dies zu Beginn ausdrücklich festgestellt werden. Die dann folgende Kritik ist so für den Mitarbeiter leichter aufzunehmen.

2. Kritikwürdigen Tatbestand darstellen

Hier legt der Projektleiter Anlass, Tatbestand und Beobachtungen dar. Es werden noch keinerlei Bewertungen angedeutet oder ausgesprochen!

Die Schilderung des Tatbestandes soll

- konkret sein, d.h. nicht vage „drum herum" reden; sachlich sein, d.h. nur objektive Fakten darstellen
- nur das Arbeitsergebnis oder das Verhalten, nicht aber die Persönlichkeit des Mitarbeiters ansprechen
- wertneutral sein, d.h. keine Vorwürfe, Unterstellungen, Drohungen oder moralische Bewertung vornehmen.

3. Mitarbeiter zu Wort kommen lassen

Der Mitarbeiter soll nun aus seiner Sicht Stellung zu der kritisierten Situation nehmen. Er erhält Gelegenheit, den Sachverhalt aus seiner Sicht zu ergänzen, zu erklären, ggf. richtig zu stellen und Gründe für sein Verhalten aufzuführen. Eine wichtige Phase, da sich meist erst hier die Basis für eine endgültige Beurteilung des Vorfalles ergibt. Voraussetzung für den Erfolg: Der Projektleiter hört zu.

4. Geklärten Sachverhalt bewerten

Der geklärte Sachverhalt wird nun bewertet, wobei drei Punkte angesprochen werden sollen:

- Wie sollte der Mitarbeiter sich verhalten?

  Der Projektleiter ruft dem Mitarbeiter die Erwartungen, Vorschriften bzw. Vereinbarungen in Erinnerung.
- Wie hat sich der Mitarbeiter verhalten?

  Dem erwünschten Verhalten stellt der Projektleiter das tatsächliche Verhalten gegenüber.

- Warum soll sich der Mitarbeiter anders verhalten?

  Der Projektleiter macht beispielhaft die negativen Folgen des Fehlverhaltens deutlich.

In die Bewertung des Sachverhaltes fließt außerdem noch die Gesamtbeurteilung der bisherigen Verhaltensweisen und Leistungen des Mitarbeiters mit ein.

5. Künftiges Verhalten vereinbaren

Kritik darf nicht bei der Feststellung und Bewertung des unerwünschten Verhaltens stehen bleiben. Der Projektleiter muss zusammen mit dem Mitarbeiter Wege finden, die eine dauerhafte Korrektur des Fehlverhaltens gewährleisten. Kritik wird erst sinnvoll, wenn sie im Zusammenhang mit korrigierenden Maßnahmen geäußert wird, also konstruktiv ist.

Der Projektleiter sollte seine eigenen Vorstellungen zunächst zurückhalten und stattdessen den Mitarbeiter animieren, selbst Lösungsvorschläge zu entwickeln. Partizipation an Problemlösungsprozessen fördert die Akzeptanz, eigene Lösungen werden leichter und lieber umgesetzt. Erscheinen die Ideen des Mitarbeiters aus Sicht des Projektleiters unzureichend oder unzweckmäßig, kann er seine Vorstellungen immer noch äußern.

6. Grundsätzliche Wertschätzung aussprechen

Jedes Kritikgespräch muss mit einem positiven Schlusskontakt enden.

Er bildet eine Voraussetzung für die künftige Leistungs- und Verhaltensmotivation des Mitarbeiters und soll ihm deutlich machen, dass die allgemeine Wertschätzung der Person des Mitarbeiters durch die erfolgte Kritik nicht geschmälert wird.

Wann soll der Projektleiter Kritik üben?

Hinweise zum praktischen Vorgehen bei Kritik

- Bei deutlichen Abweichungen
- Wenn die Leistungen eines Mitarbeiters erheblich unter den erwarteten durchschnittlichen Leistungen liegen
- Wenn ein Mitarbeiter häufig ungewöhnliches Verhalten zeigt, das stark negativ von den betriebsüblichen Gepflogenheiten bzw. den im Projektteam vereinbarten Regeln abweicht
- Wenn ein Mitarbeiter einen einzelnen schwerwiegenden Fehler gemacht hat
- Bei Gefährdung des Arbeitserfolges (die Kritik muss sachlich begründet sein und einen Sachverhalt betreffen, der den Projekterfolg gefährdet. Kritik darf nicht durch Sachverhalte ausgelöst werden, die nur dem persönlichen Geschmack des Projektleiters entgegenstehen)

- So bald wie möglich (je schneller dem Fehlverhalten die Kritik folgt, desto besser hat der Mitarbeiter die Situation noch im Gedächtnis. Der Fehler hat sich noch nicht eingeschliffen und kann bereits im Anfangsstadium korrigiert werden).

Was sollte ein Projektleiter bei einem Mitarbeitergespräch ferner beachten?

- Keine verletzende, sondern sachliche Kritik äußern
- Keine Kritik in Abwesenheit des betreffenden Mitarbeiters äußern
- Keine Kritik in Gegenwart von Kollegen äußern
- Keine übertriebene Kritik äußern
- Keine entmutigende Kritik äußern
- Keine Kritik über einen unbeteiligten Dritten äußern
- Keine Kritik über das Telefon äußern
- Notwendige Kritik nicht unterlassen.

Berechtigte Kritik zu unterlassen, ist ein Versäumnis des Projektleiters, da der Mitarbeiter nicht über sein Fehlverhalten informiert wird und somit sein Verhalten nicht positiv verändern bzw. seine Leistung nicht verbessern kann.

6.5.5 Konfliktmanagement

Wo immer Menschen zusammentreffen, um irgendetwas miteinander zu tun, kommt es früher oder später zu Konflikten. Das gilt auch und gerade in der Arbeitswelt und damit natürlich auch in der Projektarbeit. So stellt sich z.B. ein unterschiedliches Verständnis der Projektziele heraus, gegensätzliche Meinungen bezüglich des Vorgehens im Projekt prallen aufeinander, das Projektteam sieht einen größeren Ressourcenbedarf, als der Auftraggeber zugestehen will u.a.m. Insbesondere, wenn das Projekt in einer Matrixorganisation ablaufen soll, sind Konflikte zwischen Projekt und Linie („Kampf um die Ressource Mitarbeiter") vorprogrammiert. Charakteristisch für alle (diese) Konflikte ist die Situation der „Gegensätzlichkeit" – gegensätzliche Interessen, Bedürfnisse, Meinungen prallen aufeinander.

Nun sind Gegensätze an sich noch nicht weiter schlimm, und dennoch stehen viele Menschen Konflikten eher skeptisch gegenüber, verbinden sie mit unangenehmen Gefühlen, ordnen sie als gefährlich und unproduktiv ein. Dies erklärt sich wohl aus den überwiegend negativen Erfahrungen mit solchen Situationen. Und entsprechend wird mit Konflikten umgegangen: Vermeidungsstrategien, der Einsatz von (Positions-)Macht, „faule" Kompromisse (z.B. um des lieben Friedens willen) oder vorschnelles Aufgeben dominieren. Dabei sind Konflikte nicht nur völlig normal und allgegenwärtig, sie können ausgesprochen produktiv sein, wenn es gelingt, sie zu akzeptieren und (möglichst partnerschaftlich) zu bearbeiten.

K O N F L I K T E	**sind** normal **sind** allgegenwärtig **können** produktiv sein

Projektleiter und Projektteam sollten Konflikte niemals negieren. Konfliktscheues Verhalten kann letztlich den gesamten Projekterfolg gefährden. Die Folgen nicht ausgetragener Konflikte sind vielfältig:

Nicht ausgetragene Konflikte und ihre Folgen

- Es entstehen Ressentiments
- Negative, nicht verarbeitete Gefühle werden auf andere Personen oder Situationen übertragen
- Die Atmosphäre wird vergiftet, Gerüchte werden verbreitet
- Die Zusammenarbeit im Team wird belastet
- Die Qualität der Projektarbeit lässt nach.

Die „Lösung“ liegt also im offensiven Umgang mit Konflikten. Für die Arbeit des Projektteams gilt daher (wie für jede Form von Teamarbeit) das Prinzip: Störungen haben Vorrang!

6.5.5.1 Im Teufelskreis von Konflikten

Als eine große Hürde beim konstruktiven Umgang mit Konfliktsituationen erweist sich immer wieder die „Schuldfrage“. Natürlich ist jeder von der absoluten Richtigkeit seiner Position überzeugt. Es liegt allein am Anderen, dass es zur Auseinandersetzung kommt („ich habe ja nur, weil du ...; du hast angefangen ...“). Wird diese Sichtweise nicht durchbrochen, ist eine Eskalation unvermeidlich, es entsteht ein Teufelskreis:

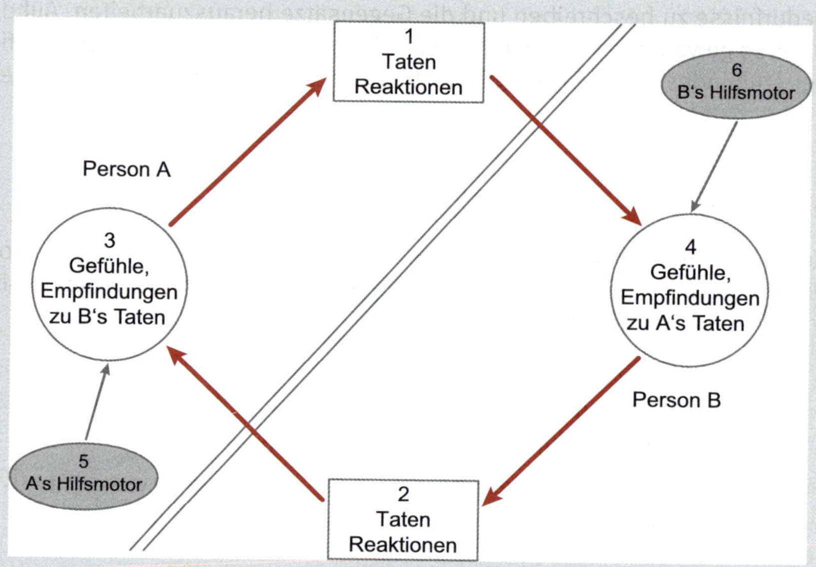

Abb. 6.50: Im Teufelskreis von Konflikten

In diesem aus sechs Elementen bestehenden Grundschema (nach CHRISTOPH THOMANN) bezeichnet

1. die „Taten" der Person A: das beobachtete Verhalten, die Reaktionen auf den Anderen
2. das gleiche für die Person B: ihre Taten und Reaktionen
3. die Gefühle und Empfindungen der Person A im Zusammenhang mit dem Verhalten der Anderen (als Person B), z.B. Hilflosigkeit, Ärger, sich schuldig, herabgesetzt fühlen
4. das gleiche der Person B: ihre Empfindungen und Gefühle zum Verhalten und zur Person A
5. zusätzliche Motoren der Person A: alte „Kerben" (Erfahrungen), in die hinein das aktuelle Verhalten von B schlägt, und aus diesem Hintergrund heraus die jetzigen Reaktionen verschärft
6. Zusatzmotoren der Person B.

Das Grundschema hilft, teufelskreisartige Strukturen zu erkennen. Es enthält die vier Stationen des aktuellen Teufelskreises, wobei sowohl das äußere Verhalten (im eckigen Kasten), als auch die inneren Reaktionen (in Kreisen) berücksichtigt sind. Hinzu kommen die beiden „Hilfsmotoren" aus der individuellen Biographie der Beteiligten (in Ellipsen).

Es macht wenig Sinn, mit aller Energie nach dem Auslöser zu suchen. Erfolgsversprechender ist es, gemeinsam „auszusteigen", die zugrunde liegenden

Bedürfnisse zu beschreiben und die Gegensätze herauszuarbeiten. Auf der Basis so gewonnener Klarheit lässt sich dann in vielen Fällen eine Lösung finden, zumindest aber eine Möglichkeit, mit der Gegensätzlichkeit umzugehen.

6.5.5.2 Möglichkeiten zur Reduzierung von Konfliktpotenzialen

Konflikte sind zwar alltäglich, dennoch kann der Projektleiter mögliche Konfliktpotenziale in seinem Team von vornherein reduzieren. Bewährt haben sich folgende Maßnahmen:

Konfliktpotenzial reduzieren

- Kooperative Führung der Projektgruppe
- Intensives gegenseitiges Kennenlernen
- Wertschätzender Umgang mit Unterschieden
- Festschreiben der Projektdaten
- Vereinbaren von Spielregeln.

6.5.5.3 Konfliktbearbeitung

Erfolgreiche Konfliktbearbeitung setzt Offenheit und die Bereitschaft zur Einigung voraus. Wenn in einem Konflikt die Entscheidung nicht von einer Person oder Gruppe getroffen werden soll, sondern eine gemeinsame Lösung angestrebt wird, die von allen mitgetragen werden kann, empfiehlt sich ein Problemlösungsprozess in sechs Schritten (nach GORDON):

Problemlösungsprozess auch für Konflikte

1. Bedürfnisse erkennen und beschreiben
2. Lösungsideen sammeln
3. Lösungsvorschläge bewerten
4. Entscheidung treffen
5. Planung der Umsetzung
6. Erfolgskontrolle

6.5.5.4 Konfliktgespräche

Ein Konfliktgespräch ist immer ein Dialog und muss die Bedürfnisse aller Konfliktpartner berücksichtigen. Das DESC-Modell stellt eine bewährte Methode zur Konfliktbearbeitung dar. Der Konflikt wird bearbeitet, indem man die Meinungen und Persönlichkeiten der beteiligten Personen berücksichtigt, die Initiative ergreift, um eine geeignete Lösung zu finden, und die positiven Verhaltensänderungen der anderen belohnt.

Describe	➡	**Beschreiben**	Welches sind die Verhaltensweisen der anderen, die mich stören?
Express	➡	**Ausdrücken**	Wie kann ich meine Gefühle über die Verhaltensweisen der anderen am besten ausdrücken?
Specify	➡	**Eingrenzen**	Wie sollen andere ihr Verhalten ändern? Was will ich an meinem Verhalten ändern?
Consequenses	➡	**Konsequenzen**	Wie werde ich andere belohnen, falls sie ihr Verhalten positiv ändern?

Der Schlüssel zum Erfolg liegt in der Planung und Vorbereitung des Gespräches. Man sollte in aller Ruhe und im Detail Überlegungen zu den obigen Fragen anstellen und sich dabei auch Gedanken über die möglichen Reaktionen der anderen Personen machen.

Zunächst ist aber eine Grundsatzentscheidung zu treffen, von der dann alles weitere abhängt. Die Frage lautet:

Grundsatzentscheidung!

Was will ich? ⇨ Will ich siegen? (also den anderen besiegen) oder
⇨ Will ich eine Lösung?

Entscheide ich mich für den „Sieg“ (und „besiege“ den anderen), riskiere ich natürlich eine Fortsetzung des Geschehens, weil mein Konfliktgegner mit großer Wahrscheinlichkeit nach Gelegenheiten suchen wird, sich zu revanchieren. Eine erfolgversprechende Zusammenarbeit ist damit so gut wie ausgeschlossen. Somit liegt es auf der Hand, dass im Interesse einer weiteren Zusammenarbeit nur die Suche nach einer tragfähigen und für beide Seiten akzeptablen Lösung des Problems in Frage kommen kann. Dabei geht es darum, die eigenen Interessen zur Geltung zu bringen, gleichzeitig aber auch die Interessen der Gegenseite zu berücksichtigen.

Bei der Vorbereitung hilft folgendes Schema:

Persönliche Vorbereitung eines Konfliktgespräches

Eigene Sicht	Sicht des Konfliktpartners
Was will ich erreichen? Was muss ich erreichen? ⇨ Verhandlungsspielraum	Was will er vermutlich erreichen? Was muss er vermutlich erreichen? ⇨ Vermuteter Verhandlungsspielraum
Was kommt für mich überhaupt nicht in Frage?	Was wird vermutlich für ihn nicht in Frage kommen?
Welche Gefühle spielen für mich eine Rolle?	Wie sieht es wohl mit seinen Emotionen aus?
Wo zeichnen sich Differenzen bzw. Interessenkollisionen ab? Welche Lösungsansätze kann ich mir vorstellen? Was kann (muss) ich für eine konstruktive Gesprächsatmosphäre tun?	

Wenn es auch in erster Linie um Sachverhalte geht, die miteinander geklärt werden müssen, sollten die Emotionen wie z.B. Verärgerung oder Enttäuschung nicht ausgeklammert werden. Sie zuzulassen und ihnen in angemessener Weise Ausdruck zu geben, ist wichtig und macht eine nachhaltige Konfliktbearbeitung erst möglich. So vorbereitet kann das Gespräch dann beginnen.

Der nachstehende Leitfaden dient der Orientierung und erleichtert einen gut strukturierten Gesprächsablauf.

Konflikt-Leitfaden

Mich stört	⇨	Vollständige Ich-Botschaft Situation + Folgen + Gefühl		
Mein Ziel	⇨	Ich möchte ...		
Dein Ziel	⇨	Was meinst Du dazu? Wie siehst Du das?		
Gemeinsamkeit	⇨	Da sind wir uns ja ...		
Lösungen	⇨	Wie können wir es lösen? (Sammeln + Bewerten ➨ Trennen)		
Vereinbarung	⇨	Wer	Was	Bis wann

Wichtig ist, dass alle am Konflikt Beteiligten ausreichend Gelegenheit bekommen, ihre Sicht der Situation im Detail zu erläutern. Erst wenn alle Positionen „auf dem Tisch“ liegen, lassen sich Art und Ausmaß der Gegensätzlichkeit wirklich erkennen. Diese Klarheit ist für sich allein schon ein Gewinn, darüber hinaus liefert sie die Basis für eine mögliche Lösung. Dabei kann sich durchaus (und gar nicht selten) herausstellen, dass der Konflikt lediglich auf Mutmaßungen bzw. Unterstellungen beruhte und sich in Luft auflöst.

6.6 Risikomanagement

> „Krisen meistert man am besten, indem man ihnen zuvorkommt."
> Walt W. Ristow

6.6.1 Grundlagen des Risikomanagements

Jedes Projekt ist mit Risiken verbunden. Veränderungen der Umwelt und die Einflüsse der Unternehmensstruktur und -kultur auf das aktuelle Projektgeschehen bergen zum Teil erhebliche Gefahren für den Projekterfolg in sich. Mit dem Risikomanagement sollen die potenziellen Probleme systematisch erforscht und gedankliche Konzepte erarbeitet werden, wie diesen Störungen begegnet werden könnte. Ziel des Risikomanagements ist dabei, nicht alle potenziellen Risiken zu vermeiden (dies wäre sicherlich zu teuer oder auch unmöglich), sondern Handlungsspielräume zu schaffen, um bewusst auf mögliche Bedrohungen eingehen zu können. Es ist wie beim Abschluss einer Versicherung immer abzuwägen, inwieweit der Aufwand für eine Absicherung (Versicherungsprämie) gerechtfertigt ist, um den möglichen Schaden auszugleichen.

Das Risikomanagement umfasst alle Projektmanagementfunktionen. So sollten schon in der Initiative die Risiken abgewogen werden, damit ein Projekt nicht von Beginn an zum Scheitern verurteilt ist. Im Rahmen der Projektplanung sollten vorbeugende Maßnahmen ergriffen und ein Budget zur Absicherung von Risiken eingeplant werden. In der Diagnose und Steuerung werden die Veränderungen der Risikoindikatoren beobachtet und auftretende Krisenfälle bearbeitet. Beim Projektabschluss können Hinweise für die Verbesserung des Risikomanagements für künftige Projekte gesammelt werden.

Der Risikomanagement-Prozess umfasst folgende Schritte:

Risikomanagement-Prozess (nach PMBOK)

1. Risiken identifizieren
2. Risiken einschätzen
3. Risiken priorisieren
4. Frühwarnsystem einrichten
5. Mögliche Ursachen finden und gewichten
6. Risiken absichern
7. Risiken überwachen
8. Risikoeintritt managen.

Die planerischen Schritte 1 bis 6 werden in der Praxis in einer Risikoanalyse (Formblatt) zusammengefasst, die im Rahmen der Projektdiagnose und -steuerung regelmäßig aktualisiert wird.

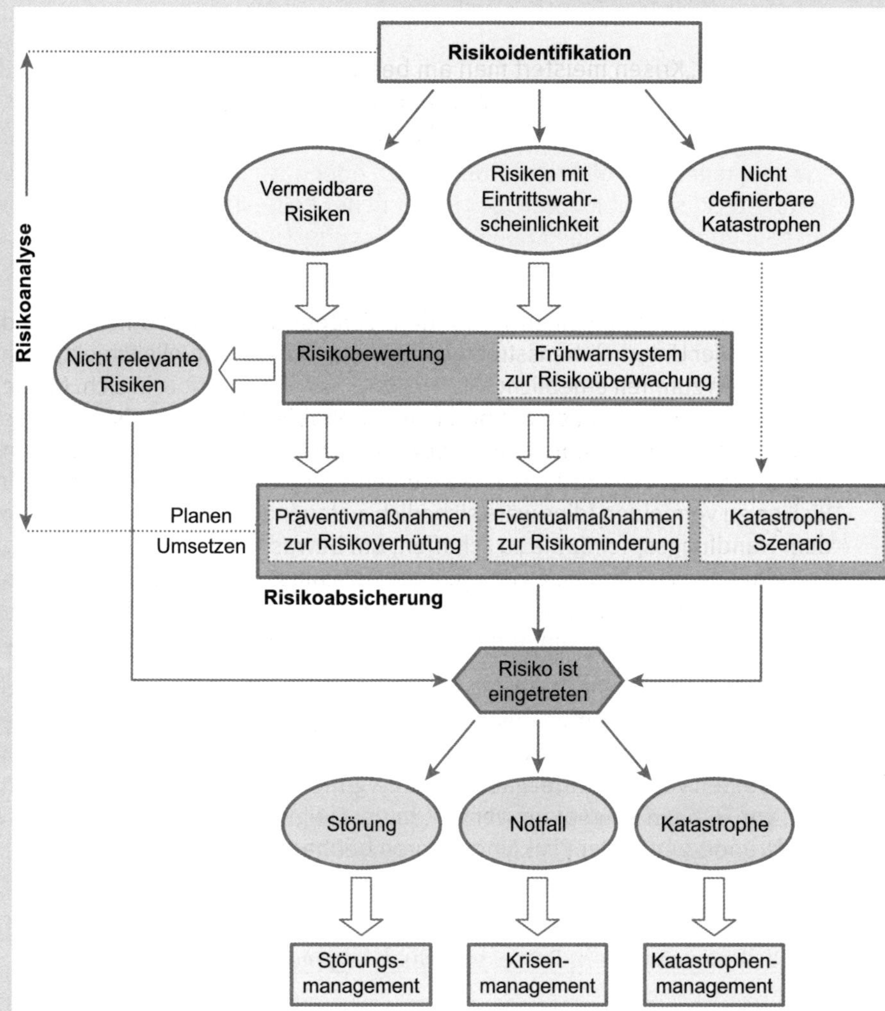

Abb. 6.51: Risikomanagement

Im Folgenden sollen die Schritte des Risikomanagements am Beispiel „Call-Center für den Kundenservice“ erläutert werden. Die Ergebnisse werden in Tabellen dargestellt, die auch als Formblätter in der Praxis einsetzbar sind.

6.6.2 Risiken identifizieren

Kernfrage

Was stört/bedroht den Projekterfolg?

Zur Identifikation möglicher Projektrisiken kann man auf die Erfahrungen aus vergangenen Projekten zurückgreifen oder nach Risikokategorien gegliederte Checklisten abklopfen. Der Projektleiter sollte dabei immer die Risiken auf sein konkretes Projekt übertragen. Hier eine Übersicht möglicher Risiken nach Risikokategorien.

Risikocheckliste

Markt- und Branchenrisiken
▪ Überraschender Technologiewandel ▪ Ähnliche Produktinnovation von Wettbewerbern ▪ Einbruch des Marktwachstums ▪ Preisverfall im Zielmarkt ▪ Änderung des Kundenverhaltens ▪ Geänderte Gesetze/Vorschriften im Zielmarkt ▪ Vertrauensschaden beim Kunden
Managementrisiken
▪ Unterstützung des Top-Managements fehlt ▪ Betriebsrat verweigert Zustimmung ▪ Überraschender Strategiewechsel ▪ Ungeeignete, ineffiziente Produktionsprozesse ▪ Geringe Verfügbarkeit von Entwicklungskapazitäten ▪ Ausfall eines wichtigen Zulieferers ▪ Unrealistische Zeitpläne, Budgets ▪ Kontinuierliche Änderung der Anforderungen (Moving - Targets)
Prozessrisiken
▪ Langsame Entscheidungsstruktur ▪ Unzureichendes Projektmanagement-Know-how ▪ Ungeeignete Prozesse zur Analyse des Kundenverhaltens ▪ Mängel bei extern vergebenen Aufträgen ▪ Nichteinhalten von Terminen ▪ Unzureichende Termin- und Kostenkontrolle ▪ Unklare Aufgabenstellungen für Arbeitspaketverantwortliche ▪ Mangelnde Kommunikation ▪ Ausufernde Komplexität

Produkt/technische Risiken
■ Überzogene Erwartungen an die technischen Möglichkeiten (IT) ■ Fehlerhafte Funktionen ■ Zeitaufwändige Fehlerbehebung ■ Entwicklung falscher Software-Funktionen ■ Geringe Akzeptanz des Produktes (Projektergebnisses) ■ Eingesetzte Technologie ist nicht beherrschbar ■ Hohe Qualitätsansprüche werden nicht eingehalten
Personelle und kulturelle Risiken
■ Schlüsselperson fällt aus ■ Änderungen in der Projektorganisation ■ Überforderung der Arbeitspaketverantwortlichen ■ Projektleiterwechsel ■ Unzureichende Entscheidungskompetenzen des Projektleiters ■ Widerstände bei den Betroffenen ■ Mangel an Teamgeist ■ Demotivierte Teammitglieder
Finanzielle und rechtliche Risiken
■ Ungenügender Schutz von Know-how (Patentschutz) ■ Änderungen im rechtlichen, bilanziellen, steuerlichen Umfeld ■ Garantie- oder Gewährleistungsansprüche Dritter ■ Behörden verweigern Genehmigung ■ Kursverluste ■ Rücktritt des Kunden vom Vertrag ■ Haftungsansprüche

Abb. 6.52: Risikocheckliste

Aus dieser Liste erscheinen für das Beispiel „Call-Center für den Kundenservice“ zunächst 12 Risiken relevant, die im nächsten Schritt priorisiert werden.

6.6.3 Risiken einschätzen

Welche Bedeutung haben die Risiken für mein Projekt aus heutiger Sicht?

Kernfrage

Eine Risikocheckliste zeigt eine Fülle von möglichen Risiken, die beim genaueren Hinsehen für das aktuelle Projekt völlig unerheblich sind. Manche Risiken sind zwar gravierend, wenn sie eintreten, kommen aber nur mit geringer

Wahrscheinlichkeit vor. Für andere, sehr wahrscheinliche Risiken hat man bereits vorbeugende Maßnahmen geplant. Neben diesem Abwägen dient das Gewichten der Risiken auch dazu abzuschätzen, für welche Risiken sich ein hoher Aufwand zur Absicherung lohnt.

Die Einschätzung der Risiken kann qualitativ von gering bis hoch oder quantitativ mit konkreten Eintrittswahrscheinlichkeiten in % und Schadenshöhen in T€ vorgenommen werden. Für eine erste Einschätzung reicht bei kleineren Projekten die qualitative Betrachtung aus, während in größeren Projekten insbesondere im technischen Umfeld eine Quantifizierung der Risikosituation gefordert wird.

Ein Risiko (A) wird als Erwartungswert des entstehenden Schadens ausgedrückt.

Formel

$$\text{Risikowert}(A) = p(A) * \text{Schaden}(A)$$

Dabei steht A für das Schadensereignis, p(A) für die Wahrscheinlichkeit (probability), dass das Schadensereignis eintritt und Schaden(A) für den Schaden, der dem Unternehmen entsteht, wenn das Schadensereignis eintritt.

Damit Veränderungen in der Risikoeinschätzung besser verfolgt werden können, sollten Annahmen und Begründungen für die Bewertung zum Zeitpunkt der Einschätzung festgehalten werden.

6.6.3.1 Eintrittswahrscheinlichkeit von Risiken

Um die Wahrscheinlichkeiten für den Eintritt von Ereignissen treffend zu beurteilen, muss versucht werden, aus Entwicklungen in der Vergangenheit, die in Statistiken dokumentiert sind, und in der Gegenwart beobachteten Geschehnissen eine Prognose für die Zukunft abzugeben.

Hierbei kommt es in der Praxis durchaus zu beträchtlichen Fehleinschätzungen, da Menschen dazu neigen, die Eindrücke des Augenblickes deutlich stärker zu berücksichtigen als es geboten ist. Aussagen von Statistiken werden falsch oder im Sinne der persönlichen Neigung interpretiert.

Fehleinschätzung mit katastrophalen Folgen

Bei eingeschweißten Teams, die viele Gefahren erfolgreich gemeistert haben, kann sich eine „Illusion der Unfehlbarkeit“ entwickeln, die einer reellen Einschätzung von Risikoeintrittswahrscheinlichkeiten entgegensteht. Die Challenger-Katastrophe von 1986 ist hierfür ein gutes Beispiel.

Vor der Abschätzung der Wahrscheinlichkeiten sollten das Risikoereignis klar formuliert, Abhängigkeiten zu anderen Risiken bekannt und Einflussfaktoren gesammelt sein. Außerdem ist ein möglichst breites Meinungsbild zu empfehlen.

Folgende Faktoren gehen in die Schätzung von Eintrittswahrscheinlichkeiten für Risiken ein:

Einflüsse auf Risikoeinschätzung

- Persönliche Erfahrungen
- Erfahrungen anderer, wobei die persönliche Wertschätzung von Experten und Vertrauten die Gewichtung beeinflusst
- „Gelernte Vorurteile" (am Freitag, den 13. macht man keine LA-Sitzung)
- Beobachtete Indikatoren (Frühwarnsystem einrichten)
- Öffentliche Meinung, Statistiken
- Gesetze der Wahrscheinlichkeitsrechnung.

Bei Risiken mit extrem hoher Tragweite (Totalverlust, Gefahr für Leib und Leben, irreparable Imageschäden) sollten auch sehr kleine Eintrittswahrscheinlichkeiten betrachtet werden.

10^{-6}	10^{-5}	10^{-4}	10^{-3}	0,005	0,01	0,025	0,05	0,1	0,2
Gering			Mittel				Hoch		

6.6.3.2 Tragweite von Risiken

Um die Tragweite oder mögliche Schadenshöhe eines Risikos bei Eintritt zu beurteilen, müssen die Auswirkungen des Risikoeintrittes klar spezifiziert sein. So kann ein eingetretenes Risiko die Erreichung einzelner oder ganzer Bündel von Projektzielen in Frage stellen oder unmöglich werden lassen.

Mögliche Auswirkungen des Eintrittes spezifizieren

Der Schaden kann sich

- auf die Kosten des Projektes
- die Terminsituation
- die Qualität und Akzeptanz der Ergebnisse
- das Image des Projektes oder handelnder Personen
- den Leistungsumfang auswirken.

Zur Orientierung helfen operationalisierte Schadensstufen.

Wirkung auf	Schadensstufe				
	1	2	3	4	5
Kosten	Kostensteigerung < 1%	Kostensteigerung 1 bis 5%	Kostensteigerung 5 bis 10%	Kostensteigerung 10 bis 20%	Kostensteigerung > 20 %
Termin	Projektverspätung < 1 %	1 bis 5 % Projektverspätung	5 bis 10 % Projektverspätung	10 bis 20 % Projektverspätung	Projektverspätung > 20%
Leistungs-umfang	Unwesentliche Reduktion des Umfanges	Reduzierung unkritischer Teile im Leistungsumfang	Reduzierung wesentlicher Leistungsbestandteile	Reduziertes Projekt-ergebnis erfüllt nicht mehr ursprüngliche Anforderungen	Projektergebnis wird unbrauchbar
Qualität	Unwesentliche Qualitätsreduktion	Qualitätseinbußen bei unkritischen Teilen	Qualitätseinbußen bei wesentlichen Bestandteilen	Qualitätsreduziertes Projektergebnis erfüllt nicht mehr ursprüngliche Anforderungen	Projektergebnis wird unbrauchbar
Image	Ruf eines Mitarbeiters geringfügig beeinträchtigt	Ruf einer Arbeits-gruppe etwas beeinträchtigt	Projektgruppe kommt innerhalb Unter-nehmen ins Gerede	Folgevereinbarungen werden wegen Image abgesagt	Ruf des Unternehmens nimmt Schaden

Abb. 6.53: Schadensstufen

In die Beurteilung der Tragweite geht auch das Ausmaß eines möglichen Schadens ein. Hat der Risikoeintritt Einfluss auf

Schäden können weitreichende Folgen haben

- eine Teilaufgabe
- ein Arbeitspaket
- ein ganzes Teilprojekt
- das Projekt insgesamt
- den gesamten Bereich, der das Projekt beauftragt hat
- das Unternehmen als ganzes oder
- sogar auch auf das globale Umfeld des Unternehmens?

Zur Schätzung des möglichen Schadens kann auch der Mehraufwand für die Beseitigung der Schäden bewertet werden, der entsteht, wenn das Risiko eintritt.

6.6.3.3 Risiken des Projektes Call-Center für den Kundenservice

Für das Projekt Call-Center für den Kundenservice wurden Eintrittswahrscheinlichkeit und Tragweite in einer Skala von jeweils 1 bis 10 bewertet und die Begründungen für die Einschätzung festgehalten (siehe Abbildung 6.54).

Nr.	Risiken	WS	TW	Annahmen
1	Änderung des Kundenverhaltens	3	7	Letzte Kundenumfrage liegt nur 2 Monate zurück
2	Unterstützung des Top-Managements fehlt	7	8	Vorstand fehlte trotz Zusicherung bei Kick-off
3	Ausfall des Lieferanten der ACD-Anlage	3	9	Es gibt 2 bis 3 Lieferanten mit renomiertem Namen
4	Moving - Targets, Zieländerungen des Auftraggebers	7	6	Vertriebsleiter hat im letzten Projekt viele widersprüchliche Entscheide gefällt
5	Spezialist für ACD-Anlage fällt aus	2	8	Spezialist konnte für dieses Projekt gewonnen werden
6	Widerstände bei den Mitarbeitern des Kundenservice	6	9	Die Projektankündigung hat für Unruhe gesorgt
7	Langsame Entscheidungsstrukturen	3	5	Lenkungsausschuss ist kompetent besetzt
8	Unzureichendes Projekt-Management-Know-how	3	3	Erfahrener Projektleiter wird von externem Berater unterstützt
9	Geringe Akzeptanz der Projektergebnisse	3	8	Projektidee stammt von Mitarbeitern und wird von Kunden gefordert
10	Betriebsrat verweigert Zustimmung	4	10	Betriebsrat steht dem Projekt aufgeschlossen gegenüber

WS - Wahrscheinlichkeit des Eintrittes; TW - Tragweite für Projekt oder Unternehmen

Abb. 6.54: Risiken des Beispiel-Projektes

6.6.4 Risiken priorisieren

Aufgrund der Ergebnisse der Einschätzung von Eintrittswahrscheinlichkeit und Tragweite bei Risikoeintritt können nun die Risiken klassifiziert werden, um daraus Handlungsanweisungen für die Risikoabsicherung abzuleiten.

Anhand von Schwellenwerten für das Produkt aus Eintrittswahrscheinlichkeit und Tragweite können die Risiken nach A, B oder C unterschieden werden.

Risikoklasse	Schwellenwert (WS*TW)	Maßnahme
A	Mehr als 50 Punkte	Reagieren notwendig
B	Zwischen 21 und 50 Punkten	Beobachten, Frühwarnsystem einrichten
C	Bis 20 Punkte	Lediglich wahrnehmen

Durch ein Risikoportfolio können die Risiken stärker differenziert und die Ausrichtung der Absicherungsmaßnahmen besser abgeleitet werden. Die Lage der Risiken im Risikoportfolio bestimmt dabei die Ergebnisse der Risikoeinschätzung, wobei bei Risikoeintrittswahrscheinlichkeit und Schadenshöhe geeignete Schwellenwerte festzulegen sind. Hierbei kann auch eine 3-stufige Unterteilung mit gering – mittel – hoch für eine erste Priorisierung ausreichen.

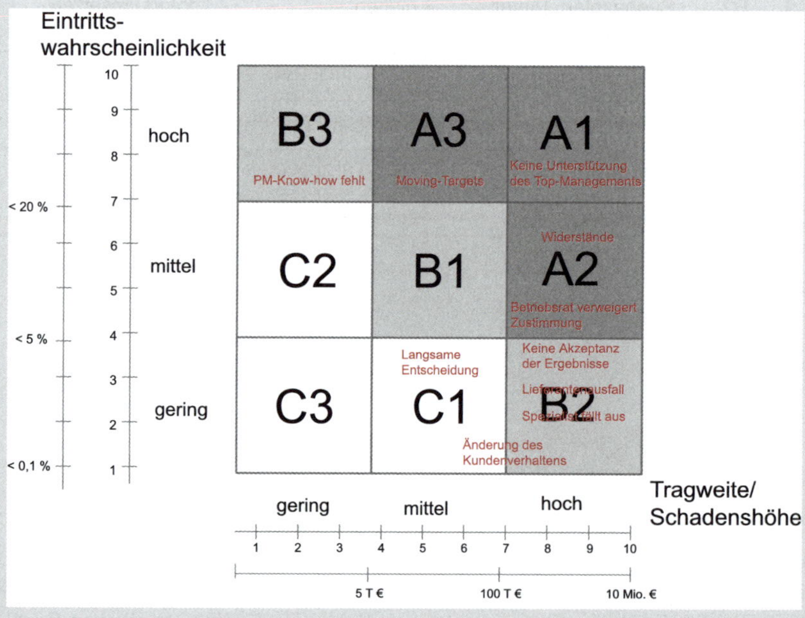

Abb. 6.55: Risikoportfolio

Die Handlungsempfehlungen lassen sich nach Maßnahmen unterscheiden, die

Handlungsempfehlungen erleichtern Risikomanagement

- die Entdeckung von Risiken und deren Veränderung anzeigen (Indikatoren)
- versuchen, die Eintrittswahrscheinlichkeit zu senken (Präventivmaßnahmen) oder

- versuchen, die Tragweite zu vermindern, zu begrenzen oder zu verlagern (Eventualmaßnahmen).

Außerdem bleibt immer die Variante, das Risiko in seinem Ausmaß zu akzeptieren. Aus dem Risikoportfolio ergibt sich folgende Zuordnung:

Risikoart	Indikatoren	Präventivmaßnahmen	Eventualmaßnahmen
A1	Ursachen kennen	sofort umsetzen	sofort umsetzen
A2	Ursachen ermitteln, Eintrittskonsequenzen	geplant	sofort umsetzen
A3	Ursachen ermitteln, Eintrittskonsequenzen	sofort umsetzen	geplant
B1	Frühwarnsystem einrichten	geplant, teilweise umsetzen	geplant, teilweise umsetzen
B2	Beobachten, Eintrittskonsequenzen kennen	planen	sofort umsetzen
B3	Beobachten	sofort umsetzen	planen
C1	Kennen	Risiko akzeptieren	
C2	Kennen	Risiko akzeptieren	
C3	Keine Beachtung	Risiko akzeptieren	

Abb. 6.56: Risikoarten und Handlungsempfehlung

6.6.5 Indikatoren finden und Frühwarnsystem einrichten

Woran kann man Veränderungen der Risiken erkennen?

Kernfrage

Um diese Frage zu beantworten, müssen Indikatoren, Symptome oder Ereignisse festgehalten werden, die erkennen lassen, ob ein potenzielles Problem eingetreten ist oder einzutreten droht. Diese „Krisenindikatoren" sind besonders intensiv zu überprüfen und zu überwachen, damit rechtzeitig eingegriffen werden kann. Ein solches Frühwarnsystem bedeutet für den Projektleiter zusätzlichen Aufwand, der sich allerdings lohnt, denn plötzliche Überraschungen werden seltener. Damit wird eine wichtige Voraussetzung für die Überwachung der Risiken im Rahmen des Risiko-Controllings geschaffen.

Harte und weiche Risikoindikatoren beachten

Harte Krisenindikatoren	Weiche Krisenindikatoren
■ Abweichung vom Zeitplan ■ Kostenüberschreitung ■ Ergebnisse nicht erreicht ■ Entscheidungen sind nicht gefallen ■ Zugesagte Projektmitarbeiter stehen nicht zur Verfügung ■ Eingeplante Sachmittel wie Projekt-PC oder Projektraum fehlen ■ Projektdokumentationen wurden nicht erstellt	■ Nachlassendes Interesse des Entscheiders/Managements ■ Spaltungen in der Projektgruppe ■ Uneinigkeit bei Präsentationen ■ Schlechte Erfahrungen werden beschworen ■ Hektik und Konfusion nehmen zu ■ Zu viele/zu wenige Projektberichte ■ Drohung mit Externen ■ Witze über das Projekt tauchen auf und machen die Runde

Als Frühwarnsystem genügt es, die Entwicklungsrichtung der Krisenindikatoren zu beobachten. Ein Frühwarnsystem für einige der A- und B-Risiken des Projektbeispieles könnte wie folgt aussehen:

Frühwarnsysteme Call-Center für den Kundenservice

Risiko	Indikatoren	Technik zur Ermittlung der Ausprägung
Unterstützung des Top-Managements fehlt	■ Vorlaufzeit für Termine beim Top-Management	■ Terminstatistik führen
Widerstände bei den Mitarbeitern des Kundenservice	■ Bereitschaft zur Mitarbeit im Projekt ■ Anzahl Absagen für Interviewwünsche ■ Teilnahme der Teammitglieder aus dem Kundenservice an Teamsitzungen	■ Aufwand für Terminvereinbarungen festhalten ■ Teilnahme an Teamsitzungen protokollieren
Moving-Targets, Zieländerungen des Auftraggebers	■ Anzahl Auftragsänderungen des Auftraggebers ■ Aufwand für Formulierung des Auftrages	■ Aufwand festhalten ■ Änderungen zählen
Betriebsrat verweigert Zustimmung	■ Kritische Bemerkungen zum Projekt ■ Ablehnende Berichte in Betriebszeitung	■ Betriebsratsorgane lesen

6.6.6 Ursachen finden und gewichten

Woran könnte es liegen, dass dieses Risiko eintritt?

Kernfrage

Zu Beginn eines Projektes sind Ursachen und Wirkungszusammenhänge von Risiken noch sehr spekulativ. Dennoch sollten die Beziehungen zwischen den Risiken und bereits vorhandenen Problemen aufgezeigt werden. So können frühzeitig wirksame Steuerungsmaßnahmen zur Absicherung abgeleitet werden.

Vor allem mit A-Risiken sollte man sich intensiv auseinander setzen und sie schriftlich, standardisiert dokumentieren. Die Dokumentation sollte folgende Punkte enthalten:

Risikoursachen dokumentieren

- Kurzbeschreibung des Risikos
- Ursache(n) des Risikos
- Zeitpunkte, zu denen Ursachen und Eintreten zu erwarten sind
- Wirkungszusammenhänge verschiedener Ereignisse (negative Synergien)
- Mögliche Tragweite in Bezug auf Kosten, Termine und Ergebnisqualität
- Angenommene Randbedingungen.

Das A-Risiko des Beispielprojektes „Unterstützung des Top-Managements fehlt" könnte folgende Ursachen haben:

- Managementkapazität durch aktuelle Akquisition gebunden
- Wenig attraktive Gestaltung der Managementinformationen über das Projekt
- Strategische Bedeutung des Projektes dem Top-Management nicht bewusst
- Projektleiter ist dem Top-Management unbekannt
- Bereichsleiter meiden in Management-Meetings das Projekt ➜ Angst vor Verlust an Einfluss.

6.6.7 Risiken absichern

Wie gehe ich mit dem Risiko um?

Kernfrage

Mit der Risikoabsicherung werden Steuerungsmaßnahmen geplant und umgesetzt, die einerseits als Präventivmaßnahmen nach dem Motto „Vorbeugen ist besser als heilen" der Eintrittswahrscheinlichkeit eines Risikos entgegenwirken und andererseits als Eventualmaßnahmen die Folgen mildern. Für jede vorgeschlagene Maßnahme muss der Projektleiter die Wirksamkeit einschätzen, um abzuwägen, ob der erforderliche Aufwand gerechtfertigt ist.

In der Seefahrt ist das Raffen der Segel eine Vorbeugemaßnahme, während die mitgeführten Rettungsboote, Schwimmwesten und Rettungsringe Eventualmaßnahmen sind.

Bei kritischen Problembereichen (A-Risiken) sollten bereits in der Planung geeignete Eventualmaßnahmen vorgesehen werden, damit diese schnell greifen, wenn die Präventivmaßnahmen versagen. Risikoanalyse und Risikoabsicherung werden in einem Risikomanagementplan zusammengefasst. Für das Beispielprojekt sieht dieser folgendermaßen aus:

Risiken	Einschätzung **vor** Maßnahmen			**Maßnahmen (Art/Aufwand)**		Einschätzung **nach** Maßnahmen			Entscheid
	WS	TS		Präventiv	Eventual	WS	TW		
Unterstützung des Top-Managements fehlt	7	8	56	Projektleiter dem Vorstand vorstellen (0T€) Verbesserte Projektberichte (3T€)	Projekt-marketing intensivieren (5T€)	4	5	20	Ja
Widerstände bei den Mitarbeitern im Kunden-service	6	9	54	Regelmäßige Infoveranstaltungen (4T€)	Mitarbeiter vom Markt gewinnen (30T€)	4	4	16	Nur präventiv
Zieländerungen des Auftraggebers	7	6	42	Klare Auftragsformulierung (1T€) Intensiv auf Konsequenzen von Änderungen hinweisen (0T€)	Änderungsverfahren mit Kostenfolgen etablieren (4T€)	3	5	15	Ja
Betriebsrat verweigert Zustimmung	4	10	40	Berichte bei BR-Sitzungen (2T€)	Nicht zustimmungspflichtige Alternative fortführen (50T€)	2	4	8	Nur präventiv

Abb. 6.57: Risikomanagementplan

6.6.8 Risiken überwachen

Mit den bewussten Entscheidungen Risiken zu akzeptieren oder Maßnahmen zur Absicherung zu vereinbaren, entstehen zusätzliche Projektaufgaben, deren Erfolg zu überwachen ist. Damit es nicht bei Lippenbekenntnissen bleibt, sollten gerade für die Maßnahmen zur Risikoabsicherung von A- und B-Risiken Verantwortliche definiert werden, die über die Wirksamkeit der Maßnahmen und deren Umsetzungsstatus berichten. Für A-Risiken sollte eine Verfolgung der Entwicklung einzelner Risiken obligatorisch sein.

Projekt	**Risiko ID-Nr.**	**Risiko-Titel**		**Phase/Teilprojekt**	**Erfasst am 10.10.06**	
Call-Center Kundenservice	M40	Mitarbeiterabzug		Projektierung	**Von:** G. Paulus	
Risikobeschreibung (Indikatoren)	Mitarbeiter für die technische Feinspezifikation ist noch in 3 weiteren Projekten tätig. Eines davon hat enorme Terminschwierigkeiten, so dass Mitarbeiterabzug erwartet wird.				**Wahrscheinlichkeit des Eintritts**	
					Letzte	**Aktuell**
					20%	**80%**
Auswirkung auf (0 – niedrig; 5 – hoch)	Qualität	Umfang	Kosten	Termin	Image	**Gesamt**
	4	0	0	5	2	**4**
Beschreibung der Auswirkung						
Mögliche Maßnahmen	1. .... 2. .... 3.					
Getroffene Maßnahmen	1. .... 2. .... 3.				**Aktion bis**	**Verantw.**
					xx.xx.0x	
Auswirkung der Maßnahmen auf Projekt					**Kosten**	**Aufwand**
					XXX,X T€	XX PT
Maßnahmen umgesetzt	Datum, Unterschrift Projektleiter			Datum, Unterschrift Controlling		

Abb. 6.58: Verfolgung von Einzelrisiken

Darüber hinaus sollte die Veränderung von Krisenindikatoren regelmäßig beobachtet werden und in das Risiko-Controlling Eingang finden. Dabei genügt es, die jeweilige Entwicklungsrichtung anzuzeigen.

Ein gleichbleibender, horizontaler Pfeil drückt aus, dass sich der Indikator nicht verändert hat. Eine Verschärfung des Risikos wird durch einen schrägen Pfeil nach oben angezeigt. Zeigt er direkt nach oben, so ist urplötzlich eine Verschlimmerung eingetreten, die sofort Gegenmaßnahmen erfordert. Mit Pfeilen nach unten kann dann der Erfolg von Maßnahmen oder eine generelle Entspannung angezeigt werden.

Risikoverfolgung in regelmäßige Berichterstattung einbeziehen

Nr.	Krisenindikatoren	Berichtsmonate									
		1	2	3	4	5	6	7	8	9	0
1	Zusagen werden nicht eingehalten	→	→	↗	↗						
2	Zeitüberschreitungen	↘	→	↗	↗						
3	Kostenüberschreitungen	↓	→	↘	↘						
4	Rückstände in der Fertigstellung	→	↗	↗	↗						
5	Anzahl Befunde pro Review	↑	→	→	↗						
6	Anzahl Rückfragen zu den Zielen	→	→	→	→						
7	Anzahl offener Entscheidungen	→	→	↗	↗						
8	Anzahl Änderungen durch Auftraggeber	→	↘	↘	→						
9	Sitzungsbeteiligung	→	→	→	→						

Abb. 6.59: Entwicklung von Krisenindikatoren

Darstellung der Risikolage für Auftraggeber

Für den Gesamtüberblick kann auch die Veränderung der Risikoeinschätzung innerhalb des Risikoportfolios angezeigt werden. Mit dieser Darstellung lassen sich Risikoentwicklungen und deren Maßnahmen für Entscheider konzentriert aufbereiten.

Dabei werden die einzelnen Risiken durchnummeriert und ihre Lage im Portfolio beim letzten Bericht und aktuell sowie deren Veränderung durch Pfeile angezeigt. Die Aufnahme dieser Darstellung in das regelmäßige Berichtswesen schärft den Blick für die Risiken eines Projektes.

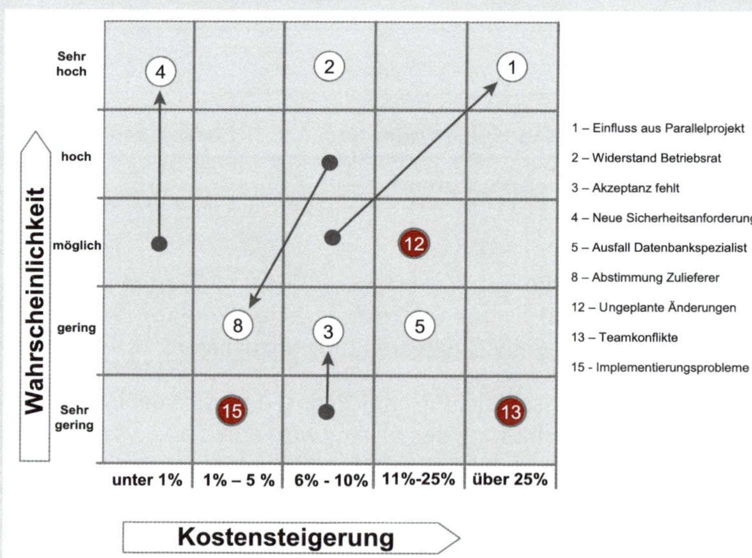

Abb. 6.60: Risikolage

6.6.9 Risikoeintritt managen

Projektarbeit ist immer mit mehr oder weniger Ungewissheit verbunden. Es gilt, komplexe Probleme zu lösen, neue Wege zu beschreiten, Unbekanntes zu wagen. Da bleiben Krisen meist nicht aus. Um diese auf ein Minimum zu reduzieren und sie im Ernstfall beherrschen zu können, sind eine sorgfältige Planung, rechtzeitige Diagnose- und Steuerungsmaßnahmen sowie regelmäßige Risikoanalysen das beste Mittel.

Besonnener Umgang mit Krisen

Wenn es dann aber doch zu einer Krise kommt, empfiehlt sich ein besonnenes und gut strukturiertes Vorgehen:

- Team zusammenrufen
- Ruhe bewahren
- Keine Schuldzuweisungen
- Strukturiert arbeiten.

Risikoanalyse nutzen

Anhand zuvor erarbeiteter Risikoanalysen lassen sich im Allgemeinen die Krisenfaktoren und ihre Ursachen schnell ermitteln. Werden dann die schon geplanten Eventualmaßnahmen in Kraft gesetzt, kann die Krise zumeist ohne größere negative Folgen für das Projekt bewältigt werden.

Mitunter gibt es aber auch krisenhafte Entwicklungen, die nicht vorhersehbar waren. Hier ist strukturiertes und besonnenes Vorgehen besonders wichtig, um so schnell wie möglich das Problem und seine Ursachen zu erkennen und geeignete Maßnahmen einzuleiten. Wenig hilfreich ist die vordergründige Suche nach Schuldigen, wie sie oft in solchen „Drucksituationen" geschieht. Stattdessen sollten sich Projektleiter und Projektteam zu einer Krisensitzung zusammenfinden, die Lage analysieren und sofort mit der systematischen Problembearbeitung beginnen.

Eventuell sind der Auftraggeber, der Lenkungsausschuss oder andere Personengruppen in die Krisenbewältigung einzubeziehen. Entsprechende Gespräche bzw. Sitzungen sollten sich ebenfalls am o.g. Bearbeitungsschema orientieren.

Für die zukünftige Projektarbeit ist es darüber hinaus wichtig, das Krisengeschehen, die Maßnahmen und die Auswirkungen und Erfahrungen genau zu dokumentieren. So können das Projektteam und alle anderen Beteiligten daraus lernen und das Krisenpotenzial künftiger Projekte weiter reduzieren.

TIpp

In einer Krise wird ein Sponsor besonders wichtig. Werden z.B. Widerstände und Vorbehalte bei den Betroffenen spürbar, bleiben Ressourcenzusagen aus der Linie unerfüllt oder wird von „interessierter Seite" versucht, Einfluss auf die Projektarbeit zu nehmen, kann ein Sponsor, der über hohes Ansehen, persönliche Autorität und Durchsetzungsvermögen verfügt, den Projektleiter und sein Team entscheidend unterstützen. Regelmäßige Kontakte zwischen Projektleiter und Sponsor erleichtern dieses Zusammenspiel.

6.7 Informationsmanagement im Projekt

> „Wir ertrinken in Informationen, aber wir hungern nach Wissen."
> John Nasbitt

Projekte finden heute in einem sich ständig wandelnden Umfeld statt. In Projekten wird eine Fülle von Informationen verarbeitet und weitergegeben, um

Ziele des Informationsmanagements

- Akzeptanz und Unterstützung bei Betroffenen und Beteiligten zu schaffen
- aufeinander aufbauende Projektergebnisse zu ermöglichen (das Rad nicht neu erfinden)
- die Erledigung von Arbeitspaketen durch Rahmeninformationen zu unterstützen
- gesetzliche oder unternehmensbezogene Vorgaben und Berichtspflichten zu erfüllen
- die Steuerung der Projektarbeit zu sichern
- mit einem konsequenten Know-how-Aufbau die Motivation im Projektteam zu erhöhen und zum gemeinsamen Lernen beizutragen.

Aufgrund der Komplexität und Arbeitsteiligkeit von Projekten ist eine Vielzahl von Beteiligten adressatengerecht zu informieren. Das Informationsmanagement, die zielgerichtete Beschaffung, Verarbeitung, Speicherung und Weitergabe von Informationen wird deshalb zu einer zentralen Aufgabe des Projektmanagements, die den Erfolg der Projektarbeit maßgeblich beeinflusst.

Das Dilemma des Projektleiters besteht darin, aus der Fülle der projektbezogenen Informationen die in der jeweiligen Situation notwendigen Daten zu kennen, verfügbar zu haben und diese rechtzeitig adressatengerecht weitergeben zu können.

6.7.1 Typische Mängel im Projektinformationssystem

In vielen Projekten wird das Informationsmanagement bemängelt. Dabei sind sich die Projektbeteiligten wie Projektleiter, Auftraggeber, Teammitglieder der Konsequenzen für den Projektverlauf häufig nicht bewusst.

Mängel und ihre Konsequenzen

Typische Mängel	Konsequenzen
Der Kreis der Adressaten wird zu klein gewählt	■ Akzeptanzprobleme bei der Einführung ■ Doppelarbeiten, weil gleiche Ideen mehrfach weiterverfolgt werden ■ Widerstände bei der Ressourcenbereitstellung (Vorgesetzte fühlen sich übergangen)
Die Projektsitzungsprotokolle werden im Gießkannenverfahren an alle Beteiligten/Entscheider verteilt	■ Protokolle werden nur abgeheftet und nicht gelesen ■ Das Interesse der Entscheider am Projekt geht zurück ■ Motivation im Team sinkt (zuviel Papierkram)
Ablagestrukturen werden zu spät oder gar nicht geregelt	■ Projekt-(zwischen-)ergebnisse nicht erkennbar ■ Aufwändige Suche nach Zwischenergebnissen ■ Überblick über Projektstand geht verloren und verunsichert Projektleiter
Es fehlen Vorgaben zur Dokumentation von Projektergebnissen	■ Schwierige Einarbeitung von zusätzlichen Teammitgliedern ■ Know-how-Verlust insbesondere bei Abgang von Teammitgliedern ■ Aufwändige Vorbereitung von Ergebnispräsentationen
Projektrelevante Rahmeninformationen werden nicht einbezogen und unzureichend an Teammitglieder weitergegeben	■ Unbrauchbare Projektergebnisse werden erzeugt ■ Verunsicherung der Teammitglieder ■ Kritische Zusammenhänge des Projektes werden nicht erkannt und der Projektleiter wird zu spät informiert
Informationen werden nicht adressatengerecht aufbereitet und dargestellt	■ Gelangweilte Auftraggeber reduzieren ihre Unterstützung ■ Unklarheit bei Betroffenen über die Auswirkungen des Projektes führt zu Unsicherheit und Gerüchten
Unregelmäßige Teamsitzungen ohne Struktur, Ziele und Zeiteinschränkungen	■ Informationsdefizite, weil Teammitglieder fehlen ■ Sinkende Motivation ■ Teamgefühl sinkt, eigene Arbeitspaketerledigung geht vor

Abb. 6.61: Konsequenzen von Mängeln im Informationsmanagement

6.7.2 Gestaltung des Informationssystems

Definition

Das Informationssystem eines Projektes umfasst alle projektinternen und -externen Berichte und Informationen, die im Verlauf des Projektes regelmäßig oder sporadisch abgegeben werden.

Allgemein gültige Berichtspflichten sollten im Projekthandbuch allgemein geregelt sein. Der Projektleiter benötigt allerdings auch ein eigenes, projektspezifisches Informationssystem, um gezielt die besonderen Informationsbedürfnisse in seinem Projekt zu regeln.

Hierbei kommt es darauf an, durch Regelungen sicherzustellen, dass die Informationen

Anforderungen an das Informationssystem

- regelmäßig und pünktlich zur Verfügung stehen
- für die Adressaten einfach zugänglich sind und sich bedarfsgerecht erschließen lassen (Überblick, Teile, Details)
- einheitlich vergleichbar, klar formuliert, übersichtlich und verständlich dargestellt sind
- vollständig, aktuell und wahr sind.

Neben diesem formellen Informationssystem sollte der Projektleiter allerdings die informelle Kommunikation nicht außer Acht lassen. Sie hat wesentlichen Einfluss auf die Teamatmosphäre und die angestrebte Projektkultur. Kaffeerunden, Rauchernetzwerke, gemeinsame Treffen zu Geburtstagen und eine spontane Happy Hour nach anstrengenden Projekttagen sind hierfür ein paar Beispiele. Ausgehend von einer Informationsbedarfsanalyse, um die Adressaten zu bestimmen, sollten für jede projektrelevante Informationsbeziehung folgende Fragen beantwortet werden:

Regelungsbedarf

- Wozu soll der Empfänger informiert werden?
- Welche Inhalte sollen übermittelt werden?
- Wie, in welcher Form sollen die Informationen weitergeleitet werden?
- Wie viel Informationen benötigt der Empfänger?
- Wann soll er die Informationen erhalten?
- Wo wird die Information bereitgestellt?
- Wer trägt die Verantwortung für Erstellung, Ablage, Freigabe, Verteilung und Rückmeldung der Informationen?

6.7.2.1 Adressaten ermitteln

Die wichtigste Aufgabe ist es, zunächst die wesentlichen Adressaten und Informationslieferanten (Sender) zu identifizieren und anschließend den Informationsbedarf der Adressaten für das Projekt zu ermitteln.

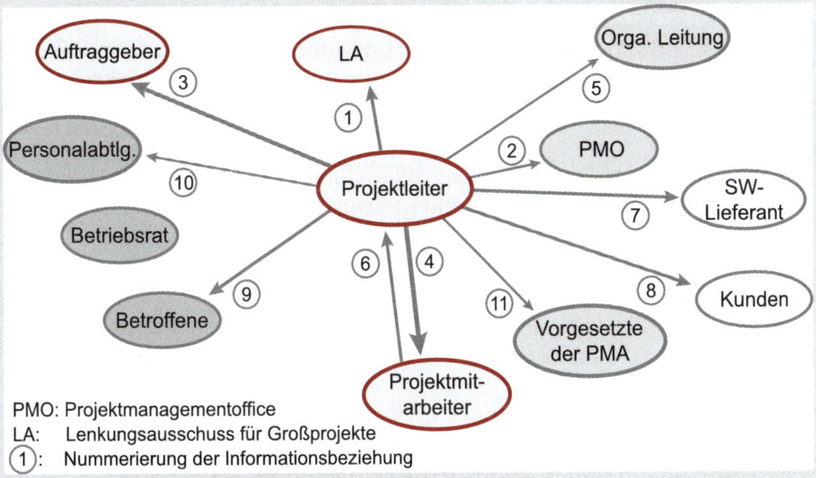

Abb. 6.62: Sender und Empfänger von Projektinformationen

Um aufgrund der Fülle der zu gestaltenden Informationsbeziehungen den geplanten Aufwand für die Unterhaltung des Informationssystems im Projekt im Rahmen zu halten, müssen Schwerpunkte gesetzt werden. So sind „wichtige" Adressaten durch die Wahl der richtigen Inhalte und geeignete Kommunikationsformen besonders zu beachten.

Bedeutung von Informationsbeziehungen

MUSS	Lieferobjekte anhand interner oder gesetzlicher Vorschriften
	■ Aufwandsmeldungen für das Controlling ■ Berichterstattung vor dem Betriebsrat ■ Statusberichte ■ Projektergebnisse
SOLL	Aktive Gestaltung durch PL/Team, um Risiken zu begrenzen
	■ Regelmäßige Statusberichte an Auftraggeber ■ Beiträge in Abteilungsversammlungen von Betroffenen ■ Projektzeitung/-aushang
KANN	Ad hoc, situativ beim Erkennen von Informationsdefiziten
	■ Einleitung von Interviews mit Führungskräften ■ Treffen mit anderen Projektleitern ■ Lobbying im Projektumfeld (Projektcharts immer dabei)

6.7.2.2 Unternehmensweite Regelungen zur Projektinformation

Oft werden Berichtspflichten als lästig empfunden, obgleich eine einheitliche und verlässliche Informationspolitik im Unternehmen die Projektarbeit wesentlich unterstützt.

Nutzen unternehmensweiter Regelungen

Übergreifende Regelungen für die Berichtspflichten eines Projektes

- integrieren die Projekte in die Linienorganisation
- ermöglichen die strategische Multiprojektsteuerung
- setzen Mindeststandards für die Informationsversorgung über die Projektarbeit
- ersparen es dem Projektleiter, eigene Berichtswege aufzubauen und durchzusetzen.

Um den Aufwand insbesondere für kleinere Projekte möglichst gering zu halten, sollten die Berichtserfordernisse nach Projektklassen unterschieden werden. Hierzu ein Beispiel aus einem Projektmanagement-Handbuch:

Informationsart		Empfänger	
		Lenkungsausschuss	Projektservicestelle
Projekt - Statusbericht	Wie oft?	Gemäß Projektauftrag	Monatlich bis zum 5. Arbeitstag nach Monatsende
	Wie?	Präsentation in LA-Sitzung	Schriftlich, per E-Mail, Kurzform
	Durch wen?	Projektleiter	Projektleiter
Protokoll der LA-Sitzungen	Wie oft?	Bis 1 Woche nach LA-Sitzung	Bis 1 Woche nach LA-Sitzung
	Wie?	Schriftlich per E-mail, Vorlage	Schriftlich per E-Mail, Vorlage
	Durch wen?	Projektleiter	Projektleiter
Abschlussbericht	Wie oft?	Bei letzter LA-Sitzung	Bis 1 Monat nach Projektabschluss
	Wie?	Schriftlich + Abschlusssitzung	Schriftlich, per E-Mail, Vorlage
	Durch wen?	Projektleiter	Projektleiter

Abb. 6.63: Unternehmensweite Regelungen der Projektinformation

Standardvorlagen für übergreifende Berichte nutzen

Um sicherzustellen, dass zu allen gewünschten Inhalten Informationen weitergegeben werden und um Vergleichbarkeit und Transparenz zu fördern, sollten für die übergreifenden Berichte Standardvorlagen existieren.

6.7.2.3 Projektbezogene Regelungen

Für projektbezogene Regelungen lassen sich die Standardfragen aus 6.4.2 in Form einer Checkliste nutzen. Im Beispielprojekt „Call-Center für den Kundenservice" sind aufgrund der Risikoanalyse die Informationsbeziehungen zu den betroffenen Mitarbeitern des Kundenservice und zum Vorstand von besonderer Bedeutung.

Informationsbeziehungen zu kritischen Stakeholder des Projektes „Call-Center für den Kundenservice"

Adressat Wer soll die Informationen erhalten?	**Mitarbeiter des Kundenservice**	**Vorstand**
Ziele Wozu soll der Empfänger informiert werden?	▪ Akzeptanz schaffen ▪ Widerstände vermeiden ▪ Hinweise zur Gestaltung erhalten	▪ Unterstützung für Projekt ▪ Interesse wecken ▪ Projekt kompetent nach außen vertreten können
Inhalte Welche Inhalte sollen übermittelt werden?	▪ Befürchtungen ▪ Zusammenhänge ▪ Lösungsideen und persönliche Vorteile ▪ Projektziele ▪ Terminplan	▪ Projektziele im Zusammenhang zur Strategie ▪ Verhalten der Mitbewerber ▪ Erste sichtbare Ergebnisse und ihr Nutzen ▪ Aktueller Terminplan
Medium Wie werden die Informationen weitergeleitet?	Workshop, Aushang im Kundenservice, über Intranet	Persönliche Gespräche und Präsentation in einer Vorstandssitzung
Menge Wieviel Informationen benötigt der Empfänger?	1-tägige Workshops für alle Mitarbeiter, 2 A4 Seiten Aushang	10 Minuten alle 4 Wochen
Zeitpunkt/-raum Wann soll er die Informationen erhalten?	Workshops in der Vorstudie Monatlich aktualisiert	Dienstags 7.30 - 7.40 und Vorstandssitzung am 12.12.
Ort Wo wird die Information bereitgestellt?	Hotel „Schöne Aussicht" Aushang im Kundenservice 2. OG	Vorstandsetage Sitzungszimmer
Zuständigkeit Wer trägt die Verantwortung für Erstellung, Freigabe, Verteilung und Ablage?	Projektleiter führt Workshops durch, H. Barcklow erstellt Aushang und sorgt für Austausch, F. Hofmann pflegt die Seiten im Intranet	Projektleiter

Abb. 6.64: Projektbezogene Regelungen der Projektinformation

6.7.3 Kommunikationsformen im Projekt

Kommunikationsformen festlegen

Bei der Auswahl geeigneter Formen geht es um die Festlegung

- der Übertragungsmedien (Papier, per E-Mail, mündlich, Sitzungen, Workshops, Foren)
- von formalen Anforderungen an die Inhalte (Aktualität, Umfang, Layout, Detaillierungsgrad)
- der Häufigkeit (regelmäßig, anlassbezogen)

der Informationsweitergabe. Dabei ist neben dem Aufwand auch die Gefahr von Störungen gering zu halten.

Die gängigsten Formen zur Informationsweitergabe sind immer noch Projektberichte und Sitzungen. Zunehmend werden diese Formen durch moderne IT-Systeme unterstützt. Hierzu zählen

- die Einrichtung von Projektdatenbanken mit speziellen Zugriffsrechten je Adressat und Lieferverpflichtungen für Sender (z.B. Arbeitspaketverantwortliche)
- die Online-Eingabe von Statusinformationen in Unternehmensdatenbanken
- speziell gestaltete Intranet-Seiten bzw.
- eine eigene Homepage für Projekte.

Eine Übersicht möglicher Informationskanäle zeigt Abbildung 6.65.

Form der Durchführung		Zuführungsverantwortung	
		Bringschuld	**Holschuld**
Schriftlich	Bericht	x	
	Protokoll	(x)	x
	Dokumentation	(x)	x
Im Dialog	Auskunft		x
	E-Mail	x	
	Projektdatenbank	x	x
	Videokonferenz	x	x
	Telefonkonferenz	x	x
	Intranet		x
Mündlich	Besprechung	x	(x)
	Vortrag		x
	Workshop	x	x

(x) = teilweise

Abb. 6.65: Kanäle von Projektinformationen

Bei der Wahl der geeigneten Form sollten immer die Projektziele im Vordergrund stehen. Außerdem sind

Auswahlkriterien

- der Aufwand für Erstellung, Plausibilitätsprüfungen, Sicherung der Aktualität
- die Gefahr von Missbrauch der Informationen (Geheimhaltung)
- das notwendige Know-how und der Ressourcenbedarf für Einrichtung und Pflege
- die im Unternehmen vorhandene und für Projekte verfügbare Infrastruktur sowie
- vorgegebene Standards

zu berücksichtigen.

Projekthomepage als Kommunikationszentrale

Durch die Einrichtung einer eigenen Homepage für Projekte können einerseits die Informationen einer breiten Öffentlichkeit zugänglich gemacht andererseits geschützte Informationen nur Berechtigten bereitgestellt werden. Für mehr Personifizierung in der Informationsbereitstellung sorgen Kontaktseiten, in denen jeder Projektbeteiligte sich mit seiner Rolle, seinem Know-how, seinen Adressdaten und natürlich per Bild vorstellt.

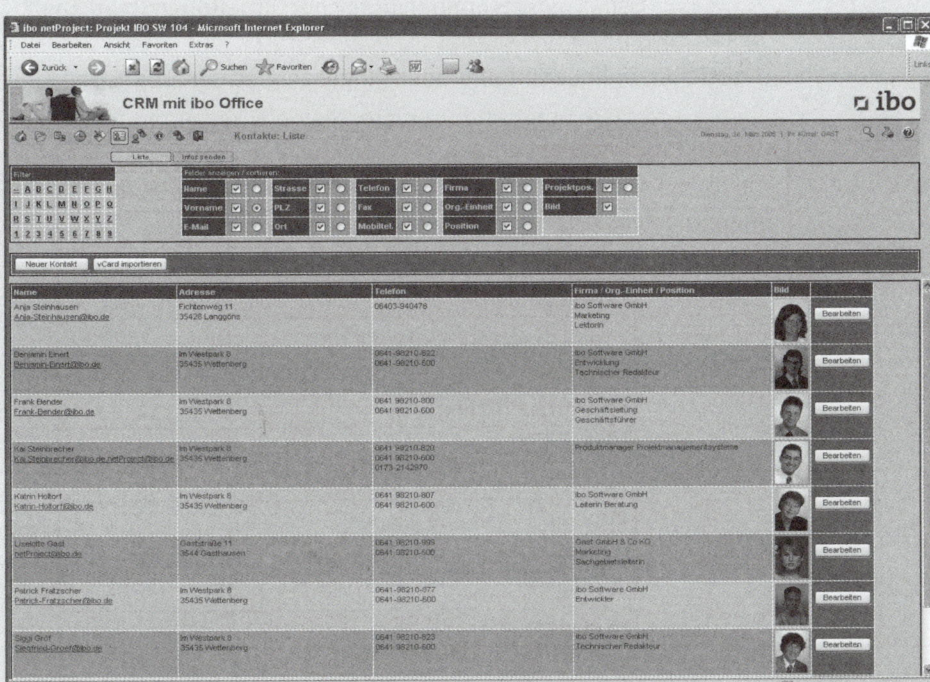

Abb. 6.66: Vorstellung von Projektbeteiligten

Elektronische Medien sind heute aus der Projektarbeit nicht mehr wegzudenken. Sie haben neue Möglichkeiten der Kommunikation geschaffen, reduzieren Reisekosten, erlauben weltweit den Zugang zu Mitarbeitern mit Spezialwissen. In manchen Branchen kann rund um die Uhr gearbeitet werden. Dennoch sollte in jedem Projekt der Einsatz elektronischer Medien gezielt erfolgen. Manchmal ist eine Präsenz vor Ort wesentlich effektiver als „E-Mailkanonaden und eine permanente „Holschuld" von Projektinformationen aus der eigenen Projekt-Homepage.

6.7.4 Projektberichte

Viele Projektleiter beklagen sich über die Vielzahl von Papieren, Formularen, Präsentationsfolien, Berichten und Meldungen, die sie während eines Projektes bearbeiten sollen. Dieser „Papierkrieg" wird als lästige Pflicht empfunden, aus der kein erkennbarer Nutzen für die Projektarbeit entsteht.

Ursachen für Widerstände gegenüber dem Berichtswesen

- Informationen müssen für die Berichte mühsam zusammengetragen werden
- Kein Feedback auf die Berichte durch die Empfänger (gelesen?)
- Viele technische Details statt Konzentration auf projektrelevante Ziele
- Scheu vor dem Niederschreiben kritischer Situationen (man kann es nachlesen)
- Angst vor Sanktionen beim Überbringen schlechter Nachrichten
- Wenig attraktive Standardformulare, die dem besonderen Charakter der Projekte nicht entsprechen
- Unzureichende Nutzung der Berichte für die Gestaltung der Informationsbeziehungen im Projekt.

Um diesen Ursachen zu begegnen, sollten sich alle Projektbeteiligten der herausragenden Controlling-Funktion von Berichten bewusst werden. Sie verlangen eine permanente Auseinandersetzung des Projektleiters mit den Projektzielen. Sie sind das Navigationssystem von Projektleiter und Steuerungsgremien.

6.7.4.1 Gestaltung

Bei der Gestaltung der Berichte sollte man sich davon leiten lassen, dass

Gestaltungsziele für Projektberichte

- eine regelmäßige und pünktliche Versorgung mit adressatengerechten Informationen gewährleistet ist
- die Informationen vollständig (Aussagen zu allen Erfolgsfaktoren des Projektes) und wahr sind

- die enthaltenen Aussagen knapp und verständlich formuliert sind
- der Aufwand in der Aufbereitung und Nutzung der Informationen angemessen ist
- die Berichte für den Leser durch Grafiken und visuelle Unterstützung attraktiv erscheinen
- eine eindeutige Identifizierung von Projekt, Verfasser, Verteiler möglich wird
- die Lesegewohnheiten der Empfänger beachtet werden
- die Berichte regelmäßig und termingerecht bei den Empfängern ankommen.

Attraktiv gestaltete Projektberichte sind wie eine Visitenkarte des Projektes, wecken Interesse, werben im Unternehmen für Unterstützung und motivieren auch die Projektbeteiligten. (Stolz: „Das ist unser Projekt !")

Standardvorgaben der Organisation nutzen

Die Informationsdarstellung sollte eindeutig und übersichtlich sein, denn nur schnell erfassbare Informationen werden gelesen und verstanden. Dies bedeutet, möglichst viel zu visualisieren und längere Textpassagen zu vermeiden. Zur effizienten Erstellung und besseren Vergleichbarkeit hat sich der Einsatz von Formularen und unternehmensweiten Standards bewährt. Für Führungskräfte sollte auf eine adressatengerechte Verdichtung geachtet werden. Hierfür ist ein einseitiges Management-Summary geeignet.

Damit der Erstellungsaufwand nicht zu hoch wird, sollten nur wenige, standardisierte Dokumente für jeden Empfänger und nicht zu viele individuelle Berichte erstellt werden. Durch Verwendung von Farben und Symbolen kann das Interesse der Leser geweckt werden. Innerhalb eines mehrseitigen Berichtes erleichtert eine Standardgliederung mit erkennbarer Projektstruktur die Navigation. Alle Dokumente sollten grundsätzlich folgende Punkte enthalten:

Einheitliche Inhalte zur Identifikation

- Projektbezeichnung/-nummer
- Berichtszweck
- Ersteller
- Datum
- Verteiler
- Inhaltsübersicht.

6.7.4.2 Berichtsarten

Es werden zeitorientierte und ergebnisorientierte Berichte unterschieden. Die häufigste Berichtsform sind regelmäßige Statusberichte für Team, Auftraggeber und Lenkungsausschuss. Weitere Berichtsarten zeigt die folgende Tabelle:

Berichte orientieren sich am Kalender oder an Projektereignissen

Zeitorientierte Berichte	Ergebnisorientierte Berichte
■ Wochenbericht ■ Statusbericht ■ Monats-/Quartalsbericht ■ Arbeitspaketbericht	■ Sofortbericht ■ Phasenabnahmebericht ■ Projektabschlussbericht ■ Abnahmeprotokoll

6.7.4.3 Berichtsinhalte

Die Inhalte eines Statusberichtes werden maßgeblich durch die Projektziele und die Interessenschwerpunkte der Adressaten bestimmt. Dennoch sollten die Berichte harte und weiche Daten enthalten, Probleme und Risiken klar kennzeichnen, mit Trendanalysen Entwicklungen aufzeigen und rechtzeitig zu notwendigen Entscheidungen und Aktionen auffordern.

Es können alle Darstellungstechniken der Diagnose und Steuerung verwendet werden.

Gliederung eines Statusberichtes

1. Deckblatt
2. Management-Summary
3. Projektstruktur und Fertigstellungsgrad
4. Meilensteintrendanalyse
5. Aufwands- und Kostenübersicht
6. Status der Teilprojekte
   - erzielte Ergebnisse
   - nächste Schritte
7. Entwicklung der Einsatzmittel
8. Einschätzung der Lage
   - Problembereiche
   - Risiken
   - Entscheidungs-/Abstimmbedarf
9. Fazit/Ausblick.

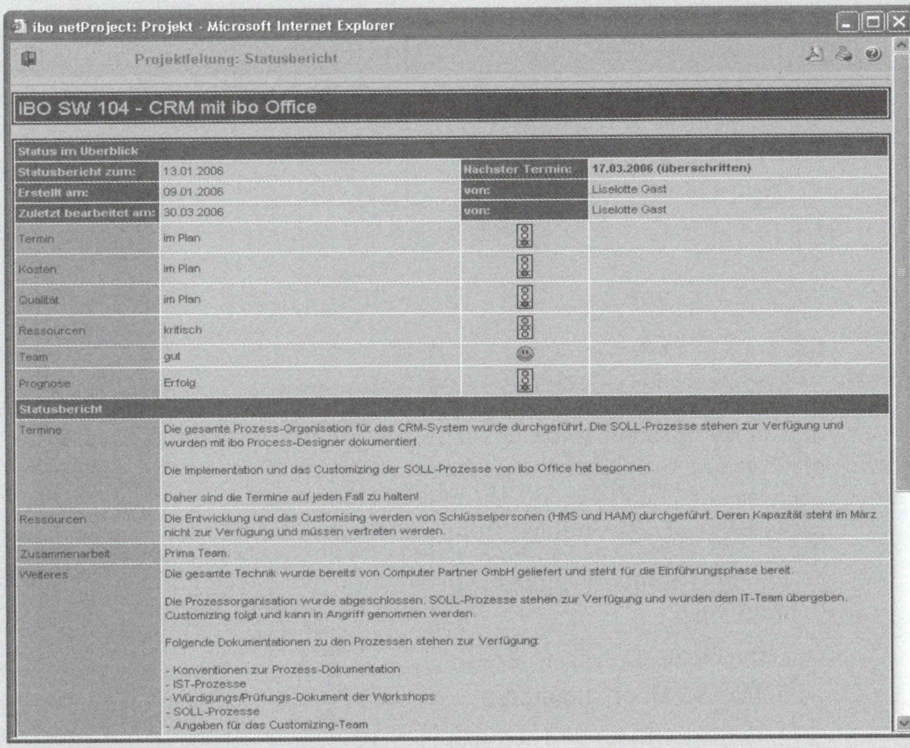

Abb. 6.67: Projektstatusbericht in Projekt-Homepage

Für jeden Gliederungspunkt sollten Aussagen gemacht werden, die in ausführlicher Form jeweils eigenständige, standardisierte Dokumente sind. Ein einseitiger Gesamtüberblick – auch Management-Summary genannt – sollte auf jeden Fall erstellt werden. Darin sind Aussagen zu Ergebnissen, Aufwand/ Kosten und Terminen auf einer Seite zusammengefasst. Diese Seite lässt sich dann regelmäßig (etwa monatlich) an Lenkungsausschussmitglieder weiterleiten oder auf der Projekt-Homepage veröffentlichen, während Auftraggeber und Projektteam den umfassenden Bericht erhalten.

Formblatt eines Statusberichtes

Lage	Status	
	Time	
	Cost	
	Quality	
	Personal	

Termine (Meilensteintrendanalyse)

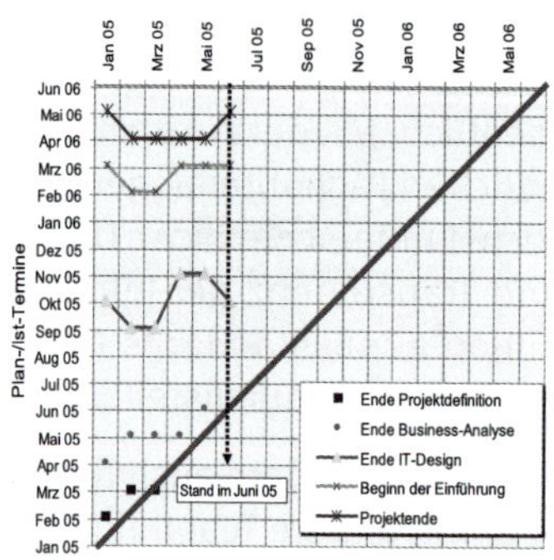

Ergebnisse (Fertigstellungsgrad)

Arbeitspaket	FGR in %	Restaufwand (PT)	Status
Fragebogen	100	0	
Interviews	80	10	
Grobkonzept	20	120	
Fachkonzept	0	200	
Schnittstellen	0	50	
User-Interface	0	80	
System-Design	0	300	
Komponentenbau	10	150	
Schulungen	10	30	
Dokumentation	0	20	
Gesamt	14	960	

Investitionskosten

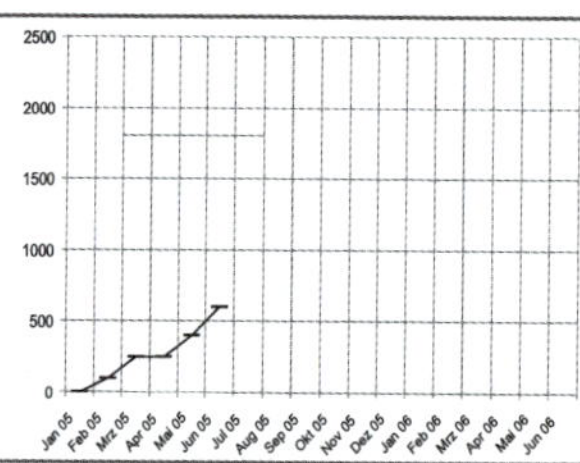

Risiken WS- Wahrscheinlichkeit, TW-Tragweite (1<->5)

	WS	TW	Klasse
Produkt	2	4	B
Technologie	4	4	A
Schnittstellen	4	3	B
Ressourcen	5	4	A
Team	1	4	C
Vorgehen/Planung	2	4	B
Umfeld	3	3	B

Personalaufwand kumuliert

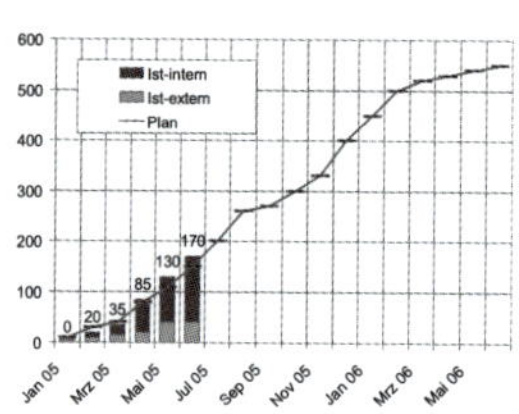

Problembereiche/Entscheidungsbedarf

Abb. 6.68: Formblatt eines Statusberichtes

6.7.5 Dokumentation

> „Dieses grauenvolle Erlebnis“, fuhr der König fort, „werde ich nie und nimmer vergessen.“ „Da irrst Du“, sagte die Königin, „falls Du es nicht so gleich aufnotierst.“
> Alice im Wunderland von Lewis Caroll

6.7.5.1 Ziele und Bedeutung für die Projektarbeit

Für die erfolgreiche Projektarbeit ist ein schneller und sicherer Zugriff auf benötigte Informationen für alle Beteiligten wesentlich. Mit der Zusammenführung verschiedener Mitarbeiter aus unterschiedlichen Fachabteilungen und -richtungen finden sich bei der Projektarbeit höchst unterschiedliche Dokumentationsstile ein. Um die Vergleichbarkeit und Transparenz der Informationen sicherzustellen, empfiehlt es sich, Dokumentationsstandards für Gespräche, Sitzungen und Arbeitsergebnisse von Beginn an aufzustellen.

Standards nutzen

Dabei sind nicht nur die formalen Aspekte wichtig, sondern auch die Form der Weitergabe von erarbeiteten Ergebnissen, damit andere Teammitglieder darauf aufbauen können, neue Mitarbeiter sich einarbeiten können und permanent ein geregelter Wissensaufbau im Projekt stattfindet. Insbesondere beim Einsatz von Spezialisten ist trotz möglicher Widerstände darauf zu achten, dass das gesammelte Know-how im Projekt verfügbar bleibt. Die Entwicklung einer Projektkultur des gemeinsamen Lernens sollte die Dokumentationsverfahren ergänzen.

Gemeinsames Lernen

Durch die Dokumentation werden die im Projekt erarbeiteten Ergebnisse nachvollziehbar. Die Güte und Klarheit der Dokumentation ist ein wichtiges Hilfsmittel, die Qualität der Projektarbeit nachzuweisen. So verlangt die DIN / ISO 9001 im Kapitel 4 „Designlenkung“ eine Reihe von eindeutig identifizierbaren Dokumenten, um die systematische Produktentwicklung prüfen zu können. Viele Unternehmen, vor allem in der Automobilindustrie, machen die Einschätzung ihrer Lieferanten von erfolgreichen Nachweisen und Zertifikaten abhängig. Auch für den von der Gesellschaft für Projektmanagement (GPM) jährlich ausgelobten Projektmanagement-Award verlangen die Bewertungstabellen entsprechende Nachweise, die nur durch eine saubere Dokumentation erbracht werden können.

Qualität der Arbeit nachweisen

6.7.5.2 Dokumente und Regeln zur Ablage

Grundsätzlich sollten Verlaufs- und Ergebnisdokumente getrennt werden. Die Gliederung der Ergebnisse orientiert sich am Projektstrukturplan, während der Verlauf anhand eines Projektlogbuches nachzuvollziehen ist. Den Zusammenhang zwischen den Dokumentationsbestandteilen zeigt Abbildung 6.69.

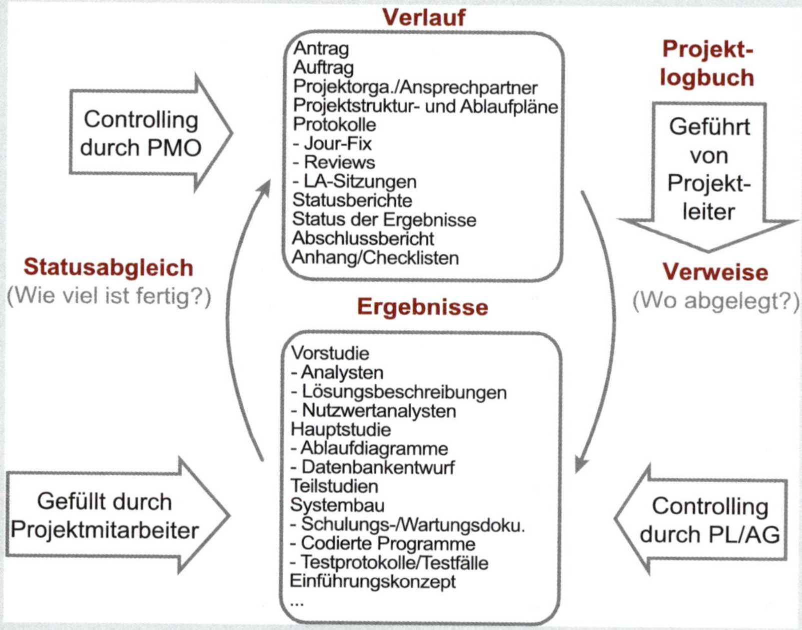

PMO - Projektmanagementoffice; PL - Projektleiter; AG - Auftraggeber

Abb. 6.69: Struktur der Projektdokumentation

Im Rahmen der projektbezogenen oder auch übergreifenden Regelung der Dokumentationsverfahren sollten folgende Punkte festgelegt werden:

Regelungs-bedarf

- Zu dokumentierende Informationen
- Art des Speichermediums (elektronisch oder auf Papier, das in bestimmten Registraturarten wie Ordnern oder Hängemappen abgelegt wird)
- Systematik der Ablage bzw. Speicherung
- Ort der Aufbewahrung
- Zugriffsberechtigungen (eventuell auch Ablageberechtigung: bei großen Projekten hat es sich bewährt, einen verantwortlichen „Projektbibliothekar" zu ernennen)
- Aufbewahrungsfristen.

Während eines Projektes fallen Unmengen von Informationsinhalten und Dokumenten an. Für jeden Projektbeteiligten stellt sich jedesmal die Frage, ob etwas aufgehoben werden muss und wenn ja, wohin es abzulegen ist, damit es auch die anderen und er selbst es wiederfinden können. Deshalb sollte sich der Projektleiter zunächst einen Überblick über mögliche Dokumente machen (siehe Abbildung 6.70).

Projektdokumente

Vorgehensdokumentation		
■ Protokolle ■ Berichte ■ Pläne ■ Präsentationen	■ Aufträge/Anträge ■ Listen ■ Ist-Daten ■ Checklisten	■ Übersichten ■ Vorlagen/Templates ■ Arbeitspakete
Verträge		
■ Verträge ■ Angebote ■ Bestellungen	■ Lieferscheine ■ Rechnungen	■ Verpflichtungen ■ Lizenzen
Korrespondenz		
■ Briefe ■ Mitteilungen	■ E-Mails ■ Einladungen	■ Marketingmaterial
Dokumentierte Ergebnisse		
■ Konzepte ■ Spezifikationen ■ Analysen ■ Pflichtenhefte ■ Anweisungen	■ Anleitungen ■ Schnittstellen-beschreibung ■ Erhebungsergebnisse ■ Daten ■ Modelle	■ Code ■ Zeichnungen ■ Wartungsunterlagen ■ Datenflusspläne
Sonstige Unterlagen		
■ Artikel ■ White-Papers	■ Informationsmaterial	■ Vorträge

Abb. 6.70: Physische Dokumente im Projekt

Dokumentation ist Teamaufgabe

Während der ersten Projektsitzung werden im Team Dokumentations- und Archivierungsprinzipien aufgestellt. Die Einhaltung dieser Regeln ist ebenso wichtig wie die Erfüllung der Projektaufgaben. Deshalb sollten sie genauso im Rahmen der Diagnose und Steuerung beachtet werden. Hier sind die ersten Schritte im Projekt besonders wichtig, denn in der Praxis bleibt oft wenig Zeit, ein einmal angerichtetes Chaos wieder zu ordnen.

Dokumentationsregeln

§ 1 Jedes Dokument hat eine eindeutige Kennung.
- Immer einen sprechenden Dokumentenname vergeben
- aussagekräftige Metainformationen wie Schlagworte, Datum, Ersteller, Suchbegriffe dem Dokument zuordnen
- eine Referenznummer, aus der Projekt, Projektphase, Arbeitspaket, Version, Status und Dokumentenart erkennbar ist.

§ 2 Jedes Dokument kann eindeutig innerhalb der Dokumentationsstruktur abgelegt werden.
- Ordner für Transfers oder Sonstiges einmal pro Woche löschen
- wöchentlich Ablage sichten und Altdokumente archivieren
- die zentrale Ablage ist verbindlich
- lokale Privatverzeichnisse zum Projekt sind zu minimieren.

§ 3 Jedes Dokument wird zentral registriert.
- Eingerichtete Dokumentendatenbank benutzen
- abrufbare Übersichten zu existierenden Unterlagen
- Projektbibliothekar verantwortet die Dokumentendatenbank.

§ 4 Jedes im Projekt erzeugte Dokument wird aus Standardvorlagen generiert.
- Vorlagenverzeichnis einrichten
- allgemeine Daten (Projektnummer, Logo, Datum,...) sind in allen Vorlagen vorhanden und an derselben Stelle platziert
- eingestellte Schriftgrößen und Schriftarten sind zu verwenden.

§ 5 Regelmäßig zwischen physischer und elektronischer Projektbibliothek synchronisieren.

§ 6 Bei Änderungen sind die notwendigen Freigaben einzuholen.
- Von einer Änderung Betroffene identifizieren und Auswirkungen der Änderung klären
- Versionsnummer erhöhen und Betroffene informieren.

§ 7 Die Projektdokumentation ist eine Teamaufgabe, die der Projektbibliothekar unterstützt.
- Standards erarbeiten, vorgeben, Einhaltung überwachen
- Dokumente identifizieren, bereinigen, ablegen
- Zugriffsrechte und Versionen verwalten.

§ 8 Die eingerichtete Dokumentationsstruktur darf nur mit Zustimmung des Projektleiters verändert werden.
- übergreifende, gemeinsame Strukturen sind beizubehalten
- die erste Einrichtung erfolgt zentral durch die Projektservicestelle.

Abb. 6.71: Regeln der Projektdokumentation

6.7.5.3 Ablagestrukturen – Projekt-Logbuch

Anhand der Ablagestruktur können für elektronische Dokumente Zugriffsrechte für alle Projektbeteiligte vergeben werden. Für das Projektmarketing empfiehlt es sich, einen Bereich öffentlich zugänglicher Dokumente etwa über das Intranet einzurichten.

Zugriffs-
rechte

Ablageordner / Rollen und Rechte	PL	PMA	LA	AG	EXT	DA
Projekt	RWD	RWD	R	R	RWD	R
Vorgehen	RWD	R	R	R	---	R
Ergebnis	RWD	RWD	R	R	RWD	R
Veröff. Dokumente	RWD	R	R	R	---	R
Korrespon-denz	RWD	RWD	---	---	---	---
Verträge	RWD	---	---	R	---	---
Sonstige Unterlagen	RWD	RWD	---	---	RW	---
Transfer	RWD	RWD	RWD	RWD	RWD	RWD
Test	R	RWD	---	---	RW	R
Produktion	R	RWD	R	R	R	R
Archiv	RWD	RW	---	---	RW	---

PL-Projektleiter; LA-Lenkungsausschuss; PMA-Projektmitarbeiter; AG-Auftraggeber; EXT-Externer Berater; DA-Zentrale Datenadministration; :R = Read; W = Write; D = Delete

Abb. 6.72: Zugriffsrechte für elektronische Dokumente

Projektleiter hat die Verantwortung für den Projektverlauf

Wie beim Kapitän zur See sollte der Projektleiter Eintragungen über den Verlauf des Projektes machen, damit ihm Entwicklungen leichter präsent sind und Ideen und Geschehnisse nicht verloren gehen. Oft sind diese Vermerke wichtige Gedankenstützen, zwingen zur Vor- und Rückschau, geben Anregungen für neue Ideen und sorgen dafür, dass der Projektleiter den nötigen Abstand zur inhaltlichen Arbeit behält.

In der Praxis führen Projektleiter handschriftlich ein gebundenes Buch mit leeren Blättern, das Projekttagebuch. Es enthält nicht löschbare Informationen. Vermerke werden darin mit Thema, Datum, Namen der Beteiligten, Skizzen und ausführlichen Beschreibungen gemacht. Offene Punkte, Fragen und Abstimmbedarf mit Auftraggebern können durch Symbole oder Farben markiert werden.

Das Projekttagebuch ist zunächst einmal eine persönliche Unterlage des Projektleiters, sollte aber für jeden Interessierten einsehbar sein.

Das meist elektronische Projektlogbuch liefert dem Projektleiter alle zur Steuerung relevanten Informationen. Aus ihm kann der Verlauf des Projektes nachvollzogen werden und der Projektleiter ist jederzeit auskunftsfähig. Eine typische Gliederung zeigt Abbildung 6.73.

Register-Nr.	
1.	Übersichten zur Projektaufbauorganisation
1.1	Organigramme
1.2	Auftraggeber, Lenkungsausschuss, Projektteam
1.3	Ansprechpartner
2.	Projektstatus
2.1	Projektantrag
2.2	Projektauftrag
2.3	Projektreviews
2.4	Phasenabnahmen (abzunehmende Ergebnisse je Phase)
2.5	Checklisten - Aktivitäten und Qualitätssicherung
3	Projektplanung
3.1	Projektpläne (Strukturplan, Termin- und Einsatzmittelplan)
3.2	Kritische Abhängigkeiten zu anderen Projekten
4	Projektberichte
4.1	Management Summary
4.2	Aktuell
4.3	Vorperioden
5	Sonstiges
5.1	Verträge
5.2	Aufwandsmeldungen
5.3	Rechnungen, Bestellungen, Anfragen
5.4	Korrespondenz

Abb. 6.73: Inhalte eines Projektlogbuches

6.8 Konfigurations- und Änderungsmanagement

> „Wer festhält, was verändert werden muss, der verliert alles."
> Norbert Blüm

Jedes erfolgreiche Projekt ist auf eine klare Definition und einen soliden Plan gegründet. Diese Pläne sind nicht unfehlbar, denn es kommt relativ häufig vor, dass sie zur Überwindung unvorhergesehener Probleme abgeändert werden müssen. Der Projektrahmen (Auftrag) sollte allerdings möglichst während einer Projektphase bis zur nächsten Abnahme beibehalten werden, da Änderungen in diesem Bereich gravierende Auswirkungen auf das gesamte Projekt haben. Dennoch ist es manchmal notwendig oder wünschenswert, den Projekt-(Phasen)auftrag zwischendurch neu festzusetzen.

Projekte verändern Systeme und Produkte. Diese nehmen während des Projektes unterschiedliche Entwicklungsstände ein, die am Ende wieder in den laufenden Betrieb einfließen. Diese unterschiedlichen Entwicklungsstufen werden als Konfigurationen bezeichnet. Das Konfigurationsmanagement sorgt nun dafür, dass übergreifend für alle Projekte und als Schnittstelle zur Linienorganisation jedes Teil zu jeder Zeit eindeutig identifizierbar ist und dem jeweiligen System/Produkt zugeordnet werden kann.

Damit in dem sich rasch ändernden Umfeld eines Projektes das Projektteam nicht

Nutzen des Änderungsmanagements

- unrealistische Pläne zu erfüllen versucht
- mit nicht mehr aktuellen Unterlagen arbeitet
- im Schnittstellenchaos versinkt
- durch fehlende Freigaben aufgehalten wird,

müssen Änderungsverfahren und die zugehörigen Aufgaben und Kompetenzen bei Änderungen geregelt sein.

6.8.1 Rahmenänderungen

Der Projektrahmen legt ein Projekt grundlegend fest und beeinflusst die Projektstrategie und das prinzipielle Vorgehen. Er enthält Annahmen und Prämissen, unter denen das Projekt genehmigt wurde. Hierzu gehören Prognosen von Marktentwicklungen, das Verhalten von Wettbewerbern und die Verfügbarkeit von Technologie und Wissensträgern. Wenn sich hierbei vollkommen neue Erkenntnisse ergeben, kann das enorme Auswirkungen auf betroffene Projekte haben.

Beispiel

So hatte die Ankündigung von Boeing, dass künftig in ihren Flugzeugen der Transatlantikreisende während des Fluges im Internet arbeiten kann, enorme Änderungen in der Entwicklung des A340 500/600 von EADS zur Folge. Um die Wettbewerbsfähigkeit zu erhalten, musste die geplante Konstruktion des Rumpfes in seinen Abmessungen völlig verändert werden.

Solche Änderungen müssen auf oberster Ebene freigegeben werden, da sie oft weitreichende Folgen haben. Grundsätzlich sollten alle Änderungen des Projektrahmens schriftlich mit dem Auftraggeber vereinbart werden, damit Missverständnisse ausgeschlossen sind und im Detail über die Auswirkungen auf die Projektziele und Einsatzmittel nachgedacht werden kann.

Je Änderungsart und -umfang gibt es zuständige Projektinstanzen

Änderungen des Projektauftrages können auf mehreren Ebenen erfolgen und unterschiedlich „große Kreise ziehen". Deshalb sollten bereits im Projektauftrag out-of-line-Kriterien definiert werden, die den Projektbeteiligten Handlungsspielräume geben. Solange die Schwellenwerte nicht überschritten werden, brauchen die Abweichungen nicht der zuständigen Projektinstanz gemeldet zu werden.

Je nach Änderungsart und -umfang sollten unterschiedliche Projektinstanzen verantwortlich sein. In der Änderungsorganisation muss klar geregelt sein, wer wann welche Anpassungen zu melden hat und wer sie veranlassen darf.

Ein Beispiel für eine Änderungsorganisation könnte wie folgt ausssehen:

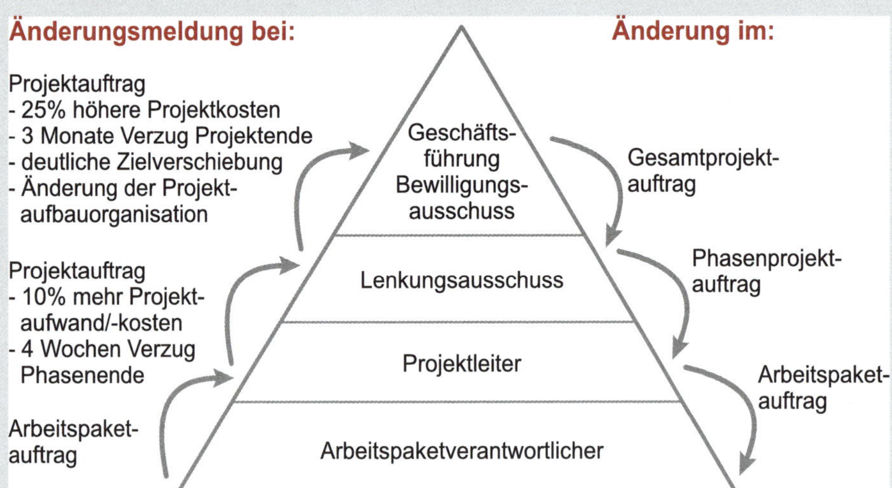

Abb. 6.74: Änderungsorganisation

6.8.2 Änderungsverfahren

Jede Änderung sollte schriftlich in Form von Änderungsanträgen beantragt und dokumentiert werden, um Sinnhaftigkeit und Auswirkungen von Änderungen beurteilen zu können und die Lenkung der Änderungsdokumente im Unternehmen zu gewährleisten.

Am Anfang steht der spezifizierte Änderungswunsch meist des Auftraggebers, der vom Projektleiter hinsichtlich der Machbarkeit und der Auswirkungen auf Termine, Kosten und Qualität eingeschätzt wird. Daraus ergibt sich ein „offizieller" Änderungsantrag, der von der Projektservicestelle neutral hinsichtlich der übergreifenden Auswirkungen bewertet und zur Genehmigung an die entsprechende Instanz weitergeleitet wird.

Formular

Änderungsantrag ibo

Projekt-Nummer	Projekt-Name	Antragsteller	Datum

Lfd. Nr.	Änderungsbezeichnung

Änderungsbeschreibung	Änderung der	
	Ergebnisse	
	Termine	
	Kosten	
	Ziele	
	Planung	
	Vorgehen	
Ziele und Nutzen der Änderung	**Passend zu Projektzielen**	
	Ja	
	Nein	
	Muss-Änderung	
	Ja	
	Nein	

Betroffene Arbeitspakete	Neue Arbeitspakete

	Änderung	Nachtrag	Summe
Aufwand in PT			
Kosten			

Umsetzungsdauer

Projektinterne Konsequenzen
Externe Konsequenzen

Freigabe (Datum, Unterschrift) durch	Information an
Projekt-Controlling	
Projektleiter	
Auftraggeber	
Lenkungsausschuss	
Änderungsboard	

Abb. 6.75: Änderungsantrag

Auf die schnelle, fehlerfreie Umsetzung kommt es an

Nach der positiven Entscheidung über den Änderungsantrag müssen zwingend alle von der Änderung betroffenen Bereiche, Projektmitarbeiter, Lieferanten und gegebenenfalls auch Kunden informiert werden. Die schnelle und fehlerfreie Umsetzung der Änderungen ist in vielen Branchen heute zu einem Erfolgsfaktor geworden.

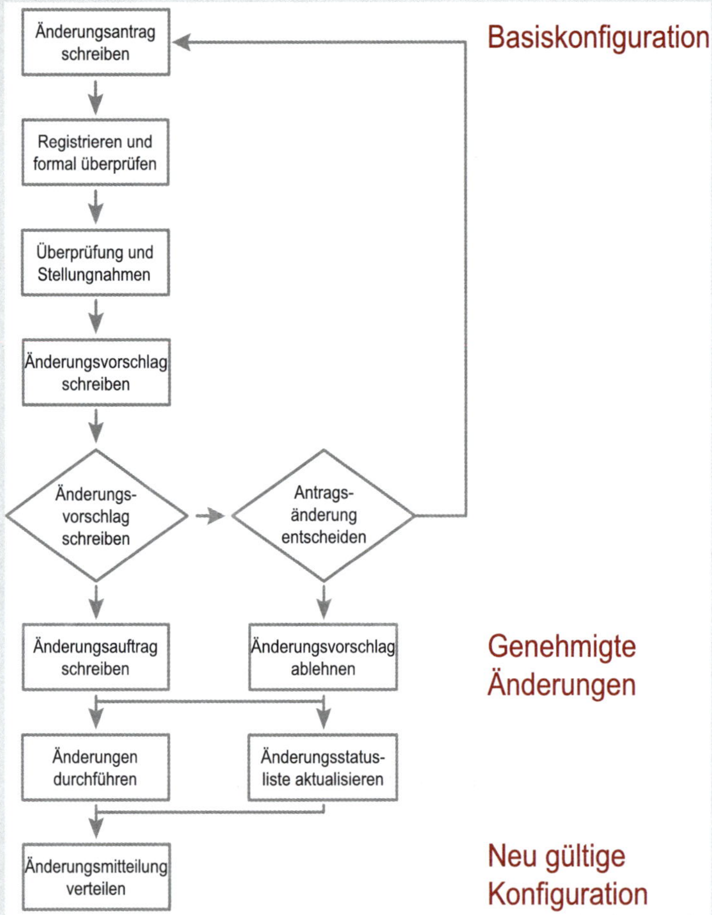

Abb. 6.76: Änderungsverfahren

Damit der Änderungsumfang im Projekt nicht ausufert und der Status der beantragten und bewilligten Änderungen immer transparent ist, sollte der Projektleiter in einer Tabelle eine Änderungsstatistik führen. Sie bildet die Entscheidungsgrundlage, ob eine gewünschte Änderung noch im Projekt untergebracht werden kann oder wegen deutlicher Termin- und Kostenüberschreitungen auf ein Folgeprojekt verschoben werden soll.

Durch eine Summenzeile kann immer die Relation zwischen Änderungsumfang und genehmigtem Gesamtbudget beobachtet werden.

ibo — Änderungsstatistik — Status: 10.10.2006

Nr.	Name/Arbeitspaket	Status	Änderung bestehende Arbeitspakete			Nachtrag neue Arbeitspakete			Gesamt
		Wer?	Anzahl	PT	Anteil	Anzahl	PT	Anteil	PT
1	Maskenlayout	PI	1	10	2%				10
2	Ergänzung Außendienst	AB	4	40	8%	2	20	4%	60
3	Schulungsdokumentation	PI				2	10	2%	10
3	Vertriebsmodul	LA	7	60	12%	2	10	2%	70
4	Projekt-Homepage	BEA				1	5	1%	5
5									
6									
7									
8									
9									
10									
11									
12									
13									
14									
15									
Summe durchgeführter Änderungen				**70**	**14%**		**20**	**4%**	**90**
	Projektbudget Call-Center Kundenservice			**500**					

PI Projektinterne Absprache — LA Genehmigt vom Lenkungsausschuss
AB Abgelehnt vom Auftraggeber — BEA Beantragt durch Projektleiter

Abb. 6.77: Änderungsstatistik

6.8.3 Inhaltliche Änderungen – Konfigurationsmanagement

Aufgrund des enormen Zeitdruckes, unter dem viele Projekte stehen, kommen sehr oft Teillösungen zum Einsatz, die in späteren Schritten ergänzt oder ausgetauscht werden. Oder es werden Prototypen zur Akzeptanzsteigerung entwickelt, deren Entwicklungsstadien sich sehr oft ändern und bei denen ein Rückgriff auf ältere Lösungsvarianten möglich sein muss. Aufgrund der hohen Komplexität ist es schwierig, die Integrität der Systembestandteile sicherzustellen. Hierzu soll das Konfigurationsmanagement beitragen.

Das Konfigurationsmanagement integriert die Systeme, Projekte, Daten und Regelungen im Unternehmen und sorgt dafür, dass

Zweck des Konfigurations-managements

- ein Produkt bezüglich seiner funktionellen wie auch äußeren Merkmale eindeutig identifizierbar ist
- die Konfigurationen während der gesamten Entwicklung überwacht werden können
- die Zusammenhänge und Unterschiede zwischen früheren Konfigurationen und den aktuellen Konfigurationen jederzeit erkennbar sind
- Bauteile als Module von Systemen wieder verwendet werden können
- Mängel, fehlerhafte Teile bis zum Herstellplatz zurückverfolgt werden können
- die Projektbeteiligten jederzeit über die aktuellen Versionen informiert sind
- verschiedene Auftragnehmer mit einheitlich vorgeschriebenen Konstruktionsnormen arbeiten.

Abb. 6.78: Konfigurationsmanagement in Projekt und Unternehmen

Eine Konfiguration ist eine benannte und formal freigegebene Menge von Entwicklungsergebnissen, mit den jeweils gültigen Versionsangaben, die in ihrer Wirkungsweise und ihren Schnittstellen aufeinander abgestimmt sind und gemeinsam eine vorgegebene Aufgabe erfüllen sollen.

Bestandteile einer Konfiguration

Entwicklungsergebnisse sind alle Ergebnisse, die im Projektverlauf entstehen. Hierzu gehören:

- Freigegebener Code
- Pflichtenhefte
- Zeichnungen
- Projektdokumente
- Konzepte.

Konfigurationsmanagement in der Softwareentwicklung ist kritischer Erfolgsfaktor

In der Softwareentwicklung stellen die parallelen Entwicklungen von Systemkomponenten in mehreren Varianten von vielen Entwicklern an mehreren auch internationalen Standorten, die eine Unmenge von Dateien in verschiedenen Versionen verwenden, besonders hohe Anforderungen an das Konfigurationsmanagement.

Zum Konfigurationsmanagement gehören folgende Funktionen, die auf die Projektziele, das Projektumfeld und die verfügbaren Mittel ausgerichtet werden müssen.

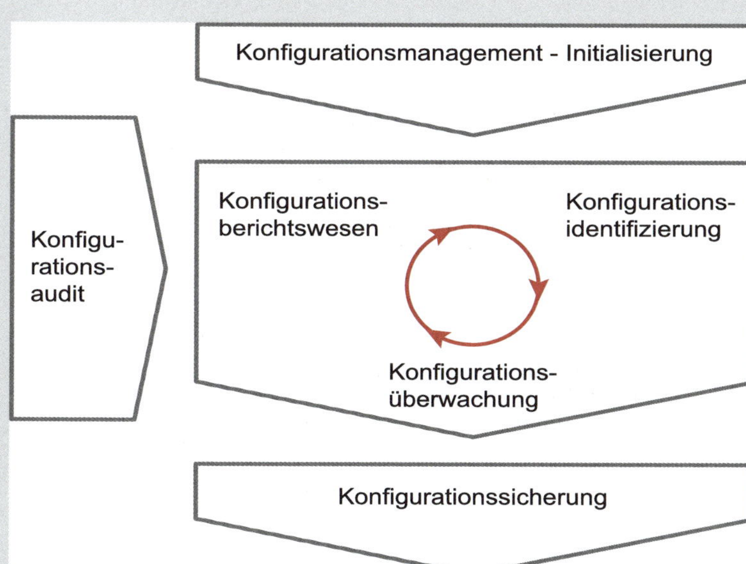

Abb. 6.79: Funktionen im Konfigurationsmanagement

Initialisierung des Konfigurationsmanagements
■ Festlegen des organisatorischen Rahmens in einem Konfigurationsmanagementplan ■ Produktbibliothek definieren ■ EDV-Werkzeuge bereitstellen
Konfigurationsidentifizierung
■ Alle Objekte einer Konfiguration (Dokumente, Berichte, Implementierungsdokumente, Compiler etc.) in der „Produktbibliothek“ archivieren und katalogisieren, so dass die Objekte weder absichtlich noch unabsichtlich zerstört werden können ■ Objekte eindeutig, formal und fachlich-inhaltlich identifizierbar machen ■ Einen definierten Aufsetzpunkt für Änderungen geben
Konfigurationsüberwachung
■ Erfassung und Verwaltung eingehender Fehlermeldungen, Problemmeldungen und Verbesserungsvorschläge in Form von Änderungsanträgen ■ Entscheidung über die Bearbeitung von Änderungsanträgen ■ Auswahl von Lösungsvorschlägen unter Berücksichtigung von technischen und terminlichen Auswirkungen auf den Projektverlauf ■ Veranlassung der Bearbeitung ■ Abschluss der Änderung und Information aller Betroffenen
Konfigurationsberichtswesen
■ Formalisierte Dokumentation und Berichterstattung über den Stand laufender Änderungsanträge und die Durchführung genehmigter Änderungen ■ Führen der Änderungshistorie ■ Liefern von Differenzinformationen zwischen Konfigurationen, Versionen und Dateien
Konfigurationsaudit
■ Formale Überprüfung des Ausführungsstandes einer Konfigurationseinheit bzw. des Produktes auf Übereinstimmung mit den geltenden Konfigurationsdokumenten
Konfigurationssicherung
■ Ablage und Archivierung der Konfigurationsdaten

Abb. 6.80: Funktionen des Konfigurationsmanagements

6.8.4 Aufgaben und Kompetenzen bei Änderungen

Da ein Projekt bei Änderungen meist empfindlich gestört wird, sollten entweder nur unvermeidbare Änderungen akzeptiert und/oder vorausschauend die potenziellen Änderungen in den normalen Geschäftsablauf eingeplant werden.

Grundsatz für Änderungen

Änderungen dürfen nicht von jedem Projektmitglied vorgenommen werden, sondern unterliegen einem detaillierten und stringenten Freigabemechanismus.

Für die Freigabe von Änderungen können je nach Tragweite Lenkungsausschuss oder Bewilligungsgremium verantwortlich sein. In Branchen mit überwiegend technischen Projekten wird diese Aufgabe von einem eigenständigen, projektübergreifenden Konfigurationsausschuss wahrgenommen. Durch das Konfigurationsmanagement erweitern sich die Aufgaben von Projektleiter, Projektmitarbeitern, Datensicherheitsbeauftragten und des Projektmanagementoffice. In Großprojekten kann es sich sogar lohnen, im Team einen Administrator für die Konfigurationen zu benennen.

Änderungsfreigabe

Rollen / Aufgaben	Konfigurationsausschuss	KM-Leiter/ Projektleiter	Konfigurations-Administrator/ Projektmitarbeiter	Datensicherheitsbeauftragter	Projektmanagementoffice
KM-Plan erstellen		A	M	B	M
KM einrichten		M	A	B	B
Produkt initialisieren			A		
Konfiguration initialisieren		A	M		
Produkt erfassen			A		
Konfiguration fortschreiben			A		
Zugriffsrechte vergeben			M	B	B
Datenadministration			A		M
Änderung bewerten		A	M	B	
Änderung entscheiden	A	B			
Änderungsvorgehen steuern		A	M	B	B
Änderung abschließen		A	M	B	
Datensicherung			M	A	M
Auditdurchführung	A	M			M
KM-Berichtswesen			A	B	B
Toolset-Management		A			M

A = Ausführend; B = Beratend; M = Mitwirkend

Abb. 6.81: Freigabe von Änderungen

6.9 Wirksame Projektsteuerung

> „Es genügt nicht, einen scharfen Verstand zu haben, die Hauptsache ist, ihn richtig zu gebrauchen."
> René Descartes

Bei vielen Projekten in der Praxis wie etwa der Expo 2000 entstand der Eindruck, dass die Diagnose von Abweichungen durchaus in Ordnung war. Es gab frühzeitig Prognosen, die vor einem enormen Defizit warnten, und dennoch wurden keine wirksamen Steuerungsmaßnahmen eingeleitet oder sie kamen zu spät. Dieses Phänomen gibt es nicht nur bei spektakulären Großprojekten. Immer wieder kennen Projektleiter und Teammitglieder sehr genau die Gründe von Abweichungen, dennoch reißt niemand das Ruder herum. Welches sind die Ursachen?

Gründe für unwirksame Projektsteuerung

- Projektleiter scheinen mehr Wert auf eine einfache Umsetzung von Maßnahmen als auf deren Wirkung zu legen
- Die Kompetenzen des Projektleiters sind eingeschränkt
- Projektleiter verfügen nur über ein geringes Repertoire an Steuerungsmaßnahmen, entwickeln wenig Fantasie und beteiligen das Projektteam nur unzureichend
- Viele Maßnahmen erfordern die Bearbeitung von Konflikten, die ausgespart werden
- Notwendige Interventionen bei Machtträgern unterbleiben aufgrund von negativen Erfahrungen in der Vergangenheit
- Auf operativer Ebene klar vorgetragene Anliegen werden auf dem Weg durch die Linienhierarchie verwässert
- Beschlüsse des Lenkungsausschusses werden in der Linie nicht durchgesetzt
- Viele erfolglose Korrekturversuche demotivieren („Wir können sowieso nichts ändern")
- Vorschnelle inhaltliche Steuerungsmaßnahmen dominieren und deren Auswirkungen auf einzelne Teammitglieder, die Teambeziehungen und das Vorgehen werden kaum beachtet
- Es wird nicht überprüft, ob eingeleitete Maßnahmen erfolgreich waren.

Wie die Beispiele zeigen, kann gerade bei der Steuerung im Projekt nur ein ganzheitlicher Ansatz Abhilfe schaffen.

6.9.1 Steuerungsmaßnahmen

Voraussetzungen für eine gute Steuerung sind

- fundierte, aktuelle und ausreichend detaillierte Ist-Daten
- transparent aufbereitete Abweichungen und Zusammenhänge
- systematisch identifizierte Ursachen
- eindeutige Controllingverfahren.

Checkliste „Steuerungsprozess“

Abb. 6.82: Steuerungsprozess

Checklisten und Kataloge geben erste Anhaltspunkte, welche Maßnahmen denkbar sind.

Katalog möglicher Maßnahmen

Strategiebezogene Maßnahmen	Strukturbezogene Maßnahmen
■ Leistungsreduzierung ■ Versionenkonzept ■ Prioritätenverschiebung ■ Wechsel der verfolgten Lösung ■ Ablehnung von Änderungswünschen ■ Rückgriff auf Alternativen ■ Einbau von Sicherheiten ■ Verschiebung Endtermin	■ Parallelarbeit ■ Änderung zeitlich-logischer Abfolge ■ Technikeinsatz ■ Streichung unwichtiger Arbeitspakete ■ Umverteilung innerhalb Puffer ■ Einstellung zusätzlicher Mitarbeiter ■ Zukauf externer Kapazitäten ■ Überstunden, Mehrschicht
Kulturbezogene Maßnahmen	**Prozessbezogene Maßnahmen**
■ Fortbildung der Mitarbeiter ■ Projektmarketing ■ Motivationsförderung ■ Transparenz ■ Offene Informationspolitik ■ Persönliche Anerkennung ■ Delegation ■ Verbesserung Arbeitsumfeld ■ Räumliche Zussamenlegung der Teams	■ Ausbau des Informationssystems ■ Verbesserung des Kommunikationssystems ■ Abschirmung der Mitarbeiter ■ Intensivierung der Planung ■ Erhöhung der Kontrollen ■ Sorgfältige Ursachenforschung ■ Räumliche Zentralisierung ■ Optimierung der Sachmittelausstattung

Abb. 6.83: Maßnahmen zur Projektsteuerung

6.9.2 Maßnahmenverfolgung

Nachdem einzelne Maßnahmen oder ein Maßnahmenmix initiiert wurden, gilt es, deren Wirksamkeit zu verfolgen. Hierbei ist der zeitliche Abstand zwischen der Feststellung der Abweichung und der Wirkung der Maßnahmen zu berücksichtigen. Damit eine Veränderung überhaupt sichtbar und verfolgbar wird, sind die ergriffenen Maßnahmen sauber zu dokumentieren, der Projektüberwachungszyklus zu verkürzen, die Überwachungsinhalte zu modifizieren und unter Umständen das Berichtswesen anzupassen.

Werden die genannten Anpassungen nicht zur Absicherung und Unterstützung einer Korrekturmaßnahme ergriffen, so zeigt die Praxis, dass die Steuerung über weite Strecken wirkungslos bleibt.

6.9.3 Eskalation

Sollten die ergriffenen Steuerungsmaßnahmen keine Wirkung zeigen, so ist eine Eskalation in Betracht zu ziehen. Sie wird insbesondere dann notwendig, wenn erforderliche Korrekturmaßnahmen die Kompetenz des Projektleiters überschreiten.

Eine Eskalation weitet in der Regel das Problemfeld aus, und es treten oft unerwünschte Nebeneffekte auf. Deshalb sollte der Projektleiter Abweichungen in Angriff nehmen, solange sie noch klein sind und mit „Bordmitteln" bearbeitet werden können.

In der Praxis macht es allerdings Sinn, bei Überschreiten fest definierter Eskalationsgrenzen sofort zu reagieren, um rechtzeitig eine Klärung herbeizuführen. Unklare Projektsituationen führen unweigerlich zu Verzögerungen, die dann dem Projektleiter angelastet werden.

Sollten bei bestimmten Planabweichungen die Eskalationsgrenzen überschritten werden, sind Auftraggeber, Lenkungsausschuss und Geschäftsleitung informell, aber auch formal zu informieren.

Abweichung	Eskalations-grenzen	Auftraggeber		Lenkungs-ausschuss		Geschäfts-leitung	
		Form	Tage*)	Form	Tage*)	Form	Tage*)
Planänderungen	alle	informell	1	formal	5		
Personalverfügbarkeit	< 50 % pro KW	informell	1	formal	5		
Aufwandsüberschreitung pro Phase	> 5 %	informell	3	formal	10		
Aufwandsüberschreitung Gesamtprojekt	> 5 %	informell	1	formal	5	formal	10
Terminüberschreitung Meilenstein	> 5 Arbeitstage	informell	3				
Terminüberschreitung Einführungstermin	> 5 Arbeitstage	informell	1	formal	5	formal	5
Gefährdung der Projektergebnisse	< 75 %	informell	1	formal	10		

Legende:	informell	= mündlich oder schriftlich per E-Mail
	formal	= schriftlich mit Ursachen, Konsequenzen, Maßnahmen
	*)	Nachricht innerhalb von x Arbeitstagen

Abb. 6.84: Eskalationsprinzip

Folgendes Vorgehen hat sich bewährt:

Behutsam eskalieren

1. Legen Sie die Abweichung offen und führen Sie mit den Betroffenen und Beteiligten Problemlösungsgespräche.
2. Binden Sie einen Moderator in den Prozess ein. Ein neutraler Dritter kann unter Umständen schlichtend auf die unterschiedlichen Positionen einwirken.

3. Gehen Sie gezielt und bewusst auf die Vorgesetzten der beteiligten Mitarbeiter zu. Diese werden sich zunächst vor ihre Mitarbeiter stellen. Achten Sie daher darauf, einen für alle akzeptablen Ausweg oder Kompromiss zu finden.

Für eine schnelle Reaktion im Projekt können folgende Kriterien für die Einschaltung von Lenkungsausschuss und Bewilligungsgremium als Schlichtungsstelle hilfreich sein.

Verantwortung für Schlichtung im Projekt

Lenkungsausschuss schlichtet bei....	Bewilligungsgremium schlichtet bei....
■ Problemen mit den Projektvorgaben (Abweichungen der Kosten, Termine oder Leistungsparameter bis 15%) ■ Problemen mit den Anwendern und Linienmanagern (Lösungsgestalt, Nutzung, Zusammenarbeit) ■ Konflikten im Projektteam (Zusammenarbeit, Informationen, Verhalten) ■ Konflikten mit einem anderen Projekt (Gestaltungsbereich, Abhängigkeiten).	■ größeren Problemen mit den Projektvorgaben (Abweichungen der Kosten, Termine oder Leistungsparameter übersteigen 15%) ■ Problemen mit dem Projektauftrag (Ziele, Aufbauorganisation, Gestaltungsbereich) ■ Problemen mit dem Lenkungsausschuss (Entscheidungen, Informationen, Rollen) ■ Konflikten zwischen Projekten und Lenkungsausschüssen (Prioritäten, Ressourcen, Termine) ■ Konflikten zwischen Projektleiter und Linienmanager (Ressourcen, Zusammenarbeit, Informationen) ■ Problemen mit der Sozial- und Geschäftspolitik (personelle Veränderungen, Strategieänderung)

6.9.4 Umgang mit Macht und Hierarchie

Nicht selten werden Projektleiter und -mitarbeiter durch Machteinflüsse in ihrer Arbeit eingeschränkt oder behindert. Sie können Stress und Unzufriedenheit bei den Projektbeteiligten auslösen. Die Palette möglicher Behinderungen reicht von unklaren Aufträgen bis zu Zielen, die in Wirklichkeit Lösungen sind, von ungeregelten Zuständigkeiten über unberechenbare Eingriffe in die Projektarbeit bis zur Hinauszögerung wichtiger Entscheidungen.

Rolle, Position und Aufgaben des Projektleiters erfordern ein hohes Maß an Verantwortung - gegenüber dem Projekt, gegenüber dem Team und nicht zuletzt gegenüber der eigenen Person, denn der entscheidende Beurteilungsmaßstab ist letztlich immer der Projekterfolg. Ein Projekt zu leiten bedeutet somit auch, klar und eindeutig Stellung zu beziehen, die Interessen des Projektteams entschieden zu vertreten und ausgleichend und vermittelnd zwischen den verschiedenen Interessengruppen zu wirken (siehe Abbildung 6.85).

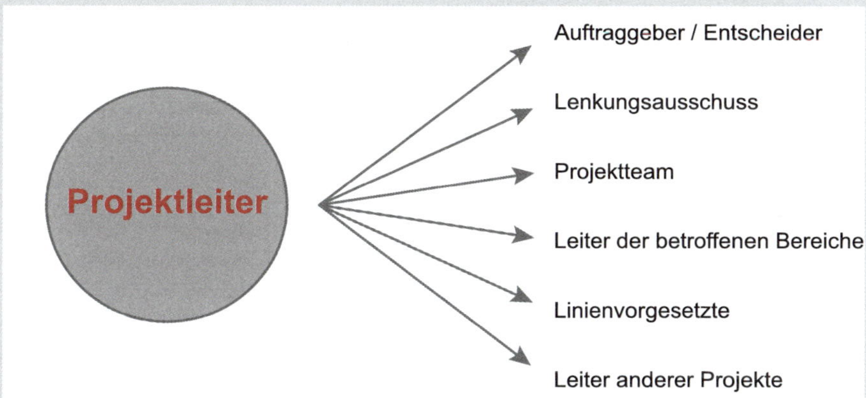

Abb. 6.85: Umgang mit Macht und Hierarchie

Projektleiter benötigen also nicht nur ausreichende Fach- und Projektmanagementkompetenz, gefordert sind darüber hinaus Selbstvertrauen, Überzeugungskraft, Konfliktfähigkeit, Verhandlungsgeschick, Durchsetzungsvermögen und reichlich Mut und Zivilcourage.

Um diesen Anforderungen entsprechen zu können, bedarf es permanenter Lern- und Entwicklungsprozesse, eigene Einstellungen und Verhaltensweisen müssen immer wieder analysiert und hinterfragt werden. Hierbei geht es insbesondere um den persönlichen Umgang mit Macht und Hierarchie, der von vielen Faktoren wie z.B. der Erziehung, den Erfahrungen, der Unternehmenskultur, der eigenen Persönlichkeit abhängig ist.

Eigene Verantwortung bei der Übernahme der Projektleitung

Bei der Übernahme einer Projektleitung sind daher

- die Klärung der eigenen Position
- die Klärung der persönlichen Fähigkeiten
- die Klärung der an den Projektleiter gestellten Erwartungen
- die Klärung der konkreten Aufgaben (z.B. im Projekt allgemein, im Kick-off-Meeting, in Projektteamsitzungen, in Verhandlungen mit dem Auftraggeber, in Sitzungen des Lenkungsausschusses)
- die Überwindung „innerer Hierarchievorstellungen" („selbstgemachte" Filter, Hindernisse und Hemmnisse, Vorurteile und Klischees, vermutete Grenzen usw.)

außerordentlich wichtig. Nur ein „unbequemer" Projektleiter kann letztlich ein guter Projektleiter sein. Das liegt sowohl im Interesse des Projektes als auch des Unternehmens selbst.

Das nachfolgende Bearbeitungsmodell bietet eine Möglichkeit zur Selbstreflexion:

Bearbeitungsmodell für eigenes Verhalten

1. Schritt	**Beschreibung des eigenen Verhaltens**	„Wie verhalte ich mich gegenüber Macht und Hierarchie und wie geht es mir dabei?“
2. Schritt	**Analyse des eigenen Verhaltens**	„Warum verhalte ich mich so?“
3. Schritt	**Beschreibung der eigenen Wunschvorstellung**	„Wie möchte ich mich lieber verhalten?“
4. Schritt	**Ermittlung der eigenen Blockade**	„Was hindert mich daran, mich so zu verhalten, wie ich es gerne möchte?“
5. Schritt	**Entscheidung**	„Will ich mein Verhalten ändern, und wenn ja, was will ich ausprobieren?“

Aber auch die Vertreter der Hierarchie können maßgeblich zum Erfolg der Projektarbeit beitragen, indem sie

Beitrag der Organisation

- klare Zuständigkeiten schaffen und sich selbst an die Vereinbarungen halten
- Zeitvorstellungen mit dem Projektleiter abstimmen und aufgeschlossen für Sachargumente sind
- in schwierigen Projektsituationen notwendige Entscheidungen treffen
- sich kooperativ verhalten und im Rahmen ihrer zeitlichen Möglichkeiten und ihrer Aufgabenstellung mitarbeiten
- fachliche Grenzen in Detailfragen des Projektes respektieren
- Vertrauen in das Projektteam setzen und nicht mit positivem Feedback sparen.

6.9.5 Sitzungen des Lenkungsausschusses

Der Lenkungsausschuss (oder Project Steering Committee) setzt sich – wie in Kap. 2.3.3 beschrieben – aus leitenden Mitarbeitern der wesentlich betroffenen Einheiten zusammen. Er stellt personelle Ressourcen bereit und entscheidet an den Meilensteinen und bei wichtigen Anlässen über Projektergebnisse und das weitere Vorgehen. Damit spielt er für den Projektleiter und sein Team eine herausragende Rolle. Umso wichtiger ist eine konstruktive und reibungslose Zusammenarbeit, die insbesondere in den Sitzungen des Lenkungsausschusses zum Tragen kommt. Gerade hier zeigt sich der persönliche Umgang des Projektleiters mit „Macht und Hierarchie". Nur wenn es ihm gelingt, dem Ausschuss gegenüber selbstbewusst und nachdrücklich seine bzw. die Position des Projektteams zu vertreten sowie die – gerade in Krisen – notwendige Unterstützung und erforderliche Entscheidungen einzufordern, wird er letztlich seiner Verantwortung gerecht.

Unterstützung einfordern

Hilfreich ist es, sich gemeinsam mit dem Team gründlich auf die anstehende Sitzung des Lenkungsausschusses vorzubereiten. Gemeinsam werden die relevanten Themen, Fragestellungen oder Probleme aufbereitet und die jeweiligen Positionen formuliert. Dabei erweist sich eine sorgfältige visuelle Aufbereitung mit Hilfe von Flipcharts, Pinnwänden oder auch Folien als nützlich: die Informationen werden für die Mitglieder des Lenkungsausschusses transparenter, der Entscheidungs- und Handlungsbedarf klarer.

Transparenz im Entscheidungsbedarf

In der Sitzung selbst muss dann der Projektleiter die zuvor mit seinem Team erarbeiteten Positionen entschieden vertreten und ggf. die Konsequenzen bei ausbleibenden Entscheidungen und/oder mangelnder Unterstützung aufzeigen. Das muss er aber nicht unbedingt alleine tun. Die „Verstärkung" durch einige Teammitglieder, die einzelne Themenbereiche übernehmen können, kann die Wirkung erhöhen und beeinflusst zusätzlich die Motivation des Projektteams positiv.

Teamgedanken repräsentieren

Mitunter neigen Lenkungsausschüsse dazu, dem Projektleiter die Vor- und Nachbereitung sowie die Moderation der Sitzungen zu übertragen. Das hat auch Vorteile, beispielsweise können wichtige Themen angesprochen werden. Problematisch ist das jedoch hinsichtlich der Moderation. Der Projektleiter gerät sehr schnell in einen Rollenkonflikt, weil die Neutralität erfordernde Moderationsaufgabe mit den (berechtigten) Interessen des Projektteams kollidieren kann. Zumindest im Zusammenhang mit anstehenden Entscheidungen empfiehlt es sich daher für den Projektleiter, die Moderation wenigstens vorübergehend abzugeben.

Schwierige Moderation durch Projektleiter

Für die Durchführung der Sitzungen gelten wiederum die bereits für das Projektteam beschriebenen Gestaltungsprinzipien (Zielklärung, Gruppenarbeitsplan, Visualisierung, Handlungsorientierung/Aktionsplan).

6.10 Vertragsmanagement

> „Zusammenkommen ist ein Beginn, Zusammenbleiben ist ein Fortschritt, Zusammenarbeiten ist ein Erfolg."
> Henry Ford

Zusammenarbeit mit Externen im Projekt wächst

Projekte, die ohne externe Unterstützung abgewickelt werden, sind heute selten geworden. So werden externe Lieferanten immer früher und intensiver in die Produktentwicklung einbezogen, und die Unternehmen sind bei IT-Projekten auf externe Spezialisten angewiesen.

Wird im Projekt mit Externen zusammengearbeitet, so hängt der Erfolg vom Vertrauen der Partner zueinander und von bestehenden vertraglichen Regelungen ab. Über deren Ausgestaltung muss auch der Projektleiter informiert sein. Verträge können dabei die Vertrauensbasis zwischen Entwicklungspartnern nur ergänzen. Auf die Vertragsebene sollte man sich nur in Konfliktfällen zurückziehen, die sich auf der Beziehungsebene nicht mehr bewältigen lassen.

Der Weg zum Vertrag über Verhandlungen ist meist entscheidender für die künftige Zusammenarbeit als der Vertrag selbst. „Harte" Einkäufer und findige Juristen von mächtigen Unternehmen formulieren einseitige Verträge, die das Interesse überwiegend der Auftraggeberseite betonen. Da der Projektleiter in der Praxis selten einbezogen wird, werden für die Projektarbeit wichtige Punkte unzureichend geklärt und vereinbart.

Klärungsbedarf aus Projektsicht

Projektziele	Was soll gemeinsam erreicht werden? Wer liefert hierzu welchen Beitrag?
Schlüsselpersonen	Wer ist Projektleiter? Welche Know-how-Träger müssen dabei sein?
Meilensteine, Entscheidungspunkte	Wann sollen welche Ergebnisse vorliegen?
Ausstieg	Wem gehört das Know-how, falls das Projekt scheitert? Kann eine Partei das Projekt alleine fortsetzen, wenn die andere aussteigt? Welche Ansprüche bestehen dann?

Das Vertragsmanagement dient der Gestaltung, dem Abschluss und der Abwicklung von Verträgen, um alle vertraglichen Rechte und Pflichten inhaltlich und formal durchzusetzen. Hierzu zählen die Durchsetzung von Nachforderungen an den Auftragnehmer ebenso wie die Abwehr von Nachforderungen seitens des Auftraggebers und ggf. von Subunternehmen. Das Vertragsmanagement kann damit wesentlich zum wirtschaftlichen Erfolg des Projektes beitragen.

Das Vertragsmanagement wird je nach Größe des Projektes durch eine eigene Stabsstelle, durch Unterstützung z.B. der Rechtsabteilung oder durch externe Firmen wahrgenommen. Liegen entsprechende Kenntnisse vor, können sie auch von dem Projektleiter übernommen werden.

Das Vertragsmanagement erstreckt sich über drei Phasen.

Phasen des Vertragsmanagements

Akquisition und Angebotserstellung / -verhandlung
■ Inhaltliche und formale Mitgestaltung des Angebotes ■ Überprüfung von wesentlichen Aspekten für die spätere Vertragsabwicklung wie Inkrafttreten des Vertrages, Termine, Zahlungsbedingungen, Haftung und Gewährleistung
Vertragsabschluss
■ Kann sich bei Großprojekten über mehrere Monate oder Jahre erstrecken. Vor Vertragsabschluss ist eine vollständige Abschlussprüfung vorzunehmen ■ Unstimmigkeiten und/oder Widersprüche beseitigen ■ Notwendige Ergänzungen aufnehmen
Vertragsabwicklung
■ Unterstützen der Projektleiter mit Vertragsanalysen ■ Besondere Risikobereiche aufzeigen ■ Hauptpflichten des Auftraggebers und Auftragnehmers verdeutlichen ■ Wichtige Vertragsdaten wie Vertragsstrafen, Verzögerungen von Zahlungen und deren Folgen aufbereiten ■ Verträge weiterverfolgen ■ Beweissicherung betreiben

Instrumente des Vertragsmanagements sind alle verfügbaren Dokumente wie

Dokumente im Vertragsmanagement

- Verträge mit Kunden und Lieferanten
- Vereinbarungen und Änderungsprotokolle
- Korrespondenz, Berichte, Logbücher und Fotos
- Lieferscheine
- behördliche Unterlagen
- Mittel der Beweissicherung
- Formulare und Checklisten.

6.10.1 Entstehung eines Vertrages

Vertrag als Gesetz zwischen zwei Parteien

Verträge sind das Bindeglied, eine Art Gesetz zwischen zwei Parteien. Aufgrund der in Deutschland bestehenden Vertragsfreiheit können Verträge zwischen Auftraggeber und -nehmer frei gestaltet werden.

Prinzip Leistung und Gegenleistung

Bei Projektverträgen kommt es in aller Regel zum Abschluss von Austauschverträgen. Das heißt für eine erbrachte Leistung (Beratung) gibt es eine Gegenleistung (Geld). Leistung und Gegenleistung sind im Sinne aller vertragsschließenden Parteien genau zu definieren.

Es gibt grundsätzlich zwei Möglichkeiten, nach denen ein Vertrag zustande kommen kann:

- Unterzeichnung einer Urkunde (Vertrag) durch alle beteiligten Parteien
- Schriftliches oder mündliches Angebot durch eine Partei (z.B. Auftragnehmer) und Annahme durch die andere Partei (Auftraggeber).

Zwar ist ein mündlicher Vertrag grundsätzlich gültig, Projektverträge sollten aber immer schriftlich verfasst werden. Jeder Vertrag muss folgende Mindestanforderungen erfüllen:

Mindestanforderungen für einen Vertrag

- Eindeutige Identifikation der Vertragsparteien durch deren genaue Bezeichnung (Rechtsform, Adresse, Namen der Vertretungsberechtigten)
- Eindeutige Beschreibung des Vertragsgegenstandes in Form von zu erbringenden Leistungen und Gegenleistungen
- Klare gegenseitige Willenserklärung.

6.10.2 Vertragsinhalte

Die Inhalte eines Vertrages sollten modular aufgebaut werden, damit gerade in größeren und technisch orientierten Projekten die Vielzahl von Beteiligten wie Controller, Techniker, Organisatoren, Juristen und Management ihre Interessen in den Vertrag zeitlich und örtlich separat einbringen können. Anschließend werden die Bestandteile zu einem Gesamtvertrag zusammengeführt (siehe Abbildung 6.86).

Aufgrund der Vielzahl von Mitwirkenden an einem Vertrag können bei der Vertragsgestaltung für sich Projektmanagementmethoden erfolgreich angewendet werden. So sollte jeder Beteiligte seinen Beitrag und seine Kompetenzen genau kennen. Auch wenn der Projektleiter nicht der juristische Experte ist, so trägt er die Verantwortung für das „Projekt" der Vertragsgestaltung und muss die verschiedenen Beteiligten so koordinieren, dass die Interessen der verschiedenen Vertragspartner, Experten und des Projektes (Auftraggeber) den Gesetzen entsprechend optimal berücksichtigt werden.

1.	Präambel/Ausgangslage Hier wird kurz die Ausgangslage geschildert, und die generellen Ziele des Projektes werden genannt (z.B. Neuorganisation eines Filialbetriebes).
2.	Definitionen Insbesondere in internationalen Projekten ist auf die genaue Klärung von Begriffen zu achten, um spätere Missverständnisse oder gar Zielverfehlungen zu vermeiden.
3.	Lieferungen und Leistungen Zentraler Teil des Projektvertrages, in dem festgehalten wird, wie das Endprodukt des Projektes aussehen und wie es funktionieren soll (=Spezifikation, Leistungsverzeichnis, Pflichtenheft).
4.	Kommerzieller Teil Inhalt dieses Teiles sind u.a. Vereinbarungen zu Preisen, Zahlungsbedingungen, Preisgleitklausel, Versicherungen.
5.	Juristischer Teil Festgehalten sind hier z.B. Rechtsfolgen, die sich aus verspäteter oder schlechter Lieferung und Nichteinhaltung der Vertragsbedingungen ergeben. Von besonderer Bedeutung ist, dass eine genaue Abstimmung mit den Vertragsbestandteilen zu den Leistungen und Lieferungen sowie zum kommerziellen Teil vorgenommen wird

Abb. 6.86: Vertragsinhalte

Verzögerungen beim Zustandekommen der Verträge haben schon sehr häufig Projektendtermine gefährdet und Auftraggeber und Projektleiter so unter Druck gesetzt, dass eine vertragliche Risikovorsorge unterbleibt.

Nachfolgend Hinweise und Anregungen zu den Vertragsinhalten.

		Partner		Projekt			Linie				
		Geschäftsführung	Projektmitarbeiter	Lenkungsausschuss	Projektleiter	Projektmitarbeiter	Geschäftsleitung	Einkauf	Controlling	Technik	Recht/Steuern
1.	Präambel/Ausgangslage		A	P	B F	B					P
2.	Definitionen		P		F	B				B F	P
3.	Lieferungen und Leistungen	A	B F P	A	B F P	B F		B F P	P	B P	P
4.	Kommerzieller Teil	A P	P	P	P		A	B F P	B F P		P
5.	Juristischer Teil	A	P		P		A	P A	P A		B F P A

B - Inhalte beitragen; F - formulieren; P - prüfen, ergänzen; A - abnehmen

Abb. 6.87: Beteiligte der Vertragsgestaltung und ihre Beiträge

6.10.2.1 Lieferungen und Leistungen

Der Vertragsteil Lieferungen und Leistungen wird in Form eines Leistungsverzeichnisses oder auch Pflichtenheftes formuliert. Es enthält Angaben darüber, was der Auftragnehmer wann und gegebenenfalls auch wo und wie zu erledigen hat. Damit wird im Leistungsverzeichnis festgelegt, welche wesentlichen Aufgaben und Pflichten der Auftragnehmer im Rahmen des Projektvertrages wahrzunehmen hat. Detailangaben (z.B. Projektstrukturplan, Zeitplanung auf Teilprojektebene) sind den speziellen Planungsunterlagen zu entnehmen. Das Leistungsverzeichnis sollte modular aufgebaut sein und sich am Projektstrukturplan orientieren.

Ziele für ein gutes Pflichtenheft

- Missverständnisse vermeiden durch klare Beschreibung und gegenseitige Abgrenzung der Aufgaben des Auftragnehmers und des Auftraggebers und Festhalten von Mitwirkungspflichten des Auftraggebers sowie seiner Beistellungen (Leistungen)
- Eindeutige Formulierungen verwenden: „Der Auftragnehmer wird die Integrationstests auf der Grundlage der vom Auftraggeber definierten Testfälle durchführen.“ Nicht: „Es werden Tests durchgeführt werden.“
- Lieferungen klar definieren durch Angabe von allen Bestandteilen (Hard- und Softwarekomponenten), Dokumenten sowie Liefertermin und Lieferort
- Vorhandene, anzuwendende Verfahren und Standards ausdrücklich aufführen
- Zu viele Details und Mehrfachnennungen vermeiden, eher auf Arbeitspaketbeschreibungen und Terminpläne verweisen.

Je nach Qualifizierung des externen Vertragspartners können hier im Projekt vollständige Entwicklungsblöcke vergeben werden, die durch allgemeine Vergaberichtlinien für Unterauftragnehmer gestützt sind. Diese Tendenz ist besonders im Automobil- und Flugzeugbau verstärkt zu beobachten.

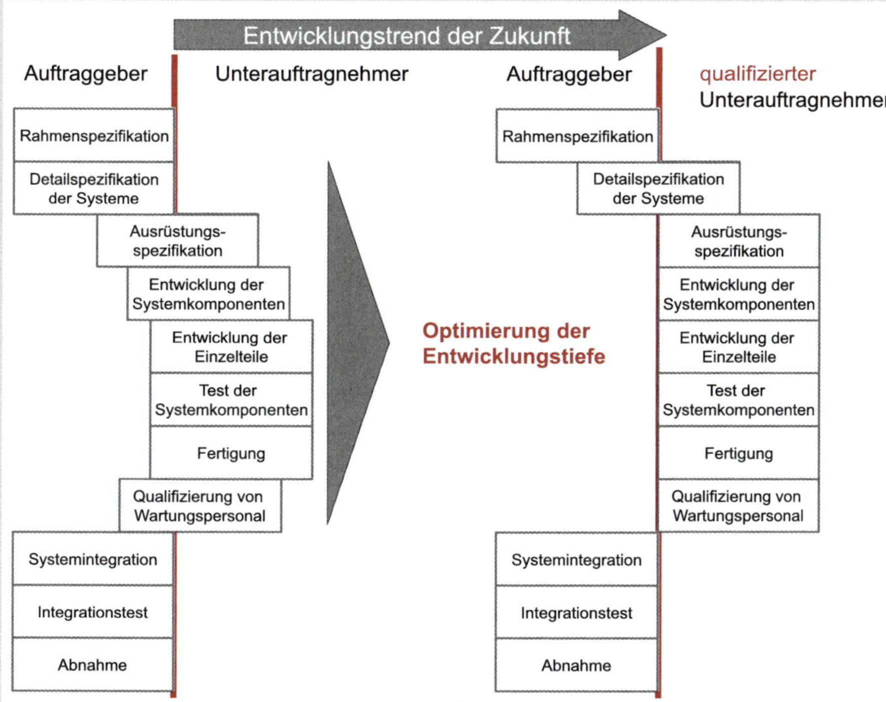

Abb. 6.88: Stellenwert externer Beauftragung

6.10.2.2 Kommerzielle Vereinbarungen

Die Bandbreite der Preisgestaltung reicht von einem vereinbarten Festpreis bis zur reinen Erstattung der Selbstkosten mit Gewinnaufschlag. In der Privatwirtschaft werden zunehmend Festpreise angestrebt. Die Verordnung über die Preise bei öffentlichen Aufträgen räumt dem Festpreis eindeutig den Vorrang ein. Die Arten der Preisgestaltung können nach

- dem Risiko für den Auftragnehmer
- der Motivation des Auftragnehmers
- der Zahlungsgrundlage an den Auftragnehmer
- dem für den Kunden nötigen Ausmaß an Kontrolle
- der erforderlichen Klarheit der Projektdefinition

unterschieden werden.

Formen der Preisgestaltung

1. Absoluter Festpreis
- Gut definierbare Spezifikationen und Leistungsverzeichnisse
- Realistische Kostenschätzungen
- Kosten- und Preisdaten, die einen Preisvergleich ermöglichen.

2. Festpreis mit Preisgleitklausel
- Instabile Markt- und Lohnverhältnisse
- Langfristverträge und lange Projektlaufzeiten.

3. Festpreis mit Neufestsetzungsregel
- Nur für die (Vorstudie) Frühphase eines Projektes kann ein realistischer Preis festgelegt werden
- Nach Phasenende werden Preise neu verhandelt.

4. Selbstkostenerstattungspreis
- Bei öffentlichen Aufträgen nur, wenn Preisermittlung anders nicht möglich ist
- Kosten sind offen zu legen und werden aufwandsgerecht bis zur vereinbarten Obergrenze erstattet.

5. Selbstkostenerstattungspreis mit Prämienregulierung
- Projekte, bei denen eine Prämienregulierung zu Effizienzverbesserungen der Projektabwicklung führen kann (z.B. Einsparungen bei Projektkosten, Laufzeitverkürzung des Projektes ohne Qualitätsverlust, Leistungsverbesserung des Produktes)
- Leistungsverschlechterungen führen umgekehrt zu Vertragsstrafen.

6. Zeit- und Materialverträge (Kosten plus)
- Zeitlich festgelegte Beistellung von Personal zu vereinbarten Kosten/Preisen (Tages-/Materialsätze)
- Gewinnaufschläge sind enthalten.

Preisgestaltung von Projektart/-phase abhängig

Welche Art der Preisgestaltung angewandt wird, hängt sehr stark von der Projektart bzw. der Projektphase ab. Forschungs- und Entwicklungsprojekte mit hoher Planungsunsicherheit werden häufig nach dem Muster des Selbstkostenerstattungspreises (in letzter Zeit vermehrt mit Prämienregulierung) abgewickelt. Produktionsprojekte werden demgegenüber vielfach zum Festpreis durchgeführt; ebenso Machbarkeitsstudien in Frühphasen von Projekten, um die Kosten besser unter Kontrolle behalten zu können.

6.10.2.3 Juristischer Teil

Der juristische Teil beschreibt die Vorgehensweise im Streitfall und bei Auflösung des Vertrages. Wer etwa wen zu informieren hat, welche Dokumente als Beweise akzeptiert werden, welche Fristen einzuhalten sind, wo der Gerichtsstand ist und welches Landesrecht angewendet wird. Für den Projektleiter ergeben sich daraus eine Menge formaler Anforderungen an die Dokumentation, damit mögliche Nachforderungen gestellt werden können.

Anwendung bei Auflösung und im Streitfall

Nichterfüllung von vereinbarten Leistungen oder Leistungsverschlechterung sind Fälle, die zu Vertragsstrafen (Pönale) führen. Wie bei Leistungsprämien so ist auch hier bei Vertragsabschluss festzulegen, in welchen Fällen Vertragsstrafen fällig werden. Lieferverzug, Kostenabweichungen, Mängel und ihre Folgen für das Unternehmen sind einige Beispiele. Hierzu werden Untergrenzen festgelegt, deren Unterschreitung dazu führt, dass die Abnahme verweigert wird (z.B. Verarbeitungsgeschwindigkeit einer Poststraße, Belastbarkeit von Motorbauteilen, Speicherfähigkeit elektronischer Bauteile).

Die Höhe der Vertragsstrafe muss angemessen sein. Sie darf nicht fiktiv sein, sondern sollte dem tatsächlich entstandenen Schaden des Auftraggebers entsprechen.

6.10.2.4 Vertragsarten und Formen

Das Vertragsrecht und die Arten von Verträgen werden im Bürgerlichen Gesetzbuch (BGB) geregelt.

Vertragsarten nach dem Bürgerlichen Gesetzbuch

Kaufvertrag (§§ 433 BGB)	Der Verkäufer liefert 20 nach Spezifikation ausgestattete Rechner.
Dienstvertrag (§§ 611 - 630 BGB)	Erbringung von Diensten wie z.B. laufende Beratung, Begleitung von Projektleitern/-teams, Schulungen, Forschungs- und Entwicklungsvorhaben („reine Kopfarbeit). Geschuldet wird ein Dienst, kein „Werk“.
Werkvertrag (§§ 631 - 650 BGB)	Herbeiführung eines, „greifbaren“ Arbeitsergebnisses (Werk) wie z.B. Erstellung eines Gutachtens. Hinweis: Ein Bericht, der nur die Ist-Situation dokumentiert (z.B. Prozessdokumentation) ist kein „Werk“.
Geschäftsbesorgungsvertrag (§ 675 BGB)	Wirtschaftliche Tätigkeit, die in selbständiger Wahrnehmung fremder Vermögensinteressen besteht („Sachwalter“-„Treuhändertätigkeit“) z.B. Konzeption und Entwicklung neuer Organisationsstrukturen (Beratungswerkvertrag); auf Dauer angelegte Betreuung einer Organisationsabteilung (Beratungsdienstvertrag).

In der praktischen Projektarbeit kommen häufig Mischformen vor. Beratungsdienstverträge und Beratungswerkverträge können den Charakter einer Geschäftsbesorgung bekommen, wenn die Projektgeschäfte vollständig übertragen werden.

Verträge mit Unterauftragnehmern

- Der Projektmanager als alleiniger Auftragnehmer ist General-(Haupt-)unternehmer. Es liegen zwei unterschiedliche Vertragssysteme vor:
  - Auftragnehmer (Projektmanager) mit Auftraggeber
  - Auftragnehmer (Projektmanager) mit weiteren Unterauftragnehmer
- Unterauftragnehmer haben kein direktes Vertragsverhältnis zum Auftraggeber
- Projektmanager muss alle Teilleistungen der Unterauftragnehmer koordinieren
- Unterauftragnehmer sind gem. § 278 BGB Erfüllungsgehilfen des Hauptauftragnehmers. Dieser haftet damit voll für deren Lieferungen und Leistungen. Damit muss der Auftragnehmer auch seine Verpflichtungen an die Unterauftragnehmer weitergeben, um in Haftungsfällen diese in Regress nehmen zu können.

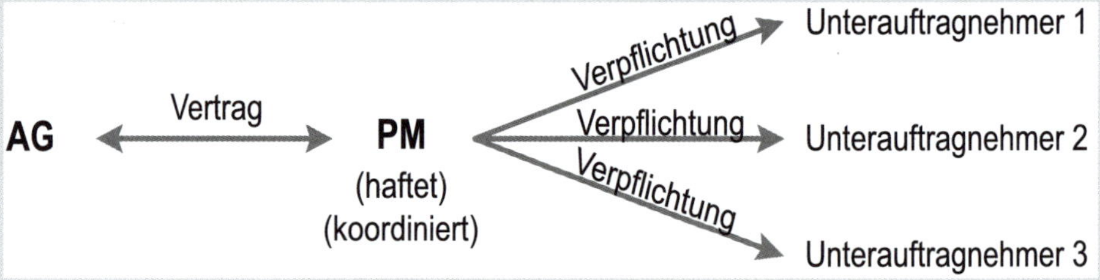

Abb. 6.89: Verträge mit Unterauftragunternehmen

Konsortialverträge

- Mehrere Auftragnehmer sind Vertragspartner des Auftraggebers
- Die Auftragnehmer haben sich zu einem Konsortium zusammengeschlossen; untereinander besteht ein Konsortialvertrag (inneres, zweites Vertragsverhältnis)
- Nach außen, gegenüber dem Auftraggeber besteht ein Vertrag
- Jeder Konsorte haftet voll für seine eigenen Verpflichtungen und für die der anderen Konsorten
- Zur Vereinfachung der Kontakte mit dem Auftraggeber wird ein Konsortialführer/Federführer als Ansprechpartner bestimmt.

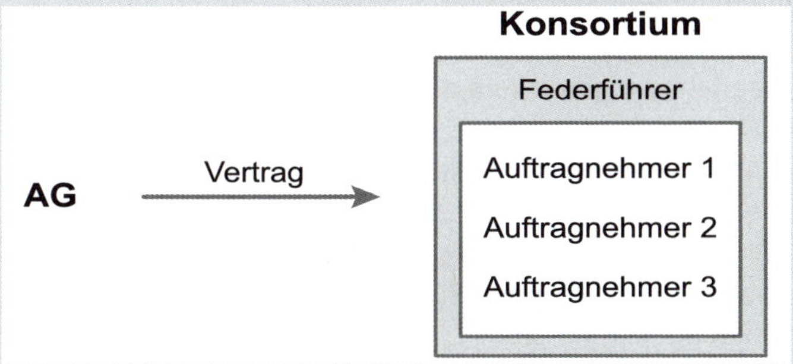

Abb. 6.90: Konsortialverträge

6.10.3 Nachforderungsmanagement (Claim-Management)

Unter Nachforderungsmanagement (Claim-Management) versteht man die Verwaltung von Ansprüchen und Gegenansprüchen, die sich aus Abweichungen zu vertraglichen Vereinbarungen zwischen Vertragspartnern ergeben, mit dem Ziel, eigene Forderungen aus Abweichungen durchzusetzen und Gegenforderungen abzuwehren.

Forderungen können sich beziehen auf

- Vertragszeitverlängerung
- zusätzliche Vergütungsansprüche
- ergänzende oder veränderte Werke bzw. Dienste.

Nachforderungen – sogenannte Claims – entstehen aus einem Vertrag, wenn

Entstehen von Nachforderungen

- die andere Vertragspartei ihre vertraglichen Verpflichtungen nicht oder nur mangelhaft erfüllt
- die andere Vertragspartei aufgrund vertraglicher Regelungen Änderungen des Vertrages fordert
- die Vertragsabwicklung durch Ursachen gestört wird, die keine der Vertragsparteien zu vertreten hat.

Sie haben in der Praxis mittlerweile eine so hohe Bedeutung erhalten, dass Eigen- oder Fremdclaims, auch die kleinsten, lückenlos zu erfassen sind. Deshalb sollte sich der Projektleiter mit den Instrumenten des Claim-Managements vertraut machen.

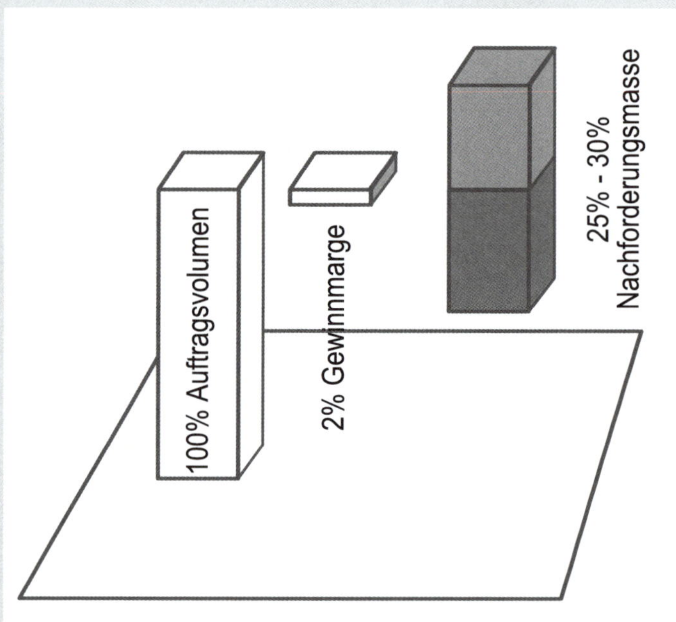

Abb. 6.91: Bedeutung der Nachforderungen

Nachforderungen entstehen aus Leistungsstörungen bei Projektverträgen. In diesem Fall haben Auftraggeber und Auftragnehmer die in Abbildung 6.92 dargestellten Rechte.

Rechte bei Leistungsstörungen	Auftraggeber	Auftragnehmer
1. Vertragsstrafe Vertragsstrafe kommt nur zum Tragen, wenn sie vertraglich vereinbart ist.	x	
2. Leistungsverweigerung (=Zurückbehaltungsrecht) Wer vertraglich nicht zur Vorleistung verpflichtet ist, kann seine Leistung bis zur Bewirkung der Gegenleistung verweigern.	x	x
3. Nacherfüllung Der Auftraggeber muss dem Auftragnehmer einen Mangel anzeigen und ihm Gelegenheit zur Beseitigung geben.	x	
4. Selbstvornahme Hat der Auftragnehmer den Mangel innerhalb der festgesetzten Frist nicht abstellen können, kann der Auftraggeber den Ersatz seiner aus dem Mangel entstehenden Aufwendungen mit einem Vorschuss verlangen.	x	
5. Minderung Nach Ablauf der Frist zur Nacherfüllung mindert der Auftraggeber die Vergütung durch eine einfache Erklärung.	x	
6. Rücktritt Voraussetzung für Rücktritt und Schadensersatz ist neben dem erfolglosen Verstreichen der Frist zur Nacherfüllung ein Verschulden der anderen Partei.	x	x
7. Kündigung aus wichtigem Grund Nach § 314 BGB ist Kündigung aus wichtigem Grund nur möglich, wenn die Fortsetzung des Vertragsverhältnisses dem kündigenden Vertragspartner nicht mehr zumutbar ist. Dabei ist eine erfolglose Abmahnung vorausgegangen und eine Frist zur Abhilfe verstrichen.	x	x
8. Geltendmachung von Verzugszinsen Verspätungen führen zum Verzug, der anhand der Fälligkeit der Leistung, dem Überschreiten einer kalendermäßig definierten Frist, ausgesprochenen Mahnungen und Verschulden des Schuldners angesetzt wird.		x

Abb. 6.92: Rechte der Vertragspartner bei Leistungsstörungen

Im Rahmen des Nachforderungsmanagements sind angefallene Leistungsstörungen systematisch zu dokumentieren und deren Entwicklung zu verfolgen.

Dokumentationen/ Verträge unterstützen das Nachforderungsmanagement

Claimschreiben

Zeitnah erstellen mit den folgenden Mindestinhalten:

- Betroffene Leistung/Anlage/Gewerk
- Ereignis mit Datum, Sachverhalt, Verursacher
- Beschreibung der ursprünglich vertraglichen Regelung
- Beschreibung der Auswirkungen des Ereignisses
- Forderungen (Termine/Kosten/Leistungen)
- Fristsetzung für Reaktion, ggf. Maßnahmen bei deren Ausbleiben
- Dokumentation des Ereignisses und der Ursachen

Änderungsmanagement

Aus dem Konfigurations- und Änderungsmanagement können die wesentlichsten Informationen und Dokumente als Grundlage genutzt werden

Claimvermeidung

Zur aktiven und frühzeitigen Abwehr potenzieller Fremdclaims können folgende Maßnahmen ergriffen werden:

- Projektteam über den Vertrag und dessen Details in Kenntnis setzen
- Aufgetretene Unklarheiten rechtzeitig aufdecken, klarstellen, dokumentieren
- Schriftliche Regelung des Änderungsmanagements
- Aktive Risikoanalyse betreiben
- Laufendes Controlling und Überprüfen der Vertragseinhaltung
- Claim Management als TOP in Sitzungen
- Korrespondenz prüfen und Claim bewusst reagieren
- Alle Ereignisse, Abweichungen und besondere Vorkommnisse dokumentieren
- Anweisungen, Entscheidungen, Änderungen und wichtige Unterlagen schriftlich bestätigen lassen

Anlassdokumentation

Alle außervertraglichen Leistungen und alle Leistungsstörungen sind als Anlass einer möglichen Nachforderung aufzulisten:

- Mehr- oder Minderleistung
- Entwurfsänderungen
- Übernahme von Leistung durch den Auftraggeber
- Behinderung und Unterbrechung

Claimbewertung

Leistungsstörungen verursachen erhebliche weitere Kosten. Dabei ist insbesondere an die Vorhaltezeit für Geräte und Personal zu denken. Erst die Bewertung der Leistungsstörungen und deren Summierung machen eine realistische Einschätzung der Situation möglich und dienen als Grundlage für die Nachforderungsargumentation

Juristische Stellungnahmen

Zur Klärung inwieweit Nachforderungen geltend gemacht werden können.

Abb. 6.93: Instrumente des Nachforderungsmanagements

Die Instrumente des Claim-Managements sollen die typischen Fehler bei Nachforderungen vermeiden helfen:

- Fehlendes Verständnis für Nachforderungen
- Fehlende Kommunikation zwischen den Projektmitarbeitern und den Entscheidungsträgern
- Ungenügende Dokumentation der Nachforderungen
- Ungenügende Form und ungenügender Formalismus
- Keine vertragliche Vereinbarung zum Nachforderungsverfahren.

6.11 Verhandlungen im Projekt

> „Das Kunststück ist nicht, dass man mit dem Kopf durch die Wand rennt, sondern bloß mit den Augen die Tür findet."
> Georg von Siemens

Die Erfahrung zeigt, dass ein klarer und eindeutiger Projektauftrag die Basis für ein erfolgreiches Projekt darstellt. Das Projektteam muss sehr genau wissen, welche Projektziele zu verfolgen sind, wie der Gestaltungsbereich aussieht und welche Rahmenbedingungen zu beachten sind, um ziel- und erfolgsorientiert arbeiten zu können. Die erforderliche Klarheit ist jedoch nicht immer gegeben. Es ist die Aufgabe des Projektleiters, in Verhandlungen mit dem Auftraggeber für eindeutige Vorgaben zu sorgen. Das gilt ebenso für die Bereitstellung der erforderlichen Ressourcen, die Festsetzung realistischer Termine und die Klärung von Aufgaben, Kompetenzen und Verantwortung. Darüber hinaus gibt es zahlreiche weitere Verhandlungsanlässe, z.B. mit Linienvorgesetzten der Teammitglieder, mit externen Beratern, mit Zulieferern, mit Sponsoren u.a.m.

Auch während der Projektarbeit kann es immer wieder erforderlich werden, auf den Auftraggeber zuzugehen und in Verhandlungen nachträglich erkannte Defizite abzubauen oder aufgrund von Erkenntnissen aus der Arbeit Modifikationen (z.B. mehr Ressourcen, Terminänderungen, Zielrevisionen u.a.m.) herbeizuführen.

Inwieweit das dem Projektleiter gelingt, hängt in hohem Maße von seiner Kommunikations- und Konfliktfähigkeit (siehe auch Kap. 6.9.4 „Umgang mit Macht und Hierarchie"), seinem Selbstbewusstsein, seinem Auftreten und seinen Vorstellungen ab. Die Projektverantwortung liegt in jedem Fall beim Projektleiter. Er wird am Projekterfolg gemessen und zur Rechenschaft gezogen, wenn das Projekt scheitert. Im ureigensten Interesse muss ihm deshalb daran gelegen sein, entschieden für Bedingungen einzutreten, die für die Arbeit erforderlich sind. Darüber hinaus erstreckt sich seine Verantwortung auch auf das Projektteam. Die Teammitglieder erwarten zu Recht, dass ihr Projektleiter ihre Interessen vertritt und dafür sorgt, dass alle Voraussetzungen für eine erfolgreiche Projektbearbeitung geschaffen werden. Tut er das nicht, bedroht er die Zusammenarbeit und Motivation und damit die Qualität der Ergebnisse.

Auch vor Verhandlungen ist - wie schon im Kap. 6.5.5.4 „Konfliktgespräche" ausführlich beschrieben - eine Grundsatzentscheidung zu treffen: Will ich Sieg oder Lösung? Und auch hier gilt, dass für erfolgreiche Projektarbeit allein die Entscheidung für die Suche nach einer akzeptablen Lösung sinnvoll ist.

Die nachfolgenden „Regeln" können die Verhandlungsführung unterstützen:

Tipps für Verhandlungen

- Verschaffen Sie sich (zusammen mit Ihrem Team) zunächst Klarheit darüber, welche Passagen des Projektauftrages „nachgebessert" werden müssen
- Legen Sie für sich eine Reihenfolge des Vorgehens fest, überlegen Sie sich überzeugende Argumente
- Bereiten Sie - soweit erforderlich - Informationen auf
- Seien Sie sich Ihrer Verantwortung sich selbst, dem Projekt und dem Team gegenüber bewusst
- Stellen Sie sich auf mögliche Einwände ein und formulieren Sie schon im Vorfeld passende Erwiderungen
- Glauben Sie an sich und trauen Sie sich zu, Ihren Auftraggeber mit guten Argumenten zu überzeugen
- Trauen Sie Ihrem Verhandlungspartner Einsicht und Verständnis zu
- Akzeptieren Sie nicht vorschnell Ablehnung
- Weisen Sie auf Konsequenzen hin, wenn elementare „Forderungen" nicht erfüllt werden
- Unternehmen Sie einen neuen Versuch, wenn das Verhandlungsergebnis nicht Ihren Vorstellungen entspricht.

Niemals darf es also darum gehen, den Verhandlungspartner „niederzuringen" und als „Sieger" aus der Verhandlungsrunde hervorzugehen. Die Verhandlungen sollten vielmehr von dem Bemühen getragen sein, im Interesse des Projektes gemeinsam realistische und akzeptable Lösungen (Kompromisse) zu finden.

Als Vorgehensmodell bietet sich die Harvard-Methode (FISHER/URI/PATTON) an, die weltweit in Wirtschaft, Politik und Gesellschaft erfolgreich angewendet wird. Ihr liegen folgende Prinzipien zugrunde:

Leitlinien für Verhandlungen

- Menschen und Probleme getrennt voneinander behandeln
- Auf Interessen konzentrieren, nicht auf Positionen
- Optionen entwickeln zum beiderseitigen Vorteil
- Auf der Anwendung objektiver Kriterien bestehen.

Es gilt der Grundsatz: Geben und Nehmen („Gewinner/Gewinner-Strategie“).

Das Konzept sieht fünf Regeln vor, deren Berücksichtigung die Problembearbeitung und Kompromissfindung erheblich erleichtern kann:

Regel 1 : Suchen Sie zunächst gemeinsam nach objektivierbaren Kriterien

Regel 2 : Formulieren Sie erst Ihre eigenen Ziele, dann die des Anderen

Regel 3 : Suchen Sie schon vor der Verhandlung nach Lösungsalternativen

Regel 4 : Vermeiden Sie jegliche Anschuldigungen

Regel 5 : Sorgen Sie für ein gutes Kommunikationsklima

Je besser die Verhandlungen vorbereitet werden, desto eher kann es zu einvernehmlichen und tragfähigen Kompromissen bzw. Ergebnissen kommen. Das Harvard-Konzept unterscheidet sieben Elemente einer erfolgreichen Verhandlung, über die in der Vorbereitungsphase intensiv nachgedacht werden sollte:

Interessen

Unabhängig von der Forderung oder „Position“ wünschen die an der Verhandlung Beteiligten ein Ergebnis, das ihren zugrundeliegenden Interessen entspricht – den Dingen, die sie benötigen oder um die sie sich Sorgen machen. Je mehr man vorher über seine Interessen nachgedacht hat, desto wahrscheinlicher werden sie befriedigt.

Übliche Fehler:

- Konzentration auf Positionen anstatt auf Interessen
- Nur daran denken, was man selber will.

Optionen

Suchen Sie nach den Interessen hinter den Positionen!
Setzen Sie Prioritäten bei Ihren Interessen!
Berücksichtigen Sie die Interessen der anderen Seite!

Mit „Optionen" sind mögliche Übereinkünfte oder Teile einer möglichen Übereinkunft gemeint. Je mehr Optionen man bereits hat, desto wahrscheinlicher wird man eine realisieren können, die mit den eigenen Interessen im Einklang ist.

Übliche Fehler:

- Eine enge, einseitige Sichtweise
- Vernachlässigung des Nutzens von Differenzen.

Suchen Sie nach Möglichkeiten der Zusammenarbeit, um den Nutzen zu vergrößern!
Entdecken Sie Nutzen in Unterschieden!

Alternativen

Ein gutes Ergebnis sollte besser sein als jede Alternative außerhalb der Verhandlung, d.h. besser als das, was man selbst oder mit anderen tun könnte. Bevor man einen Vertrag unterschreibt – oder ablehnt –, sollte man sich darüber klar sein, was man sonst tun könnte.

Übliche Fehler:

- Nicht über die Beste Alternative nachdenken
- Annehmen, die Beste Alternative sei „ein alter Hut".

Bestimmen Sie Ihre Beste Alternative!
Stärken Sie Ihre Beste Alternative!
Berücksichtigen Sie die Beste Alternative der anderen Seite!

Legitimität

Niemand will unfair behandelt werden. Es ist hilfreich, externe Standards zu finden, die man als „Lanze" benutzen kann, um andere davon zu überzeugen, dass sie fair behandelt werden, und als „Schild", um sich selbst davor zu schützen, hereingelegt zu werden.

Übliche Fehler:

- Völliges Ignorieren der Legitimität
- Nicht darüber nachdenken, wie die andere Seite das Abkommen erläutern will
- Nur an eine einzige objektive Begründung denken.

Entwickeln Sie eine Spannweite der Fairness!

Denken Sie über „faire“ Verfahren nach!

Helfen Sie der anderen Seite, das Ergebnis der Verhandlung zu erklären!

Kommunikation

Unter sonst gleichen Umständen ist ein Ergebnis besser, wenn es effizient erzielt wurde. Das erfordert eine gute Kommunikation in beide Richtungen, da jede Seite die andere zu beeinflussen sucht. Man sollte vorher darüber nachdenken, worauf man hören und was man sagen will.

Übliche Fehler:

- Konzentration auf das Einstudieren des Textes
- Ignorieren der blinden Flecken.

Bereiten Sie sich auf zweiseitige Kommunikation vor!

Beziehung

Ein gutes Ergebnis wird die Arbeitsbeziehungen eher stärken als schädigen. Die Vorbereitung kann helfen, über die zwischenmenschlichen Beziehungen nachzudenken, d.h. über die Personen am Tisch. Man sollte eine Vorstellung davon haben, wie man eine Beziehung aufbauen kann, die eine Übereinkunft erleichtert anstatt behindert.

Übliche Fehler:

- Beziehung und Sachfrage durcheinanderbringen
- Annehmen, dass die Beziehung etwas Gegebenes ist und Probleme „deren Schuld“ sind.

Bereiten Sie sich darauf vor, Beziehung und Sachfrage unabhängig voneinander zu behandeln!
Bereiten Sie sich darauf vor, vorbehaltlos konstruktive Schritte zur Verbesserung der Beziehung zu unternehmen!

Verpflichtung

Die Qualität eines Ergebnisses kann auch an der Qualität der Versprechungen gemessen werden, die gegeben werden. Solche Verpflichtungen sind wahrscheinlich besser, wenn man vorher über die Versprechen nachgedacht hat, die man während oder bei Abschluss einer Verhandlung realistischerweise erwarten oder geben kann.

Übliche Fehler:

- Nicht wissen, wie „erledigt“ aussieht
- Annehmen, dass jeder weiß, worum es bei der Besprechung geht
- Versäumnis, die für den Abschluss eines Abkommens notwendigen Maßnahmen festzulegen

> Planen Sie umsetzungsfähige Verpflichtungen voraus!
> Klären Sie Zweck, Ergebnis und Ablauf Ihrer Besprechungen!
> Planen Sie den Weg!

Im Einzelnen helfen folgende Fragen bei der gründlichen Vorbereitung:

Interessen

- Werden wir wahrscheinlich über unsere Positionen und Forderungen streiten?
- Warum will ich das, was ich will? Bin ich mir sicher?
- Habe ich die Probleme/Themen, die für mich wichtig sind, in eine Reihenfolge gebracht?
- Weiß ich genau, woher sie kommen?
- Habe ich noch nicht überlegt, was ich wollte, wenn ich in der Situation der anderen Seite wäre?

Optionen

- Sieht die Situation so aus, als ob der eine gewinnen, der andere verlieren muss?
- Ist dies eine geschäftliche Situation, in der beide Seiten etwas zu gewinnen haben?
- Sind unsere Interessen möglicherweise kompatibel?
- Haben wir uns nie zu einem gemeinsamen Nachdenken über die Möglichkeiten zusammengesetzt?
- Sind wir in eine Sackgasse geraten?

Alternativen

- Meine ich, dass ich zu einer Übereinkunft gelangen muss? Nehme ich an, dass die andere Seite es muss?
- Bin ich unsicher, was ich tun werde, falls die Verhandlungen ohne Abkommen enden?
- Glaube ich, dass die andere Seite mehr Macht hat? Dass ich mehr Macht habe?
- Weiß ich, was sie tun wird, falls wir uns nicht einigen?

Legitimität

- Mache ich mir Sorgen, dass ich hereingelegt werden könnte? Werde ich unfair behandelt?
- Würde es helfen, der anderen Seite überzeugende Argumente zu nennen, warum mein Vorschlag für sie fair ist?
- Werde ich anderen erläutern müssen, warum ich zugestimmt habe, was wir vereinbaren? Muss die andere Seite es tun?
- Wird es Kritiker geben, die es auf einen oder uns beide abgesehen haben?

Kommunikation

- Weiß ich, worauf ich hören will?
- Bin ich darauf vorbereitet, allem, was die andere Seite sagt, aufmerksam und einfühlend zuzuhören?
- Sind die Botschaften, die ich übermitteln will, eindeutig?
- Habe ich darüber nachgedacht, wie ich reden will, damit die andere Seite bereit ist, mir zuzuhören?

Beziehung

- Wird unsere Arbeitsbeziehung voraussichtlich schwierig sein?
- Werde ich wahrscheinlich dieser Person gegenüber defensiv oder feindselig eingestellt sein?
- Könnte diese Verhandlung unsere Beziehung schädigen?
- Könnte es für mich schwierig sein, mit ihr über Geld zu reden?
- Muss ich mit ihr möglicherweise in Zukunft zusammenarbeiten?

Verpflichtung

- Ist mir die Art der Verpflichtung klar, die ich realistischerweise am Ende der Verhandlung erwarten kann?
- Nähere ich mich dem Zeitpunkt, eine Entscheidung zu treffen?
- Gibt es noch mehr zu tun, nachdem wir beide ja gesagt haben?
- Ist mir klar, wer die Autorität besitzt, Verpflichtungen einzugehen?

Der Vorteil einer derart gründlichen gedanklichen Vorbereitung besteht darin, dass die eigene Position sowie der zu erwartende Verlauf der Verhandlungsrunde geklärt sind. Sollte hierzu jedoch die Zeit fehlen, ist eine verkürzte Vorbereitung, wie sie anhand der nachfolgenden Checkliste erfolgen kann, immer noch besser, als unvorbereitet in ein solches Gespräch zu gehen:

Checkliste zur Vorbereitung für Verhandlungen

- Situation aus eigener Sicht gründlich analysieren
- Ziele und Wunschvorstellungen definieren (Was will ich, was brauche ich für das Projekt?)
- Ziele der anderen Seite überlegen
- Verhandlungsthemen klären
- Informationen sammeln
- Menschlichkeit und angenehmes Verhandlungsklima schaffen: Was kann ich tun?
- Auf Konflikte vorbereiten – wo liegen die Gegensätze?
- Kompromisse/Lösung der strittigen Punkte und Alternativen vorüberlegen, Grenzen eigenen Entgegenkommens festlegen
- Vereinbarungen und Bestätigung vorskizzieren.

6.12 Internationale Zusammenarbeit

> „Die gefährlichste aller Weltanschauungen ist die Weltanschauung der Leute, welche die Welt nie angeschaut haben."
> Alexander von Humboldt

Das Zusammenwachsen in Europa und die zunehmende Globalisierung der Wirtschaft beschleunigen die Internationalisierung. Die Mitarbeiter werden dadurch mit ganz neuen Anforderungen konfrontiert und sind gezwungen, ihre Kompetenzen zu erweitern. Weltweite Produktentwicklungen, die Verlagerung von Teilbereichen wie Produktion, Entwicklung oder Datenverarbeitung ins Ausland oder auch der Erwerb von Auslandsbeteiligungen und die damit einhergehende Zusammenarbeit über Länder- und Kulturgrenzen hinaus erfordern internationale Geschäfts-, Fach- und Funktionskompetenz.

Projektteams mit Mitarbeitern verschiedener Nationalitäten

Das hat natürlich auch Konsequenzen für die Projektarbeit. Projekte wirken länderübergreifend, die Projektteams und vielleicht auch die Lenkungsausschüsse werden mit Mitarbeitern verschiedener Nationalitäten besetzt, es kommt verstärkt zu interkulturellen Kooperationen. Das Projektmanagement muss diese Entwicklung nicht nur berücksichtigen, sondern aktiv in die Planung und Durchführung der Projekte einbeziehen. Ganz neue Probleme können auftreten, die mit bisher bewährten Methoden und Vorgehensweisen nicht ohne weiteres zu bearbeiten sind. Kulturspezifische Mentalitätsunterschiede, Unterschiede in den Werte- und Normensystemen, unterschiedliche Bedürfnisstrukturen, Verschiedenheit bei Umgangs- und allgemeinen Verhaltensformen gilt es zu erkennen und zu berücksichtigen. Dabei ist der Aufbau von gegenseitigem Vertrauen und interkulturellem Verständnis von großer Bedeutung. Menschen aus unterschiedlichen Kulturen nutzen meist verschiedene Arten von Logik oder Argumentationen. Für Teammitglieder in internationalen Projekten ist es daher wichtig, die unterschiedlichen kulturell geprägten Denk- und Planungsweisen zu verstehen und konstruktive für alle Beteiligten einzubringen.

In solchen Situationen kann es sinnvoll sein, eine „kulturelle Annäherung" im Projektteam bewusst einzuplanen, Regeln der Zusammenarbeit zu vereinbaren und die Diagnose und Steuerung im Projekt gründlicher zu planen.

Offene Haltung und ständiges Lernen

Der Projektleiter benötigt hierfür erweiterte Qualifikationen, seine soziale Kompetenz muss durch eine ausgeprägte interkulturelle Kompetenz ergänzt werden. Das kann zum einen allein schon die Sprache betreffen, die ja als wichtigstes Kommunikationsmittel die Basis für Verständigung liefern muss, erstreckt sich aber zum anderen auch auf Aspekte wie z.B. Einfühlungsvermögen, eine besonders stark ausgeprägte Bereitschaft und Fähigkeit zu wertschätzendem Umgang mit Unterschieden oder auch die Fähigkeit zu kultureller Toleranz und Flexibilität. Eine offene Haltung ist Vorbedingung für den notwendigen fortlaufenden Lernprozess. Das gilt natürlich letztlich auch für die Teammitglieder.

In internationalen Projekten ist die Partizipation besonders wichtig. Um die erforderliche Akzeptanz und Unterstützung der Betroffenen zu erlangen, bedarf es einer umfassenden Beteiligung, die aber unter Umständen noch sehr viel differenzierter und behutsamer angelegt sein muss. Eine möglichst genaue Kenntnis der kulturellen Besonderheiten (inkl. der Bereitschaft, sich auf sie einzulassen) ist hierfür unabdingbare Voraussetzung.

Allgemeine Perspektive

Bei allem zusätzlichen Aufwand und neuen bzw. anderen Problemen sollte aber nicht übersehen werden, dass die Internationalisierung auch eine riesige Chance bietet: International zusammengesetzte Projektteams können zur Integration verschiedener Kulturen beitragen, die Erschließung neuer (globaler) Märkte ermöglichen, Grenzen überwinden helfen und vielleicht sogar das friedliche und konstruktive Miteinander der Menschheit fördern.

7 Projektabschluss

7.1 Aktivitäten im Überblick

„Vergeben und vergessen heißt, kostbare Erfahrungen wegwerfen."
Arthur Schopenhauer

Werden bei der Initialisierung eines Projektes schon große Unterlassungssünden begangen, so trifft dies in weit größerem Maße für die Beendigung eines Projektes zu – vermutlich, weil die Beteiligten einerseits froh sind, dass „es vorüber ist", und sich andererseits schon wieder neue bzw. aufgeschobene alte Aufgaben aufdrängen.

So kommt es, dass

Versäumnisse beim Projektabschluss

- Projekte (oft unter dem Deckmantel „Maintenance") kein Ende finden
- Projekte „sang- und klanglos" zu Ende gehen
- misslungene Projekte „unter den Teppich gekehrt" werden
- versäumt wird, erfolgreiche Projekte entsprechend positiv zu würdigen
- die große Chance vergeben wird, aus den gemachten Erfahrungen für künftige Projekte zu lernen.

Bereits zu Beginn eines Projektes sollte ein Szenario entwickelt werden, das beschreibt, wann das anstehende Projekt als beendet anzusehen ist. Es handelt sich dabei aus fachlicher Sicht um die Definition des letzten Meilensteines eines Projektes, aus motivationaler Sicht um eine Vision, die eine bildhafte Vorstellung von dem zu Erreichenden vermittelt.

Tritt das definierte Projektende ein, fallen folgende Abschlussaktivitäten an:

Für die Abschlussaktivitäten genügend Zeit reservieren

- Abschlussbesprechung der Projektgruppe durchführen. Die Besprechungspunkte entsprechen dem Inhaltsraster des Abschlussberichtes
- Abschlussbericht erstellen (Mustergliederung siehe unten), um so die gemachten Erfahrungen für Nachfolgeprojekte zu sichern und nutzbar zu machen
- Erhaltungsplan aufstellen, damit die neue Lösung sich schneller und besser stabilisiert. Beim Erhaltungsplan handelt es sich praktisch um einen Auftrag mit den bekannten Inhalten für die Erhaltungs- bzw. Nutzungsphase bzw. für einen begrenzten Zeit-

raum derselben. Der Erhaltungsplan kann ein eigenständiges Dokument oder Bestandteil des Abschlussberichtes sein
- Antrag auf Abnahme des Projektes stellen
- Abschlussbesprechung mit dem Auftraggeber durchführen
- Projektbeteiligte formal von der Projektverantwortung entlasten
- Abnahme des Abschlussberichtes dokumentieren
- Archivierung der Projektunterlagen und Aktualisierung der „Erfahrungsbibliothek" (sofern vorhanden)
- Formale Übergabe der Lösung an die Anwender
- Auflösen der Projektorganisation
- Referenzen und Beteiligung am Projekt festhalten
- Abschlussfest veranstalten
- Erfolgskontrolle vereinbaren und durchführen.

7.2 Lernen aus Projekterfahrungen

In einem oft langen Zeitraum hat das Projektteam zusammengearbeitet. Schon in Kap. 1.4.10 wurde darauf hingewiesen, dass in dieser Zeit ein enormer Wissens- und Erfahrungsschatz entsteht, der für die erfolgreiche Gestaltung der Zukunft und erst recht für die persönliche Entwicklung der beteiligten Mitarbeiter außerordentlich wichtig sein kann. Wissenszuwachs und Erfahrungen betreffen zum einen die im Projekt bearbeiteten Fachthemen, zum anderen die praktizierte und erlebte Zusammenarbeit im Team mit allen ihren Höhen und Tiefen, Konfliktsituationen, Problemen, Lösungsversuchen, Erfolgen, Rückschlägen, Durststrecken, euphorischen Phasen u.v.m.

Darüber hinaus hat das Projektteam Erfahrungen im Umgang mit „Macht und Hierarchie" gesammelt. Zu denken ist hier insbesondere an die Zusammenarbeit mit dem Auftraggeber bzw. Entscheider, mit dem Lenkungsausschuss oder auch mit den Leitern der vom Projekt betroffenen Bereiche. Wichtige Erkenntnisse dürften sich auch im Zusammenspiel mit den Betroffenen ergeben haben. Erlebte Formen von Widerstand gegen die sich abzeichnenden Veränderungen, das Bemühen um Aufdeckung der Ursachen, Erfahrungen mit Maßnahmen zur Überwindung von Abwehrhaltungen können sich prägend auf die persönliche Einstellung und künftige Verhaltensweisen auswirken.

Diese kleine Aufzählung deutet auf die enormen Lernchancen hin, die Projektarbeit bieten kann. Sie zu nutzen, bringt dem ganzen Unternehmen einen zusätzlichen Gewinn, der bisweilen sogar über den Ertrag des eigentlichen Projektes hinausgehen kann. Neben der grundsätzlichen Bereitschaft müssen vor allem einige entscheidende Voraussetzungen gegeben sein, um diesen Schatz zu heben:

Erfolgsfaktoren für das Lernen im Projekt

- Ein wertschätzender Umgang mit den Erfahrungen anderer
- Eine konstruktive Fehlerkultur, die das Zugeben bzw. Offenlegen von Fehlern und die sorgfältige Analyse der Ursachen zulässt und nicht die „Schuldfrage“ in den Vordergrund stellt (Fehler sind gerade bei der Projektarbeit niemals auszuschließen. Darf man sie nicht offenbaren, müssen sie getarnt und damit dem Lernprozess entzogen werden!)
- Ein Verfahren (Projektbibliothek, Wissensmanagement, Berichte in der Hauszeitschrift, Informationsbörsen, Projektreviews u.ä.), mit dem allen Interessierten die Erfahrungen zugänglich gemacht werden.

Die Erfahrungen des Projektteams zu schätzen und zu nutzen, ist nicht nur ökonomisch sinnvoll, sondern drückt gleichzeitig auch die Wertschätzung der Mitarbeiter aus, was sich in deren Motivation für die weitere (Projekt-) Arbeit niederschlagen wird.

7.3 Abschlussbesprechung planen und durchführen

Der beschriebene Lernprozess sollte bereits während des laufenden Projektes einsetzen, indem regelmäßig Reviews und Prozessanalysen durchgeführt und daraus Konsequenzen abgeleitet werden. Zusätzlich bieten die Maßnahmen zur Diagnose und Steuerung jede Menge Lernansätze. Die Abschlussbesprechung hat aber insofern eine besondere Qualität, als hier die Summe der Erfahrungen sichtbar wird. Dabei kann es zweckmäßig sein, zunächst im Projektteam eine Abschlussbesprechung durchzuführen, um von der hier möglichen Offenheit und Vertrautheit zu profitieren und alle relevanten Punkte zusammenzutragen, die dann in einer weiteren abschließenden Besprechung mit dem Auftraggeber behandelt werden sollen.

Eine gründliche (gemeinsame) Vorbereitung „garantiert“ einen erfolgreichen Ablauf. Folgende Aspekte sind besonders wichtig:

- Klärung und Festlegung der Besprechungsziele
- Erarbeitung einer auf die Zielsetzung abgestimmten Tagesordnung (Gruppenarbeitsplan!)
- Aufbereitung und Bereitstellung aller benötigten Unterlagen
- Klärung der Rahmenbedingungen (Raum, Medien, Bewirtung u.a.m.).

Ein etwas festlicherer Rahmen dieser Zusammenkunft unterstreicht die Bedeutung und macht den Teammitgliedern die Besonderheit des Anlasses bewusst.

Für die abschließende Prozessanalyse des Projektteams können die nachfolgend aufgeführten Fragen richtungsweisend sein:

Prozess-analyse

- ☑ Können wir mit der Zielerreichung zufrieden sein?
- ☑ Wie haben wir zusammengearbeitet?
- ☑ Was hat uns gefördert, was behindert?
- ☑ Wie sind wir alles in allem miteinander umgegangen?
- ☑ Wo lagen unsere Stärken, wo unsere Schwächen?
- ☑ Welche Probleme gab es hinsichtlich der Vorgehensweise?
- ☑ Wie lief die Zusammenarbeit mit Auftraggeber/Entscheider/Lenkungsausschuss/Bereichsleitern/Projektmanagementoffice?
- ☑ Wie sind wir mit den Betroffenen umgegangen?
- ☑ Was haben wir, was hat jeder für sich aus dem Projekt gelernt?
- ☑ Was sollte man in Zukunft grundsätzlich anders machen?

Ideal wäre es, wenn auch diese Erkenntnisse dokumentiert würden und im Unternehmen allgemein zur Verfügung gestellt werden könnten. Ob sich das Projektteam dazu entschließen kann, hängt jedoch in erster Linie von der Unternehmenskultur und dem von ihr getragenen Ausmaß an Offenheit, Vertrauen und Fairness ab. In jedem Fall bietet die abschließende Prozessanalyse den Teammitgliedern selbst wertvolle Hilfen für die Zukunft.

Weitere Besprechungspunkte ergeben sich aus der Gliederung des Abschlussberichtes.

7.4 Abschlussbericht

Inhalte des Abschlussberichtes als Formblatt

1	**Einleitung**
1.1	Grundlagen/Ausgangslage (aus Projektauftrag übernehmen)
1.2	Gestaltungsbereich (aus Projektauftrag übernehmen): Welche Modifikationen wurden im Laufe des Projektes warum vorgenommen?
1.3	Ziele des Projektes (aus Projektauftrag übernehmen): Welche Modifikationen wurden im Laufe des Projektes warum vorgenommen?
2	**Diagnose des Projektmanagements**
2.1	Projektaufbauorganisation (aus Projektauftrag übernehmen): Was wurde am Projektaufbau warum personell/strukturell verändert?
2.2	Projektplanung: Welche Planabweichungen hat es warum gegeben hinsichtlich Projektstruktur- und Projektablaufplan, Budget, Terminen?
2.3	Projektkultur (projektteamintern): Beurteilung des Teamverhaltens
3	**Diagnose der Projektergebnisse** Beurteilung der Ergebnis-/Lösungsqualität (Zielerfüllung)
3.1	Einzelergebnis 1 ⇨ Text
3.2	Einzelergebnis 2 ⇨ Text
3.3	Zusammenfassung ⇨ Text
4	**Projektkultur (Projektumfeld)** Wie wurde die Einstellung (z.B. Lenkungsausschuss, Vorgesetzte, Betroffene und andere Stakeholder) zur Projektarbeit erlebt?
5	**Gesamtbeurteilung** Gesamtbeurteilung der Struktur, Kultur und Wirtschaftlichkeit des Projektes
6	**Überleitungspläne (Beteiligte, Sachmittel, sonstige Strukturen)** Was passiert mit den Beteiligten und Sachmitteln? Wurde das Projektkonto geschlossen? Wohin werden das Projekt betreffende Nachträge verbucht?
7	**Erhaltungsplan** Wie sind Erfolgskontrollen, Stabilisierung und Optimierung der Lösung nach Projektabschluss geregelt? Wer trägt hierfür die Kosten?
8	**Erkenntnisse und Konsequenzen für die Zukunft** Was haben wir strukturell und kulturell gelernt? Was werden wir beibehalten? Was werden wir das nächste Mal anders/besser machen? Welche Standards sind entstanden, haben sich bewährt und können verallgemeinert werden?

Abb. 7.01: Inhalte des Abschlussberichtes

7.5 Projektreferenzen

Um schnell auf die im Projektabschluss erstellten Unterlagen zugreifen zu können, sollten alle Unterlagen mit einer Charakterisierung des Projektes verbunden werden. Ein sogenanntes Projektreferenzblatt kann aus den Projektstammdaten und den beim Projektende festgestellten Besonderheiten gewonnen werden. Die Angaben können dann in einer unternehmensweiten Referenzdatenbank hinterlegt werden.

Referenzen als Marketinginstrument

Diese Referenzen sind jedoch nicht nur für die Projekte als solche wichtig. Beratungsunternehmen, Werbeagenturen und Anlagenbauer verwenden sie als wichtiges Marketinginstrument, um zu zeigen, welche Themen, Kampagnen und Projekte mit welchen Kunden aus welchen Branchen, in welchem Zeitraum erfolgreich abgewickelt wurden. In der Praxis fehlen allerdings oft Prozesse, die automatisch die Aktualisierung der Werbeunterlagen sicherstellen.

Projektreferenzen in der Personalentwicklung

Aber auch für die Projektbeteiligten sollte der Erfahrungs- und Kompetenzgewinn durch das Projekt dokumentiert werden. Jedes Projekt ist ein wichtiger Karriereschritt für Mitarbeiter und Führungskräfte, über den die Personalabteilung informiert sein sollte, um die Personalakten zu ergänzen. Hier genügt es nicht nur, den Projekttitel und die Zeitdauer aufzunehmen, sondern die im Projekt wahrgenommene Rolle und die erworbenen Kenntnisse und Fertigkeiten sind besonders wichtig.

Werden die Projektmitarbeiter zentral in einem Ressourcenpool geführt, so werden die Einsatzprofile nach Projektende aufgefrischt und in „gelben Seiten" veröffentlicht, damit Projektleiter und Projektmitarbeiter zielgerichtet für neue Projekte ausgewählt werden können.

Erfolgreiche Projekte dokumentieren die Leistungsfähigkeit von Unternehmen und Mitarbeitern. Sie eignen sich somit gut als Werbeträger und sollten durch Öffentlichkeitsarbeit herausgestellt werden. Ansatzpunkte sind:

- Referenzliste
- 1-2 seitige Projektkurzinformationen, ansprechend gestaltet mit Schaubildern
- Projektberichte als Bestandteil von Akquisitionsunterlagen
- Veröffentlichungen in Fachzeitschriften
- Vorträge bei Fachveranstaltungen und
- Schautafeln/Poster für Messen.

Über die eigenen Erfolge zu berichten, motiviert auch Projektmitarbeiter und Projektleiter.

7.6 Projektbewertung

Eine abschließende Projektbewertung kann oft erst nach einigen Monaten vorgenommen werden, da sich die Qualität der Projektergebnisse im praktischen Einsatz beweisen muss und der wirtschaftliche Erfolg erst nach mehreren Jahren korrekt beurteilt werden kann.

Mit einer Projektbewertung nach dem Bewertungsmodell Project Excellence lassen sich wichtige Erkenntnisse für die künftigen Projekte gewinnen, während Nachkalkulationen den wirtschaftlichen Aspekten im Projektmanagement Nachdruck verleihen und die Daten für Aufwandsschätzungen, Angebotsabgaben und Wirtschaftlichkeitsrechnungen verbessern.

Ansatzpunkte für Verbesserungen im Projektmanagement

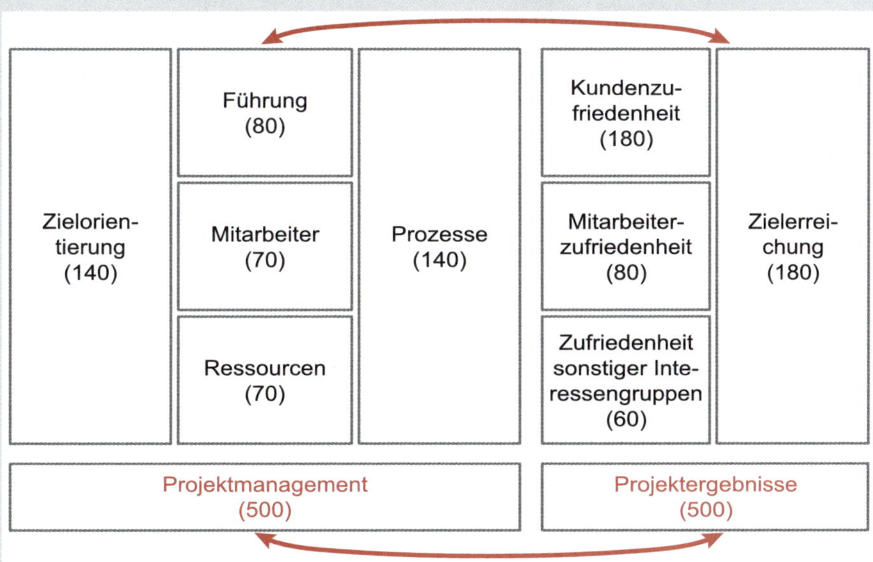

Abb. 7.02: Bewertungsmodell Project Excellence

Das Modell Project Excellence der Deutschen Gesellschaft für Projektmanagement (GPM) liefert Standardfragen und Bewertungsmaßstäbe, die eine ausgezeichnete, fortschrittliche Vorgehensweise und deren Anwendung im Projektmanagement ergründen sowie hervorragende Projektergebnisse diagnostizieren. Es lehnt sich am EFQM-Modell der European Foundation of Quality Management an.

GPM hat EFQM-Modell auf Projekte übertragen

Die einzelnen Fragenkomplexe sind mit Punktwerten gewichtet. Ein Assessorenteam bewertet in neun Kriterien und 22 Nachweisfeldern den Erreichungsgrad hinsichtlich der Maximalpunktzahl. Daraus lassen sich Stärken erkennen und Verbesserungspotenziale aufzeigen. Das Ergebnis wird in Form eines Projektprofils visualisiert.

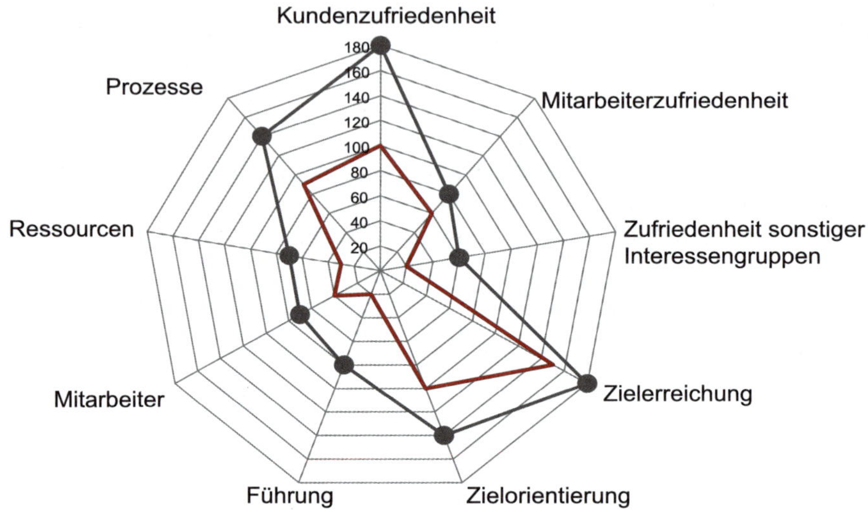

Abb. 7.03: Projektprofil

8 Weiterentwicklung des Projektmanagements

„Alles sollte so einfach wie möglich gemacht werden,
aber nicht einfacher."
Albert Einstein

Jedes abgeschlossene Projekt liefert anhand der Projektbewertung und des Abschlussberichtes ein Bild über die Qualität des Projektmanagements im Unternehmen und gibt damit viele Anregungen, das Projektmanagement weiter zu entwickeln. Diese gilt es, systematisch aufzugreifen und einem etablierten kontinuierlichen Verbesserungsprozess des Projektmanagement-Systems zuzuführen.

Dazu benötigt man:

Drei Säulen, um PM-Systeme zu verbessern

- Standards im Projektmanagement, die „bestes" Projektmanagement („Best-Practice") beschreiben
- Entwicklungsstufen, um den Reifegrad im Projektmanagement zu messen
- Einen kontinuierlichen Verbesserungsprozess, um von einer Entwicklungsstufe zur nächsten zu gelangen.

8.1 Bestandteile eines Projektmanagement-Systems

Definition

Ein Projektmanagement-System ist die Gesamtheit aller eigens für die Projektarbeit installierten Stellen, Techniken, Dokumentationen, Qualifikations- und Unterstützungsmaßnahmen.

Das Qualitätsmanagement-System für Projekte

Wenn man die Gedanken des Qualitätsmanagements konsequent auf Projekte anwendet, ist ein Projektmanagement-System das Qualitätsmanagement-System für die Bearbeitung von Projekten. Es enthält damit dauerhaft gültige Regeln und Strukturen für das Projektmanagement, die in einer hierarchisch aufgebauten Dokumentation beschrieben sind. Sie basieren auf allgemeingültigen Normen, die für Unternehmen oder Institutionen spezifisch ausformuliert sind.

Durch (interne, externe) Audits wird festgestellt und nachgewiesen, inwieweit die Regeln und Strukturen bekannt, akzeptiert und angewendet werden. Der Erfolg wird durch ein Zertifikat bestätigt und Nachbesserungen müssen bis zum nächsten Audit umgesetzt sein.

In ähnlicher Form soll die Qualität der Projektarbeit in Unternehmen und Institutionen festgestellt und systematisch weiterentwickelt werden.

Abb. 8.01: QM-Dokumentation

Ein Projektmanagement-System enthält strategische, strukturelle, technische und kulturelle Komponenten, die optimal aufeinander abgestimmt sind:

Ein funktionierendes PM-System hat ineinander greifende Komponenten

- Eine aus der Unternehmensstrategie abgeleitete Projektmanagement-Strategie, die die grundlegenden Vorfahrtsregeln für die Genehmigung von Vorhaben enthält
- Ein zentrales Bewilligungsgremium auf TOP-Managementebene als maßgebliche Entscheidungsinstanz für das Multiprojektmanagement
- Ein in die Unternehmensplanung eingebettetes Genehmigungsverfahren für Projekte
- Sponsoring von Projekten durch die obersten Führungsebenen
- Eine zentrale Projektservicestelle, die die strategische Ausrichtung des Projektportfolio vorbereitet und laufende Projekte wirtschaftlich und methodisch begleitet
- Ein vom Personalbereich getragenes Personalentwicklungskonzept für alle Projektbeteiligten vom Projektmitarbeiter bis zu den Mitgliedern des Bewilligungsgremiums, das Grundlage für die Besetzung von Projektteams und -gremien ist
- Eine Projektkultur, die den Erfahrungsaustausch im Projektmanagerkreis fördert, Transparenz über den Projektstatus pflegt und die kontinuierliche Verbesserung der Projektarbeit zum Grundprinzip hat

- Projektübergreifende Strukturen, die die Auswirkungen von Veränderungen in laufenden Projekten beobachten und die operative und strategische Diagnose und Steuerung des Projektportfolios aufeinander abstimmen
- Eine IT-Infrastruktur, die die Planung und Abwicklung von Projekten unterstützt, die übergreifende Planung und Steuerung der Einsatzmittel (Mitarbeiter und Sachmittel) ermöglicht und das Controlling mit einer getrennten projektbezogenen Abrechnung versorgt
- Unternehmensweit akzeptierte und im Organisations- bzw. Qualitätsmanagement-Handbuch dargestellte Regeln und Standards für die Projektarbeit, die allen im Unternehmen bekannt sind und alle Projektbeteiligte anwenden können.

Strategie	Struktur
PM-Strategie in Unternehmensstrategie integriert Abgrenzung Linie - Projekt Zentrales Bewilligungsgremium Übergreifendes Genehmigungsverfahren	Projektmanagementoffice Projektübergreifende Richtlinien für Strukturen und Prozesse Projektmanagement-Handbuch mit Verfahrensbeschreibungen, Formularen und Checklisten
Technik	**Kultur**
Spezialprogramme für Arbeitspakete Workflow-Unterstützung für Einzelprojekte Ressourcenorientierte Multi-Projektmanagement-Systeme Enterprise-Projektmanagement-Systeme für die Unternehmenssteuerung und Abrechnung Plattformen zur Unterstützung der Zusammenarbeit	Sponsoring von Projekten durch TOP-Management Personalentwicklungskonzept für Projektbeteiligte Erfahrungsaustausch der Projektleiter Grundprinzip der kontinuierlichen Verbesserung

Abb. 8.02: Bestandteile eines Projektmanagement-Systems

PM Delta der GPM

Die Deutsche Gesellschaft für Projektmanagement (GPM) beschreibt branchenneutral ein Projektmanagement-System anhand von 19 Elementen des Projektmanagements (PM Delta). Hinter jedem der PM-Elemente ist ein Fragenkatalog hinterlegt, der die Abdeckung eines „Best-Practice“ im Projektmanagement erfragt.

1	Zieldefinition	11	Einsatzmittelmanagement
2	Strukturierung	12	Ablauf- und Terminmanagement
3	Organisation	13	Multiprojektkoordination
4	Personalmanagement	14	Risikomanagement
5	Vertragsmanagement	15	Informations- und Berichtswesen
6	Nachforderungsmanagement	16	Controlling
7	Konfigurationsmanagement	17	Logistik
8	Änderungsmanagement	18	Qualitätsmanagement
9	Aufwandsermittlung	19	Dokumentation
10	Kostenmanagement		

Abb. 8.03: Projektmanagementelemente des PM Delta der GPM

Es werden durch die Fragen strategische, strukturelle, technische und kulturelle Aspekte im Projektmanagement angesprochen.

Einzelprojekt-, Programm- und Portfoliomanagement in OPM3 integriert

Seit Beginn des Jahres 2004 bietet nun auch das Project Management Institute (PMI) ein Reifegradmodell als Standardfragenkatalog an. Das Organizational Project Management Maturity Model (OPM3®) erweitert die Sichtweise des Projektmanagements um die wesentlichen Facetten des Programm- und Portfoliomanagements.

Mit dem Programmmanagement werden Abstimmungs- und Koordinationsaufgaben bewusst gemacht. Bewertet wird die Fähigkeit, mehrere Projekte an einer gemeinsamen strategischen Zielsetzung auszurichten und die parallelen Vorhaben mit ihren wechselseitigen Abhängigkeiten effizient zu steuern.

Mit der Erweiterung des Modells um das Portfoliomanagement werden auch die Aspekte einer unternehmensweiten Ressourcensteuerung und die Einbettung des Projektmanagements in die Organisation berücksichtigt.

8.2 Beurteilung eines Projektmanagement-Systems

Um das bestehende Projektmanagement-System eines Unternehmens gezielt weiterzuentwickeln, muss es zuvor eingeschätzt werden. Ziel dieser Untersuchung ist es:

Ziele der Diagnose

- Die Bedeutung der Projektarbeit für das Unternehmen einzuschätzen
- Die Erfahrung mit Projektarbeit (Umfang und Art) in den verschie-

denen Bereichen des Unternehmens zu ermitteln

- Die vorhandenen Standards zu sammeln und deren Akzeptanz und Nutzung im Unternehmen zu bestimmen.

Hierzu können Diagnose-Checklisten als Einstieg eingesetzt werden.

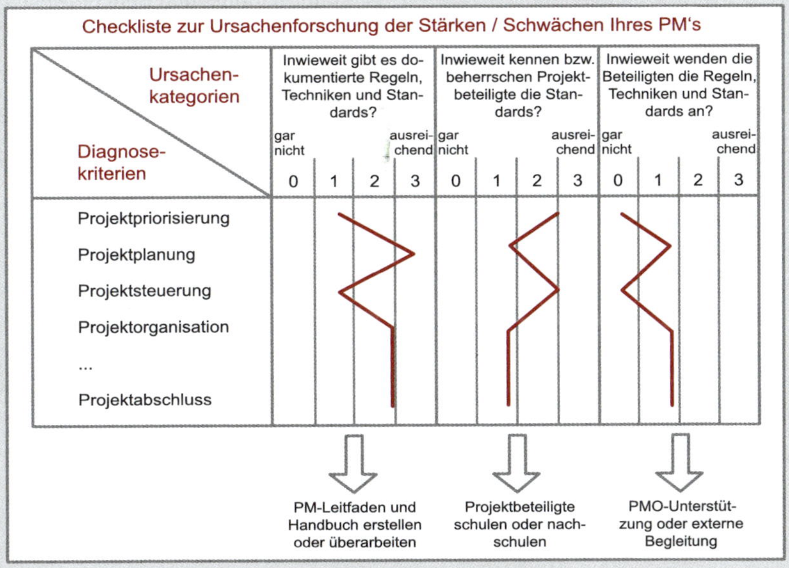

Abb. 8.04: Diagnose-Checkliste zur Beurteilung eines PM-Systems

Aus den Diagnose-Checklisten ergeben sich konkrete Anhaltspunkte, an welchen Stellen das Projektmanagement-System zu verbessern ist. Ein Vergleich mit anderen Unternehmen oder mit den besten Wettbewerbern ist nur bedingt möglich.

Hierzu werden Reifegrad-Modelle eingesetzt, die unterschiedliche Entwicklungsstufen im Projektmanagement beschreiben.

Das Project Management Maturity Model von HAROLD KERZNER (siehe Abbildung 8.05) unterscheidet fünf Reifegradstufen.

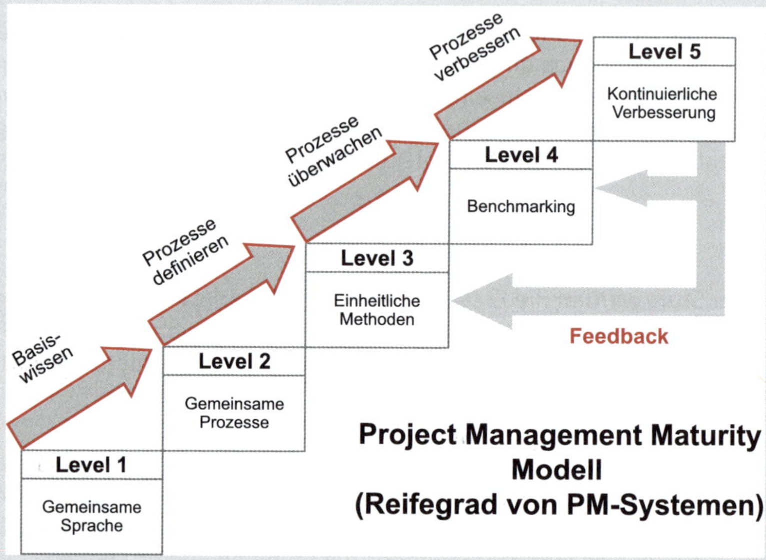

Abb. 8.05: Project Management Maturity Model von HAROLD KERZNER

Stufe 1 – Gemeinsame Sprache

Auf dieser Stufe hat das Unternehmen die Bedeutung von Projektmanagement für sich erkannt, eignet sich Grundkenntnisse an und formuliert eine entsprechende Terminologie.

Stufe 2 – Gemeinsame Prozesse

Auf dieser Stufe weiß das Unternehmen, dass allgemeine Verfahren und Standards formuliert werden müssen, um den Erfolg eines Projektes auf andere übertragen zu können. Das Konzept findet Unterstützung auf allen Führungsebenen. Für die nächste Stufe gilt es, eine Projektkultur zu fördern.

Stufe 3 – Einheitliche Methoden

Das Unternehmen hat systematisches Projektmanagement ohne Vorbehalte akzeptiert, da sich durch eine einheitliche Methodik große Synergieeffekte ergeben, die auch die Steuerung der Projekte erleichtern. Es werden bei den Projektbeteiligten auch die „weichen Faktoren“ im Projektmanagement gezielt geschult.

Stufe 4 – Benchmarking

In dieser Stufe ist aufgrund der Erkenntnis, dass der Wettbewerbsdruck ständig Verbesserungen auch im Projektmanagement erfordert, die Entwicklung des Projektmanagements in einer Projektservicestelle unternehmensweit verankert. Das Unternehmen betreibt systematisch Benchmarking ihrer eigenen Projekte und vergleicht den Projekterfolg mit anderen Organisationen.

Stufe 5 – Kontinuierliche Verbesserung

Auf dieser Stufe werden die Ergebnisse der Benchmarks konsequent ausgewertet und die Erkenntnisse über Mentoren dem Projektpersonal regelmäßig vermittelt. Abschlussberichte von Projekten werden für das interne Wissensmanagement aufbereitet.

Um die Reifegradstufe einer Organisation zu bestimmen, verwendet Kerzner einen Multiple-Choice-Fragebogen, der im Rahmen des Assessments durch die eigene Organisation, aber auch durch Unternehmensfremde zu beantworten ist. Daraus ergibt sich eine klare Standortbestimmung und es können spezifische Ziele für die Weiterentwicklung des Projektmanagement-Systems für die nächste Reifegradstufe formuliert werden.

Die drei Dimensionen des OPM3®-Modells

Das OPM3®-Modell des PMI gliedert seinen Beurteilungsfragebogen nach

- Betrachtungsebenen (Projekt, Programm, Portfolio)
- Prozessen im Projektmanagement (Initiative, Planung, Ausführung, Steuerung und Abschluss)
- Verbesserungsstufen (Standards, Maßstäbe, Kontrollen, Verbesserung).

Die insgesamt 151 Fragen sind so formuliert, dass sie nur mit ja oder nein beantwortet werden können. Der Anteil der Ja's im jeweiligen Bereich ergibt den Reifegrad in %.

Die Anforderungen aus den Fragen nehmen je Betrachtungsebene und je Verbesserungsstufe zu. Sie sind jedoch hinsichtlich ihrer Bedeutung für die einzelnen Aspekte alle gleichgewichtet.

Die Fragen beziehen strategische, strukturelle, technische, kulturelle und vor allem auch personelle Aspekte in die Beurteilung mit ein, so dass der heute vorherrschende ganzheitliche Ansatz im Projektmanagement als „Best-Practice" gut abgedeckt ist.

Hier ein paar ausgewählte Fragen zu den verschiedenen Betrachtungsebenen:

Betrachtungsebene Projekt

- Sind die Sponsoren und andere Interessenträger bei der Ausrichtung und Definition des Projektes beteiligt? Ist die Ausrichtung im besten Sinne für alle Interessengruppen?
- Haben die Projekte in der Organisation klare und messbare Ziele, die über die Aspekte Termine, Budget und Funktionalität hinausgehen?
- Nutzt die Organisation Projektmanagementprozesse und -techniken in einer Art und Weise, dass diese effektiv und verbindlich für jedes Projekt sind?
- Ist in der Organisation für jedes Projekt eine Projektleiterrolle bestimmt?
- Schafft die Organisation eine Arbeitsumgebung, in der Teamarbeit und Vertrauensbildung gefördert werden? Werden Projektteams bestärkt, kalkulierbare Risiken einzugehen?

Betrachtungsebene Programmmanagement

- Bewerten Programmleiter die Aussagesicherheit von Projektplänen unter Berücksichtigung der Zeitplanung, der Abhängigkeiten von Projekten untereinander und der Verfügbarkeit von gemeinsamen Ressourcen?
- Verstehen die Programmleiter, wie die eigenen und fremden Programme der Organisation zu den übergeordneten Zielen und Strategien der Organisation passen?
- Verfügt die Organisation über gemeinsame Prozesse, die sie nutzt, um multiple Projekte einheitlich zu steuern und aufeinander abzustimmen?
- Bewertet die Organisation die Prozesse der Leistungsmessung über alle Ebenen auf der Suche nach Verbesserungsansätzen?

Betrachtungsebene Portfoliomanagement

- Werden die Projekte der Organisation an der Geschäftsstrategie ausgerichtet und auf deren Grundlage priorisiert?
- Nutzt und unterhält die Organisation für die Projekte eine gemeinsame Rahmenorganisation, Methode und ein gemeinsames Verfahren?
- Verfügt die Organisation über eine Strategie, geschaffenes Wissen und gewonnene Erfahrung bei internen und externen Ressourcen zu speichern bzw. zu bewahren?
- Verfügt die Organisation über eine interne Projektmanagementgruppe, die proaktiv alle notwendigen Rollen bzw. Funktionen im Portfoliomanagement wahrnimmt? Wird diese von der Organisation aktiv unterstützt?

- Stellt die Organisation kontinuierlich Trainings- und Entwicklungschancen für Projektmanagement-Ressourcen bereit?
- Hat die Organisation Karrierepfade mit mehreren Stufen für projektbezogene Rollen?

Studie über das Projektmanagement nach OPM3®

Eine Studie von DAVID BARCKLOW - ibo unter 130 Finanzdienstleistungsunternehmen hat ergeben, dass in dieser Branche nahezu alle Unternehmen über Projektmanagement-Standards verfügen und diese kontinuierlich weiterentwickeln. Entwicklungspotenzial gibt es noch im Messen des Projekterfolges und in der entsprechenden Steuerung.

8.3 Kontinuierliche Verbesserung des Projektmanagement-Systems

In allen Reifegradmodellen ist ein etablierter kontinuierlicher Verbesserungsprozess des Projektmanagement-Systems die höchste Stufe. Dies setzt allerdings voraus, dass bereits eine einheitliche Sprache, sowie einheitliche Verfahren, Standards und Methodiken eingeführt sind und angewendet werden. Wie können aber diese Voraussetzungen geschaffen werden?

Sind, wie es häufig in kleineren und mittleren Unternehmen der Fall ist, nur in wenigen projektorientiert arbeitenden Teilbereichen Projektmanagement-Methoden bekannt, so sollten mit einem Projekt „Einführung von Projektmanagement im Unternehmen“ Grundlagen geschaffen werden, die anschließend ständig verbessert werden.

Kontinuierlichen Verbesserungsprozess im Unternehmen verankern

Befindet sich die Organisation bereits auf einer mittleren Reifegradstufe, reicht es oft aus, einen kontinuierlichen Verbesserungsprozess für das Projektmanagement zu verankern. Dazu sind strukturelle und kulturelle Veränderungen nötig:

- Geregelte Verantwortung für den Verbesserungsprozess des PM-Systems
- Prozessorientierte Formulierung des Projektmanagements
- Grundeinstellung der Suche nach Verbesserungen bei allen Projektbeteiligten
- Professionelle Anwendung der Methoden und Techniken aus dem Regelkreis der ständigen Verbesserung
- Handlungs- und umsetzungsorientierte Führung.

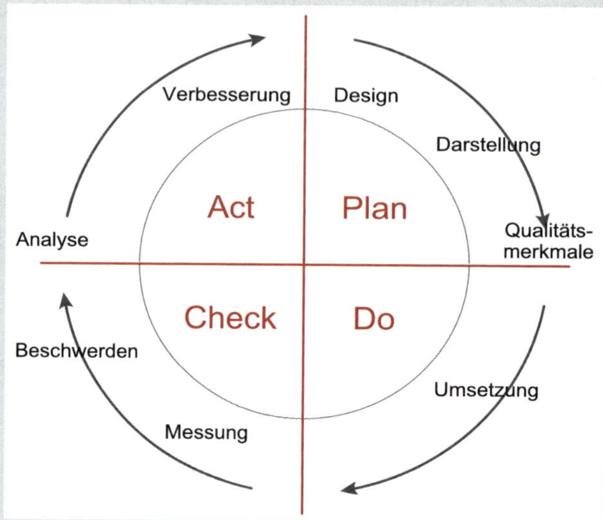

Abb. 8.06: Prinzip der kontinuierlichen Verbesserung nach DEMING

In Organisationen mit einem funktionierenden Qualitätsmanagement-System sollten kontinuierliche Verbesserungsprozesse breit angewendet werden, wobei es dann gilt, das Projektmanagement zu einem wichtigen Gegenstand der Betrachtung zu machen.

8.4 Einführung eines Projektmanagement-Systems

> „Niemand hat so viele Feinde wie der Befürworter einer neuen Ordnung, da die Anhänger und Profiteure der alten Ordnung sehr wohl wissen, was sie zu verlieren haben. Die Befürworter der neuen Ordnung dagegen noch unsicher sind und sich daher nur als laue Unterstützer erweisen."
> Niccolo Machiavelli

Ein Projektmanagement-System sollte behutsam eingeführt werden, um mittelfristig eine möglichst vollständige Akzeptanz und Umsetzung sicherzustellen. Wie bei allen Neuerungen (Veränderungen!) kann auch hierbei nicht von vornherein mit vorbehaltloser Zustimmung gerechnet werden. Aufgrund der Signalwirkung sollte ein projektmäßiges Vorgehen gewählt werden, das strukturelle und kulturelle Elemente gleichermaßen berücksichtigt. Hierzu gehören eine fundierte Diagnose des gelebten Projektmanagement-Systems, ein meilensteinorientierter Projektstrukturplan und ein Handbuch als Ergebnisdokumentation genauso wie das Eingehen auf Widerstände durch eine passende Einführungsstrategie, umfassende Schulungen und die Begleitung von Pilotprojekten und neugeschaffenen Gremien in der Anfangsphase.

8.4.1 Ziele einer Projektmanagement-Einführung

Ein Zielkatalog für die Einführung eines Projektmanagement-Systems kann wie folgt aussehen:

Wirtschaftliche Ziele	■ Optimale Auslastung der Einsatzmittel ■ Geringere Projektkosten ■ Weniger Projektruinen ■ Kürzere Projektlaufzeiten
Leistungsziele	■ Beschleunigung der Startphase ■ Rechtzeitige, kontinuierliche Information ■ Hohe Flexibilität ■ Kompetente Unterstützung ■ Hohe Bedienerfreundlichkeit ■ Gute Planungs- und Steuerungsgrundlage
Personelle Ziele	■ Höhere Akzeptanz der Projektergebnisse ■ Besseres Image ■ Attraktivere Aufgaben
Vorgehensziele	■ Angemessene Partizipation ■ Umfassende Abstimmung mit Auftraggeber

8.4.2 Widerstände gegenüber Projektmanagement-Systemen

Anhängig vom bisherigen Ausmaß der Projektarbeit sowie der allgemeinen Unternehmenskultur ist bei der Einführung des PM-Systems mit mehr oder weniger spürbarem Widerstand zu rechnen. Zum einen resultiert dies aus der mit allen Veränderungen einhergehenden Verunsicherung (siehe Kap. 4.5), zum anderen bedeutet ein solches verbindliches System immer auch ein Stück Reglementierung. Vertraute und scheinbar doch bewährte Vorgehensweisen sollen auf einmal nicht mehr zulässig sein, das neue System bringt zusätzliche, zum Teil formalistisch anmutende Aufgaben (z.B. die Dokumentation). Hinzu kommt eine Form der Transparenz und Vergleichbarkeit, die die Kontrolle der Projektbeteiligten erleichtert. Wenn dann noch im Unternehmen eine Fehlerkultur vorherrscht, die von der Suche nach dem Schuldigen dominiert wird, und Kontrolle in erster Linie als Ausdruck von Misstrauen erlebt wurde, stehen die Zeichen (verständlicherweise) sehr schnell auf Abwehr und Distanz.

Mitarbeiter in die Umgestaltung des Projektmanagements einbeziehen

Eine rechtzeitige und umfassende Information der Mitarbeiter, die die Vorteile eines professionellen Projektmanagement-Systems herausstellt, kann die Akzeptanz fördern. Noch schnellere und größere Akzeptanz ist zu erwarten, wenn die Mitarbeiter in die unternehmensspezifische Ausgestaltung des Systems eingebunden werden. Das lässt sich z.B. in Workshops zur Meinungsbildung oder in Form einer repräsentativen Beteiligung realisieren.

8.4.3 Typischer Projektstrukturplan

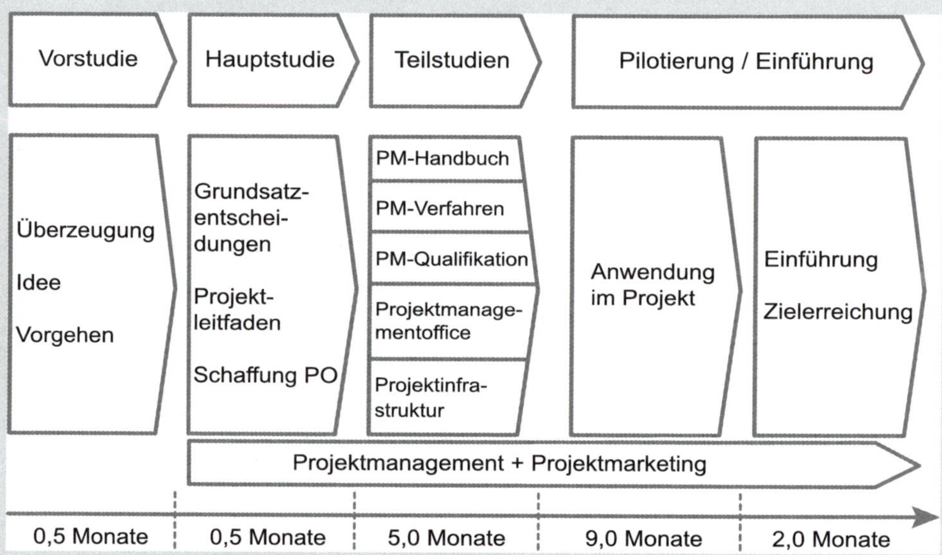

Abb. 8.07: Typischer Projektstrukturplan

Kritische Erfolgsfaktoren für das Projekt „Einführung des Projektmanagement-Systems" sind:

Das Projekt „Einführung eines PM-Systems" muss Vorbild sein

- Abbau von Vorbehalten wie „kommt nur für Großprojekte in Frage", „unsere Kunden geben uns die Termine vor", „wir haben die Projekte auch so im Griff"
- Gewinnen aller Fachbereiche, auch derjenigen, die nicht überwiegend in Projekten arbeiten
- Klare Abgrenzung und Kommunikation des Gestaltungsbereiches

(Welche Projektarten? Wer ist betroffen?)
- Schrittweise Ausbreitung, um erste Erfolge zu zeigen
- Unterstützung durch Machtpromotoren
- Bedarfsgerechte EDV-Tool-Auswahl durch Einbeziehen von erfahrenen Projektleitern
- Etablieren einer Projektkultur, in der Lernen lohnt
- Kompetente personelle Besetzung der Servicestelle
- Praxisorientierte Projektmanagement-Schulungen für Projektbeteiligte aus verschiedenen Bereichen und allen Hierarchiestufen, Nutzen der Erfahrungen von externen Beratern.

8.4.4 Einführungsplan

Die firmenspezifische Umsetzung der Projektmanagement-Theorie in die Praxis muss gut vorbereitet werden. Günstige Voraussetzungen liegen dann vor, wenn die Unternehmensführung zu einem mittelfristigen Ausbildungskonzept bereit ist. Kurzfristige, punktuelle Seminare werden ergänzt durch eine praxisorientierte Ausbildung mit gleichzeitiger Anwendung in der Praxis.

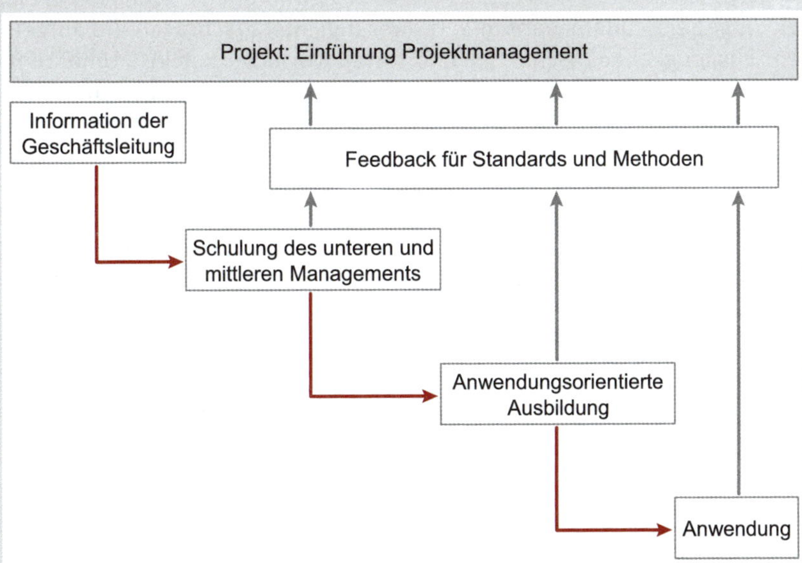

Abb. 8.08: Einführungsplan für ein Projektmanagement-System

Information der Geschäftsleitung

Nachdem die Ausbildungsbausteine zusammengestellt sind und betriebseigene Fallstudien vorliegen, wird die Geschäftsleitung in einem Kurzabriss über den Seminarinhalt informiert. Gleichzeitig wird die Verantwortung der Geschäftsleitung und jene der Projektleiter festgelegt. Dabei wird ein firmenspezifisches Projektmanagement-Konzept erstellt, das den Projektablauf in Ergänzung zur bestehenden Organisation regelt. Interne Organisationsfachleute und/oder externe Berater verfassen das Projektmanagement-Konzept zusammen mit den zuständigen Linienvorgesetzten.

Schulung des unteren und mittleren Managements

Im Normalfall wird das untere und mittlere Management von externen Referenten geschult, die über die nötigen Erfahrungen verfügen. Anzustreben sind innerbetriebliche Seminare, die eine intensive Auseinandersetzung mit der firmenspezifischen Situation ermöglichen. Von Vorteil ist, wenn Seminare auswärts, ungestört von der Alltagshektik durchgeführt werden.

Anwendungsorientierte Ausbildung und Anwendung

Nachdem das untere und mittlere Management ausgebildet wurden, aber noch nicht ganz sattelfest in der Anwendung des Projektmanagements sind, können Projekte phasenweise oder während der ganzen Dauer von einem externen Berater begleitet werden (Training on the job). Dieser ist in der Lage, aus der nötigen Distanz das Vorgehen bezüglich Methode und Teamführung sicherzustellen und gleichzeitig noch wenig erfahrenen Projektleitern Sicherheit zu geben. Zudem werden an Erfahrungsaustauschtagen die aufgetretenen Schwierigkeiten besprochen und soweit wie möglich gelöst. Unter Umständen werden Projektmanagement-Vertiefungsseminare angeboten wie z.B. Wertanalyse oder gründlichere Bearbeitung von einzelnen Themen wie Projekt-Kontrolle, Investitions- und Wirtschaftlichkeitsrechnung.

Alle Trainingsmaßnahmen sollten stufenweise und mit einer guten Integration der praktischen Anwendung aufgebaut sein und Teil eines übergreifenden Personalentwicklungskonzeptes sein.

Lernphase	Lernform	Methodik
Grundlagenwissen erwerben	Seminar	•Sensibilisierung (Spiele) •Einfache Beispiele •Orientierungsmodelle •Lehrgespräch •Gruppenarbeiten •Ergebnispräsentationen
Festigung des Grundlagenwissens durch Pilotanwendung	Web-based Training / Coaching	•Transferprojekt •Hausarbeit •Standortbestimmung •Lernerfolgskontrollen •Rückmeldung durch Tutoren
Wissen vertiefen •Organisationskompetenz •Methodenkompetenz •Managementkompetenz •Soziale Kompetenz	Seminare	•Fallstudien •Eigene Fälle •Rollenspiele •Projektsimulation •Feedback •Reflexion
Festigung des neu erworbenen Wissens in der praktischen Projektarbeit	Coaching intern/extern	•Anwendung in Projekten •Praxisbericht anfertigen •Projektteam als Lerngruppe •Feedback der Projektbeteiligten
Austausch von Wissen und Erfahrungen	Praxistransfer mit Abschluss	•Präsentation eines Praxisprojektes •Diskussionen, Fragen •Bewertung des Methodeneinsatzes •Prüfung (Erfolgsnachweis)

Abb. 8.09: Stufenprogramm für Projektmanagement-Schulungen

8.5 Inhalte eines Projektmanagement-Handbuches

Das Projektmanagement-Handbuch (PMH) sichert die einheitliche Handhabung des Projektmanagements im Unternehmen. Es ist sowohl eine Richtlinie mit bindenden Vorgaben als auch eine Orientierungshilfe mit Checklisten, Formularen und Erläuterungen zur Handhabung in der praktischen Projektarbeit.

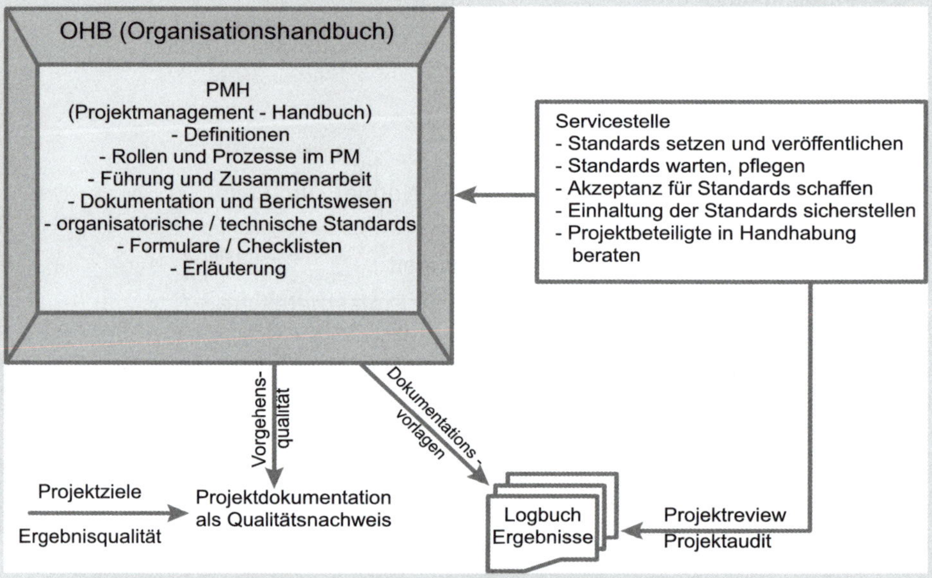

Abb. 8.10: Inhalte eines Projektmanagement-Handbuches

Um das Projektmanagement-Handbuch jedem Projektbeteiligten zugänglich und bekannt zu machen, sollte es

Darstellungsformen für ein Projektmanagement-Handbuch

- vollständig als Aktenordner in jedem Bereich des Unternehmens stehen
- im Intranet elektronisch abrufbar sein
- in Kurzform als Leaflet an jeden Mitarbeiter verteilt werden.

Die Geschäftsleitung weist per Unterschrift die Anwendung der beschriebenen Regelungen an. Eine Schulung der Inhalte und der Handhabung ist für die Wirksamkeit und Akzeptanz ebenso wichtig wie eine Kontrolle durch Projektaudits und ein klares Verfahren zur Fortschreibung und stetigen Anpassung der Regelungen.

Das Projektmanagement-Handbuch enthält Mindestregelungen für die Projektarbeit, die projektspezifisch ergänzt werden sollten.

Den formalen Aufbau zeigt folgendes Beispiel für ein Inhaltsverzeichnis eines Projektmanagement-Handbuches:

1 **Grundlagen**
1.1 Ziel und Zweck
1.2 Definition
1.3 Projektklassen
1.4 Geltungsbereich
1.5 Projektmanagement-System
2 **Projektmanagement-Modell**
3 **Projektorganisation**
3.1 Projektaufbauorganisation für Groß-, Normal- und Kleinprojekte
3.2 Projektbeteiligte/Rollenbeschreibungen
3.3 Personalentwicklungsmaßnahmen für Projektbeteiligte
4 **Initialisierung**
4.1 Antragsverfahren
4.2 Antrag stellen
4.3 Antrag prüfen
4.4 Antrag klassifizieren
4.5 Antrag bewerten
4.6 Antrag priorisieren
4.7 Antrag entscheiden
5 **Prozesse im Projektmanagement**
5.1 Erstplanung
5.2 Diagnose und Steuerung
5.3 Information
5.4 Planungsmodifikation
5.5 Abschluss
6 **Führung und Zusammenarbeit**
6.1 Teamarbeit gestalten
6.2 Widerstände bearbeiten
6.3 Zusammenarbeit reflektieren
6.4 Konflikte bearbeiten

8.6 IT-Einsatz im Projektmanagement

> „Manche Errungenschaften beruhen darauf, dass der Mensch auch aus falschen Prämissen richtige Schlussfolgerungen zu ziehen vermag. Der Computer kann das nicht."
> Lothar Schmidt

8.6.1 Einsatzmöglichkeiten im Überblick

Für nahezu alle Prozesse im Projektmanagement werden heute Software-Tools angeboten und eingesetzt. Die Einsatzmöglichkeiten sind sehr groß und das Angebot wird durch neue Entwicklungen (Internet, mobile Geräte) ständig erweitert.

	Initiative			Planung				Diagnose und Steuerung							Ausführung			Abschluss		
	Antrag/Auftrag	Portfoliomanagement	Priorisierung	Strukturierung	Termine, Ablauf	Einsatzmittel	Kosten, Finanzen	Soll/Ist-Vergleich	Berichtswesen	Dokumentation	Risikomanagement	Konfigurationsmanagement	Vertragsmanagement	Kommunikation	Projektmarketing	Projektarbeit	Logistik, Beschaffung	Schulung	Archivierung	Abrechnung
Arbeitsplatzsysteme																				
Textverarbeitung	X			-				-	X	X	o	-	X		o	X	o	-		
Tabellenkalkulation		o	X	X	X	o	o	X	-		o					o				-
Präsentationsgrafik	o	-		-					o	-				o	X	-		o		
Datenbank	-	o						o	-	o		X	-			X			o	
Groupware/E-Mail	-			-	X	o			-					X	o		o			
Termin-/Zeitplaner	-		-		X	-														
PM-Software																				
Einzelprojekt				X	X	o	o	o	o					-						
Multiprojekt	-	o	-	o	o	X	o	o	o			-		-						-
Spezialanwendungen																				
Workflowsysteme														-		o				
Expertensysteme			-													-				
Simulationssysteme		-														-				
CAD-Systeme																X				
CASE-Tools												o				o				
Archivierungssysteme										-		o							o	
Teachware																		o		
ERP-Systeme	-	o	-			-	-										X			X
MIS-Systeme	-	o	-				-	X	X		-									
Internet	-													X	o	-	-	-		-

Verbreitung: X = Hoch; o = Mittel; - = Gering

ERP = Enterprise-Ressource-Planning
MIS = Managementinformationssystem
CAD = Computer Aided Design
CASE = Computer Aided Software Engineering

Abb. 8.11: IT-Einsatzmöglichkeiten im Projektmanagement

Wie eine Untersuchung von McKinsey & Company zeigt, ist die Nutzung von IT-Systemen im Projektmanagement ein besonderer Erfolgsfaktor. Bei erfolgreichen Unternehmen ist der Nutzungsgrad deutlich höher, und gemeinsame Entwicklungsdatenbanken fördern die Effizienz und Effektivität des Entwicklungsprozesses.

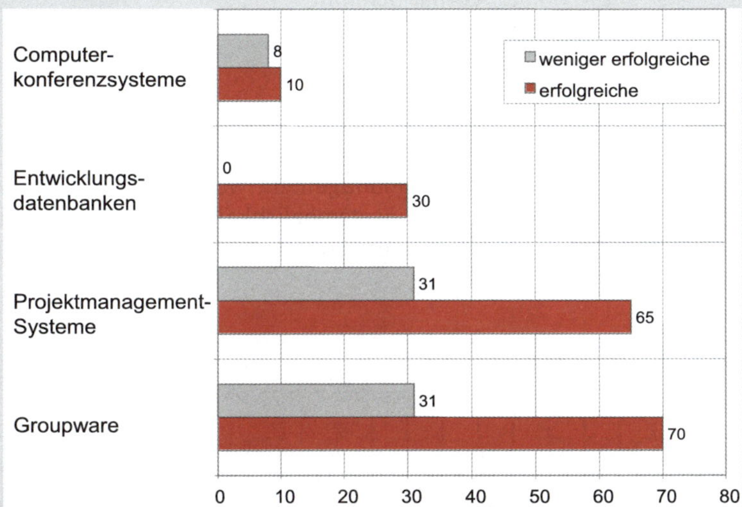

Abb. 8.12: Nutzung von IT-Systemen im Projektmanagement
Quelle: McKinsey & Company, Inc.

Für Entwicklungsprojekte ergibt sich daraus folgender Nutzen:

- Frühe Kundeneinbindung senkt den Änderungsaufwand in der Test- und Einführungsphase
- Höherer Kundennutzen durch gemeinsame Produktdefinition
- Qualitätssteigerung und Erschließung von Kostenpotenzialen bei Lieferanten und Zulieferern
- Weniger Zeit und Aufwand für Abstimmprozesse.

Die Arbeitsplatzsysteme unterstützen die Projektmanagementaufgaben in vielfältiger Art und Weise. Sie sind weit verbreitet, werden von jedem beherrscht, sind aufeinander abgestimmt und meist in die übrigen Anwendungssysteme integriert. Viele Unternehmen kommen in der Projektarbeit ohne weitere Tools aus.

Welches Tool dabei für welche Projektmanagementaufgabe einzusetzen ist, sollte durch Projektstandards festgelegt und formal geregelt sein. Dies

- unterstützt die Dokumentation
- erleichtert das Einarbeiten und die Integration in die übrigen Anwendungssysteme

- vereinfacht den Austausch und das Fortführen von Ergebnissen
- erhöht die Lesbarkeit und Transparenz von Berichten.

8.6.2 IT-Einsatz nach Projektarten

Je nach Projektart erleichtern Spezialanwendungen die Projektarbeit. Sie sind oft bereichsspezifisch als Standard etabliert oder werden erst-/einmalig für Projekte angeschafft.

Projektart	IT-Anwendung
Organisationsprojekte	Workflowsysteme Archivierungssysteme
IT-Projekte	CASE-Tool Softwarekomponentenverwaltungssystem (Konfigurationsmanagement)
Anlagenbauprojekte	CAD-Systeme Technische Berechnungen (Statik, Finite Elemente) Projektlogistik
Vertriebsprojekte	Angebots-/Vertragsunterstützung Entwicklungsdatenbanksysteme
Entwicklungsprojekte	Expertensysteme Qualitätssicherungssysteme Simulationen
Strategieprojekte	Risikoanalyse und Projektbeurteilung Life Cycle Costs

Abb. 8.13: Projektarten mit ihren spezifischen IT-Anwendungen

8.6.3 Typische Probleme beim IT-Einsatz im Projektmanagement

Der Fortschritt in der Entwicklung und Anwendung von Projektmanagement-Software wird getrieben von der Idealvorstellung, eine einmal gegebene Information jedem berechtigten Nutzer, an jedem Ort, zu jedem Zeitpunkt, in jeder Form zur Verfügung zu stellen. Die Realität sieht jedoch folgendermaßen aus:

IT-Einsatz in Projekten in der Praxis

- Vielfalt an Tools für spezielle Funktionen
- Geringe Integration der Systeme
- Individuelle Lösungen je Projektart

- Übergreifendes Einsatzmittelmanagement kaum abgedeckt
- Einzelprojektsicht dominiert
- Geringe Anwendungsbreite (nur zur Planung)
- Mangelnde Aktualität der Unterlagen und Daten
- Viele, auch manuelle Schnittstellen zu den unternehmensweiten Standardanwendungen (ERP-Systeme).

Ursachen hierfür sind:

- Fehlende organisatorische Vorbereitung
- Komplexität und Einführungsaufwand werden unterschätzt
- Projektmanagement wird vom IT-Management nicht als Kernprozess betrachtet
- Aufwand für Dateneingabe und ständige Aktualisierung unterschätzt
- Mangelnde Durchsetzung übergreifender Regelungen und Standards
- Geringe Akzeptanz bei den Projektbeteiligten („Überwachungssystem")
- Keine übergreifende Administration und Anwenderunterstützung
- Spezifische Unternehmensmerkmale (Größe, Branche, Stellenwert von Projekten, Kernkompetenzen, Geschäftsfelder) unzureichend berücksichtigt
- Häufige Wechsel der Systemplattformen.

Eine erfolgreiche Implementierung von Projektmanagement-Software erfordert zwingend eine Einbindung in das gesamte Projektmanagement-System eines Unternehmens mit all seinen Regelungen, Standards, Ausbildungs- und Betreuungskonzepten.

IT-Technik muss organisatorisch eingebettet sein

8.6.4 Trends beim Einsatz von Projektmanagement-Software

Eine Studie der GPM-Fachgruppe „Software für Projektmanagementaufgaben" vom Sommer 2005 hat folgende Trends verifiziert:

- Eine organisationsweit einheitlich eingesetzte Softwareunterstützung für das Projektmanagement ist derzeit die Ausnahme
- Netzplanbasierte Software hat die Grenze der Komplexität erreicht
- Der überwiegende Teil der Anwender kommt mit wenigen Funktionen der PM-Software aus und beherrscht nur geringe Teile der Funktionalität der eingesetzten PM-Software

- Die PM-Software muss stärker an die unterschiedlichen Bedürfnisse und Kenntnisse der Anwender angepasst werden (maßgeschneiderte Funktionsreduzierung)
- Die Integration der Projektdaten aus der PM-Software in allgemeine Unternehmensdaten gewinnt an Bedeutung wie Schnittstellen zu ERP-Systemen und anderer PM-Software
- Webbasierte Lösungen werden vornehmlich aufgrund der Vorteile für Verteilung und Wartung bevorzugt. Schwächen in der Ergonomie gilt es auszugleichen
- Das Portfoliomanagement ist für PM-Software ein Kernthema der kommenden 5 Jahre
- Der mobile Zugriff auf Projektdaten nimmt zu.

8.6.5 Evaluation von Projektmanagement-Software

In welchem Umfang und in welcher Form sinnvollerweise IT im Projekt zum Einsatz kommt, hängt vom Projektumfeld und der konkreten Problemstellung ab. Deshalb sollten zu Beginn der Evaluation von Projektmanagement-Software folgende Fragen beantwortet werden:

Fragen zur Vorbereitung

- Fordert der Auftraggeber den Einsatz?
- Werden öffentlichkeitswirksame Unterlagen benötigt?
- Gibt es bereits eingeführte Projektmanagement-Software im Unternehmen?
- Welche Vorkenntnisse sind bereits vorhanden?
- Gibt es ausreichend Projekte (Laufzeit, Komplexität, Anzahl der Parallelaufgaben etc.), in denen sich der Einsatz lohnt?
- Welcher Art, Umfang sind die zu erstellenden Planungsunterlagen (Netzpläne, Balkendiagramme, Terminlisten etc.)?
- Gibt es bereits ein Projektkontrollsystem?
- Wie häufig sollen Soll-Ist-Vergleiche durchgeführt werden?
- Sollen Kosten und Kapazitäten der Einsatzmittel in die Diagnose und Steuerung einbezogen werden?
- Welche typischen Hinderungsgründe für den Einsatz wie Produktkomplexität, hohe Lizenzkosten, lange Schulungsdauer und hoher Umstellungsaufwand sind relevant?

K.O.-Kriterien und Prioritäten

Anschließend wird ein spezifisches Anforderungsprofil abgeleitet, das nach den Kategorien unabdingbar (K.O.), notwendig und nützlich unterscheidet. Dabei müssen auch die Anforderungen hinsichtlich ihrer Bedeutung gewichtet werden. So sind heute die Benutzeroberfläche, Implementierungszeit, Referenzen, Serviceleistungen und Kosten wichtige Entscheidungskriterien, während der Funktionsumfang weniger wichtig ist. Unterstützend können umfangreiche allgemeine Kriterienkataloge genutzt werden.

Anhand der K.O.-Kriterien wird das Software-Angebot eingeschränkt und zu möglichen Einsatzalternativen kombiniert. In Produktpräsentationen und Testinstallationen verifizieren IT-Experten und die verschiedenen Anwender (Projektleiter, Projektmitarbeiter, Entscheider, Servicestelle) die Abdeckung der Kriterien.

Eine Kostennutzenanalyse unterstützt die endgültige Entscheidung.

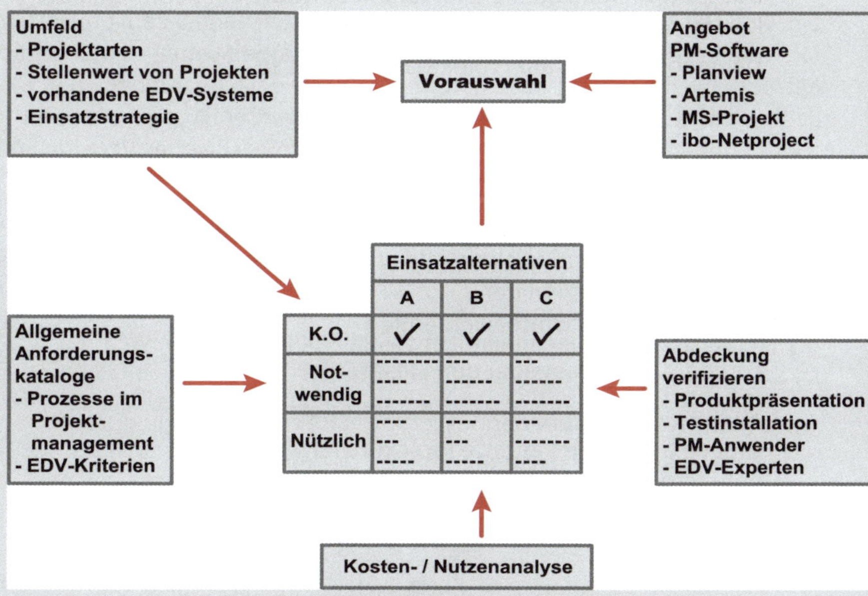

Abb. 8.14: Evaluation eines Projektmanagement-Tools

Das Angebot an Projektmanagement-Software reicht von individuell entwickelten Großrechnerlösungen bei projektorientiert arbeitenden Unternehmen (Siemens, ABB, GE etc.) bis zu als Shareware erhältlicher PC-Software für Einzelprojekte. Da sich der generelle Leistungsumfang der Tools nur noch geringfügig unterscheidet, werden

Unterscheidungsmerkmale für PM-Software

- das vorherrschende Einsatzgebiet (Einzelprojekt, Multiprojekt, Einsatzmittel)
- die Integration in bestehende Arbeitsplatz- und ERP-Systeme
- die Abbildung von Projektmanagement-Standards
- die Zukunftssicherheit der genutzten Systemplattform
- die Preisklasse

zu relevanten Unterscheidungsmerkmalen. Im Internet gibt es eine Reihe von Anbietern, die meist kostenpflichtig detaillierte Produktinformationen mit einem Leistungsvergleich anbieten. Der Anhang enthält einen Überblick möglicher Anbieter aus einer aktuellen Marktstudie der Universität Münster/Osnabrück.

8.7 Personalentwicklung für Projektpersonal

Der nach wie vor ungebrochene Projektboom in den Unternehmen sollte dazu führen, dass diese Entwicklung auch in der Personalpolitik berücksichtigt wird. Dabei geht es nicht allein darum, in ausreichender Zahl projektfähige Mitarbeiter zur Verfügung zu haben. Die Projektarbeit selbst ist als Personalentwicklungsmaßnahme zu sehen, vermittelt sie doch Erfahrungen und Fähigkeiten, die auch für die Arbeit in der Linie von großem Nutzen sind. Für projektorientiert arbeitende Unternehmen ist ein professionelles Personalmanagement für die personelle Besetzung von Projekten unerlässlich.

8.7.1 Ziele

Die wichtigsten Ziele einer hierauf abgestimmten Personalentwicklung für Projektbeteiligte aller Hierarchiestufen sind:

- Mehr Flexibilität bei der Besetzung von Projekten ermöglichen
- Den langfristig wachsenden Bedarf decken
- Zufriedene, leistungsbereite Mitarbeiter entwickeln
- Mitarbeitern interessante Entwicklungsperspektiven im Unternehmen bieten
- Qualifizierten Führungsnachwuchs und Know-how-Träger gewinnen und an das Unternehmen binden
- Den Know-how-Aufbau fördern
- Bessere Projektergebnisse erzeugen.

8.7.2 Personelle Besetzung von Projekten

In vielen Unternehmen ist es sehr schwierig, die Stellen in Projekten mit geeigneten Mitarbeitern zu besetzen. Typische Probleme sind:

- In der Linie stark eingebundene Führungskräfte werden gleichzeitig zu Projektleitern von umfangreichen Projekten, da den Mitarbeitern die Führungsaufgabe nicht zugetraut wird
- Die Anforderungen aus der Projektarbeit werden kaum zur Auswahl der Projektmitarbeiter herangezogen

- Langwierige Suche nach den richtigen Projektmitarbeitern, da es keinen übergreifenden Pool von Projektpersonal gibt, sondern je Rekrutierung über Linienvorgesetzte erfolgt
- Der Termindruck ermöglicht keine projektbezogene Qualifizierung
- Die Anreize für Mitarbeiter fehlen, in Projekten zu arbeiten, da Entlohnung, Aufstiegschancen, Laufbahn Projektarbeit unzureichend berücksichtigen
- Es gibt Vorbehalte und Ängste gegenüber der ungewohnten Projektarbeit vor allem bei Mitarbeitern aus Geschäftsbereichen.

Typische Probleme bei der Suche nach geeignetem Projektpersonal

Da die geeignete Besetzung der Projekte ein kritischer Erfolgsfaktor ist, sollten bei der Entwicklung des Projektmanagement-Systems

- die Qualifikationen potenzieller Projektbeteiligter aus allen Hierarchiestufen gezielt erhöht werden
- Projektarbeit in bestehende Laufbahnkonzepte integriert werden
- attraktive Pools von Projektmitarbeitern eingerichtet werden
- klare Anforderungskriterien für alle Rollen in Projekten vorliegen
- das Arbeiten in Projekten ein Bestandteil der Unternehmenskultur werden.

Die Zusammenhänge zwischen Anforderungsprofilen, Mitarbeiterpool für Projektmanagement, Qualifizierungsbedarf und Qualifizierungsmaßnahmen zeigt die Abbildung 8.15.

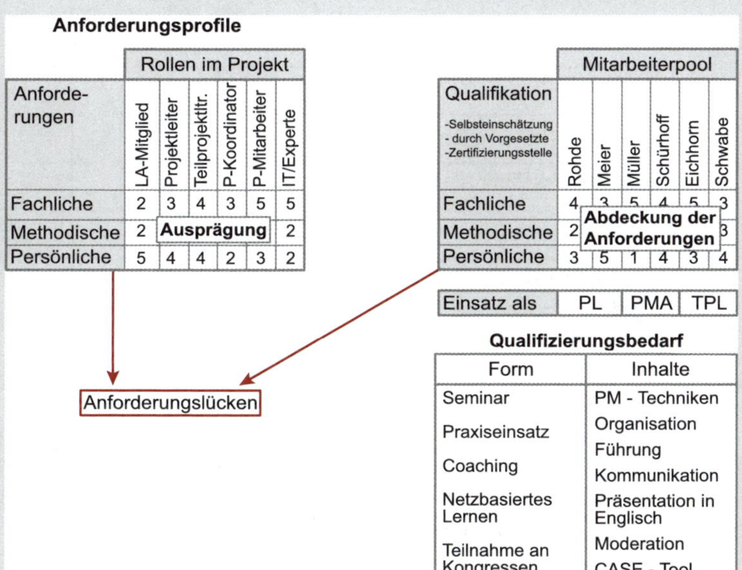

Abb. 8.15: Qualifizierungsbedarf für Projektpersonal

8.7.3 Anforderungsprofile für Rollen in Projekten

	Anforderungen in den Projektrollen (Hoch - 5 ; Gering - 1)	LA-Mitglied	Projektleiter	Teilprojektleiter	Projektservice	Projektmitarbeiter	Fachexperte - IT
Fachliches Wissen	Kernprozesse des Unternehmens	3	3	3	4	5	4
	Branchenkenntnis	4	3	3	4	4	3
	Grundlagenwissen BWL	3	4	3	4	2	2
	Informatik Basis- und Trendwissen	3	4	4	4	3	5
	Erhebungs- und Analysetechniken	1	4	4	3	4	2
	Problemlöse-/Kreativitätstechniken	3	5	4	3	4	3
	Entscheidungstechniken	4	5	4	5	4	3
	Projektmanagement-Methoden	4	5	4	5	4	2
	Moderationstechniken	4	5	4	4	3	2
	Präsentationstechniken	4	5	4	4	3	3
Persönliche Fähigkeiten	Persönliches Zeitmanagement	4	5	4	4	3	3
	Kritikfähigkeit	5	5	4	3	3	3
	Konfliktbearbeitung	5	5	3	4	2	2
	Entscheidungsfreude	5	4	4	3	2	2
	Fähigkeit zur Teamarbeit	4	5	5	3	5	3
	Kommunikationsfähigkeit	4	5	4	5	3	3
	Engagement	4	4	4	3	4	3
	Gestaltungswille	4	4	4	3	5	5
	Durchsetzungs-/Überzeugungskraft	4	4	3	3	2	2
	Einfühlungsvermögen	4	5	4	4	2	2
	Ertragsorientiertes Handeln	5	4	3	4	3	3
	Denken in Zusammenhängen	4	5	4	5	3	4

Abb. 8.16: Notwendige Fähigkeiten von Projektpersonal

8.7.4 Leistungsbeurteilung

Für eine Personalentwicklung von Mitarbeitern sind die Leistungen kontinuierlich zu beurteilen und die Erfolge absolvierter Qualifizierungsmaßnahmen zu überprüfen. Der in Projekten typische Wechsel von Ansprechpartnern und Führungskräften erschwert diese Aufgabe, zumal ein Rollentausch Projektleiter, Linienvorgesetzter und eine offene Feedbackkultur in Projekten keineswegs selbstverständlich sind.

Leistungen in Projekten sollten in das betriebliche Beurteilungssystem einbezogen sein

Deshalb sollte der Personalbereich als Mittler auftreten und Träger der Personalentwicklung auch für Projekte im Unternehmen sein.

Mitarbeiter können betrieblich für die Projektarbeit gefördert werden, indem

- die notwendigen Qualifikationen vermittelt werden
- das Beurteilungssystem so angepasst wird, dass auch Projektleistungen in die Personalbeurteilung einfließen
- adäquate Laufbahnmuster im Unternehmen geschaffen werden.

Unabhängig vom Unternehmen können sich Mitarbeiter ihre Leistungen in Projekten auch durch den Erwerb einer Zertifizierung bestätigen lassen.

8.7.5 Qualifizierungs- und Ausbildungskonzepte

Zur Bestimmung von geeigneten Personalentwicklungsmaßnahmen für Projektbeteiligte gehört:

- Die Definition von Zielen der Personalentwicklung für Projektbeteiligte
- Die Erarbeitung des Weiterbildungsbedarfes für alle Mitarbeiter. Die Anforderungen werden dabei aus den im Projektmanagement-Handbuch festgelegten Aufgaben, Kompetenzen und Verantwortungen abgeleitet
- Das Festlegen von Auswahlkriterien zukünftiger Mitarbeiter in der Projektarbeit
- Das Festlegen von Auswahl- und Beurteilungsverfahren für Projektleiter und Projektmitarbeiter
- Die Erarbeitung eines Betreuungskonzeptes von der Einstellung bis zur Erreichung des geforderten Qualifikationsniveaus
- Die Entwicklung eines Beurteilungssystems für Projektleiter und Projektmitarbeiter mit Vergütungsregelung
- Die Ausarbeitung eines Rückführungskonzeptes von Mitarbeitern aus der Projektarbeit in die Linie.

Grundsätzlich sollte Projektarbeit ein fester Bestandteil der Personalentwicklung aller Mitarbeiter im Unternehmen sein.

8.7.6 Laufbahnen in Projekt und Linie

Laufbahnkonzepte und Nachfolgeplanung sind Instrumente der betrieblichen Aufstiegsplanung. Sie sind ein wichtiger Aspekt, Mitarbeiter zu motivieren. Die Aufstiegsplanung geht von den beruflichen Wünschen und Fähigkeiten der Mitarbeiter aus und versucht, die individuelle Karriere mit den Inhalten der betrieblichen Laufbahnplanung zu harmonisieren.

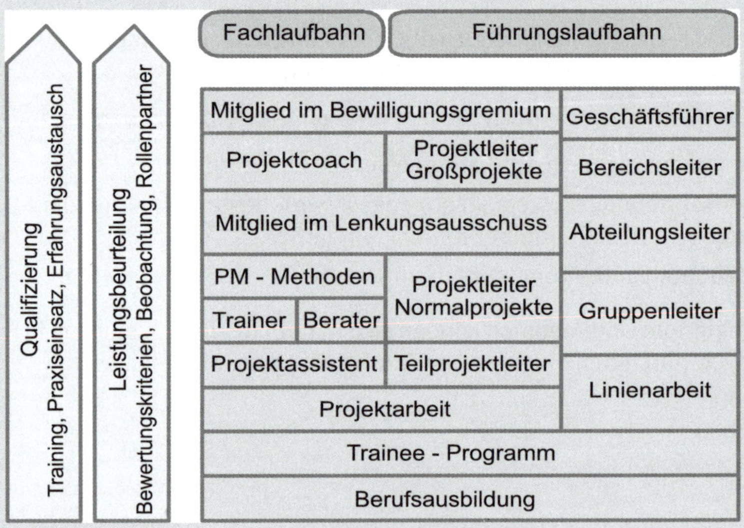

Abb. 8.17: Laufbahnen im Projektmanagement

8.7.7 Zertifizierung von Projektleitern

Der Führerschein für Projektpersonal

Vielen Führungskräften in Unternehmen fällt es schwer, die Leistungen ihrer Projektleiter und Projektmanager zu beurteilen. Sie haben nicht sehr häufigen Kontakt und hören manchmal nur noch am Rande von Projekterfolgen.

In gleichem Maße beklagen sich Projektleiter darüber, dass niemand von ihrer persönlichen Entwicklung Notiz nimmt und die Qualität ihrer Arbeit kaum nachweisbar ist. Ihr Karrierepfad wird, da immer gleich das nächste Projekt wartet, von der Linie abgekoppelt, so dass qualifizierte Projektleiter oft (unnötigerweise) in Linienpositionen drängen, obgleich ihre Kernkompetenzen für ein Unternehmen in Projekten sinnvoller eingesetzt wären.

Die Zertifizierung von Projektmanagern kann diesen Tendenzen entgegen wirken. Sie bestätigt die Kompetenz von Projektmanagern durch eine unparteiische Institution auf Basis eines international anerkannten Standards. Zertifizierungen werden vom Project Management Institute (PMI) und der International Project Management Association (IPMA) angeboten. Im Folgenden sollen die beiden Zertifizierungsverfahren kurz vorgestellt werden.

8.7.7.1 Die Zertifizierungsverfahren der IPMA

Die IPMA hat die geforderten Kernkompetenzen eines Projektmanagers in der IPMA-Competence-Baseline (ICB) beschrieben.

Über 100 nationale Projektmanagement-Vereinigungen (Deutschland - GPM) haben sich auf diesen Standard verständigt und eigenständige, zentrale Zertifizierungsstellen gegründet. In Deutschland gibt es seit 1996 die PM-Zert mit Sitz in Nürnberg. Abhängig von Wissen, Erfahrung und Ausbildungsstand der Projektmanager werden vier unterschiedliche Zertifizierungsstufen angeboten, die nacheinander durchlaufen oder direkt angestrebt werden können.

Stufe	Zertifikat und Anforderungen
D	**PMF: Zertifizierter Projektmanagement-Fachmann (GPM)** ■ Verfügt über gute Schulbildung und Berufserfahrung ■ Besitzt umfassendes Wissen in allen Bereichen des Projektmanagements und die Fähigkeit, die Kenntnisse anzuwenden ■ Ist fähig, als Mitglied im Projektleitungsteam eines komplexen Projektes in irgendeinem Projektmanagement-Bereich zu arbeiten ■ Kann Leitungsfunktionen in einem Projekt übernehmen
C	**PMP: Zertifizierter Projektleiter (GPM)** ■ Kann mindestens 3 Jahre Projektmanagement-Erfahrung in verantwortlichen Leitungsfunktionen von nicht-komplexen Projekten nachweisen ■ Ist verantwortlich für ein nicht-komplexes Projekt und alle seine Projektparameter ■ Ist verantwortlich für und führt ein kleines Team von Projektmanagement-Personal ■ Kann als Mitglied im Projektleitungsteam eines komplexen Projektes in jedem Projektmanagement-Bereich arbeiten und übernimmt die Verantwortung für die diesbezüglichen Projektparameter ■ Wendet Projektmanagement-Methoden, -Techniken und -Werkzeuge an

Abb. 8.18: Zertifizierungsstufen der PM-Zert

Stufe	Zertifikat und Anforderungen
B	**CPM: Zertifizierter Projektmanager (GPM)** ■ Kann mindestens 5 Jahre Projektmanagement-Erfahrung nachweisen, davon 3 Jahre in verantwortlichen Leitungsfunktionen von komplexen Projekten ■ Ist verantwortlich für ein komplexes Projekt mit vielen abhängigen Subsystemen und Elementen und vielfältigen Beziehungen zum Projektumfeld, mit mehreren beteiligten Organisationen bzw. Organisationseinheiten, mit unterschiedlichen Fachdisziplinen, verschiedenen Projektphasen von nicht zu kurzer Dauer und vielfältigem Einsatz gebräuchlicher Projektmanagement-Methoden, -Techniken und -Werkzeuge
A	**CPD: Zertifizierter Projektdirektor** ■ Kann mindestens 5 Jahre Erfahrung im Management von komplexen Projekten und Programmen nachweisen, davon 3 Jahre in verantwortlichen Leitungsfunktionen für die Koordination und das Portfolio-Management von Projekten ■ Hat Entscheidungsvollmacht für eine „Projekt-Familie" bzw. Projekt-Portfolio ■ Setzt Prioritäten im Projekt-Portfolio für das Management ■ Ist verantwortlich für Projekt- und Projektmanagement-Personalentwicklung ■ Ist verantwortlich für Projektmanager und deren Coaching ■ Ist verantwortlich für Projektmanagement-Einführung, -Einsatz, - Richtlinien, -Methoden und -Werkzeuge

Abb. 8.18f: Zertifizierungsstufen der PM-Zert

Basis für den Kompetenznachweis der Kandidaten ist die IPMA Competence Baseline (ICB) die nach 3 Kompetenzbereichen gegliedert ist (siehe Kapitel 1).

Ein Kandidat zur Zertifizierung führt anhand der insgesamt 46 ICB-Elemente eine Selbsteinschätzung durch, in der er den Umfang der Erfahrung und die Tiefe seines Wissens angibt. In ähnlicher Form gegliedert werden die Anwärter einem Wissenstest unterzogen. Die inhaltlichen Anforderungen hat die GPM in dem Band „Projektmanager" dargelegt.

Je nach Stufe sind für die Personen-Zertifizierung die in Abbildung 8.19 aufgezeigten Schritte zu durchlaufen.

Verfahrensschritt		Level D	Level C	Level B
		PMF	CPL	CPM
1	Antrag	X	X	X
2	Selbstbewertung	X	X	X
3	Projektliste	X	X	X
4	Projektkurzbericht	-	X	X
5	Schriftliche Prüfung (Basiswissen)	2 Std.	2 Std.	2 Std.
6	Schriftliche Prüfung (levelbezogenes Wissen)	-	2 Std.	2 Std.
7	Transfernachweis	X	-	-
8	Mündliche Prüfung	0,5 Std.	-	-
9	Fallstudie im Zertifizierungsworkshop	-	1 Tag	1 Tag
10	Zulassung zur Projektstudienarbeit	-	-	X
11	Themenvorgaben für Projektstudienarbeit und Literaturkonspekt			X
12	Projektstudienarbeit	-	-	X
13	Literaturkonspekt	-	-	X
14	Zulassung zum Prüfungsgespräch	-	X	X
15	Prüfungsgespräch	-	1 Std.	1. Std.
16	Zertifikatserteilung	X	X	X
	Rezertifizierung	5 Jahre	5 Jahre	5 Jahre

Abb. 8.19: Anforderungen zur Zertifizierung nach PM-Zert

Zertifizierungsverfahren der PM-Zert

Die Bewerbungsunterlagen sind vollständig und in dreifacher Ausfertigung bei der PM-Zert einzureichen. Sie umfassen:

Bewerbungsunterlagen

- Ausgefülltes Antragsformular (Anforderung über Internet)
- Formlose Ausarbeitung mit
  - Lebenslauf
  - Schulische und berufliche Ausbildung
  - Beruflicher Werdegang
  - Kurzdarstellung des Unternehmens (nur C und B)
  - Aus- und Weiterbildung im Projektmanagement
  - Erfahrungen im Projektmanagement mit Projektliste und der wahrgenommenen Rolle in den Projekten
  - Selbstbewertung anhand der IPMA Competence Baseline
  - Ein persönlich formulierter Projektkurzbericht eines Projektes, das der Kandidat geleitet oder maßgeblich mitgestaltet hat, in einem Umfang von 10 bis 15 Seiten (nur C und B)

- Referenzen von zwei Personen (Unternehmen, Stellung/Funktion, Telefonnummer), die Auskunft über die Projektarbeit des Kandidaten geben können (nur C und B).

Einige Unternehmen haben dieses Verfahren übernommen. So verlangt UNISYS von allen Projektmanagern des Bereiches „Information Services" die Zertifizierung und verknüpft sie mit einem internen Schulungsprogramm, und die Deutsche Telekom lässt seit 2000 regelmäßig Projektmanager zertifizieren und hat ein darauf ausgerichtetes Entgeltsystem eingeführt.

8.7.7.2 Zertifizierung des Projekt Management Institutes (PMI)

Das PMP® - Zertifikat des Project Management Institutes (PMI) gilt mit über 270.0000 zertifizierten Personen in über 100 Ländern als der globale Projektmanagement-Kompetenznachweis. Es dominiert vor allem bei IT-Dienstleistern und in englisch-sprachigen Ländern und ist in USA und Kanada zu einer Art Arbeitserlaubnis für Projektmanager geworden.

Inhaltliche Basis ist der Guide to the Project Body of Knowledge (PMBOK® Guide), der mit über eine Million Exemplaren verbreitet ist und das Projektmanagement begrifflich standardisiert hat.

Die vier „E" des PMP®

Die Zertifizierung zum PMP® umfasst die vier Elemente:

- Education (Ausbildung)
- Experience (Erfahrung)
- Exam (Prüfung)
- Ethics (Grundhaltung).

Trainingsvoraussetzungen

Sie erfolgt ähnlich wie beim Führerschein über eine Wissensprüfung, zu der die PMP-Kandidaten über einen entsprechenden Antrag zugelassen werden. Mit der Anmeldung weisen sie nach, dass sie über eine abgeschlossene Berufsausbildung oder Abitur verfügen, mindestens 35 Stunden Präsenztraining (entspricht einem einwöchigen Seminar) im Bereich Projektmanagement absolviert haben, bis zu 7.500 Stunden in Projekten (unabhängig von der Rolle) gearbeitet haben und sich zur Einhaltung der ethischen Grundsätze im Projektmanagement verpflichten.

Testzentren

Nach der erfolgten Annahme der Unterlagen wird ein individueller Prüfungstermin innerhalb von 6 Monaten in einem der Testzentren in Hamburg, Berlin, Frankfurt, München oder Wien vereinbart.

Multiple-Choice-Test

Der Prüfungstext ist in Deutsch verfügbar, Grundsprache für die Begriffe bleibt allerdings Englisch, was hier und da zu Verwirrung führt. Es müssen ohne Unterlagen in 4 Stunden 137 von 200 Multiple-Choice-Fragen mit jeweils vier Antwortmöglichkeiten (nur eine ist richtig!) korrekt beantwortet werden.

Da der Test in der Regel online erfolgt, wissen die Kandidaten sofort, ob sie erfolgreich waren.

3 Jahre nach der ersten Prüfung muss das Zertifikat durch den Nachweis von Aktivitäten im Bereich Projektmanagement erneuert werden. Hierzu sind 60 Professional Development Units (PDU) erforderlich (1 PDU entspricht einer Trainingsstunde). Sie werden erworben durch

Erneuerung alle drei Jahre

- Aus- und Weiterbildungskurse zum Projektmanagement bei registrierten Weiterbildern (z. B. ibo) i.d.R. 1 PDU für 1 Stunde
- Berufliche Aktivitäten z.B. Autor von PM-Artikeln oder Lehrbüchern, Referent bei Konferenzen, TN oder Moderator von Expertenrunden (5-30 PDU)
- Selbständiges Lernen durch Bücher, CD-Rom, Diskussionsrunden etc. (15 PDU).

Die PDUs müssen mittels Zeugnissen, Kopien, Protokollen u.a. Hilfsmitteln nachgewiesen werden.

8.7.7.3 Weitere Projektmanagementzertifikate nach PMI

Nach dem enormen Erfolg des PMP bietet das PMI mittlerweile eine ganze Familie von Projektmanagementzertifikaten an. So wurde durch den CAPM (Certified Associate in Project Management) ein Zertifikat für Projektmitarbeiter geschaffen, das dem Level D des IPMA-Zertifikats entspricht. Analog zum zertifizierten Projektdirektor (IPMA Level A) gibt es auch den PgMP (Program Management Professional).

Im Zuge der Spezialisierung von Projektmanagementrollen vor allem in großen Projekten hat das PMI zusätzlich den PMI Scheduling Professional (PMI-SP) und den PMI Risk Management Professional (PMI-RMP) eingeführt. Die folgende Tabelle gibt einen Überblick über die Zulassungsbedingungen und Prüfungsanforderungen dieser Zertifizierungen.

CAPM	PMI-SP	PMI-RMP	RgMp
Projekt-mitarbeiter	Entwickelt und betreut Terminpläne	Identifiziert, beurteilt Risiken und bewältigt diese	Verfolgt unternehmensweite Ziele durch Definition und Über-wachung von Projekten, Ressourcen
Abitur	Abitur	Abitur	Abitur
1.500 Std. Projekt-erfahrung	5.000 Std. Erfahrung in Projekttermin-planung und 40 Std. PM-Training (Terminplanung)	4.500 Std. Erfahrung in Projekttermin-planung und 40 Std. PM-Training (Risikomanagement)	4 Jahre Projektmanagementerfahrung 7 Jahre Erfahrung im Programmmanagement

Abb. 8.20: Anforderungen für Projektzertifikate

CAPM	PMI-SP	PMI-RMP	RgMp
		Oder	
23 Std. PM-Training	Hochschulabschluss 3.500 Std. Erfahrung in Projekttermin-planung und 30 Std. PM-Training (Terminplanung)	Hochschulabschluss 3.500 Std. Erfahrung in Projekttermin-planung und 30 Std. PM-Training (Risikomanagement)	Hochschulabschluss 4 Jahre Projektmanage-menterfahrung 4 Jahre Erfahrung im Programmmanagement
	Multiple-Choice Test		Multiple-Choice Test Review der Programmpla-nung Rating Assessment
Test 3,0 Std. 150 Fragen	Test 3,5 Std. 170 Fragen	Test 3,5 Std. 170 Fragen	Test 4,0 Std. 170 Fragen
Erneuerung nach 5 Jahren mit Test	Erneuerung nach 3 Jahren 30 PDUs in Termin-planung	Erneuerung nach 3 Jahren 30 PDUs in Risikoma-nagement	Erneuerung nach 3 Jahren 60 PDUs

Abb. 8.20ff: Anforderungen für Projektzertifikate

8.7.7.4 Vorteile von Projektmanagement-Zertifikaten

Das steigende Interesse an Zertifizierungen im Projektmanagement und deren Integration in die Personalentwicklung ist wohl angesichts des Wettbewerbsdruckes am Arbeitsmarkt und im Unternehmen erst der Anfang einer sich verstärkenden Entwicklung, denn Zertifizierungen bieten für Projektmanager und Unternehmen eine Reihe von Vorteilen.

Vorteile	
Für den Projektmanager persönlich	**Für die Unternehmen**
■ Unabhängiger Nachweis der Projekt management-Kompetenz ■ Reflektion der eigenen Qualifikation ■ Vorteile bei der Karriereplanung ■ Führen eines anerkannten Titels ■ Sicherung der eigenen Wettbewerbs-fähigkeit.	■ Vergleichbarer Qualitätsstandard und Gütesiegel für Projektmanager ■ Ergänzung zur betrieblichen Personal-entwicklung ■ Imageverbesserung durch gelebte Projektmanagement-Kompetenz ■ Sicherung eines Wettbewerbsvorteiles.

Anhang

Anhang 1: Zuordnung der Projektmanagement-Prozesse zu den Prozessgruppen

Prozessgruppen / Wissensgebiet	Initiierung	Planung	Ausführung	Steuerung	Abschluss
4. Integrationsmanagement in Projekten		4.1 Entwicklung des Projektplanes	4.2 Ausführung des Projektplanes	4.3 Integrierte Änderungssteuerung	
5. Inhalts- und Umfangsmanagement in Projekten	5.1 Initiierung	5.2 Planung des Inhaltes und Umfanges 5.3 Definition des Inhaltes und Umfanges		5.4 Verifizierung des Inhaltes und Umfanges 5.5 Steuerung von Inhalts- und Umfangsänderungen	
6. Terminmanagement in Projekten		6.1 Definition der Vorgänge 6.2 Festlegen der Vorgangsfolgen 6.3 Schätzung der Vorgangsdauer 6.4 Entwicklung des Terminplanes		6.5 Steuerung des Terminplanes	
7. Kostenmanagement in Projekten		7.1 Einsatzmittelbedarfsplanung 7.2 Kostenschätzung 7.3 Kostenplanung		7.4 Kostensteuerung	
8. Qualitätsmanagement in Projekten		8.1 Qualitätsplanung	8.2 Qualitätssicherung	8.3 Qualitätslenkung	
9. Personalmanagement in Projekten		9.1 Organisation im Projekt 9.2 Beschaffung von Projektpersonal	9.3 Teamentwicklung		
10. Kommunikationsmanagement in Projekten		10.1 Kommunikationsplanung	10.2 Informationswesen	10.3 Berichtswesen	10.4 Administrativer Abschluss
11. Risikomanagement in Projekten		11.1 Risikomanagementplanung 11.2 Risikoidentifikation 11.3 Qualitative Risikoanalyse 11.4 Quantitative Risikoanalyse 11.5 Planung zur Risikobewältigung		11.6 Risikoüberwachung und -verfolgung	
12. Beschaffungsmanagement in Projekten		12.1 Beschaffungsplanung 12.2 Angebotsplanung	12.3 Angebotseinholung 12.4 Lieferantenauswahl 12.5 Vertragsabwicklung		12.6 Vertragsbeendigung

Anhang 2:
Formen der Projektorganisation nach PMI im Überblick

Organisationsstruktur / Projekteigenschaften	Linie	Matrix			Projektbasiert
		Schwache Matrix	Ausgewogene Matrix	Starke Matrix	
Befugnisse des Projektleiters	Gering oder keine	Begrenzt	Schwach bis mäßig	Mäßig bis hoch	Hoch bis fast umfassend
Prozentsatz des Vollzeitpersonals der Trägerorganisation, das der Projektarbeit zugewiesen ist	fast keine	0 - 25%	15 - 60%	50 - 95%	85 - 100%
Rolle des Projektleiters	Teilzeit	Teilzeit	Vollzeit	Vollzeit	Vollzeit
Allgemeine Bezeichnung für die Rolle des Projektleiters	Projektkoordinator/ Projektleiter	Projektkoordinator/ Projektleiter	Projektmanager/ Projektverwalter	Projektmanager/ Programmmanager	Projektmanager/ Programmmanager
Verwaltungsangestellte der Projektleitung	Teilzeit	Teilzeit	Teilzeit	Vollzeit	Vollzeit

Anhang 3:
Anforderungskatalog für Projektmanagement-Software

1. Systemtechnik

- Systemvoraussetzungen
- Betriebssystemkompatibilität
- Schnittstellen zu anderen Programmen (Import/Export)
- Netzwerkfähigkeit
- Integration unternehmensexterner Arbeitsplätze
- Systemstabilität
- Schnittstelle zum Internet

2. Bedienung

- Deutsche Version
- Mehrsprachigkeit
- Handbuchqualität
- Verständlichkeit der Benutzerführung
- Qualität der Online-Hilfe
- Bildschirmaufbau (Anpassungsfähigkeit)
- Zugriffsschutz
- Multiuserfähigkeit

3. Projektstrukturierung

- Entwicklung und Bearbeitung von Projektstrukturplänen
- Grafische Darstellung
- Informationsgehalt im Projektstrukturplan
- Anzahl der Ebenen
- Bildung und Integration von Teilprojekten
- Definition von Arbeitspaketen
- Projektkalender (Vielfalt)

4. Netzpläne
■ Darstellbare Netzplantypen ■ Art der erfassbaren Informationen ■ Art der Anordnungsbeziehungen ■ Setzen und Darstellen von Meilensteinen ■ Berücksichtigung von Vorlauf- und Wartezeiten ■ Darstellungsarten ■ Qualität der Layout-Kontrolle ■ Behandlung von Teilprojekten und Sammelvorgängen ■ Ausgabemöglichkeiten
5. Balkenpläne
■ Gestaltungsarten ■ Art der Informationen ■ Darstellung von Abhängigkeiten ■ Vernetzte Balkenpläne (Teilprojektverknüpfung) ■ Ausgabemöglichkeiten ■ Selektionsmöglichkeiten (Filter)
6. Zeitplanung
■ Kalenderarten ■ Minimal- und Maximaldauern ■ Abgleich zwischen Aufwand, Kapazität und Dauer ■ Art von Zeitabständen ■ Art der Pufferzeiten ■ Verfahren der Terminierung ■ Ausgabemöglichkeiten ■ Verbindung zu individuellen Terminplänen

7. Kostenplanung
■ Kostenarten (frei definierbar) ■ Trennung nach fixen und variablen Kosten ■ Art der Kostenzuordnung ■ Kostenprognosen (Qualität, Berechnungsmethoden) ■ Warnung bei Kostenüberschreitungen ■ Ausgabemöglichkeiten (optische Gestaltung, Vielfalt) ■ Schnittstellen zur Kostenrechnung des Unternehmens
8. Kapazitätsplanung
■ Kapazitätsarten (Vielfalt, Strukturierung) ■ Zuordnenbare Kapazitäten pro Vorgang ■ Kapazitätsabgleich (Unterstützung, Ergebnisqualität) ■ Auslastungsdiagramme ■ Berücksichtigung von mehreren Projekten ■ Ausgabemöglichkeiten (Kapazitätsplan)
9. Projektsteuerung
■ Form der Ist-Datenerfassung ■ Überwachung von Arbeitspaketen ■ Arten des Fertigstellungsgrades ■ Erfassung von Planzuständen (Hilfe, Flexibilität) ■ Arten des Soll-Ist-Vergleiches ■ Analyse von Planabweichungen ■ Planaktualisierungen ■ Trendanalysen

10. Berichtswesen
■ Umfang und Qualität der Standardberichte ■ Anpassbare Firmenberichte ■ Projektstatusverwaltung ■ Frei wählbare Ausgabeformate ■ Gestaltung der Terminplanansichten
11. Multiprojektmanagement
■ Projekteinrichtung ■ Klassifizierungsmöglichkeiten ■ Priorisierungskriterien ■ Integration zum Einzelprojekt ■ Gesamtressourcenbetrachtung ■ Verdichtungsmöglichkeiten (Bildung von Programmen) ■ Darstellung des Projektportfolios ■ Verwaltung von Anträgen ■ Unterstützung von Entscheidungsvorlagen ■ Statusvielfalt der Projekte ■ Übergreifende Auswertungen/Reports
12. Einrichtungs- und Betreuungsaufwand
■ Lizenzkosten pro Anwender ■ Schulungsaufwand ■ Bereitstellen von Standards ■ Einrichten von Standardberichten ■ Einrichten der Projekte ■ Definieren der Kalender ■ Gestaltung individueller Menüs ■ Einrichten und Strukturieren der Kapazitäten ■ Pflege der Eingaben ■ Betreuung der Anwender ■ Betreiben des Berichtswesens

Anhang 4:
Anbieter von Projektmanagement-Software

Nr.	Unternehmen	Produktname
1	3pleP Development GmbH	3pleP Project Suite
2	ACOS PM GmbH	ACOS PM Software
3	Artemis International Solutions Corporation	Artemis 7
4	Asta Development plc	Asta Powerproject
5	Augeo Software B.V.	Augeo5
6	Business Engine	Business Engine Network (BEN)
7	Business Operation Systems AG	Top-Logic Project
8	Cataligent Projekt GmbH	Cat 4
9	Clarity Division	Clarity (ehemals Niku oder ABT)
10	Conclude GmbH	PKM
11	egip Software AG	egip ProcessEngine
12	IBM Corporation	Rational Portfolio Manager
13	ibo Software AG	ibo Netproject
14	Information Desire Software GmbH	Projectile
15	Integrated Strategic Information Systems Pvt. Ltd.	iPlan
16	Mercury	Mercury IT Governance Center
17	Metafuse Inc.	Project Insight
18	Microsoft	MS Project Enterprise Solution 2003
19	microTOOL GmbH	in-Step
20	OPUS Gesellschaft für Organisation und Programmentwicklung	KLUSA
21	parm ag	PARM
22	PAVONE AG	PAVONE Project Management
23	Planisware S.A.	OPX2
24	Plan Mill Ltd.	Plan Mill
25	PLANTA Projektmanagement-Systeme GmbH	PPMAS
26	Plan View Inc.	Plan View Enterprise
27	PONTE Software&Consulting GmbH	PONTE.project
28	Primavera Systems Inc.	Primavera Enterprise
29	www.projectplace.de	Projectplace
30	Projektron BCS	Projektron BCS
31	PUS Prozess- und Systemtechnik	PQM
32	Scheuring Project Management AG	resSolution
33	Sciforma Corporation	PS Suite
34		PS Next
35	Welcom	Welcom Project Suite
36		cando project intelligence

Glossar

Amplitude: Schwingungsweite, Ausschlag

Audit: allgemein: Prüfung. Qualitätsmanagement: Systematische Untersuchung eines Qualitätsmanagementsystems durch einen neutralen Dritten

Claimmanagement: (Nachforderungsmanagement) die „Überwachung und Beurteilung von Abweichungen bzw. Änderungen und deren wirtschaftlichen Folgen zwecks Ermittlung und Durchsetzung von Ansprüchen".

Earned-Value-Analyse: zeigt den aktuellen Stand des Projektes unter Berücksichtigung des integrierten Zusammenhanges der Zielgrößen

Entity-Relationship-Diagramm: grafische Darstellung von Entitätstypen und Beziehungstypen

Interfacekosten: Schnittstellenkosten

Iterativer Prozess: ein sich wiederholender Prozess

Konfigurationsmanagement: Summe der technischen, organisatorischen und Beschluss fassenden Maßnahmen und Strukturen, die sich mit der Spezifikation (Konfiguration) eines Produktes befassen

Kontinuum: lückenlos Zusammenhängendes, Stetiges

Lobbying: Interessenvertretung

Maintenance: Wartung, Instandhaltung (in der Software)

Management-Summary: inhaltliche Zusammenfassung eines Textes (z.B. für Führungskräfte, Entscheider)

Multiple-Choice: Mehrfachauswahl

Multitasking: gleichzeitiges Ausführen mehrerer Tätigkeiten

Murphys Gesetz: eine auf den US-amerikanischen Ingenieur Edward A. Murphy, jr. zurückgehende Lebensweisheit, die eine Aussage über das menschliche Versagen bzw. über die Fehlerquellen in komplexen Systemen macht: „Alles, was schief gehen kann, wird auch schief gehen."

Paraphrasieren: in eigenen Worten das Gehörte wiedergeben (dient der Sicherstellung der Verständigung)

Projektportfolio: die Menge aller aktiven Projekte eines Unternehmens

Review: Überprüfung von Arbeitsergebnissen

Risikomanagement: Ausschaltung, Vermeidung oder Verringerung von Risiken

Rollierende Planung: Verfahren zur systematischen Aktualisierung und Konkretisierung der Pläne durch Fortschreibung

Sensitivitätsanalyse: Überprüfung einer Rangfolge von Lösungsvarianten auf ihre Robustheit gegenüber Änderungen einzelner oder mehrerer Parameterwerte

Stakeholder: Person, Gruppe oder Einrichtung, die am Ergebnis und der Art des Zustandekommens ein unmittelbares Interesse haben

Systemdenken: auf der Systemtheorie aufbauender methodischer Ansatz zur Bearbeitung komplexer Problemstellungen

Validation: Bestätigung, Überprüfung

Verifikation: Plausibilitätsprüfung, Absicherung

Walkthrough: Testverfahren

Literaturverzeichnis

Baguley, P.: Erfolgreiches Projektmanagement. Niedernhausen 1999

Balzer, H.: Der Erfolg im Visier. Unternehmenserfolg durch Multi-Projekt-Management. Stuttgart 1998

Barcklow, D.: Projektmanagement geht zu selten über Standards hinaus. Artikel in Projektmanagement-Aktuell Ausgabe 1/2006, Herausgeber GPM Nürnberg

Bartsch-Beuerlein, S.: Qualitätsmanagement in IT-Projekten. Qualitätsorientierter Ansatz für Projektarbeit. Enthält Überblick zur Zertifizierung von Projektleitern und Auszeichnungen von Projekten durch die GPM. München 2000

Berger, M.; J. Chalupsky; F. Hartmann: Change Management – (Über-) Leben in Organisationen. 6. Aufl., Gießen 2008

Berkel, K.: Konflikttraining. Konflikte verstehen und bewältigen. 6. Aufl., Heidelberg 1999

Boutellier, R.; R. Völker; E.Voit: Innovationscontrolling. München/ Wien 1999

Bundschuh, M.; A. Fabry: Aufwandsschätzung von IT-Projekten. 2. Aufl., Bonn 2004

Burghardt, M.: Projektmanagement. 5. Aufl., Berlin/München 2000

Burke, R.: Projektmanagement-Planungs- und Kontrolltechniken. 1. Aufl., Landsberg 2004

Burmeister, R.; D. Vahs: Innovationsmanagement. Stuttgart 1999

Chalupsky, J.; Autorenteam: Der Mensch in der Organisation. Gießen 2000

Comelli, G.: Führung durch Motivation: Mitarbeiter für Organisationsziele gewinnen. München 2003

Czichos, R.: Creativität und Chaos-Management. 3. Aufl., München 1997

Daenzer, W. F. (Hrsg.): Systems Engineering: Methode und Praxis. 7. Aufl., Zürich 1992

DeMarco, T.; T. Lister: Bärentango. München 2003

DeMarco, T.: Der Termin. München 1998

DeMarco, T.: Spielräume. München 2001

DeMarco, T.: „Was man nicht messen kann...“. Landsberg 2004

Dörner, D.: Die Logik des Mißlingens. 13. Aufl., Hamburg 2000

Fischer-Epe, M.: Coaching: Miteinander Ziele erreichen. Hamburg 2004

Fischer-Epe, M.; C. Epe: Selbstcoaching: Hintergrundwissen, Anregungen und Übungen zur persönlichen Entwicklung. Hamburg 2007

Fischermanns, G.: Praxishandbuch Prozessmanagement. 6. Aufl., Gießen 2006

Fisher, R. u.a.: Das Harvard-Konzept. Frankfurt/New York 2003

Fütting, U. Ch.; I. Hahn: Projektcontrolling leicht gemacht. Bielefeld 2005

Gaulke, M.: Risikomanagement in IT-Projekten. München 2002

Glasl, F.: Konfliktmanagement. Bern, Stuttgart 2004

Goldratt, E. M.: Die kritische Kette. Frankfurt 2002

Goldratt, E. M.: Das Ziel. 2. Aufl., Frankfurt 2001

Goldratt, E. M.: Das Ziel Teil II. Frankfurt 2003

GPM (Hrsg.): RKW Projektmanagement Fachmann. Bd. 1 und 2, 4. Aufl., Köln 1998.

Grün, O.: Taming Giant Projects. Heidelberg 2004

Harrant, H.; A. Hemmrich: Risikomanagement in Projekten. München 2004

Heeg, F.-J.: Projektmanagement. Grundlagen der Planung und Steuerung von betrieblichen Problemlöseprozessen. 2. Aufl., München 1993

Heintel, P.: Projektmanagement: eine Antwort auf die Hierarchiekrise? Wiesbaden 1994

Hirzel, M.; F. Kühn: Multi Projekt Management, Strategische und operative Steuerung von Projekteportfolios. Frankfurt/Main 2002

Hobbs, P.: Professionelles Projektmanagement. Landsberg am Lech 2000

Kellner, H.: Die Posträuber-Methode. Frankfurt 1996

Kellner, H.: Phasen der Teambildung im Projekt. In: Projekt-Management 4/1996

Kempis, R.-D.; J. Ringbeck: do IT smart. Frankfurt/Wien 1999

Kerzner, H.: Projektmanagement – Ein systemorientierter Ansatz zur Planung und Steuerung. Übersetzung der 8. englischsprachigen Aufl., Bonn 2003

Kessler, H.; C. Hönle: Karriere im Projektmanagement. Berlin-Heidelberg 2002

Klose, B.: Projektabwicklung. Arbeitshilfen. Projektanalyse. Fallbeispiele. Checklisten. Frankfurt/Wien 1999

Kraus, G.; R. Westermann: Projektmanagement mit System. Wiesbaden 1997

Kupper, H.: Zur Kunst der Projektsteuerung. Qualifikation und Aufgaben eines Projektleiters – aufgezeigt am Beispiel von DV-Projekten. 6. Aufl., München/Wien 1991

Kuppinger, M.; H. Reinke: Microsoft Project 98 – Das Handbuch. Deutschland 1998

Leach, L. P.: Critical Chain Project Management. Boston/Londen 2000

Litke, H.-D., I. Kunow: Projektmanagement. München/Wien 1998

Lock, D.: Projektmanagement. Wien 1997

Lomnitz, G.: Multi-Projektmanagement, Projekte planen, vernetzen und steuern. Landsberg 2001

Madauss, B. J.: Projektmanagement. 5. Aufl., Stuttgart 1994

Mees, J.; St. Oefner-P; K.-O. Sünnemann: Projektmanagement in neuen Dimensionen. Wiesbaden 1993

Michel, R. M.: Taschenbuch Projektcontrolling. Heidelberg 1993

Möhrle, M. (Hrsg.): Der richtige Projekt-Mix. Berlin/Heidelberg 1999

Newbold, Robert C.: Project Management in the fast lane. Boca Raton 1998

Osterhold, G.: Veränderungsmanagement. Wiesbaden 2002

Rinza, P.: Projektmanagement. 3. Aufl., Düsseldorf 1994

Schelle, H.: Projekte zum Erfolg führen. München 1996

Schelle, H.; R. Ottmann; A. Pfeiffer: Projektmanager. 1. Aufl., Nürnberg 2005

Schelle, H.: Das aktuelle Stichwort: Organizational Project Management Maturity Model (OPM3) des PMI. Artikel in Projektmanagement-Aktuell Ausgabe 1/2006, Herausgeber GPM Nürnberg

Schmidt, Götz: Methode und Techniken der Organisation. 13. Aufl., Gießen 2003

Schulz von Thun, F.: Miteinander reden. Bd. I + II, Hamburg 1998

Schulz von Thun, F.: Miteinander reden. Kommunikationspsychologie für Führungskräfte, Hamburg 2003

Schwarz, G.: Konfliktmanagement. Konflikte erkennen, analysieren, lösen. Wiesbaden 2005

Seifert, J.W.: Besprechungs-Moderation. 5. Aufl., Bremen 1999

Seifert, J.W.: Visualisieren Präsentieren Moderieren. 25. Aufl., Offenbach 2004

Seifert, J. W.: Gruppenprozesse steuern. Offenbach 1997

Seifert, J. W.; Chr. Holst: Projekt-Moderation. Offenbach 2004

Seitz, D.; C. Kerlen; H. Steg: Was macht Projekte wirtschaftlich? Artikel in Projektmanagement-Aktuell Ausgabe 2/2005, Herausgeber GPM Nürnberg

Stahl, E.: Dynamik in Gruppen. Weinheim/Basel/Berlin 2007

Techt, U.: Das aktuelle Stichwort: „Critical-Chain-Projektmanagement". Artikel in Projektmanagement-Aktuell Ausgabe 2/2005, Herausgeber GPM Nürnberg

Trout, J.; St. Rivkin: Die Macht des Einfachen. Frankfurt/Wien 2000

Tumuscheit, K.D.: Überleben im Projekt – 10 Projektfallen und wie man sie umschifft. Zürich 1998

VDI: Innovative Lösungen für Kunden und Unternehmen. Tagung Berlin 14./15. September 2000

Waterman, R.H.: Ad-hoc-Strategien – Die Kraft zur Veränderung. Paderborn 1993

Wehmeyer, D.; C. Münch: Konflikt-Management für das Projektteam. In: zfo 6/93, S. 425-428

Wißkirchen, F. (Hrsg.): Outsourcing-Projekte erfolgreich realisieren. Stuttgart 1999

Wuttke, T.; P. Gartner: Das PMP-Examen für die gezielte Prüfungsvorbereitung. Bonn 2004

Young, T.: 30 Minuten bis zum erfolgreichen Projektmanagement. Offenbach 1998

Stichwortverzeichnis